PHM BOK GUIDE
건전성 예측관리
지식체계 실무가이드

PHM 한국PHM학회
Korean Society for Prognostics & Health Management

도서출판 홍릉

PHM BOK GUIDE
건전성 예측관리
지식체계 실무가이드

인 쇄 : 2022년 10월 19일 초판 1쇄
발 행 : 2022년 10월 27일 초판 1쇄

저 자 : 권대일 · 김승민 · 김주형 · 오현석 · 윤양기 · 이종수
주성철 · 최종성 · 최주호 · 한창운 · 허균영
발행인 : 송 준
발행처 : 도서출판 홍릉
주 소 : 01093 서울시 강북구 인수봉로 50길 10
등 록 : 1976년 10월 21일 제5-66호

전 화 : 02-999-2274~5, 903-7037
팩 스 : 02-905-6729
e-mail : hongpub@hongpub.co.kr
http://www.hongpub.co.kr
ISBN : 979-11-5600-966-5(93530)

정 가 : 45,000원

머리말

집필의도

건전성 예측관리(prognostics and health management, PHM)는 사람과 설비를 비롯한 모든 사물의 이상감지(anomaly detection), 건전성진단(diagnostics), 고장예측(prognostics) 등을 통하여 고장발생을 사전에 방지하기 위해 필요한 방법과 절차를 다루는 기술이다. 따라서 PHM은 대상 설비에 대해 필요할 때에만 정비를 수행하는 상태기반정비(condition based maintenance, CBM) 또는 예측정비(predictive maintenance, PdM)의 핵심기술 역할을 하고 있다. 그러나 PHM은 많은 산업분야에서 중요성을 인식하고 있음에도 불구하고 전문기술 분야로 주목받지 못하고 아직 용어조차도 생소한 사각지대에 머무르고 있다. 본 서는 이러한 PHM 기술을 체계적으로 정리 소개함으로써, PHM의 지식체계(body of knowledge, BOK)를 확립하고 PHM 엔지니어 육성을 위한 참고서가 되며 나아가 산업계의 정비체계를 보다 선진화하기 위한 토대를 마련하고자 작성하였다. 이런 측면에서 본 서의 제목은 건전성 예측관리 지식체계(PHM BOK) 실무가이드로 정하였으며, 참고로 wikipedia에 의하면 지식체계(BOK)는 학회나 협회에서 해당 기술분야에 대해 관련 전문가가 공통으로 알아야 할 개념, 용어, 원리 및 구현방법 일체를 정리한 일종의 백과사전으로 정의하고 있다. 본 PHM BOK 실무가이드는 PHM을 선도한 국외 단체에서도 아직 시도하지 못한 것으로, 최근 국내 산업체 및 연구계에서 요구가 크게 증가함에 따라 약 1년의 노력 끝에 결실을 맺은 것이며, 그런 점에서 가치와 자부심을 부여할 수 있다. 그러나 첫 시도인 만큼 기대와 함께 부족함이 매우 많은 것을 절감하고 있으며 독자들의 너그러운 양해를 부탁하면서, 이것을 제1판으로 하고 향후 한국PHM학회 전문가들에 의해 지속적인 업데이트 및 완성도 제고를 기대한다.

내용구성

PART I에서는 건전성 예측관리(PHM)의 기반지식(basic knowledge)으로 개념과 정의, 기준과 절차, 기법과 기술, 이론과 지식을 기술하고, PART II는 PHM의 산업적용(industrial application)으로 예측관리 장비와 솔루션, 시스템구축 및 운영, 성공요건과 발전노력, 실무 적용사례를 다루며, PART III은 PHM 관련 표준과 연구로 PHM에 관계되는 표준들을 소개하고 국내외 학술단체, 학술행사, 도서 및 연구집단을 소개한다.

대상독자

건전성 예측관리(PHM)는 설비나 시스템에 대한 설계, 제작, 설치, 운전, 정비 등 산업 분야에 대한 기술과 경험 그리고 학술적으로는 물리, 화학, 구조, 기계, 전기, 컴퓨터, 제어 등의 이론과 지식을 필요로 하지만 산학연 모두가 이를 수용하는 전문서적, 교육장비, 기술인력 등이 미흡한 실정이다. 그러므로 이 서적은 관련 산업분야에 진출하려는 학생, 지식을 제공하는 교육자, 산업체 관련 분야 엔지니어, 시스템 구축과 운영을 기획하는 엔지니어에게 도움을 제공할 수 있다.

활용방법

건전성 예측관리(PHM)에 대한 요소기술의 이해와 개발에 관심이 있는 엔지니어는 PART I, III을 읽고 시스템 구축과 운영을 기획하는 엔지니어는 PART II부터 읽으며, 관련 기술의 표준화, 연구, 발간물과 발표 자료에 대한 정보가 필요하면 PART III을 통하여 습득할 수 있다.

참고사항

본 서적에 기술된 내용은 공인된 기관이 제시한 이론과 지식을 근거로 하는 경우도 있지만 경우에 따라서는 산업계의 사례와 저자의 주관적 지식과 경험을 기초로 작성한 경우도 있음을 참고하기 바라며, 실무 활용을 위하여 검증과 확인이 필요한 경우는 해당 저자와 소통을 통하여 저술 환경과 내용에 대한 체계적 이해를 높이는 것이 바람직하다.

2022년 10월 책임저자 일동
연세대학교 교수 이종수
전) 한국동서발전 주식회사 기술본부장 주성철
한국항공대학교 교수 최주호

감사의 글

본 서는 최근 건전성 예측관리(PHM)의 각 영역에서 활발히 활동하고 있는 한국PHM학회 전문가들의 자발적 참여와 노력으로 작성되었습니다. 또한 본 서의 집필 및 출판을 위해 발생한 비용에 대해서는 한국항공대학교 최적설계 연구실에서 수행하고 있는 상용차 OBD 상태정보 기반 제동 및 전장부품의 건전성관리 기술개발과제(과제번호 : P0018431), 한국항공대학교 BK21 스마트드론융합 교육연구단(과제번호 : 5199990714521)과 아울러 연세대학교 멀티피직스최적설계 및 건전성진단예지 연구실로부터 지원을 받았습니다. 모두의 도움에 감사드립니다.

차례

PART I PHM 기반지식

CHAPTER 01 도입과 발전

CHAPTER 02 시스템 구축 절차

CHAPTER 03 정비업무 결정 절차 및 도구

CHAPTER 04 PHM 시스템 구축 절차 및 도구

CHAPTER 08 산업 적용사례

PART Ⅲ PHM 표준·연구

CHAPTER 09 PHM 표준

CHAPTER 10 연구 및 기술 정보

PART

I

PHM 기반지식

[건전성 예측관리(PHM) 기반지식]

PART I에서는 PART II(PHM의 산업적용과 사례)를 이해하기 위한 PHM 기반지식을 수록하였으며, PHM이란 무엇인지를 소개(도입과 발전)한 후, PHM 시스템의 체계적 구축을 위한 두가지 절차를 설명하고, 이어서 각 절차로서 정비업무 결정과 PHM 시스템 구축에 대한 학술적 접근방법과 지식체계를 보다 자세히 설명하였다.

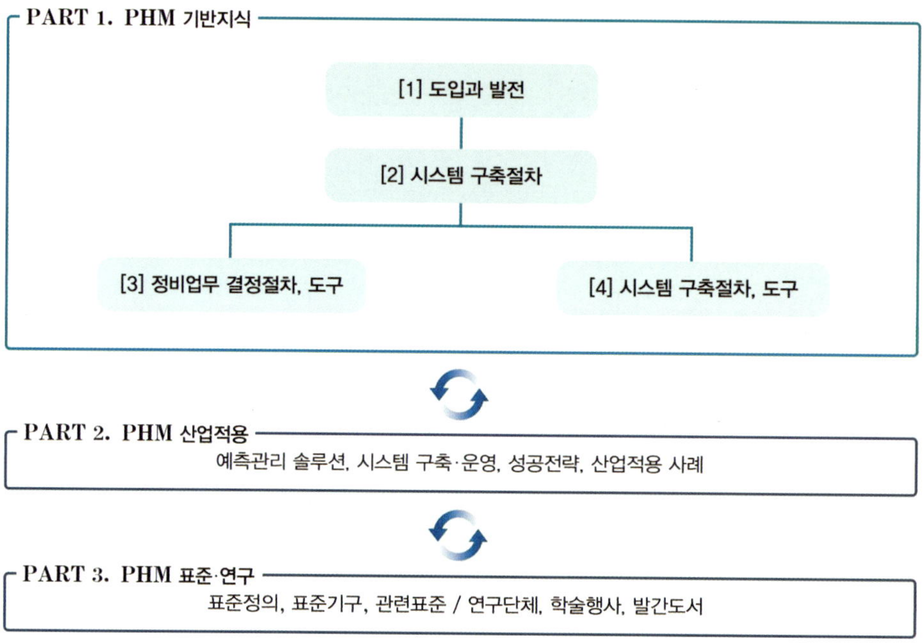

1장은 PHM 도입과 발전 부분으로 PHM을 처음 접하는 사람을 위해 PHM이 무엇인지를 비롯하여 탄생배경, 수행절차, 고도화를 위한 방법과 기대효과 등을 기술하며, 2장은 PHM 시스템 구축을 위한 절차로서, 첫째 단계는 정비업무의 결정으로 비용분석, 신인성 분석, 신뢰도중심 정비 이론을 적용하여 정비업무를 결정해야 함을 설명하며, 둘째 단계는 아키텍처 및 데이터 관리 설계, 센서세트 설계, 데이터 수집, 신호처리 및 건전성 진단예측을 위한 분석 등에 필요한 다양한 지식체계와 관련된 기술 내용을 설명한다. 3장과 4장은 이상의 두 단계, 즉 정비업무 결정과 PHM 시스템 구축을 위하여 세부절차 별로 필요한 다양한 이론, 기법 및 가이드라인을 적용사례와 함께 설명한다.

Chapter

1

도입과 발전

허균영 · 이종수

PHM

Prognostics and health management

1.1 탄생 배경

1.2 목적과 목표

1.3 수행 절차

1.4 고도화 전략

1.5 주요 용어

1.1 탄생 배경

4차 산업혁명의 도래와 함께 다양한 산업군에서 건전성 예측관리(prognostics and health management, PHM) 기술이 신뢰성과 가동 효율을 높이는 미래 핵심기술로 주목받고 있다. PHM은 항공, 국방, 플랜트, 중공업 및 제조생산라인 등 고장 발생 시 손실이 매우 큰 설비나 시스템에 주로 필요하며, 운전중 상태 정보를 수집하여 시스템의 이상상황을 감지하고 건전성분석 및 고장예측을 통하여 고장 시점을 사전에 예측함으로써 설비 운영과 관리를 최적화하는 기술이다. 본 절에서는 이러한 PHM의 탄생배경에 대해 간략히 소개함으로써 PHM이 왜 탄생했는지, 산업계에서 어떤 위치에 있는지, 그리고 그러한 이력을 통해 PHM이 신뢰도중심정비(reliability centered maintenance, RCM), 상태기반정비(condition based maintenance, CBM)나 예측정비(predictive maintenance, PdM) 등 다른 용어와 어떤 관계에 있는지 이해하는데 도움이 되도록 하였다.

산업계에서 고장예방을 위해 기존에 실시하고 있는 대표적 관리 방법은 일정 기간 마다 해당 부품을 수리 또는 교체하는 예방정비(preventive maintenance, PM)이다. 이 방법은 지난 반세기 동안 시행되면서 많은 문제를 야기하였는데 고장률 감소에는 별로 도움이 안될 뿐 아니라 높은 유지보수 비용의 원인이 됨을 알게 되었다. 이를 해결하기 위해 항공업계에서는 1970년대에 많은 분석활동을 진행하였고 그 결과 신뢰도중심정비(RCM)라는 새로운 개념을 정립하게 되었으며 1978년 미국 국방부(department of defense, DOD)에서 이 용어를 공식화하였다. 이후 항공 및 국방업계에서 활동을 지속한 끝에 1997년에 Moubray[1]가 정비전략의 체계적 집대성으로서 RCM 지침서를 발간하기에 이르렀다. 여기에서 RCM은 다음과 같이 정의하고 있다.

> 어떤 물리적 자산이 현재의 운영 체계 내에서 사용자가 원하는 작업을 계속 수행할 수 있도록 보장하기 위해 필요한 사항을 결정하는 프로세스
> A process used to determine what must be done to ensure that any physical asset continues to do what its users want it to do in its present operating context.

이후 RCM 체계와 실행방법은 계속해서 발전했으며 한국PHM학회[2]에 따르면 RCM 제계를 [그림 1.1]과 같이 사후정비(corrective maintenance, CM), 예방정비(preventive maintenance, PM), 예측정비(predictive maintenance, PdM)로 분류, 각 정비업무별로 활용 가능한 주요 방법을 설명하고 있다. 참고로 사후정비는 고장정비(breakdown maintenance) 및 비계획정비, 예방정비는 주기정비(periodic maintenance) 및 계획정비(planned maintenance), 예측정비는 예지정비 및 상태기반정비로도 일컬어지고 있다.

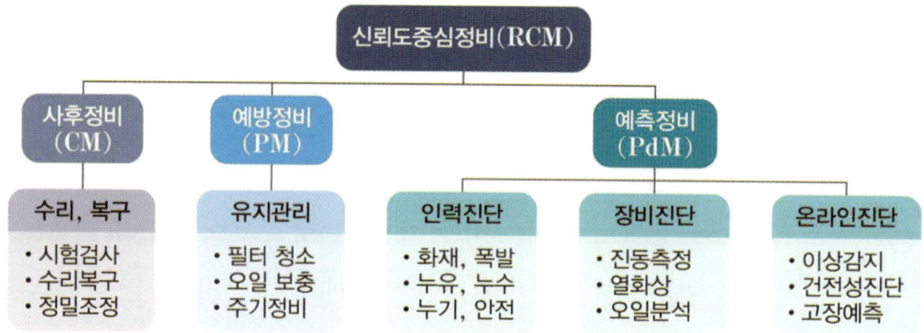

| 그림 1.1 | 한국PHM학회의 RCM 설명자료

이와 유사한 분류를 미국 국방부의 CBM+ 가이드북[3]에서도 [그림 1.2]와 같이 소개하였는데, 각 정비에 대한 설명과 정비 시점에 대한 개념 비교를 통해 쉽게 이해할 수 있다. 이에 의하면 정비업무를 fix when it breaks, scheduled maintenance, condition based maintenance-diagnostic, condition based maintenance-prognostic의 네가지로 소개하고 있는데 각각 사후정비, 예방정비, 상태기반정비(진단), 상태기반정비(예측)으로 번역되며, 상태기반정비의 두가지가 학회에서 분류한 예측정비에 해당한다. 이중에서 사후정비는 고장발생 후 수리하는 대응적(reactive) 성격이라면 나머지 세가지 정비는 고장발생 전 미리 수리하는 사전적(proactive) 성격을 띈다. 다만, 이들은 상태와 관계없이 교체하는 예방정비와 상태에 문제가 있을 경우 수리하는 상태기반(진단), 언제 문제가 될 지까지 예측하여 수리하는 상태기반(예측)으로 세분화하여 설명된다.

	Range of Maintenance Approaches			
	Reactive	Proactive		
Category	Run-to-fail	Preventive	Predictive	
Sub-Category	Fix when it breaks	Scheduled maintenance	Condition-based maint.-diagnostic	Condition-based maint.-prognostic
When Scheduled	No scheduled maintenance	Maintenance based on a fixed timeschedule for inspect, repair and overhaul	Maintenance based on current condition	Maintenance based on forecast of remaining equipment life
Why Scheduled	N/A	Intolerable failure effect and it is possible to prevent the failure effect through a scheduled overhaul or replacement	Maintenance scheduled based on evidence of need	Maintenance need is projected as probable within mission time
How Scheduled	N/A	Based on the useful life of the component forecasted during design and updated through experience	Continuous collection of condition monitoring data	Forecasting of remaining equipment life based on actual stress loading
Kind of Prediction	None	None	On-and off-system, near-real-time trend analysis	On- and off-system, real-time trend analysis

| 그림 1.2 | 미국 국방부의 정비기법 분류

RCM은 상위 수준에서의 전략을 다루고 있는 반면, 각 정비 전략별로 구체적인 실행방법은 우리가 운용하는 자산의 중요성과 특징, 그리고 정비 기술의 발달에 따라 개선이 되고 변화되어 왔다. 그리고 자산의 가치가 높을수록, 안전에 중요할수록 사후정비보다는 예방정비 또는 예측정비로의 이동이 불가피함은 직관적으로 알 수 있다.

한편 Prajapati[4]에 따르면 예측정비(PdM)라는 단어는 RCM과 함께 만들어진 단어가 아니라 이미 1940년대 리오그란데 철도회사(Rio grande railway company)에서 사용한 바 있으며, 이 회사는 온도와 압력의 변화를 읽어 냉각수, 오일, 연료의 누설을 감지하는 방법을 활용했고, 이 아이디어는 이후에 미국 육군(US Army)에서도 채택하였다고 전해진다. 이 시점 이후로 항공, 기계, 제조, 서비스 등 다양한 분야에서 PdM에 대한 개념과 실례가 퍼져 나갔음을 확인할 수 있다. PdM에서 예측(prediction)은 자산, 시스템, 기기, 부품 등의 수명 또는 원하는 기능이 상실될 때까지의 시간을 추정하고, 이에 기반한 의사결정을 유도하는 것을 골자로 한다. 그리고 예측을 위하여 대상 설비의 현재 상태(condition)를 예측하는 것을 강조하는 의미에서 상태기반정비(CBM)[5]와도 같은 의미로 사용되었다.

PdM 또는 CBM은 2000년대에 들어서 더욱 주목받는 정비전략이 되었고, 이를 구현하기 위한 건전성 예측관리(PHM) 기술이 자연스럽게 등장하게 되는데 이때부터는 개별 설비의 특성을 반영하여 고장을 예측할 정도로 정교해지는 기술로 발전하고 있었다. 참고로 CBM, PdM, PHM은 많은 곳에서 비슷한 용어로 거론되지만, CBM, PdM은 정비전략을, PHM은 이를 구현하는 방법론이라는 측면에서 구별되어야 한다. PHM이라는 용어는 Scheuren[6]과 Hess[7]에 의해 최초로 사용되었는데 당시 미 군용기 joint striker fighter(JSF)를 개발하면서 CBM을 구현하기 위해 개발 초기부터 PHM 기술을 적용해야 하며, 그 결과 자율물류(autonomic logistics, AL) 개념, 즉 수명기간 동안 항공기의 성능을 유지하고 합리적 비용으로 정비할 수 있는 지원 체계와 관련하여 전체 물류 주기에 사람의 개입이 거의 필요없을 정도로 물류 환경이 자동화된다는 언급을 하였다. 이를 위해서는 항공기의 상태부터 정비 상황, 예비 부품 주문 등 광범위한 내용을 포괄해야 하는데, 그것의 핵심 기술로서 PHM을 설명하였다. 한편 2002년 미국 국방부 산하 물류물자관리부(the U.S. deputy under secretary of defense for logistics and materiel Readiness)에서는 성능기반물류(performance based logistics, PBL) DoD 5000.2 문서[8] [그림 1.3]에서 상태기반정비의 필요성과 함께 PHM을 공식 언급하면서 향후 무기체계 개발에서 PHM기술이 탑재되지 않으면 미국 국방부에 납품할 자격이 없음을 강조하였고, 이는 관련 업계에 큰 파장을 일으켰다.

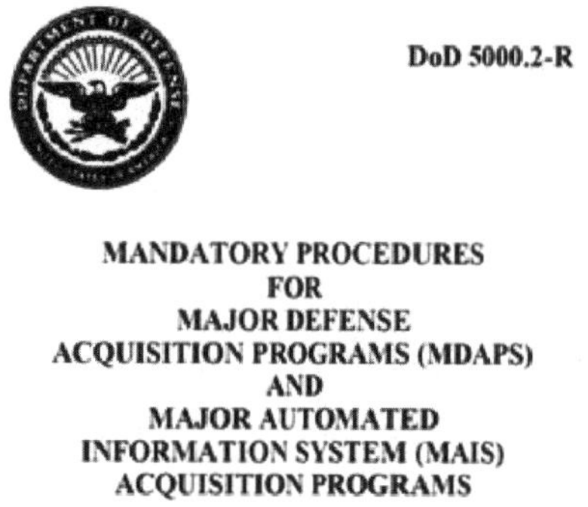

DoD 5000.2-R

MANDATORY PROCEDURES
FOR
MAJOR DEFENSE
ACQUISITION PROGRAMS (MDAPS)
AND
MAJOR AUTOMATED
INFORMATION SYSTEM (MAIS)
ACQUISITION PROGRAMS

C.2.8.3.1
국방 무기체계 획득사업에는 신뢰도, 가용도를 향상하기 위해 예측정비를 위한 건전성 모니터링 기능이 포함되어야 한다.
C5.2.3.5.4
프로그램 관리자는 진단, 예지, 시스템 건전성관리를 위한 기술을 검토해야 한다.
C.2.8.3.1
MDAP should Implement prognostic maintenance health monitoring capability to increase product reliability and availability.
C5.2.3.5.4
PM shall consider diagnostic, prognostic, system health management technologies.

| 그림 1.3 | DoD 5000.2-R 문서표지 및 PHM 의무화 내용

이 즈음을 전후하여 PHM은 국방 무기체계를 위주로 급속도로 확산 적용되었으며 그 결과 2008년 미국 국방부에서는 CBM+ 가이드북을 발간[3]하였다. 여기서 +는 단순한 상태기반정비 이상의 의미를 부여하기 위해 추가한 것으로 다음과 같이 정의하고 있다.

> CBM+는 시스템 및 기기의 신뢰도와 정비 효율을 개선하기 위해 적절한 절차, 기술 그리고 지식 기반 역량을 적용하고 통합하는 것이다. 기본적으로 CBM+는 RCM 및 기타 가용 기술을 통해 어떤 정비가 필요한지 근거를 확보하고 이에 기반하여 정비를 수행하는 전략이다. CBM+는 시스템 엔지니어링 접근 방식을 사용하여 데이터를 수집하고, 분석하며, 시스템 구축, 유지 그리고 운영을 위한 의사결정 프로세스를 지원한다.
> Condition Based Maintenance Plus (CBM+) is the application and integration of appropriate processes, technologies, and knowledge-based capabilities to improve the reliability and maintenance effectiveness of DoD systems and components. At its core, CBM+ is maintenance performed based on evidence of need provided by Reliability Centered Maintenance (RCM) analysis and other enabling processes and technologies. CBM+ uses a systems engineering approach to collect data, enable analysis, and support the decision-making processes for system acquisition, sustainment, and operations.

이때부터 PHM 은 다양한 산업분야로 확산되었으며 관련 논문과 문헌이 다수 출간되었는데 예를 들어 Vachtsevanos는 2006년 기계류를 중심으로 한 PHM을, Pecht는 2008년 전자부품에 대한 PHM을 책으로 발간하였다. PHM에 대한 소개자료도 많이 만들어졌는데 예를 들어 Kalgren[9]은 2006년에 PHM을 다음과 같이 정의하였다.

센서신호, 측정, 모델 및 다양한 알고리즘을 구현하기 위한 구체적인 방법(Method)으로 이해할 수 있다. 감시, 평가, 추적하며, 결함성장 과정을 예측하는 것을 이용하는 정비 또는 자산관리 방식
a maintenance and asset management approach utilizing signals, measurements, models, and algorithms to detect, assess, and track degraded health, and to predict failure progression

PHM에 대한 표준화 또한 중요한 현안이었으며 ISO(international organization for standardization, 국제표준화기구)[10], IEEE(institute of electrical and electronics engineers, 미국 전기전자기술자 협회)[11], SAE(society for automotive engineers international, 국제자동차기술학회)[12], 그리고 MIMOSA(machinery information management open systems alliance, 기계정보관리에 대한 개방형시스템연합)[13] 등에서 PHM에 대한 기술기준을 본격적으로 논의하였다. 이에 대한 보다 자세한 사항은 9장 표준에서 다룬다.

이상에서 간략하게 PHM에 대한 탄생배경을 살펴보았다. 결론적으로 RCM이 큰 전략(strategy)이라면, CBM은 상태감시와 수명예측을 위한 전술(tactic, policy)로 볼 수 있을 것이다. 또한 2000년대에는 CBM에 +를 추가하면서 PHM기능을 포함하였고 정비방식을 한단계 도약하는 방법론(methodology)을 제시하였다. PHM은 CBM+와 거의 동일시하기도 하지만, 정확히는 CBM+를 구현하기 위한 구체적인 방법으로 이해할 수 있다. 한편 본 서에서 이후에 CBM이 언급되는 경우 이는 CBM+를 언급한 것으로 이해하기 바란다.

1.2 목적과 목표

앞서 살펴본 바와 같이 PHM의 목적은 궁극적으로는 CBM 또는 PdM을 구현하려는 것이다. 즉, 설비의 증상에 기반하여 정비가 필요한 부분(what should we repair?), 정비가 요구되는 시점(when should we repair?), 그리고 정비를 수행하는 방법(how should we repair?)을 포괄적으로 결정하여 주는 것이다. 종합하면 PHM은 정비 체계의 전반을 아우르는 구체적인 방법으로서, 설비의 상태감시를 기반으로 하여, 건전성을 유지하면서 동시에 성능저하와 고장에 대한 예측을 하고, 궁극적으로는 시의적절한 시점에서 정비 조치에 대한 의사결정을 취할 수 있도록 도움을 주는 것을 목적으로 한다. 목적을 달성하기 위해서는 목표가 필요하고, 목표를 측정할 수 있는 방법도 제시되어야 한다. PHM은 정비 전반에 걸친 방법인 만큼 다루는 목표의 범위도 광범위하다. [그림 1.4]에서 제시한 신뢰도-성능-환경-안전-원가, 다섯 개의 항목

은 PHM을 이행하여 CBM+ 본연의 목적을 달성했는지를 확인할 수 있는 지표이자 RCM에서 추구하는 종합적인 최적화를 달성하기 위한 제약조건이라고 할 수 있겠다.

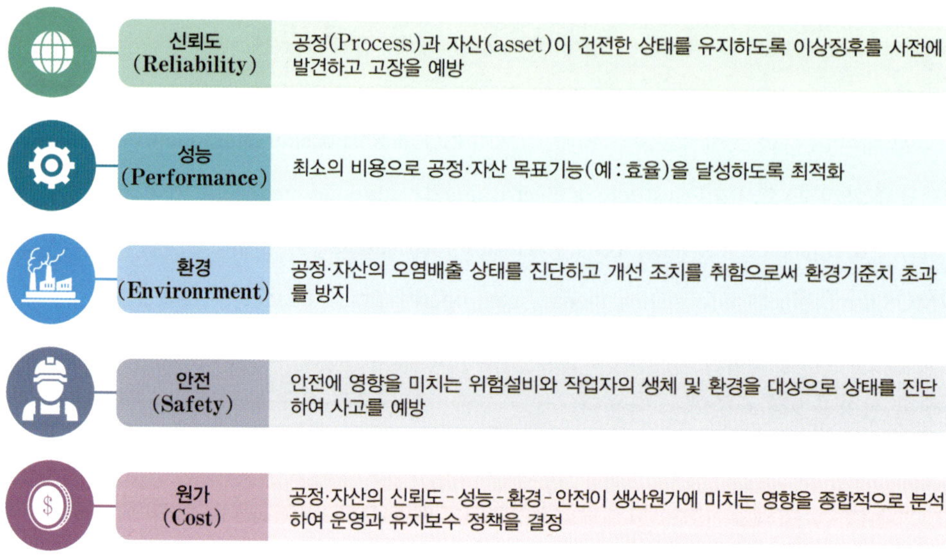

| 그림 1.4 | 공정과 자산의 최적화 측정용 지표(한국PHM학회)

설비 본연의 기능을 수행하는 성능(performance)과 이를 유지하는 신뢰도(reliability), 설비 운영 중에 발생할 수 있는 유해 요소에 대한 환경(environment), 유사시 발생할 수 있는 사고와 관련된 안전(safety) 그리고 마지막으로 위의 모든 지표를 연계하여 현실에서 소요되는 비용을 산정하는 원가(cost)를 PHM 이행에 따른 목표 달성의 척도로서 활용할 수 있다.

1.3 수행 절차

RCM이 산업현장에서 실행력을 가지기 위해서는 신뢰도–성능–환경–안전–원가 다섯 요소의 최적화 달성을 위하여 설비의 수명주기와 현장의 조직구성별로 이행 또는 구현할 수 있는 기술이 필요하며, 이것이 바로 PHM이라는 점을 강조한다.

PHM의 수행절차는 2장부터 4장까지 보다 자세하게 다루며 본 절에서는 기계류 상태감시 및 건전성진단에 대한 국제표준을 국내에서 표준화한 KS B ISO 17359[14]에서 제시된 수행절차를 통해서 간략히 소개한다. 이는 [그림 1.5]에 제시되어 있으며 크게 계획(planning)과 구현(implementation)으로 구분한다.

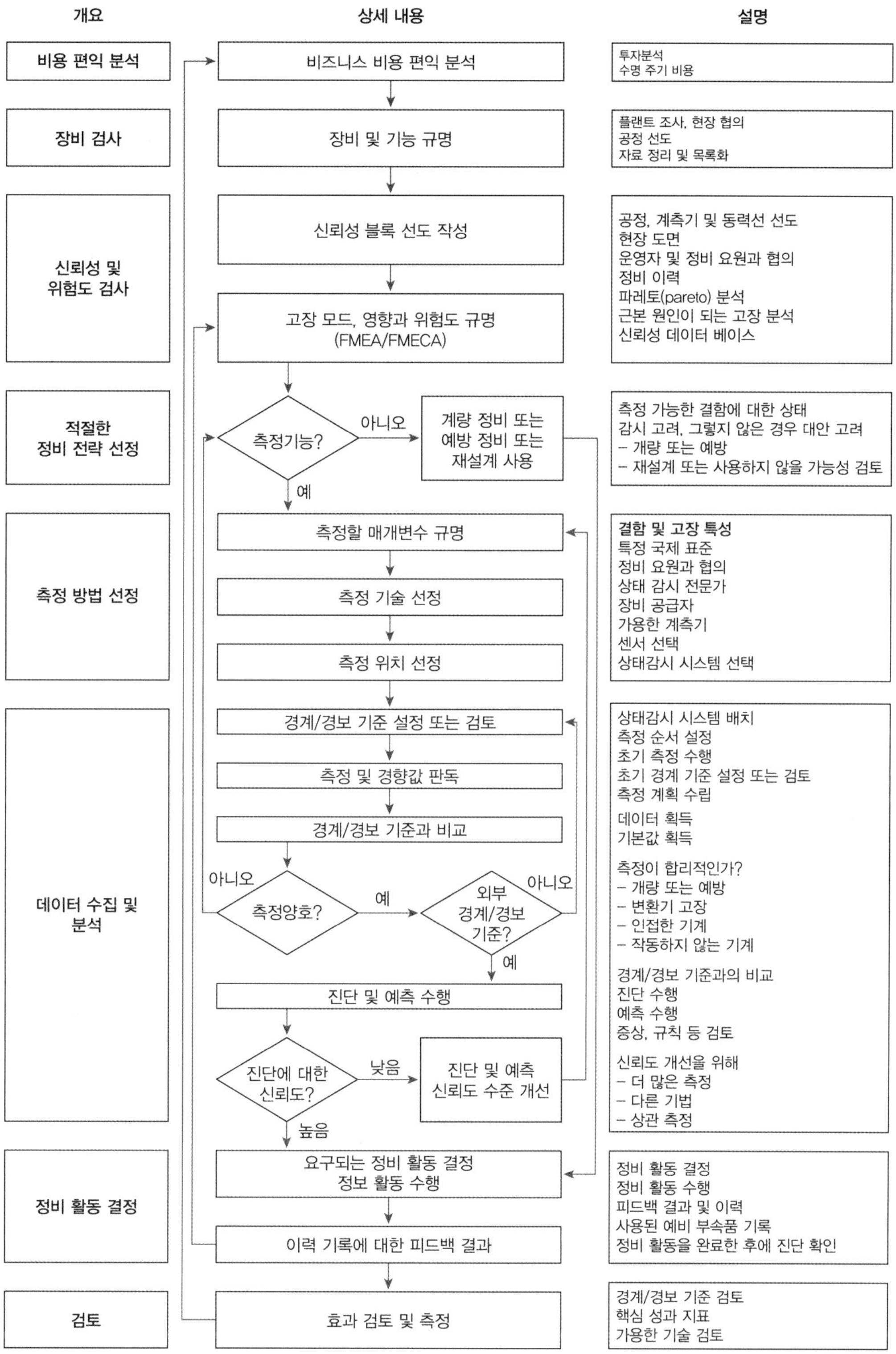

| 그림 1.5 | 설비의 상태감시에 대한 일반 흐름도 (출처: KS B ISO 17359)

계획단계('비용편익분석'부터 '적절한 정비전략선정'까지)에서는 경제성 또는 신인성(dependability) 분석 등을 통해 실제로 PHM을 통해 비즈니스 상의 이득이 될 수 있는지를 살펴보는 것이다. 모든 경우에 PHM이 만능일 수는 없으며, 충분한 기술적 논거와 경제적인 득실을 따져봐야 한다. RCM 기반의 정비전략 추론을 통해, 적절한 방법론 또는 기법을 선정하여야 하며, 예컨대 성능저하를 관찰할 수 있는 지표가 마땅치 않거나 불분명한 경우에 우리는 사후정비나 주기정비를 선택할 수밖에 없다. 계획단계는 3장에서 정비업무 결정이라는 제목으로 보다 자세하게 다룬다.

구현단계('측정방법선정'부터 '정비활동결정'까지)에서는 적절한 상태 감시와 건전성진단 방법을 도입하여야 한다. 여기에서는 데이터의 수집부터 관리, 방법론을 구현하는 하드웨어와 소프트웨어 구비 그리고 전체적인 방법론을 성능 검증하는 것을 포함한다. KS B ISO 17359에서 제시한 흐름도에서는 경보기준 설정, 추세분석, 건전성진단 및 예지가 상당히 포괄적이고 간결하게 나타나 있지만, 협의의 PHM에 특화한다면 이 부분에서 설명되어야 할 다수의 최신 기술이 존재한다. 또한 감시, 건전성진단, 그리고 예지가 충분한 품질로 검증된 솔루션을 활용하여 실제 설비의 상태를 확인하고, 이로부터 나온 결과를 실제 정비관련 의사결정에 적용하는 일련의 조치를 취하게 된다. 구현단계는 4장에서 PHM 시스템 구축이라는 제목으로 보다 자세하게 다룬다.

한편 한국PHM학회에서도 실행절차를 [그림 1.6]과 같이 설계, 가동, 정비의 3단계로 제안한 바 있는데, 이는 앞에서 설명한 것 중 둘째 단계인 구현단계에 해당하며, 이를 세분화한 것이다. 이에 의하면 설계단계에서는 건전성 평가를 위한 측정수단을 마련하고 센서세트 및 건전성 진단예측을 위한 다양한 솔루션을 설계한다. 가동단계에서는 대상이 되는 설비에 대해 개별적 특성을 최대한 반영할 수 있도록 특화된 운전정보를 수집(sensing & feature extraction)하고, 이상감지(detection), 건전성진단(diagnosis), 그리고 고장예측(prognosis) 과정을 거쳐 실제 정비를 위한 의사결정을 지원한다. 가동단계에서 얻은 정비관련 의사결정은 정비단계에서 실제로 조치로 이어지며 그러한 조치의 예로서 시험 또는 검사, 수리 및 교체, 정밀 조정, 그리고 각종 개선조치가 있다.

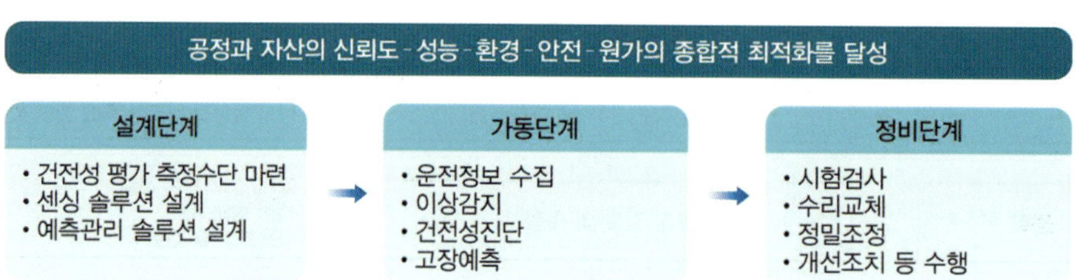

| 그림 1.6 | 공정 및 자산 최적화를 위한 PHM 실행 절차

일반적으로 산업현장에서 설비 관리조직은 인력, 장비, 솔루션 등을 이용하여 고장 발생 징후를 조기에 발견하는 것이 주된 업무이며, 징후가 발견되었을 경우 기능과 성능을 정상화하기 위한 적절한 조치를 취한다. 정비 중에는 다양한 기술을 이용한 시험, 검사를 통하여 잠재 고장요인을 색출하며 수리와 조정으로 기능을 정상화하게 된다. 이중에서 가동 단계에 대해 보다 구체적으로 절차를 설명하면 [그림 1.7]과 같으며 이에 의하면 PHM의 실행은 (1) 센서로부터 데이터를 수집하고 잡음제거, 신호처리 및 특성인자를 추출하는 정보수집 단계, (2) 신호를 모니터하면서 정상운전 데이터와 비교하여 정상범위를 벗어나는지 여부를 확인하는 이상감지 단계, (3) 정상에서 벗어난 경우 원인이 무엇인지, 이를 유발한 부품 고장모드는 어느 것인지, 이들이 얼마나 열화되었는지 평가하는 진단단계, (4) 현재까지의 평가결과를 토대로 고장모드가 어떠한 형태로 미래에 발전하고 설비 성능이 언제쯤 위험수준에 도달할 지를 전망하는 예측단계로 정리할 수 있다.

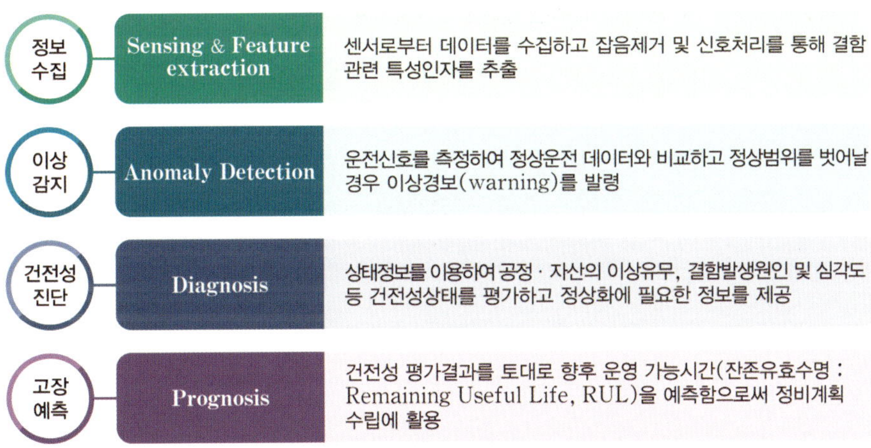

| 그림 1.7 | 가동단계에서 적용되는 PHM의 공통 요소

마지막으로 PHM의 성공적 구현을 위해서는 위의 각 단계를 지원할 수 있는 합리적인 수단이 필요하며 이를 [그림 1.8]에 요약하였다. 또한 PHM 시스템 구축 시 다음과 같은 사항을 고려하는 것이 중요하다.

첫째, PHM을 적용해야 할 핵심 자산을 구별한다.

둘째, 핵심 자산의 건전성을 측정할 수 있는 센싱 방법을 설계하고 개발한다.

셋째, 데이터베이스는 장기간 꾸준히 축적하되, 수치로 측정되는 정형 데이터 외에 정비이력과 같은 비정형 데이터도 매우 중요하다는 점을 인지한다.

넷째, 대상 설비에 대한 데이터가 가장 중요하지만 (의사결정을 돕기 어려울 정도로) 그 양이 적을 수가 있다. 동일한 설비가 다른 환경에서 운전된 데이터도 열심히 확보하여, 인공지능의 성능을 만회하여야 한다.

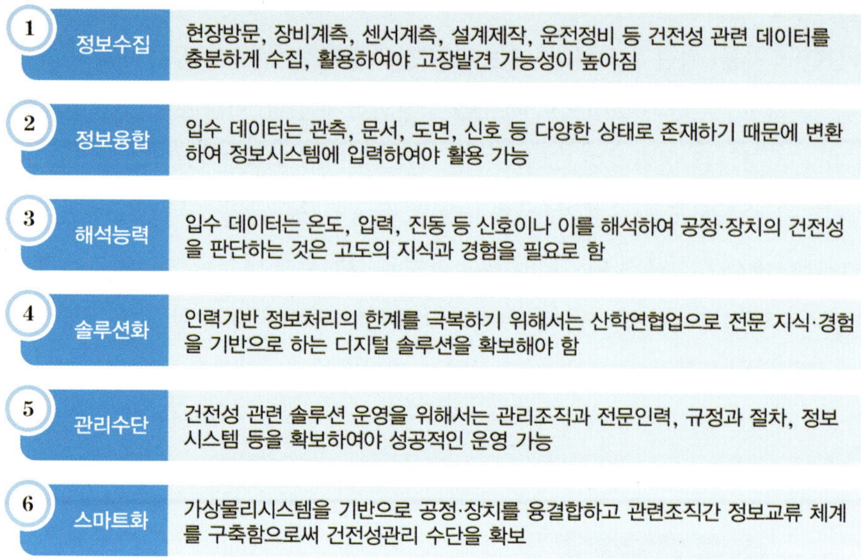

| 그림 1.8 | PHM의 단계별 성공적 수행을 위한 지원 수단

1.4 고도화 전략

4차 산업혁명시대를 맞이하여 디지털 세상에서의 빅데이터가 축적되면서 연결, 공유, 개방 등을 통한 가상화와 지능화 세계로의 경향이 뚜렷해 지고 있다. 이러한 변화는 PHM에도 도약의 기회를 제공하고 있다. 이러한 측면을 반영할 경우 최신의 PHM은 기존의 정비업무에서는 구현되지 못하는 더욱 차별화된 효과를 기대할 수 있으며 이는 다음 세 가지로 요약할 수 있다.

전략1 : 커스터마이징(customizing)

[그림 1.9(a)]에서는 신뢰성 공학에서 흔히 언급되는 욕조곡선으로 일컬어지는 설비 고장률 곡선을 보여주고 있으며, 고장률이 감소하는 초기고장, 고장률이 일정한 우발고장, 그리고 노화로 인해 고장률이 증가하는 마모고장으로 나뉜다. 기존의 예방정비에서는 이러한 곡선을 토대로 고장률이 증가하는 시점, 즉 그림에서 III구간의 시작점을 유효수명으로 정의하고 고장이력 데이터를 이용하여 이를 추정하고 정비주기로 활용하고 있다. 그러나 현실은 설비의 개별특성과 운전조건에 따라 고장률 곡선이 크게 차이가 날 뿐 아니라 [그림 1.9(b)]처럼 고치고 나면 오히려 고장률이 증가하다가 다시 감소되는 현상도 많이 발생하여 차라리 고장이 발

생한 후 정비를 하는 것이 이득인 경우도 있다. 이처럼 예방정비는 개별 설비특성을 고려하지 않은 채 설비수명의 '일반적인' 통계 데이터에 기반하여 정비를 실시함에 따라 동일한 제작사에서 만들어졌어도 가동 환경이나 운전 조건이 다른 경우 발생하는 미묘한 차이를 반영하지 못하고 있다. PHM은 이러한 미묘한 차이까지 잡아 내어 개발 설비에 대해 정비 최적화를 달성하는 기술로서 이는 가장 대표적 특징 중의 하나이다. 최근 개인 환자별로 맞춤형 처방을 지원하는 정밀의료(precision medicine)가 바로 이러한 커스터마이징의 대표적인 사례라고 할 수 있다.

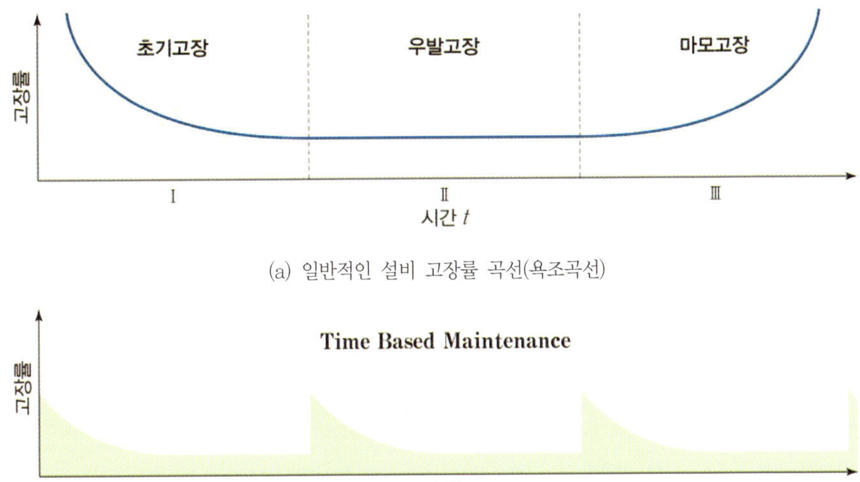

(a) 일반적인 설비 고장률 곡선(욕조곡선)

(b) 주기정비를 실시할 경우 발생하는 실제 설비 고장률 곡선

| 그림 1.9 | 설비의 고장률 곡선

전략2 : 현장지식과 인공지능의 결합

최근의 산업환경은 초연결 시대를 지원할 수 있도록 다량의 데이터를 수집하고 관리할 수 있는 하드웨어(센서)와 소프트웨어(데이터베이스)가 차츰 더 저렴하게 운영되는 방향으로 가고 있다. 불과 10년 전 문헌[15]에서는 가격 부담 때문에 PHM 도입에 대한 어려움을 호소한다는 내용이 자주 등장하였으나, 센서 또는 저장공간 등 하드웨어에 대한 가격은 급격히 해소되고 있다. 그리고 이렇게 확보된 데이터를 이용하여 인공지능에 기반한 모델을 개발함으로써 이전에는 불가능하게 여겨졌던 상세한 설비상태를 모델링 할 수 있게 되었고, 그러한 모델을 사용하면 사람이 미처 인지하지 못했던 미세한 고장 탐지와 진단까지 정확하게 잡아 낼 수 있는 수준에 오르게 되었다. 이것을 [그림 1.10]에 나타내었는데 감시/진단/예지 전 분야에서 센싱기술과 데이터베이스, 그리고 이를 연계하는 인공지능의 도입을 통해 정확성을 높여가는

것이 최신 PHM의 두 번째 특징이다. 그리고 이러한 특징은 앞에서 언급한 커스터마이징을 실제로 구현할 수 있는 방법이기도 하고, PHM의 탄생배경에서 '자율 물류'라는 개념을 언급했듯이, 각 기술요소가 스스로 개선되고 작동하는 방법으로 운영될 수 있는 기법이라고도 하겠다. 단, 여기에서 간과하지 말아야 할 부분으로서 현장지식의 온전한 보존에 대한 중요성을 강조하여야 한다. PHM을 필요로 하는 설비는 보통 고장이 가져다 주는 손실이 큰 경우에 해당되며, 이런 경우에는 설계 여유도를 높게 잡게 되므로, 고장 진단 및 예지를 위한 충분한 자료가 확보되지 않을 수도 있다. 또한 아무리 대규모의 데이터에 의한 효과적인 학습이 뒷받침된다 하더라도, 현장 전문가의 지식(domain knowledge)에 의한 튜닝 과정을 간과할 수 없다. 즉, 어떤 경우에서든지 인공지능은 전문가의 지식과 상호 조율될 필요가 있음을 강조하며, 따라서 전문가의 역할이 중요하겠다.

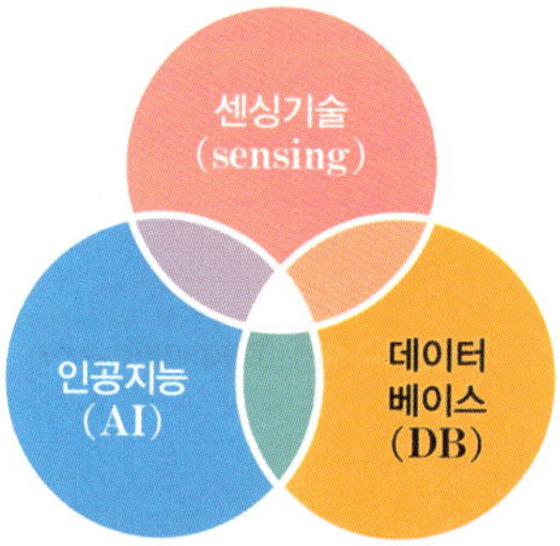

| 그림 1.10 | 최신 PHM에서의 하드웨어, 소프트웨어, 인공지능의 통합

전략3 : 디지털 트윈

마지막은 디지털 트윈으로 언급되는 가상세계가 될 것이다. 디지털 트윈은 앞서 언급한 모든 단계와 방법이 가상공간에 시뮬레이션되는 것을 의미한다. 이는 일종의 '맞춤형 예언자'로서 현실에서 발생할 수 있는 상황을 미리 다양한 관점에서, 다양한 방법으로 살펴봄으로써 실제 세상에서의 성공적인 운영을 꾀하는 것이다. [그림1.11]에 디지털 트윈에서의 PHM 운영 개념을 제시하였다.

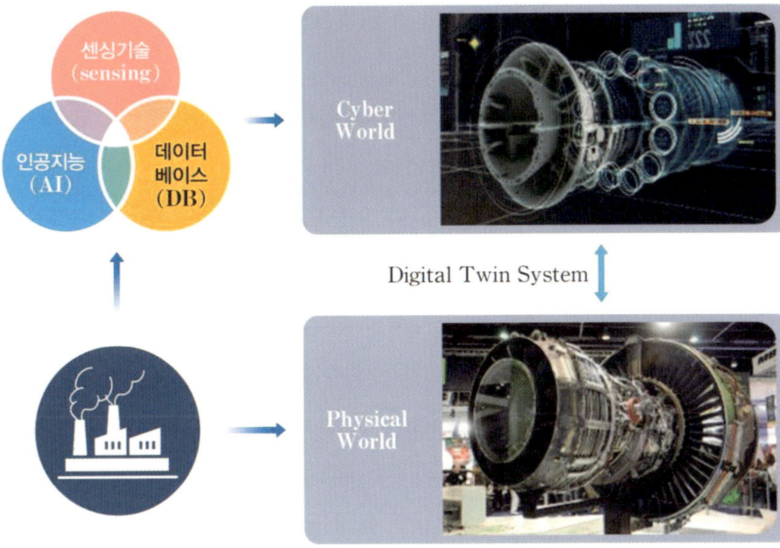

| 그림 1.11 | 디지털 트윈에서의 PHM 운영

다음은 PHM의 기대효과에 대해서 언급한다.

이미 RCM을 큰 틀에서 소개한 바 있으며, RCM의 궁극적인 목표가 정비의 최적화라고 설명했다. 그러나 공정 또는 자산의 수명 주기에는 많은 이해 관계자가 있고, 앞에서 언급한 바와 같이 최적화에 관여하는 여러 지표가 있다. 이해 관계자에 따라 최적화에 관여하는 지표에 대한 가중치가 다를 것이고, 따라서 PHM을 통해 얻고자 하는 것이 다를 것이다. 따라서 PHM의 기대효과를 한마디로 또는 단순한 수치로 설명하기는 쉽지 않다. 하지만 PHM의 특성을 통해 그 기대효과를 다음과 같이 정리할 수 있다.

첫째 장점은 안전을 보장하는 것으로 이는 [그림 1.12]를 통해 설명이 가능하다. 그림에서 설계수명(current service life)은 설계 시에 예상 운영조건(usage)에 기반하여 고장(failure level)까지 사용할 수 있는 수명을 말하며 주기정비(time based services)는 이를 토대로 실시하고 있다. 그러나 실제 운영조건이 설계조건 보다 가혹한 경우(severe usage), 고장은 설계수명 보다 이른 시간에 발생하는데 안전이 중요한 설비의 경우 PHM을 통해 잔존 유효 수명을 예측함으로써 이러한 상황을 방지할 수 있다. 잔존 유효 수명(remaining useful life, RUL)은 현시점에서 고장까지의 남은 시간(또는 사이클, 거리 등)을 말하며 여기서 유효(useful)는 잔존수명이 확률분포로 예측되는데 이중 유효한, 즉 실제로 선택할 값은 신뢰수준을 통해 하한값으로 결정하기 때문에 삽입된 것이다. RUL은 수 초 단위에서 수 년까지 가능하다. 우주왕복선이나 항공기의 경우 단 몇 초만 이전에 설비의 상태를 알려줘도 조종사가 탈출하는 시간을 벌 수 있다. 발전시설의 경우 서서히 진행되는 재료의 마모나 균열은 당장은 큰 사고로 이어지지 않지만, 방치하는 경우 적절한 정비 시간을 놓쳐서 전력수급의 문제나 더 심각하게는 대중에 영향을 끼치는 환경사고를 야기할 수 있다.

다음은 가용도 관점에서의 장점이다. 이것은 [그림 1.12]에서 운영조건이 설계조건 보다 약한 경우(mild usage)에 해당하며 이로 인해 설비를 설계수명 보다 더 오래 사용할 수 있으며, 실제 대부분의 설비가 이러한 조건에서 사용된다. PHM을 통해 건전성 진단예측을 꾸준히 하면서 고장 발생이 임박하기 전에만 정비를 한다면 이로 인해 부가적 이익을 얻을 수 있으며 이는 설비 가용도 향상, 정비비용 절감 등 경제성 측면의 향상으로 설명된다. 뿐만 아니라 정비 과정에서 작업자의 안전문제가 불거질 수 있는 특수 분야[16]에서는 불필요한 유지관리를 줄이는 것이 단순한 비용 절감 차원의 이상이라고 생각할 수 있다. PHM이 최초로 언급되었던 1998년 Scheuren의 자료에 의하면 joint striker fighter의 유지보수에서 인건비 20%와 물류비용의 50%를 절감할 수 있으며 출격임무비율을 25% 증가시켰다고 설명하고 있다. 최근 이 분야의 선도주자인 General Electric의 설명자료[17]에서도 데이터에 입각한 의사결정을 통해 4%의 생산성 향상과 6%의 이익 향상을 거두었다고 발표하였다. 특히 50% 이상 시장에서의 인지도를 높인 부분은 부가적인 장점으로 언급하고 있다.

마지막으로 PHM은 설비의 설계 자체를 최적화하는 데에도 기여하게 된다. 안전자산을 설계할 때에 설비의 중복성(redundancy) 또는 다양성(diversity) 원리가 개입되는 이유는 중요한 설비가 언제 어떻게 고장이 날지 모르기에 이를 대비하는 측면이 크다. 일례로 F-35 joint striker fighter에는 PHM 기능을 보유하고 있어, 한 대의 엔진으로 두 대 엔진의 신뢰도를 달성하

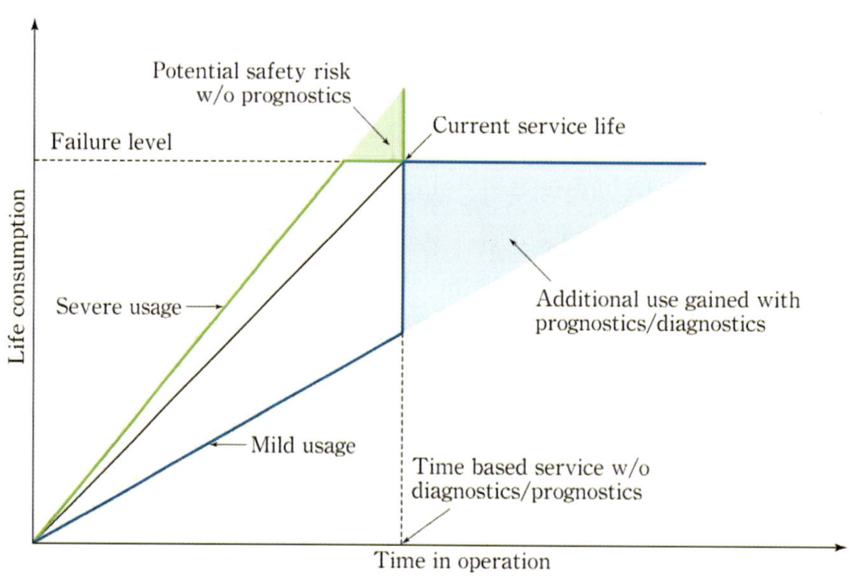

| 그림 1.12 | PHM의 기대효과

고 있다고 밝히고 있다[18]. 이런 경우 설계 비용을 대폭 절감할 수 있으며, 이에 따른 유지보수 비용 역시 연계되어 줄어들게 될 것이다. 또한 재무적인 효과 이외에도 최근 대두되는 사회적 요구(environmental, social and governance, ESG) 관점에서 볼 때, 단순히 금전적인 측면이상으로 기업이 사회적 책무를 달성하는 것을 통해 이미지 관리와 브랜드 가치를 높이는 부분도 결코 무시할 수는 없을 것이다. 따라서 PHM에는 경제성과 효율, 안전성 그 이상의 가치도 활용하기에 따라서는 발현할 수 있음을 강조한다.

그러나 PHM의 이러한 장점에도 불구하고 아직 산업계에 빠르게 뿌리내리고 있지 못한 원인에 대해서는 지적할 부분이 있다. 먼저 하드웨어 또는 소프트웨어 가격이 떨어지고는 있지만, 고장을 감지하는 설비이기 때문에 그 효용성을 보기까지의 투자회수비용이 작지 않다. 따라서 소규모 공정이나 자산을 운영하는 경우에는 도입에 어려운 측면이 있다. PHM 기술 자체에 대한 검증 또한 여전히 부족한 부분이다. 수많은 문헌과 사례에서 PHM의 핵심 기능인 진단과 예측에 대한 정확성을 제시하고 있지만, 아직 시장에서 본격적으로 받아들이기는, 특히 안전성과 직결되어 규제 문제와 결부되는 분야에서는 선뜻 나서기 어렵다. 마지막으로 PHM의 훌륭한 점을 익히 알고 있다고 해도, 기존의 정비 프로세스를 바꾸는 것 자체에 대한 거부감이 있다. 하드웨어 및 소프트웨어에 대한 장착도 필요하지만, 사실 더 중요한 것은 이를 운용하는 인력의 전문지식과 융합이 필요하다는 점이다. 이를 위해서는 관리부서의 직원 교육이 동반되고 많은 업무 체계가 바뀌어야 하는데, 이에 대한 투자 역시 쉽지 않을 것이다. 많은 경우에는 불필요한 비용 투자라고 생각할 수도 있다. 이러한 한계 또는 단점은 산학연의 꾸준한 노력이 필요한 부분이라 할 수 있다.

1.5 주요 용어

다음은 PHM과 관련된 주요 용어에 대하여, 원문과 약어, 간략한 설명을 정리한 것이다. 상세한 내용은 이후에 주제별로 다루어 질 예정이다.

용어	설명
가속수명시험 (accelerated life testing)	단축된 시간 내에 고장 및 잠재적 고장모드를 발견하기 위한 노력으로 정상 운전조건(응력, 변형률, 온도, 전압, 진동율, 압력 등)보다 가혹하게 조건을 적용하여 제품을 테스트하는 프로세스
가용도(availability)	수명주기 동안 정상 가동되는 시간의 비율
감시제어시스템 (operation supervisory & control system)	설비나 시스템의 가동상태를 모니터링하고 최적 상태로 제어하기 위한 시스템
거짓양성(false positive)	결함이 실제로 존재하지 않지만 존재한다고 내린 잘못된 결정
거짓음성(false negative)	결함이 실제로 존재하지만 존재하지 않는다고 내린 잘못된 결정
건전성예측관리 (prognostics and health management)	운전 중 상태 정보를 수집하여 시스템의 이상상황을 감지하고 건전성 분석 및 고장예측을 통하여 고장 시점을 사전에 예측함으로써 설비 운영과 관리를 최적화하는 기술
건전성(health)	설비나 시스템이 운전 중 성능이 열화 되거나 결함이 발생한 경우 그 정도를 나타내는 지표
건전성진단(diagnosis)	상태정보를 이용하여 대상 설비나 시스템의 건전성이 정상에서 벗어난 경우, 결함발생원인 및 심각도 등 건전성 상태를 평가
검증(validation)	PHM 시스템이 실제 설비에 설치되었을 때 의도된 기능을 수행하는지의 여부를 평가하는 품질 보증 프로세스
결함(fault)	고장을 야기하는 시스템 내부의 물리적 또는 논리적 원인. 이는 시스템의 고장을 일으키는 조건이 될 수 있지만, 항상 시스템의 고장으로 전개되지는 않음
결함허용(fault tolerance)	결함이 발생하여도 시스템이 고장으로 이어지지 않고 의도한 기능을 수행할 수 있는 능력
결함구분(fault isolation)	결함발생 원인 및 위치를 파악함
결함확인(fault identification)	결함의 심각도 및 시간적 범위(일시적인지 영구적인지 또는 간헐적인지)를 확인함
경계경보(alarm)	고장임박 상황을 알려 관련자의 조치를 촉구하는 신호 또는 메시지
고장(failure)	기기장치가 당초 설계된 기능을 더 이상 수행할 수 없는 상태
고장간평균시간 (mean time between failure)	시스템 또는 부품의 연속된 고장 사이의 예상 또는 관측 시간

고장기제(failure mechanism)	고장을 일으키는 물리적, 화학적, 전기적, 기계적, 또는 기타 프로세스
결함나무분석 (fault tree analysis)	시스템의 고장을 발생시키는 사상(event)과 그 원인과의 인과관계를 논리 게이트를 사용하여 나뭇가지 모양으로 나타냄으로써 시스템 내 구성품 간 기능 또는 고장의 복잡한 상호작용을 파악하고 고장확률을 구하는 시스템 신뢰도 모델링 방법
고장모드(failure mode)	고장이 야기하는 효과에 따라 고장 형태를 분류해 놓은 것
고장모드 영향 및 치명도 해석 (FMECA)	시스템이나 부품 설계 단계에서 시스템, 서브시스템 또는 부품에 대한 발생 가능한 모든 고장 모드를 식별하고, 이들에 대해 고장 영향 및 원인을 서술하며, 위험도 평가와 시정조치를 취함으로써 설계단계에서 시스템의 고장예방을 위한 개선조치를 하는 것
고장물리 (physics–of–failure)	하중 조건에 대한 시스템의 재료 특성 및 형상 응답에 기초하여 고장 모드 및 메커니즘을 물리적으로 이해하는 접근법
고장선행인자(failure precursor)	고장의 시작 전에 발생한 시스템 변수의 변화
고장예측(prognosis)	현재까지의 건전성 평가결과를 토대로 향후 운영 가능시간, 즉 잔존 유효 수명(remaining useful life, RUL)을 예측
고장탐지(failure detection)	결함이 발생했는지 여부를 식별하는 프로세스로 이상감지와 같은 의미
근본원인(root cause)	고장발생의 가장 근본적인 원인 및 고장유발 조건
누락 경보(missed alarm)	고장임박 시 발령해야 할 경보를 감지하지 못해 놓친 경보
마모고장(wear out failure)	기계적 마모와 같은 요인에 의해 발생하는 시스템의 고장 및 열화의 한 유형
물류(logistics)	고객의 요구 사항을 충족시키기 위해 생산지와 소비지 사이에서의 에너지와 사람을 포함한 상품, 정보 및 기타 자원의 흐름 관리
보전도(maintainability)	대상설비에 대해 정비를 할 경우 주어진 시간동안 정비를 완료(설비 기능을 회복)할 확률
분산제어시스템 (distributed control system)	산업설비의 운전 감시제어를 위한 솔루션으로 하드웨어와 소프트웨어로 구성
불확실성(uncertainty)	어떤 설비의 상태를 추정 또는 예측할 때 관련 메커니즘의 무지 또는 재료나 제작공정 및 센서측정 등 다양한 산포로 인해 발생하는 오차 등을 총칭하는 단어
비상정지(trip)	기기장치의 고장상태로 지속 운전이 위험할 경우 제어장치가 강제로 가동을 중지시키는 조치
사후정비 (corrective maintenance)	시스템이 고장났을 경우 정상작동 상태로 복원될 수 있도록 작업을 수행하는 정비 전략
상태기반정비 (condition based maintenance)	시스템의 상태에 기반하여 필요 시에만 정비를 수행하는 사전 예방적 정비 전략

성능(performance)	여러 매개변수로부터 파생된 기술 프로세스의 동작, 특성 등으로 전력, 효율, 속도, 효율 수준
성능진단센터 (PMDC, M&D center, RMC)	전문가와 솔루션을 이용하여 산업설비의 가동상태를 측정, 진단, 판단하여 최적의 상태를 유지하도록 지원하는 시설
수리평균시간 (mean time to repair)	시스템 기능이 정상 작동할 수 있도록 복원하는 데 필요한 평균 시간
수명종료(end of life)	구성 요소 또는 시스템이 원하는 운전조건 내에서 의도한 기능을 수행하지 못하는 순간
신뢰구간(confidence interval)	상태를 추정 또는 예측할 때 존재하는 불확실성을 나타내기 위해 모수가 어느 범위에 있는지를 확률적 구간으로 보여주는 방법
신뢰도(reliability)	수명기간 동안 원하는 운전조건 내에서 고장없이 성능을 수행할 확률
신뢰성 블록도 (reliability block diagram)	시스템의 구성요소를 블록으로 분류하고 각 블록간 논리적 접속관계를 직렬 및 병렬로 연결하여 표시한 것
신인성(dependability)	수명기간 동안 원하는 기능을 수행할 수 있는 능력으로 신뢰성과 의미가 비슷하나 신뢰성이 설비에 대한 것이라면, 신인성은 가용도, 보전도(RAM) 및 지원도 등 설비의 유지보수 능력까지 포함한 것임
예방정비 (preventive maintenance)	고장이 발생하기 전에 예방적 차원에서 일정 주기마다 정비를 수행하는 정비 전략
예측정비 (predictive maintenance)	시스템의 고장이 언제 발생할 지 예측하고 이를 토대로 사전에 정비 싯점을 정하여 정비인력, 부품 등을 준비하는 정비 전략
응력(stress)	시스템에 가해지는 하중 강도
이상감지(anomaly detection)	운전 중인 시스템이 정상범위에서 벗어났는지 여부를 판단하기 위해 측정되고 있는 상태 데이터에 대해 적용하는 통계적 방법론
이상상태(anomaly)	운전 중인 시스템이 정상범위에서 벗어난 상태
열화(degradation)	의도한 기능의 저하를 초래하는 재료 응력 또는 장비 노화의 누적 효과
잔존 유효 수명 (remaining useful life)	기기장치가 당초 설계된 기능을 수행할 수 없을 시점까지 남아있는 시간
정상값 범위 (dynamic operating range)	시간에 따라 연속 발생하는 계측신호의 통계적 정상운전 범위
조기경보(early warning system)	계측신호를 분석하여 이상징후를 초기단계에 찾아내는 솔루션
지원도(supportability)	예비부품 수급과 같이 수명주기 동안 설비의 신뢰도를 유지하기 위해 필요한 자원을 유지하고 공급하는 능력
중앙제어실(main control room)	산업설비의 운전상태를 감시하고 최적의 상태로 조작, 제어하는 물리적 공간
참양성(true positive)	결함이 실제로 존재하고, 존재한다고 내린 올바른 결정
참음성(true negative)	결함이 실제로 존재하지 않고, 존재하지 않는다고 내린 올바른 결정

투자수익률 (return on investment)	시스템을 개발, 변경 또는 관리하는 데 재원이 투입된 경우 발생하는 금전적 이익
특성인자(feature)	결함 또는 건전성 저하를 잘 표현하기 위해 센서신호를 변환하여 얻어지는 매개변수
확인(verification)	시스템 개발 시 요구된 성능을 만족하는 지 여부를 평가하는 품질관리 프로세스
회복탄력성(resilience)	시스템의 목표 달성 능력에 영향을 미치는 내부 및 외부 불확실성과 잡음에 대한 견고성
히스토리안(historian)	실시간으로 발생하는 데이터를 빠른 속도로 수집, 저장, 배분하는 솔루션

참고문헌

[1] Moubray, J., Reliability centered maintenance, Industrial Press Inc, 1997

[2] http://www.ksphm.org/industry/KSPHM_industry.pdf (Retrieved on October 1, 2022)

[3] U.S. Department of Defense(DoD), Condition based maintenance plus DoD guidebook, 2008.

[4] Prajapati A, Bechtel J, and Ganesan S., Condition based maintenance: a survey. Journal of Quality in Maintenance Engineering, Vol. 18, No. 4, pp. 384-400, 2012.

[5] CBM에 대한 다양한 정의와 최근까지의 사례는 다음을 참고한다.

Teixeira H.N., Lopes I., Braga A.C. Condition-based maintenance implementation: a literature review, Procedia Manufacturing, Vol. 51, pp. 228-235, 2020.

Roemer, M.J. and Atkinson, B., Real-time engine health monitoring and diagnostics for gas turbine engines, Proceedings of the International Gas Turbine & Aeroengine Congress and Exhibition, Orlando, 1997.

Roemer, M.J. and Kacprzynski, G.J., Advanced diagnostics and prognostics for gas turbine engine risk assessment, Proceedings of IEEE Aerospace Conference, 2000.

[6] Scheuren, W., Caldwell, K., Goodman, G., and Wegman, A., Joint strike fighter prognostics and health management, 34th AIAA/ASME/SAE/ASEE Joint Propulsion Conference and Exhibit, 1998.

[7] Hess, A. and Fila, L., The joint strike fighter (JSF) PHM concept: potential impact on aging aircraft problems, Proceedings of IEEE Aerospace Conference, 2002.

[8] https://www.acqnotes.com/Attachments/DoD%20Directive%205000-2-R-new.pdf (Retrieved on October 1, 2022)

[9] Kalgren, P.W., Carl, S.B., Roemer, M.J., and Watson, M.J., Defining PHM, A lexical evolution of maintenance and logistics, IEEE Autotestcon, Anaheim, California, 2006.

[10] 국제표준화기구, http://www.iso.org/iso/en/ISOOnline.frontpage

[11] 미국 전기전자기술자협회, http://www.ieee.org

[12] 국제자동차기술학회, http://www.sae.org

[13] 기계정보관리에 대한 개방형시스템연합, http://www.mimosa.org

[14] 산업표준심의회, 기계의 상태 감시 및 진단 - 일반지침, KS B ISO 17359:2018, 2019.

[15] Hashemian, H.M. and Bean, W.C., State-of-the-art predictive maintenance techniques, IEEE Transactions on Instrumentation and Measurement, Vol. 60, No. 10, pp. 3480-3482, 2011.

[16] Jamie, C., Pradeep, R., Leonard, B., Hines, J., and Upadhyaya, B., A review of prognostics and health management applications in nuclear power plants. International Journal of Prognostics and Health Management. Vol. 6, pp. 1-22, 2015.

[17] https://www.ge.com/digital/product-documentation (Retrieved on October 1, 2022)

[18] Elattar, H.M., Elminir, H.K., and Riad, A.M., Prognostics: a literature review, Complex & Intelligent Systems, Vol. 2, pp. 125-154, 2016.

Chapter

2

시스템 구축 절차

최주호

PHM

Prognostics and health management

앞장에서 소개한 바와 같이 신뢰도중심정비(RCM)가 상태기반정비(CBM), 예측정비(PdM)는 물론 전통적인 예방정비(PM), 사후정비(CM)를 포함하는 체계적 정비전략이라면, 건전성 예측관리(PHM)는 CBM 또는 PdM을 구현하기 위한 구체적인 방법이다. 본 장에서는 이러한 PHM 시스템을 구축하기 위한 절차를 소개한다.

PHM 시스템 구축을 위한 절차와 도구는 국제 표준을 비롯, 다양한 문헌에 소개되어 있는데, 대표적으로 미국 표준연구소(NIST)에서 2014년에 발간한 보고서[1], [2], 국제표준기구 ISO에서 기계류 상태감시 및 건전성진단을 위해 2011년 제정한 ISO 17359[3], 미국 육군에서 항공기의 CBM을 위해 2013년 발간한 ADS-79D-HDBK[4], 그리고 미국 국방부(DoD)에서 무기체계 CBM+를 위해 2008년 발간한 CBM+ DoD Guidebook[5] 등이 있으며, 이들은 PHM을 명시적으로 언급하지는 않지만 실질적으로 PHM의 절차와 도구를 서술한 것으로 보아도 무방하다.

| 표 2.1 | PHM 시스템 구축절차

	PHM BOK	NISTIR	ISO 17359	ADS-79-HDBK	CBM+ DoD
정비업무 결정	• 요구사항식별 • 경제성 분석	• cost benefit analysis	• cost benefit analysis • identify equipment and function	• system design	• identify target application • complete business case • set life cycle metrics
	• 신인성 분석	• dependability analysis	• reliability block diagram • FMEA/FMECA	• FMECA • functional hazard anal' • criticality analysis	• perform RCM/reliability analysis
	• RCM기반 정비 업무결정		• select maintenance strategy (corrective, preventive or re-design)	• RCM/CBM analysis	
PHM 시스템 구축	• 아키텍처, 데이터 관리 설계	• data requirement & management		• data management architecture design	• develop data strategy • develop architecture
	• 센서세트 설계	• measurement technique	• select monitoring method (parameters, meas'ment tech' & locations)		• acquire CBM+ capabilities (sensors, communication, data storage)
	• 데이터 수집 및 분석	• diagnosis • prognosis	• data acquisition and analysis (anomaly detection, diagnosis, prognosis)	• CBM SW develop'nt • CBM HW develop'nt • CBM system integrat'n	• acquire health management software
	• PHM 성능검증	• PHM testing & training		• CBM system validation	• complete pilot field test (demonstrate data management & CBM+ functionality) • resolve performance & cost issue
	• 정비업무 활용	• PHM system deployment	• determine maintenance action	• CBM system deployment	• accomplish CBM+ deployment

[표 2.1]에는 각 문헌에서 제시하는 절차와 도구를 비교하였는데 표에서 보듯이 이들은 서로 비슷하며 이를 토대로 본 PHM BOK 가이드에서 제시할 PHM 시스템 구축절차를 첫 열과 같이 정의하였다. 구축절차는 두 단계로 나누는데, 첫째는 정비업무 결정으로 이것은 PHM 시

스템을 구축하기 전에 구축 필요성을 검토하는 것이다. 즉 다양한 정비업무 중 어떤 것이 가장 효과적인지를 검토하고 그 결과 CBM 또는 PdM이 필요한 것으로 판단되면 그때 둘째 단계인 PHM 시스템을 구축한다.

일반적으로 정비업무는 첫 장에서 소개했듯이 사후, 예방 및 예측정비의 세가지로 구별하지만, 여기에 상태기반을 추가하여 [그림 2.1]과 같이 사후, 예방, 상태기반 및 예측정비의 네가지로 분류하기도 한다. 사후정비(corrective maintenance)는 사용하다가 고장이 나면 교체하는 것으로 고장까지 사용함에 따른 장점은 있으나 고장발생으로 인한 가동정지 및 복구를 위한 손실비용이 발생한다. 예방정비(preventive maintenance)는 수명예측 또는 고장이력을 토대로 설정한 주기에 따라 정기적으로 정비를 하는 것으로 고장예방의 장점이 있으나 상태와 무관한 잦은 정비로 낭비적이며 그럼에도 원천 고장예방은 안되는 문제가 있다. 상태기반정비(condition based maintenance)는 이러한 단점을 극복하기 위해 설비상태를 모니터하면서 고장징후가 나타날 경우에만 정비하는 것이고, 예측정비(predictive maintenance)는 더 나아가서 언제 고장이 발생할 지 사전예측하여 미리 정비인력과 부품을 준비해 놓는 것이다. 상태기반정비와 예측정비는 고장을 예방하면서도 필요 시에만 정비한다는 측면에서 기존의 사후정비나 예방정비의 단점을 극복하는 바람직한 정비업무인 것은 맞으나, 이를 위해서는 센서데이터를 이용하여 고장진단과 예측을 할 수 있는 PHM 시스템의 구축이 필요하며 관련 기술개발과 시간적 비용적 투자가 발생한다.

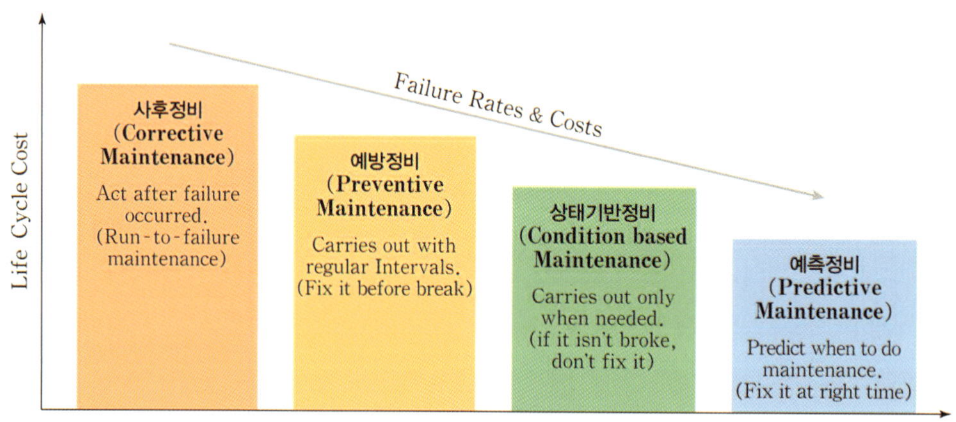

| 그림 2.1 | 정비업무의 종류

이런 점에서 PHM 시스템은 모든 대상 설비에 무조건 구축하면 안되고 표 2.1의 첫단계인 정비업무 분석을 통해서 필요성이 확인되는 경우에만 추진해야 한다. 예를 들어 연료탱크의 경우 라이닝 부식으로 압력저하가 발생하면 엔진출력이 감소하는데, 이러한 고장을 관리하기 위해 사후정비, 예방정비를 비롯, 압력센서 설치를 통한 상태기반정비를 검토할 수 있다. 그

결과 이 설비는 고장 리스크가 낮으므로 유지비 측면에서 사후정비가 더 좋은 선택이 될 수도 있다는 것이다. 따라서 정비업무를 선택한 결과 그것이 상태기반 또는 예측정비로 판단될 때에만 PHM 시스템을 구축해야 한다.

첫째 단계에서는 이러한 선택을 위한 정비업무 결정절차를 소개하고 있으며 이는 다시 3단계로 구성되는데, 첫째는 요구사항 식별과 경제성 분석으로, 대상설비에 대한 유지보수 문제점 및 요구사항을 식별하고 PHM 시스템 구축 필요성을 경제성 측면에서 평가한다. 둘째는 신인성(dependability) 분석으로, 이것은 대상설비 운영 중 신뢰도, 가용도, 보전도(reliability, availability, maintainability, RAM) 및 지원도(supportability)가 얼마나 우수한지를 평가하는 것이며, 수명주기 동안 설비의 신뢰도를 유지(또는 고장관리)하기 위해 운영자가 얼마나 노력하는지를 RAM과 지원도를 통해 분석하는 것이다. 셋째는 신뢰도중심정비(RCM)로, 신인성 분석결과를 토대로 운영 중 설비의 신뢰도를 유지시키기 위한 가장 적합한 정비업무를 결정하는 것이다. 이렇게 하여 적합한 정비업무를 결정한 결과 PHM 시스템 구축이 필요하게 되면, 그때 둘째 단계로 넘어간다.

둘째 단계는 PHM 시스템을 구축하는 것으로 설계(planning)와 구현(implementation)의 두 단계로 구성되며, 이것은 제1장 [그림 1.6]의 PHM 실행절차에서도 설명한 바 있다. 설계단계는 구축을 위한 준비단계로서 시스템 구성도를 위한 아키텍처와 센서데이터를 위한 데이터관리 체계를 확립하고 최적의 센서세트를 설계(종류, 설치위치 및 데이터 수집방법 결정)하는 것으로 구성된다. 구현단계에서는 이렇게 설계된 시스템을 실제 현장 또는 테스트베드에 설치하여 데이터를 수집하고 진단예측을 위한 분석을 수행하며, 의도된 대로 성능이 구현되는지를 검증하고 검증에 성공하면 정비업무에 활용한다. 데이터 수집 단계에서는 다양한 신호처리와 특성인자추출이 수행되며, 진단예측에서는 이상여부를 판단하는 이상감지, 현재의 건전성 상태를 평가하는 건전성진단, 그리고 언제 고장수준에 도달할 지 예측하는 고장예측을 수행한다.

[표 2.1]에서 소개하는 정비업무 결정 작업이 중요한 이유는 많은 PHM 시스템 개발자나 관리자가 대상 정비업무가 PHM시스템이 필요한 업무인지를 사전에 검토하지 않거나, 필요하더라도 PHM 시스템의 체계적 설계를 생략한 채 구현에만 관심을 가지기 때문이며, 이러한 과정 없이 PHM 시스템을 구축할 경우 필요없는 개발이 되거나, 시행착오를 거쳐 실패할 가능성이 높게 된다. 이어지는 각 절에서는 [표 2.1]에서 정의한 각 단계별 내용을 간단히 소개함으로써 전체적 이해를 돕고, 더 자세한 것은 3장과 4장에서 각각 정비업무 결정, PHM 시스템 구축에 대해 세부 절차와 도구 위주로 설명한다.

2.1 정비업무 결정

2.1.1 요구사항 식별 및 수명주기 비용분석

PHM 시스템의 필요 여부는 요구사항 식별에서 출발한다. 요구사항 식별은 대상설비에 대해 총수명주기 동안 신뢰도, 가용도 및 보전도(RAM)가 어느 수준으로 운영되는 지를 파악하고 그것이 목표에 미달하는지를 확인하는 것이다. 그 결과 목표에 미달하면 운영기간 동안 목표를 유지하기 위한 정비정책을 수립해야 하며, 그것이 단순히 예방정비를 하는 정도로 충분한지, 아니면 PHM시스템을 구축하여 센서데이터를 이용한 예측정비를 해야 하는지를 결정하는 것이다. 이를 위해서는 총수명주기를 대상으로 해당 정비업무 시행으로 인한 비용 대 효과 분석, 즉 이로 인해 RAM 값 및 관련 비용(Cost)이 얼마나 개선되는지를 분석해야 한다. 참고로 RAM에 대한 정의는 많은 문헌에 소개되어 있는데 본 장에서는 CBM+ DoD Guidebook의 것을 소개한다[5].

신뢰도(reliability)는 주어진 시간 동안 시스템이 고장없이 성능을 수행할 확률을 말한다. 이것은 고장간 평균시간(mean time between failures, MTBF)을 통해서도 표현하며 수명주기를 그동안 발생한 고장횟수로 나누면 구할 수 있다. MTBF가 길수록 높은 신뢰도의 시스템이라 할 수 있다.

가용도(availability)는 사전적으로는 주어진 시간동안 시스템이 정상가동할 확률로 정의되며, 언뜻 보면 신뢰도와 혼동되므로 조심해서 이해해야 한다. 이것은 수명주기 동안 정상가동되는 시간의 비율이라고 생각하면 되며, 다른 관점에서는 총 설비 대수 대비 가동 중인 대수의 비율로 설명하기도 한다. 총 설비 대수에는 고장 또는 예방정비로 인해 불가동 중인 것들이 포함된다. 당연한 얘기이지만 불가동인 것들이 적을수록 가용도가 높음을 알 수 있다.

보전도(maintainability)는 대상설비가 다양한 이유로 인해 정비를 해야 할 경우 주어진 시간 동안 정비를 완료(설비기능을 회복)할 확률로 정의된다. 보전도 역시 실제로는 평균정비시간(mean time to repair, MTTR) 또는 더 넓게는 평균 불가동시간(mean down time, MDT)을 통해 표현한다. 불가동시간, 즉 회복시간이 상대적으로 짧을수록 더 우수한 정비 시스템이라 할 수 있다.

참고로 높은 가용도를 달성하기 위해서는 MTBF가 길고(신뢰도가 높고), MTTR이 짧은 (보전도가 우수한) 것이 좋음을 알 수 있으며 간단하게 다음 식과 같이 표현된다.

$$A = \frac{MTBF}{MTBF + MTTR}$$

수명주기 비용(life cycle cost)은 수명주기 동안 설비를 운영하는데 소요되는 제반 비용을 말하며, 여기에는 부속품 지원비용도 포함한다.

한편 PHM시스템 구축을 검토할 때 수명주기 비용분석 외에 추가로 검토할 사항으로 관련 산업의 규정(regulation), 정책(policy), 또는 표준(standard) 조사가 있다. 이를 통해 PHM이 비용분석과 상관없이 추진되어야 하는지 또는 어떤 정책적 혜택이 부여되는지 파악하고 그에 따라 결정이 달라질 수도 있다는 점을 명심해야 한다. 수명주기 비용분석에 대한 자세한 내용은 3.1절에서 다룬다.

2.1.2 신인성 분석(dependability analysis)

PHM시스템을 구축하는 이유 중 하나는 대상 설비가 주어진 기간 동안 고장없이 성능을 발휘하기 위함이며 이를 보장하기 위해서는 설계개발에서 운영에 이르기 까지 여러 단계에서의 노력이 필요한데 이를 한마디로 고장관리(failure management)로 정의한다. 설계단계에서는 시스템 개발 시 신뢰도분석을 통해서 수명 신뢰도를 예측하고 목표에 미달할 경우 derating(목표수준에 부합하기 위해 하중을 경감하거나 설계를 보강하는 것), 이중설계(redundancy), 사용 중 구조변경(reconfiguration) 등을 통해 고장을 예방해야 한다. 그런데 이러한 예측을 통해 설계 했더라도 실제 운영 중 불만족될 수도 있고 또는 의도적으로 높은 신뢰도로 설계하면 코스트가 지나치게 높거나 여러 제한으로 인해 불가능한 경우가 있다. 이런 경우에는 운영단계에서의 고장관리가 필요하며, 이것이 여러가지 정비업무를 통해 가능하게 된다. 이처럼 수명주기 동안 고장관리를 위해 다양한 시나리오가 있을 경우 이에 대해 신뢰도, 가용도, 보전도 및 지원도가 얼마나 우수한지를 평가하는 것을 신인성 분석(dependability analysis)이라 한다. 신인성 분석에는 고장모드 영향 및 치명도 해석(failure mode, effects & criticality analysis, FMECA), 결함나무분석(fault tree analysis, FTA), 신뢰성 블록도(reliability block diagram, RBD) 등 신뢰성 공학에서 다루는 여러 기법들이 포함되어 있으며 이에 대한 자세한 설명은 3장에서 다룬다.

2.1.3 신뢰도 중심 정비(RCM) 기반 정비업무 결정

신뢰도 중심 정비(RCM)는 대상 설비에 대한 FMECA 수행결과를 토대로 RCM에서 제공하는 논리 흐름도를 적용하여, 신뢰도, 가용도, 보전도(RAM)를 목표치로 유지하면서 총수명비용을 최소화하는 정비업무를 정하는 방법론이다.

본 서에서는 정비업무의 종류를 [그림 2.1]에서 소개한 바와 같이 사후, 예방, 상태기반 및 예측정비로 분류하고 있는 반면, 여러 RCM 관련 문헌에서는 다소 다른 방법으로 분류하고 있다. NASA에서 발간한 RCM Guide[6]에서는 사후정비, 예방정비, 예측적 시험검사(predictive testing and inspection)기반 정비 및 선제(proactive) 정비로, RCM process를 서술한 MIL-STD-3034A[7]에서는 상태기반(condition directed), 주기기반(time directed), 고장탐구(failure finding, FF), 서비스(servicing, S), 윤활(lubrication, L) 업무로, IEC 60300-3-11[8]에서는 상태모니터링 및 검사(condition monitoring and inspection, CMI), 고장탐구, 주기적 회복/교체(scheduled restoration/ replacement), 사후정비로, 그리고 RCM 표준을 다룬 SAE JA 1012[9] 및 Moubray의 RCM Textbook[10]에서는 상태기반(on condition), 주기적 회복/폐기(scheduled restoration/ discard), 고장탐구, 사후정비로 분류하는 등 문헌 마다 다양한 방법으로 분류하고 있다.

그러나 이들 정비업무 분류를 잘 살펴보면 대체로 사후정비, 예방정비(주기적 회복과 폐기, 서비스 및 윤활은 주기적 회복에 속함), 상태 기반 정비(condition monitoring, on condition), 그리고 고장탐구(이것은 보조설비나 보호장비가 있는 경우로 특별히 취급해야)의 네 가지로 정리할 수 있으며 이를 [그림 2.2]에 나타내었다. 여기서 특이한 점은 최근 많이 언급되는 예측정비가 기존 문헌에서는 없으며, 이는 아마도 기존문헌이 십여년 전에 발간되었고 당시 예측정비는 실제 현장에서 아직 정착되지 않았기 때문으로 판단된다. 따라서 기존의 분류에서는 예측정비를 상태기반업무의 차세대 버전으로 포함하면 될 것이다. RCM에 대한 보다 자세한 내용은 3.3절에서 설명한다.

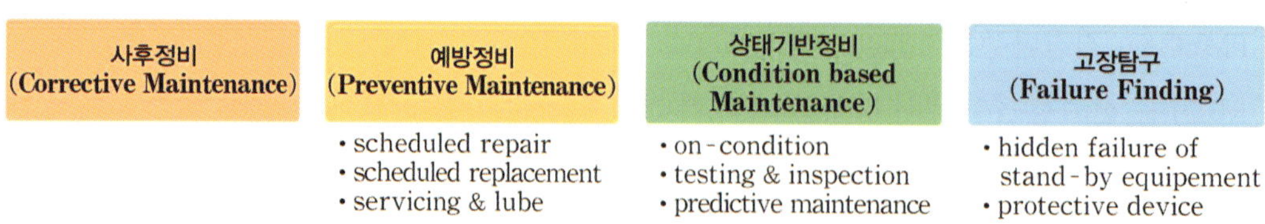

| 그림 2.2 | 문헌이나 표준에서 분류하는 정비업무

일반적으로 현재의 정비는 사후정비와 예방정비가 대부분을 차지하는 반면 RCM 논리를 적용하게 되면 상태 기반 정비(예측정비를 포함) 비율이 증가하게 된다. 상태 기반 정비를 위해

서는 센서설치 및 데이터 수집저장을 위해 비용이 발생하므로 초기에는 유지보수비용이 증가하지만 시간이 지남에 따라 투자비가 회수되고 장기적으로 총수명 비용이 감소되는데 이를 [그림 2.3]에 도식화하였다[6]. 그림에서 보듯 기존에는 모두 사후 및 예방정비를 하고 있으나 시간이 지남에 따라 상태기반정비가 증가하면서 총비용이 감소한다. 그러나 여기서 강조할 것은 사후 및 예방정비가 모두 상태기반정비로 바뀌지는 않으며 필요한 설비에 대해서만 적용하므로, 나머지는 여전히 사후 및 예방정비를 따름을 보여주고 있다.

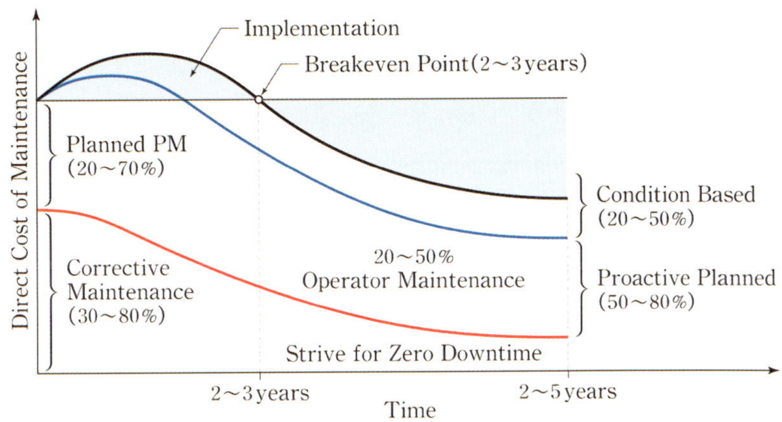

| 그림 2.3 | 상태기반정비 확대로 인해 시간이 지날수록 총유지비용 감소

본 절에서는 첫째 단계인 정비업무 결정과정을 간략히 소개하였다. 핵심은 대상설비에 대해 RAM 수준을 파악하고 그것이 목표값을 유지하기 위해 어떤 정비정책을 수립해야 하는지, 그리고 그것이 상태기반정비나 예측정비로 판단되면 그때 PHM시스템을 구축하라는 것으로 요약된다.

2.2 PHM 시스템 구축

2.2.1 아키텍처 및 데이터관리 설계

아키텍처는 PHM을 위한 시스템 또는 프로세스 구성도, 구현요소 간 상호관계 및 구현요소 대 주변환경 간 상호관계를 표시하고 설계와 구현을 위한 가이드라인을 담은 것이다. PHM 수행 프로세스를 아키텍처를 통해 표현함으로써 전 과정을 손쉽게 조망할 수 있으며 관리자, 운영자, 발주자 등 모든 이해관계자와 원활히 소통하는 도구로 활용할 수 있다. 또한 단계별 수행 및 점검할 내용, 도구 및 단계간 인터페이스를 쉽게 식별함으로써, 시행오차를 줄이고 개발비용을 효율화할 수 있다[5].

효율적 PHM 시스템 구축을 위해서는 공개된 시스템이나 표준을 적용하는 것이 바람직하다. 개방형 시스템이란 데이터 활용 및 소프트웨어 개발 시 특정 기법이나 제품에 의존하지 않고 되도록 표준화 규격이나 상용제품을 사용한 시스템을 말한다. 이러한 표준화 아키텍처를 이용함으로써 시스템을 개선할 경우 처음부터 재설계를 하는 것이 아닌 점진적 개선을 통한 시스템 업그레이드가 가능하며 그 결과 총수명 비용이 감소된다.

ISO 13374-1[11]에서는 이를 위해 데이터 처리, 통신, 상태모니터링과 건전성진단정보의 현시(display)를 위한 표준화된 규격 및 지침을 소개하고 있으며, 이것은 미국의 기계정보관리 개방시스템 협의회(machinery information management open system alliance, MIMOSA)에서 만든 open system acrchitecture (OSA)-CBM과 같다[12]. 이러한 표준이 제정된 이유는 '90년대 말 미해군에서 표준화된 아키텍처 없이 상태 기반 정비 시스템을 구축하면서 시스템 유지보수에 매년 수십억 달러를 지출한 것이 계기가 되었는데 이 중 많은 부분이 무분별하게 개발된 소프트웨어 하드웨어의 유지보수였다. 이를 해결하기 위해 2001년 개방형 아키텍처 OSA−CBM을 개발하였고, 그 결과 표준화된 방법론 및 하드웨어, 소프트웨어를 이용함으로써 PHM 개발 관련 총비용을 절감할 수 있었다. 이것은 마치 안드로이드 앱장터를 만들면 업체들이 이 플랫폼에서 표준을 지켜 개발하고, 유저들이 사용하는 것과 같은 이치다. 이에 대한 자세한 내용은 4.1절에서 설명한다.

2.2.2 센서세트 설계

PHM 구현을 위해서는 센서 데이터의 수집이 필수이며, 이를 위해서는 대상설비의 고장 또는 열화상태를 잘 나타내는 매개변수를 알아야 하고, 이를 바탕으로 그것을 측정할 수 있는 적절한 센서 또는 측정장비의 선택이 필요하다. 이것은 경우에 따라 운영 중인 시스템에서 운전제어를 위해 이미 설치된 센서일 수도 있고 새로운 센서의 추가가 될 수도 있다. 그것이 어떤 것이 되었든, 대상설비의 고장 또는 열화상태를 모니터링 하기 위한 적절한 센서종류를 정하고 어떤 센서를 어느 위치에 얼마나 배치할 것인지에 대한 분석이 필요하다. 이러한 노력 없이 센서 종류와 위치를 임의로 정하여 데이터를 수집할 경우 고장을 제대로 감지하지 못하거나 지나치게 높은 비용이 발생하거나 과도한 데이터 수집으로 비효율이 초래될 수 있다.

참고로 센서세트 설계는 비교적 최근 연구되는 분야로 기술이 확립되어 있지 않고 따라서 관련 표준도 아직 발견되지 않고 있다. 그럼에도 불구하고 산업계에서는 센서기반 건전성진단

예지가 매우 활발히 수행되고 있고 센서세트 설계방법 확립에 대한 요구도 함께 증가하고 있다. 이러한 수요에 부응하기 위해 최근 20년간 몇몇 솔루션 업체는 관련 소프트웨어를 출시했는데, 본 서에서는 4.2절에 그 중 한 사례를 소개함으로써 센서세트 설계에 대한 이해를 돕고자 한다.

2.2.3 신호 수집 및 분석

센서세트 설계를 통해 적절한 센서가 선정되면 데이터 수집장치를 이용하여 신호를 수집해야 한다. 이때 센서신호는 설비에 부착하여 연속(온라인)으로 수집할 수도 있지만, 센서비용이 높거나 접근이 어려울 경우 휴대용 장비를 이용하여 주기적(오프라인)으로 수집할 수도 있다.

센서로부터 데이터가 수집되면 [그림 2.4]와 같이 PHM의 구현단계에 따라 다양한 분석이 수행된다. 이것은 대체로 4단계로 진행되며, 첫째 불필요한 신호를 제거하는 신호처리와 고장에 유효한 것을 선별하는 특성인자추출, 둘째 정상이탈 여부를 감지하는 이상감지(결함감지 또는 조기경보라고도 함), 세째 건전성상태를 진단하는 건전성진단, 넷째 고장까지의 잔존 유효 수명을 예측하는 고장예측으로 구성된다.

PHM의 단계 중 건전성진단에 대해서는 국제표준 ISO 13379-1[13]에서, 고장예측에 대해서는 ISO 13381-1[14]에 내용이 서술되어 있으며, 이들을 중심으로 4장에 해당 내용을 설명하였다. 한편 최근 건전성진단 및 고장예측과 관련하여 진보된 그리고 유용한 많은 기법들이 소개된 반면 ISO에서는 아직 수록되지 않고 있는데, 이유는 현장에서 확실하게 검증되어야 표준으로 채택되기 때문으로 판단된다. 또한 ISO에서는 건전성진단 예지를 다루는 반면 이상감지는

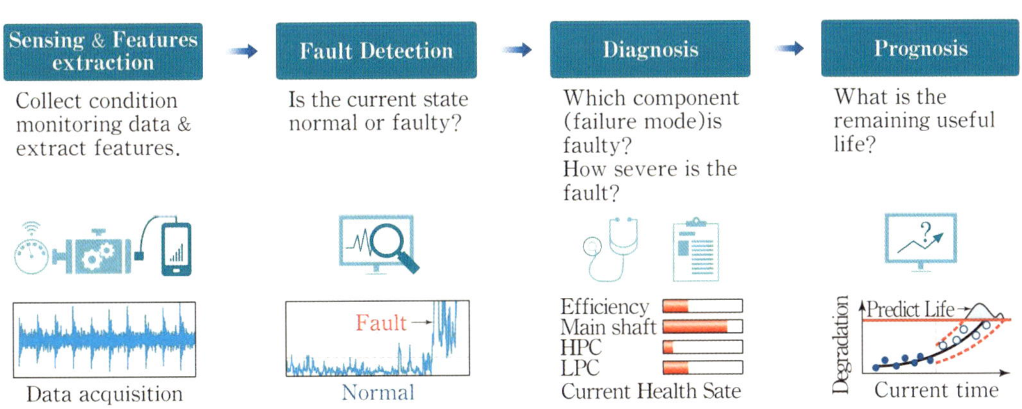

| 그림 2.4 | PHM 구현의 4단계

별도로 다루지 않고 있는데, 실제 현장에서 가장 많이 필요한 단계이므로 이것도 따로 소개할 필요가 있다. 따라서 ISO에서 서술한 내용 외에 이상감지를 비롯, 최근 현장에 유효하게 사용되는 인공지능 기반 기법도 일부 소개함으로써 PHM 시스템을 구축하고자 하는 관리자, 실무자들의 실용적인 도움이 되고자 한다.

2.2.4 PHM 성능검증

PHM 시스템 개발결과를 평가하기 위해서는 성능검증을 실시해야 하는데 이는 확인(verification) 및 검증(validation)의 두 단계로 구성되며 약어로 V&V로 표시한다[4]. 사전적 정의에 의하면 확인(verification)은 주로 개발된 소프트웨어가 오류없이 작동되는지 확인하는 것인 반면 검증(validation)은 구현하려는 기능이 당초 목표대로 구현되는지를 평가하는 것이다. PHM 시스템에서의 검증은 고장을 제대로 진단하고 남은 수명을 정확히 예측하는지를 평가하는 것으로, 이를 위해서는 관련 평가지표와 목표가 사전에 정의되어야 하며, PHM을 구현한 결과 평가지표가 목표를 만족해야 한다. 보다 자세한 내용은 4.7절에서 확인할 수 있다.

참고문헌

[1] Vogl, G.W., Weiss, B.A., and Alkan Donmez, M., Standards related to prognostics and health management (PHM) for manufacturing. US Department of Commerce, National Institute of Standards and Technology, 2014.

[2] Vogl, G.W., Weiss, B.A., and Alkan Donmez, M., Standards for prognostics and health management (PHM) techniques within manufacturing operations, Proceedings of the Annual Conference of the Prognostics and Health Management Society, Vol. 6, No. 1, 2014.

[3] International Organization for Standardization(ISO), ISO 17359:2011, Condition monitoring and diagnostics of machines - General guidelines, 2011.

[4] U.S. Army, ADS-79C-HDBK, Aeronautical design standard handbook for condition based maintenance systems for US army aircraft, 2012.

[5] U.S. Department of Defense(DoD), Condition based maintenance plus DoD guidebook, 2008.

[6] U.S. National Aeronautics and Space Administration(NASA), Reliability-centered maintenance guide: for facilities and collateral equipment, 2008.

[7] MIL-STD-3034A, DoD Standard Practice Reliability-Centered Maintenance (RCM) Process, 29 April 2014.

[8] International Electrotechnical Commission(IEC), IEC 60300-3-11, Dependability management Part 3-11: Application guide - Reliability centered maintenance, 2009.

[9] SAE International, JA1012, Surface vehicle/aerospace recommended practice: A guide to the reliability-centered maintenance (RCM) standard, 2002.

[10] Moubray, J., Reliability-centered maintenance, Industrial Press Inc., 1997.

[11] International Organization for Standardization(ISO), ISO 13374-1:2003, Condition monitoring and diagnostics of machines - Data processing, communication and presentation - Part 1: General guidelines, 2003.

[12] Machinery Information Management Open System Alliance(MIMOSA), Condition based operations for manufacturing, 2004.

[13] International Organization for Standardization(ISO), ISO 13379-1:2012, Condition monitoring and diagnostics of machines-Data interpretation and diagnostics techniques - Part 1: General guidelines," 2012.

[14] International Organization for Standardization(ISO), ISO 13381-1:2004, Condition monitoring and diagnostics of machines - Prognostics - Part 1: General guidelines, 2004.

Chapter

3

정비업무 결정 절차 및 도구

최주호

3.1 수명주기 비용분석(life cycle cost analysis)

3.2 신인성 분석(dependability analysis)

3.3 신뢰도중심정비(RCM)에 의한 정비업무 선정

PHM 시스템의 구축은 [표 2.1]에서 기술한 것과 같이 두 단계로 구별되는데 본 장에서는 첫째 단계인 정비업무의 결정을 위해 필요한 절차와 도구를 설명한다. 주요 과제는 수명주기 비용분석, 신인성 분석 및 신뢰도중심정비이며 이를 각 절에 소개하였는데, 주제 마다 단순한 설명에만 그치지 않고 되도록 예제나 사례를 포함함으로써 독자의 이해를 돕도록 하였다.

3.1 수명주기 비용분석 (life cycle cost analysis)

3.1.1 수명주기 비용분석 개요

본 절에서는 수명주기 비용분석에 대한 비교적 자세한 개념과 도구를 소개하며, 많은 부분이 국제전기기술위원회(international electrotechnical commission, IEC)에서 발간한 신뢰성 표준 IEC 60300-3-3 Life cycle costing[1]을 참조하였다. 참고로 이 내용은 KS규격 KS A IEC 60300-3-3[2]에 한글화 번역본으로도 작성되었다. 수명주기 비용분석은 수명주기 동안 설비를 운영하면서 발생하는 비용을 분석하는 것으로 그 목적은 여러가지 정비정책을 운영할 경우 각각에 대한 비용을 비교하고 최선의 트레이드오프 결정을 하려는 것이다.

일반적으로 대상설비의 수명주기는 개념정의, 설계개발, 시공, 설치 및 시운전, 운영 및 유지관리, 성능개량 또는 수명연장, 해체 및 폐기의 순서로 구성된다. 수명주기 비용은 제시한 일련의 과정에서 발생하는 일체의 비용을 의미하며, 이 중 개념정의에서 시운전 까지를 구축(acquisition)으로 정의하기도 한다. 비용 중에는 운전 중 발생할 수 있는 리스크를 비용으로 정량화하는 분석도 포함해야 한다. 이를 위해서는 신인성(dependability) 즉, 신뢰도, 가용도, 보전도(RAM) 및 지원도에 관한 기술적 경제적 분석이 필요하며 여기에는 리스크가 고장으로 이어졌을 경우에 대한 손실복구비용을 포함한다. 이렇게 하여 도출되는 수명주기 비용은 시스템 개발 시 필요한 예산추정의 기초 데이터로 사용된다.

수명주기 비용 계산은 많은 선택지가 가능한 시스템 개발 초기 단계에 시행하는 것이 더 바람직하며, 그 결과 총수명 관점에서 더 경제적으로 우수한 선택을 할 수 있다. 즉 시스템 설계가 구체화되면 될수록 수명주기 비용이 점점 구체화되고 이를 변경할 수 있는 기회는 줄어든다. 수명주기 비용계산에는 유형 및 무형 비용만 고려되며 수익이나 기대효과는 포함되지 않는다. 수익이나 기대효과는 수명주기 비용계산이 아닌 후속 재무분석이나 경제적 트레이드오프 분석에서 기술한다. 비용분석 과정에서 미래 운전 중 발생하는 비용은 단일값으로 나타내는 것이 일반적이지만, 시스템의 미래 거동에 대한 불확실성을 정량적으로 분석할 수 있다면 비용을 확률 분포로 표현할 수도 있다. 운전 중 발생할 수 있는 리스크 비용에는 단순히 고장 손실비용 뿐 아니라 공익성 및 기업 이미지 손실 같은 무형요소도 비용화해야 한다.

비용분석은 구축과 운영 단계로 나뉘는데, 전자는 설계에서 행하는 것으로, 예를 들어 건물 열관리 설계 시에 빌딩에 단열재료를 넣어 시공할지, 난방기기 설치를 통해서 온도제어 방식으로 운영할 지를 비용분석 통해서 결정하는 것이다. 운영 단계는 여러 정비방식(예를 들어 예방정비 대 사후정비) 중에서 수명주기 동안 신뢰도, 가용도 및 보전도와 관련되어 발생하는 비용을 비교하여 더 경제적인 정비정책을 결정하는 것이다. 정비정책과 관련된 비용분석을 수리수준분석(level of repair analysis, LORA)이라고 하는데, 이것은 해당 정비업무에 따라 정비장소, 정비업체, 예비부품조달 등과 관련하여 발생되는 비용을 분석하는 것이다.

비용분석은 구축과 운영 단계를 대상으로 수행해야 한다. 예를 들어 설계 단계에서 목표 신뢰도를 만족(높은 안전도를 유지)하기 위해 이중으로 부품을 적용하는 중복설계를 할 수도 있으나 이는 개발비용 증가를 초래한다. 반면에 운영단계에서 PHM 시스템을 구축하여 상태기반이나 예측정비를 시행함으로써 고장을 예방하면서 높은 가용도를 달성할 수도 있다. 결국 이러한 선택은 총수명 비용 관점에서 투입 대 이득 비용(cost/benefit)을 비교하여 결정해야 한다.

3.1.2 수명주기 비용분석 절차

IEC 60300-3-3에서는 수명주기 비용계산 과정을 [그림 3.1]과 같이 제시하고 있으며 각 단계별 내용을 다음에 간단히 정리하였다.

계획 수립

계획 수립(plan the analysis)에서는 첫째 및 둘째 단계에서 분석목표와 범위를 정하며, 이를 위해 대상설비, 대상기간(수명주기), 사용할 운영환경을 정의하고 몇가지의 정비정책 시나리오를 선정한다. 셋째, 비용분석에 필요한 제한사항, 즉 성능 및 신뢰도, 목표 가용도, 허용가능한 최대원가 등을 파악한다. 넷째, 관련 재무변수를 검토한다. 일반적으로 수명주기 비용분석에는 여러 재무변수가 존재하는데 예를 들어 재무 기준일, 세금, 할인율 또는 인플레이션 비율 등이 있다.

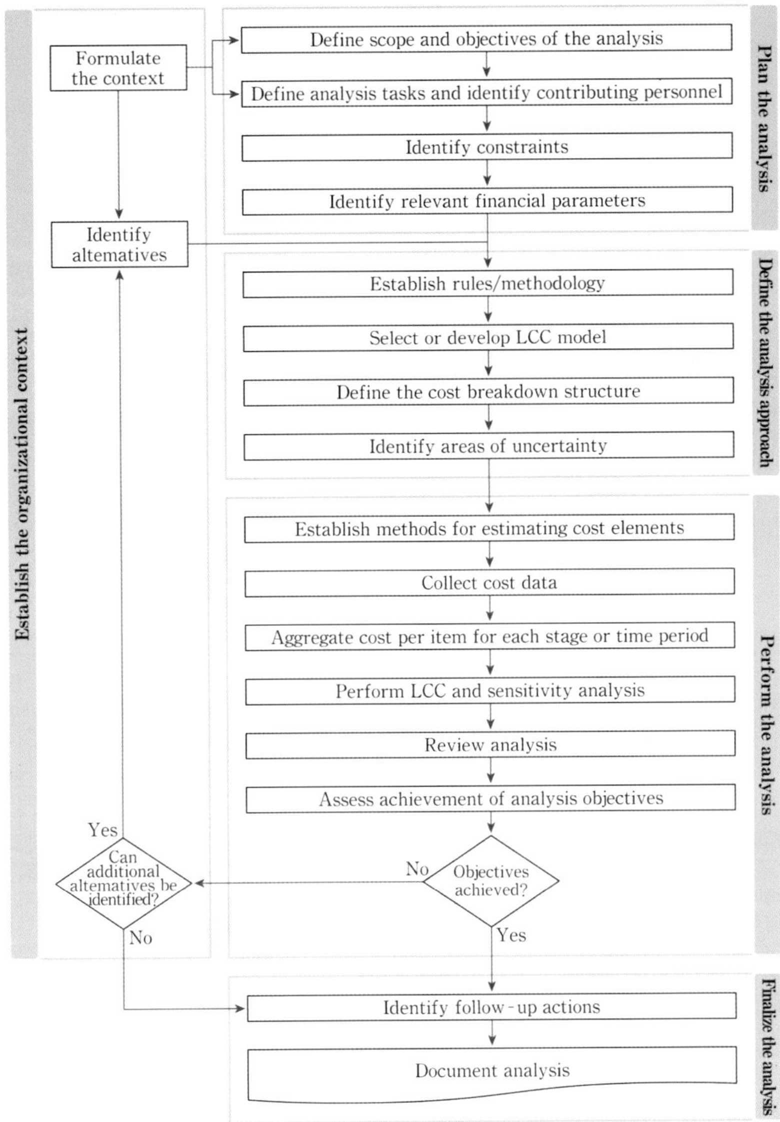

| 그림 3.1 | 수명주기 비용분석 과정

분석방법 정의

분석방법 정의(define the analysis approach)에서는 첫째, 앞에서 설정한 다양한 시나리오를 비교하기 위한 공정한 기준을 정한다. 여기에는 절대분석 대 상대분석 여부, 분석 정확도 수준, 사용할 데이터, 가용 자원 등에 대한 조건 검토가 있다. 이러한 조건을 정함으로써 각 옵션에 대한 신인성을 일관되게 평가할 수 있다. 둘째, 수명주기 비용분석 모델을 선택 또는 개발한다. 통상 비용분석은 개발초기에 이뤄지지만 사용되는 데이터는 이후에 발생하는 모순이 있다. 이를 극복하기 위해서는 새로운 모델 보다는 이미 사용된 데이터가 있는 모델이, 계산이 간편하고 빨라야 하는 면에서 익숙한 모델이 추천된다. 셋째, 비용 분류체계(cost breakdown structure, CBS)를 정의한다. 총 수명주기 비용을 추정하려면 그것을 구성하고 있는 하부 요소로의 분할과 함께, 어떤 비용(노무, 재료, 에너지, 물류 등)인지의 비용 범주, 그리고 해당 비용이 어느 수명주기 단계에서 발생하는 지를 식별하여 분석해야 하며 이는 [그림 3.2]의 3차원 매트릭스를 통해 편리하게 설명 및 구현될 수 있다. 마지막은 수명주기 비용에 대한 불확실성 분석으로 두가지 측면이 있는데, 하나는 연구 범위 및 모델 가정에 따른 불확실성, 다른 하나는 모델에 사용되는 데이터의 불확실성이다. 이중 둘째의 경우 비용분석에 그 결과를 정량적으로 반영할 수 있으며 그 결과는 확률적으로 나타난다. 즉 신뢰도(고장률), 보전도(정비시간) 및 지원도(예비부품 수급) 같은 항목을 기수집 데이터를 이용하여 확률적으로 모델링할 수 있으면, 그것을 이용하여 Monte-Carlo 시뮬레이션을 수행함으로서 확률적 비용분석이 가능하다.

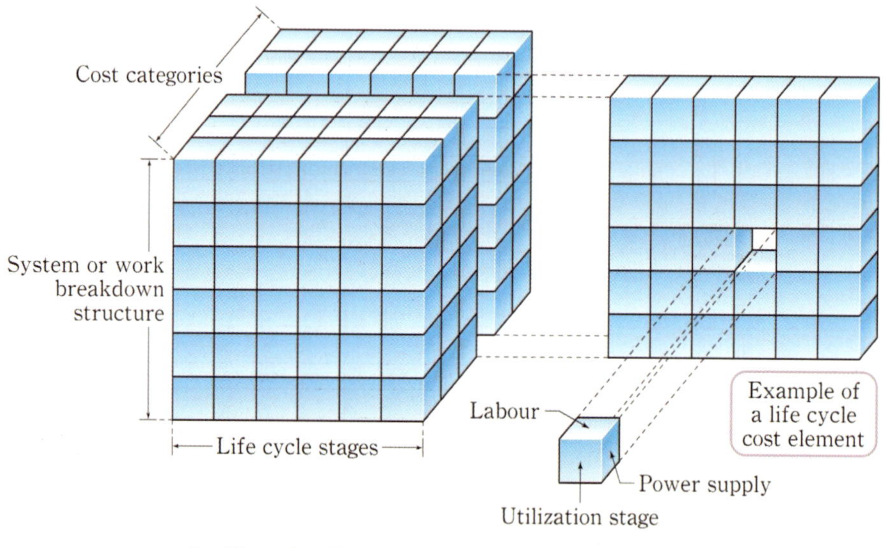

| 그림 3.2 | 비용 분류체계의 개념 (출처 : IEC 60300-3-3)

분석 수행

분석 수행(perform the analysis)에서는 비용요소의 추정방법 선택, 비용분석에 사용할 데이터 수집, 비용 분류체계에 따른 말단 요소항목의 비용산출, 산출된 비용의 합산을 통한 총수명비용 산출 및 민감도분석 그리고 분석결과의 검토와 목표달성 여부의 평가가 수행된다. 만일 분석결과 목표비용을 만족하지 못하면 분석기법이 제대로 선택 및 구현된 것인지, 입력데이터는 제대로 반영한 것인지를 검토한 후 그것이 맞으면 정비정책 시나리오 또는 다른 설계 대안을 선택하여 비용을 산출하는 전체 과정을 반복한다.

3.1.3 수명주기 비용분석 사례

본 장에서는 수명주기 비용분석의 이해를 돕기 위해 IEC60300-3-3의 annex G에 있는 가상의 펌프 설치운영 예제를 바탕으로 예측정비 선택을 일부 추가 및 수정하여 비교분석한 사례를 제시한다. 예제는 72,000시간(10년) 동안 목표 출력을 제공하는 펌프 5대를 설치 운영하면서, 총수명주기 동안 목표신뢰도 95%, 가용도 90%를 보장하는 문제이다. 이를 위해 다음과 같은 RAM 및 비용 데이터를 적용한다. 여기서 R, A, M, C는 각각 신뢰도, 가용도, 보전도 및 비용을 뜻한다.

- R : 펌프는 형상모수 2.0, 특성수명 20,000 시간인 와이블 분포를 따른다.
- A : 가용도는 MTBF/(MTBF + MTTR)으로 계산된다.
- M : 예방보전에 2시간, 고장복구비용 10 kCU 8시간(비용 500 CU/시간)이 소요된다.
- C : 펌프 한대 비용은 설치 포함 20 kCU, PHM 시스템 설치운용 시 250 kCU가 필요하다. 생산정지 발생 시 손실비용은 20 kCU/시간이다. 전력은 100% 부하시 2 kW, 50% 부하시 1.34 kW 사용한다(1 kWh 비용은 CU 70이다).

이러한 조건 하에서 5가지 시나리오를 고려한다.

- (선택 1) 사후정비 : 펌프 5대를 중복설치 없이 운영, 어느 하나 고장시 생산 정지하고 수리한다.
- (선택 2) 중복설계 : 펌프 10대를 50%로 운영하다가 어느 하나 고장시 다른 하나를 100%로 운영한다.
- (선택 3) 중복+사후 : 펌프 5대를 운영하고 백업 1대를 설치하여 어느 하나가 고장나면 백업을 작동한다.
- (선택 4) 예방정비 : 와이블 수명분포의 고장률에 기반하여 펌프 5대를 주기적으로 교체한다.
- (선택 5) 예측정비 : 모터전류 및 진동센서를 이용, PHM 시스템을 구축 운영, 필요시에만 교체한다.

수명주기를 분석한 결과는 [표 3.1]과 같다. 참고로 여기서 계산된 수치는 정확하지 않으므로 무시하기 바라며 실제로 계산한 결과가 그렇게 도출되었다는 가정하에 비교하기 바란다. 이에 의하면 설치(초기) 비용은 사후정비, 예방정비가 작지만 총수명 관점에서는 (선택 3) : 중복 + 사후정비가 가장 경제적임을 알 수 있다. 또한 가장 진보된 정비업무인 예측정비는 시스템 구축비용이 과도하여 좋은 선택이 아니며 이는 높은 신뢰도를 요구하는 경우가 아니면 PHM 시스템 구축을 할 필요가 없다는 것을 보이고 있다.

| 표 3.1 | 수명주기 비용분석 결과 (중복+사후정비) 선택이 가장 합리적

	사후정비	중복설계	중복/사후	예방정비	예측정비
펌프설치비	100	200	150	100	350
수리부속비	40	80	41	40	20
정비비	50	100	60	250	50
고장시 손실	660	32	36	10	10
운영비	50	68	50	80	80
총수명비용	900	480	337	480	510

3.2 신인성 분석 (dependability analysis)

앞에서 언급되었 듯이 시스템을 개발할 때 중요한 단계의 하나가 대상 항목에 대해 어떤 고장관리 업무를 부여할 지 결정하는 것으로, 이를 위해서는 신인성 분석이 필요하다. 관련 표준에 의하면 신인성의 정의는 "원하는 시점에 원하는 기능을 수행할 수 있는 능력 또는 정도"를 말한다. 언뜻 보면 신뢰성 정의와 유사하나 그 보다 넓은 의미를 가지고 있으며, 신뢰성이 대상설비 자체에 대한 것이라면, 신인성은 신뢰도, 가용도, 보전도(RAM) 및 지원도 등 더 넓은 범위를 다룬다. 다시 말해서 신인성은 임무 또는 목표를 달성하기 위한 대상 시스템과 그 시스템을 운영하는 운영사의 능력을 나타내는 척도로서 이를 위해 시스템 개발 시부터 효과적인 계획수립과 함께 전 수명주기에 걸쳐 신인성 목표 유지를 위한 활동을 전개해야 한다.

신인성 분석 결과는 RAM값을 통해 정량적으로 표현되며, 그것이 수명주기 동안 목표값을 유지하기 위해 어떤 고장관리 업무를 부여할지 정해야 한다. 여기서 고장관리란 고장발생을 예방하거나 늦추기 위한 모든 활동을 포함하며, 설계변경이나 운전조건 변경에서 적절한 정비업무 부여에 이르기까지 다양한 활동이 있으며, 이것은 일반적으로 3.3절에서 설명하는 신뢰도중심정비(RCM) 논리를 따라 구현된다. 이러한 행위는 시스템 초기설계 때부터 수행하는 것이 바람직하다. 그 결과 해당 항목에 대해 예측정비업무가 필요하면 그때 그것을 구현하기 위한 관련 PHM 시스템을 설계 때부터 적용, 개발하는 것이다.

본 절에서는 IEC 60300-3-1[3]에 기반하여 신인성 분석을 위한 일반적 절차를 서술하였으며

[그림 3.3]에서 보는 바와 같이, 대상설비를 서술한 시스템 정의→ 신인성 즉, 대상설비의 신뢰도/가용도/정비도 및 운전환경조건에 대한 요구사항/목표 정의 → 시스템 분류체계에 따라 각 구성품에 신인성 요구사항 배분 → 신인성 분석수행 (정성적 분석/정량적 분석) → 결과검토 및 의사결정의 순서로 진행한다.

신인성 분석은 설계에서 폐기까지의 총수명주기에 걸쳐 다양한 고장관리 시나리오에 대해 행해지며, 그 결과를 토대로 최적의 의사결정을 하는 것이다. 예를 들어, 설계제조단계에서는 강화 또는 중복설계, 부하경감, 제조 품질관리 개선이, 운영단계에서는 단순한 예방정비에서 주기적 검사 기반 부품교체, 실시간 센서 데이터 기반 예측정비에 이르기 까지 다양한 시나리오가 있다.

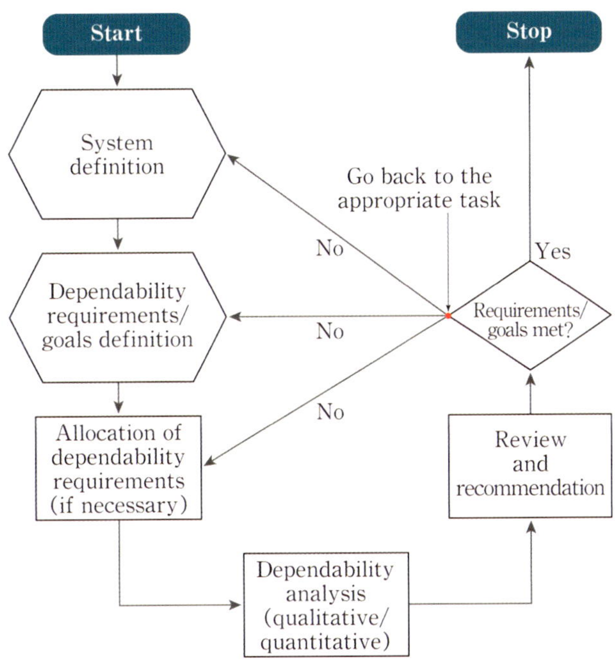

| 그림 3.3 | 일반적인 신인성분석 과정

한편 이러한 신인성 분석을 하기 위해서는 다양한 기법들이 필요한데 IEC 60300-3-1에서는 이것을 [표 3.2]와 같이 소개하고 있으며, 이들은 대체로 시스템의 고장과 그로 인한 영향도를 파악하기 위한 것들이다. 이 기법들은 기본적인 고장분석 방법 외에 고장모드를 대하는 방법에 따라 상향 및 하향식 방법으로 구별된다. 기본적 고장분석에는 응력-강도 분석(stress-strength analysis), 고장률 예측(failure rate prediction), 통계적 신뢰도 분석(statistical reliability analysis) 등이 있다. 상향식(bottom-up) 방법은 개별 부품 고장을 식별한 후에 이것이 상위단계 성능에 어떤 영향을 미치는지를 파악하는 것이다. 여기에는 사건나무분석(event tree analysis),

고장모드 영향분석(failure mode and effects analysis, FMEA), 위험 및 운용성 연구(hazard and operability study, HAZOP) 등이 있다. 이들은 초기에는 정성적으로 수행하지만 설계가 구체화되면 정량적 분석으로 바뀔 수 있다. 하향식(top-down) 방법은 최상위 단계에서 시스템 운영 중 어떤 고장이 발생하는지 식별한 후 이것이 어떤 고장모드 들이 요인이 되어 발생했는지 파악하기 위해 하위단계로 내려가면서 분석하는 것이다. 여기에는 결함나무분석(fault tree analysis, FTA), 마코프 분석(Markov analysis), 페트리넷 분석(Petri net analysis), 신뢰성 블록도(reliability block diagrams, RBD) 등이 있다. 주의할 것은 신인성 분석이 이들 중 어느 하나의 분석만으로는 가능하지 않다는 것이며, 되도록 상향과 하향 방법을 함께 수행하여 보완하는 것이 바람직하다. 본 장에서는 이 중에서 비교적 중요도가 높다고 판단되는 고장률예측, FMEA, FTA, Markov 분석, Petri net 분석 및 신뢰성 블록도에 대해 개요를 소개한다.

| 표 3.2 | 신인성 분석을 위한 다양한 기법들

Dependability methods in IEC 60300-3-1	Description	Relevant IEC	Annex in 60300-3-1
Failure rate prediction	calculate failure rates and MTTF for electronic components and equipment.	61709	A.1.1
FTA	establish fault tree to evaluate contributions of subsystems to system.	61025	A.1.2
Event tree analysis	establish failure sequences.		A.1.3
RBD analysis	establish success paths.	61078	A.1.4
Markov analysis	calculate reliability and availablilty by failure sequences.	61165	A.1.5
Petri net analysis	same as Markov but provides system description.		A.1.6
FME(C)A	describe failure cause, effects and criticality.	60812	A.1.7
HAZOP studies	describes causes and consequences of deviations.	61882	A.1.8
Human reliability analysis	calculate error probabilities for human tasks.		A.1.9
Stress-strength analysis	calculate reliability for components as a means to avoid failure.		A.1.10
Statistical reliability analysis	estimate reliability with uncertainties.	60300-3-5	A.1.12

3.2.1 고장률 예측

고장률 예측에는 기준조건에서의 예측[부품수 분석(part count analysis)이라고도 함], 사용조건에서의 예측[부품 스트레스 분석(part stress analysis)이라고도 함], 그리고 유사성 분석(similarity analysis)을 이용한 예측 등 세가지 방법이 있다. 기준조건 대 사용조건을 이용한 고장률 예측을 위해서는 사용조건(전기, 열 및 환경)에 대한 정보가 있어야 하며, 기준조건에서의 데이터 핸드북이 있어야 한다. IEC 61709[4]에서는 데이터 핸드북을 제공하는 것은 아니고 이러한 핸드북 데이터를 이용하여 어떻게 계산하는지 방법을 소개하고 있다.

고장률 예측은 각 부품이 직렬연결 구조이고 시간에 따라 고장률이 변하지 않으며, 각 고장은 서로 독립이라는 가정에서 수행된다. 따라서 병렬(중복) 구조의 경우 이것을 그대로 적용하면 위험한 결과를 초래한다는 점을 명심해야 한다. 또한 고장율이 일정하다고 가정할 경우 전체 고장률은 단순히 부품 고장률의 합이 되므로 계산이 매우 편리한 장점이 있다. 그러나 이것도 각 부품 고장이 시스템에 동일한 정도로 영향을 미치지는 않기 때문에 결과값 그대로 활용하면 안된다.

유사도분석을 이용한 고장률 예측은 새로운 설계 시에 기존에 필드에서 사용중인 설비의 고

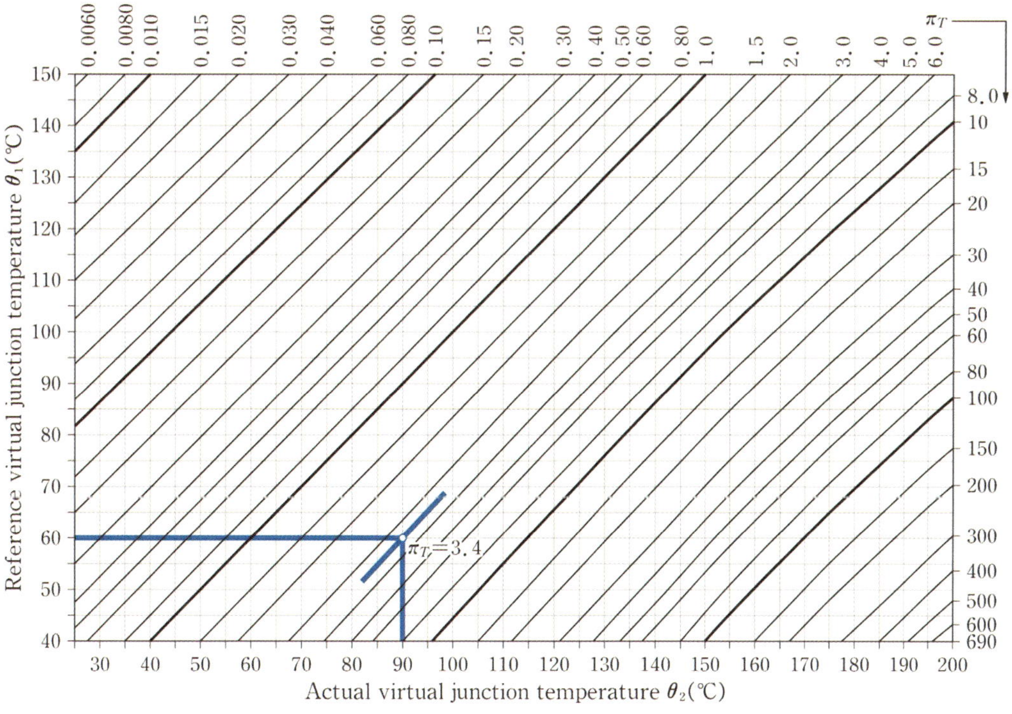

| 그림 3.4 | 온도에 따라 변화하는 고장률 정보[3]

장률 데이터를 활용하는 것이다. 이때 기존과 신규 간의 유사도는 여러가지 요소(운용 및 환경조건, 설계특징 및 설계과정, 신뢰성 보증 프로세스, 제조 공정, 보전, 부품 및 소재 등)를 비교하여 정해야 한다.

고장률 예측의 장점은 매우 간단하고 경제적이어서 초기 설계시에 유용하다는 것이며, 단점은 중복설계를 고려할 수 없고 오로지 고장데이터의 통계에 기반하여 핸드북이 만들어졌기 때문에 정확도가 낮으며 고장모드로 인한 영향을 고려하는 것이 불가능하다는 것이다.

고장율 예측 사례를 IEC61709에서 설명한 IC 소자(bipolar RAM) 예제를 통해서 소개하고자 한다[3]. 이것은 고장률 예측에서 기준 온도 대비 사용 온도 차이로 인한 영향을 보정한 예제로, [그림 3.4]에서 보는 바와 같이 기준조건 온도가 60°C에서 고장률이 $\lambda_{ref} = 10^{-7}h^{-1}$일 때 실제 온도가 90°C가 될 경우 고장율을 구하는 것이다. 그림에 의하면 보정계수 $\pi_T = 3.4$이며, 실사용 조건의 고장률은 $\lambda = \lambda_{ref} \cdot \pi_T$이다.

3.2.2 결함나무 분석(fault tree analysis)

결함나무분석(FTA)은 신인성 분석을 위한 하향식 접근법으로 이것을 이용하여 시스템 신뢰도 예측과 트레이드 오프 분석을 할 수 있다. 즉 시스템 구조의 말단까지 내려가면서 고장발생 원인으로서의 고장모드를 식별할 수 있고 이들의 발생 가능성을 줄임으로써 신인성을 개선할 수 있다. FTA는 시스템 내 구성품 간 기능 또는 고장의 복잡한 상호작용을 고려한 시스템 신뢰도 모델링 방법이다. 이러한 모델링을 통해서 신뢰도를 평가할 수 있는데 이를 위해서는 두가지 방법－부울 연산(게이트와 사상)과 단절집합(cut set) 분석을 이해해야 한다. FTA를 위해 필요한 입력 데이터는 부품 고장률, 수리율(repair rate), 고장발생률(probability of occurrence)이다.

FTA는 두가지 목적으로 사용되는데, 시스템 고장의 원인추적과 모델링을 통한 시스템 신뢰도 예측이다. 이를 위해 결함나무를 구축하는데 여기에는 하드웨어는 물론 소프트웨어 결함 및 이들간 상호작용도 포함되어야 한다. 또한 인적 오류가 있으면 이것도 포함해야 한다.

FTA의 장점은 설계 초기에 논리적으로 고장발생경로를 추적할 수 있고 논리모델을 이용하여 신뢰도를 정량적으로 계산한다는 것이다. 단점은 시간 또는 시계열에 따른 사상의 전개를 고려할 수 없으며 상태에 따라 성능을 조정하는 시스템에는 적용할 수 없다.

FTA 수행사례로 오디오 앰프 예제를 소개하면 다음과 같다[3]. 이 예제의 목표는 가장 기여도 높은 고장원인을 찾는 것이다. 그 결과 앰프 고장의 주요 원인들은 [그림 3.5(a)]와 같이 파악되었고,

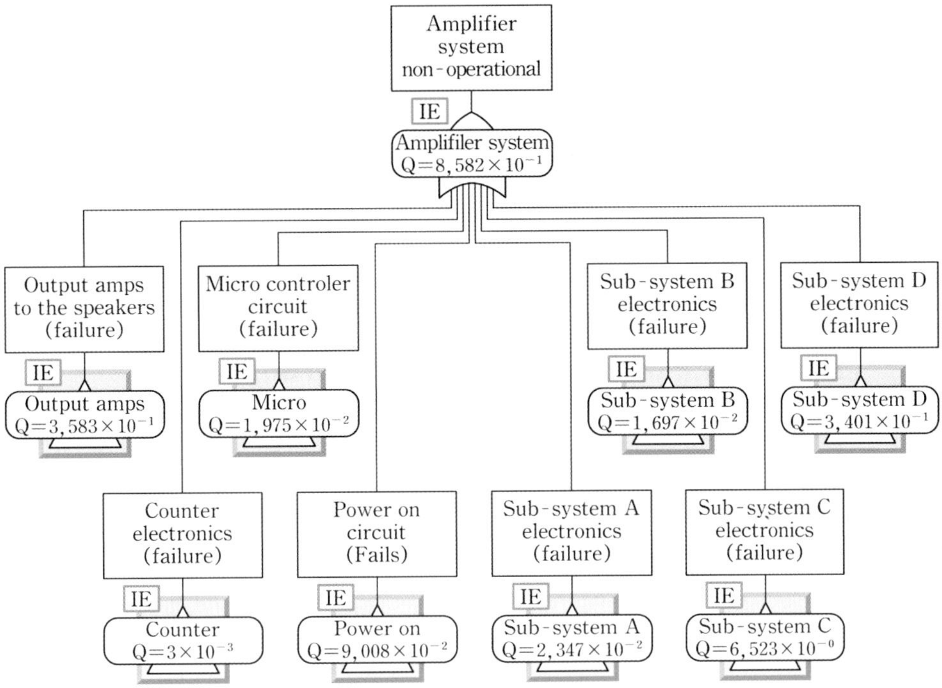

(a) 오디오 앰프

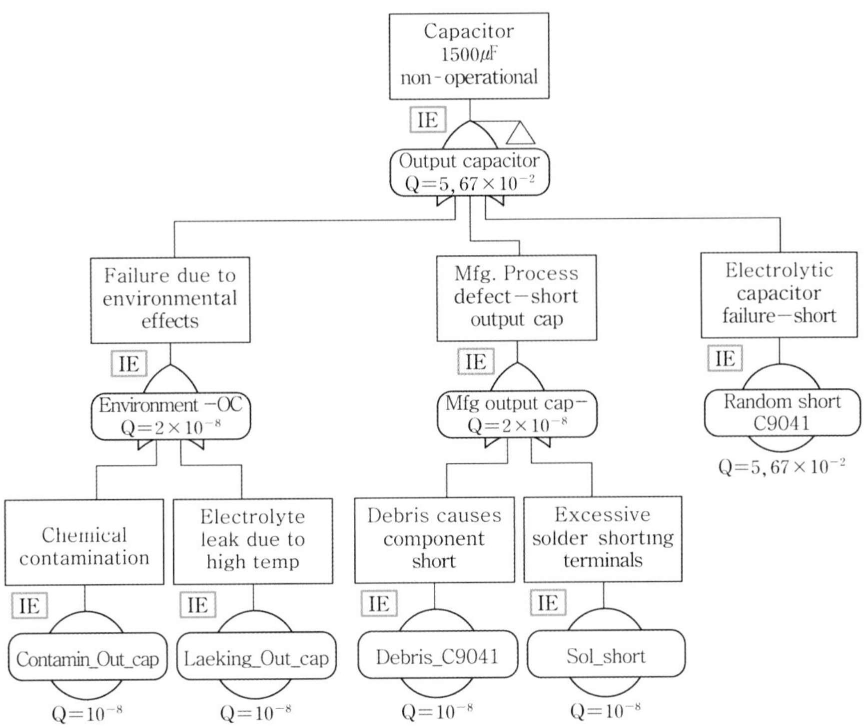

(b) 전해 캐패시터

| 그림 3.5 | 오디오 앰프의 결함나무

고장에 가장 많이 기여한 것은 출력앰프(output amps to the speakers), 그 중에서도 [그림 3.5(b)]에서와 같이 전해 캐패시터의 단선(electrolytic capacitor faiure-short)으로 나타났다. 이렇게 된 원인은 최초에 정격전압이 낮은 콘덴서를 선정했기 때문이고 이로 인해 기존 콘덴서 대비 한 오더 높은 고장률이 발생하였다. 이것을 정격전압을 높인 콘덴서로 교체하여 수명주기 동안 고장확률을 20% 이상 감소시켰다. 참고로 일반적 FTA는 고장확률(failure probability, F) 또는 고장률(failure rate, h)로 나타내지만 수리교체시간을 고려할 경우 불가동률(unavailability, Q)로도 표현한다.

3.2.3 신뢰성 블록도 (reliability block diagram)

신뢰성 블록도(RBD)는 시스템의 신뢰성 구조를 서브시스템이나 부품을 통해서 그래픽 블록도로 표현한 것이다. 이러한 신뢰성 또는 시스템 블록도는 설계 초기에 개념 구상할 때 유용하며 설계 구체화와 함께 이것도 함께 구체화된다. RBD는 시스템 기능도로부터 그대로 구성될 수 있으며, [그림 3.6]에서 보듯이 FTA에서 다루는 직렬 및 병렬(parallel, redundant, standby) 구조(a)를 표현방식만 다를 뿐 여기서도 동일하게 적용(b)한다.

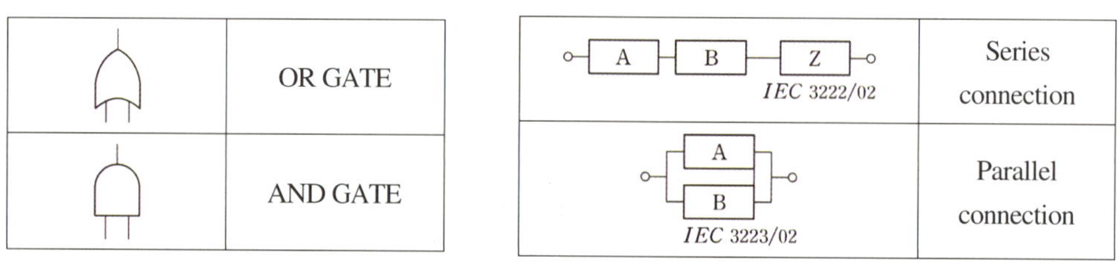

(a) FTA에서의 OR AND gate (b) RBD에서의 series 및 parallel connection

| 그림 3.6 | FTA와 RBD에서의 신뢰성 연결구조

3.2.4 마코프 분석 (Markov analysis)

마코프 분석은 각 부품에 대해 상태모델 방법을 이용하여 고장 및 수리특성을 통계적으로 표현하고 이로부터 시간에 따른 신뢰도 및 가용도 변화를 분석하는 기법으로, 복잡한 시스템, 특히 2중구조(stand-by)를 포함하는 시스템의 경우에 대해 정비 및 수리전략을 수립하는데 유용한 도구이다. 마코프 체인에서는 전이율(고장률 및 수리율)을 상수로, 전이확률밀도함수는 지수분포로 가정하여 계산하며 비교적 쉽게 연산할 수 있다.

이 방법의 장점은 복잡한 이중구조, 복잡한 정비정책, 건전성진단오류, 운용조건의 열화 등 다양한 조건을 고려하여 예측할 수 있는 것이다. 또한 이것이 하나의 단위가 되어 연산결과를 얻으면, 더 큰 규모의 신뢰성 블록도나 FTA의 계산에도 사용된다. 단점은 구성요소 개수가 증가하면 연산이 급격히 복잡해진다는 것으로 수작업으로는 불편하여 상용 소프트웨어를 사용해야 한다. 상수 전이율의 경우에만 연산이 가능하다.

마코프 체인의 기본 원리는 문헌[5]에서 비교적 쉽게 설명하고 있다. 이에 의하면 대상 항목에 대해 운전상태를 0, 수리상태를 1로, 각 상태의 발생확률을 P_0, P_1이라고 정의할 때, [그림 3.7]에서와 같이 상태 0에서 1로 바뀔 확률을 고장률(단위시간당 고장발생횟수) λ, 상태 1에서 0으로 바뀔 확률을 수리율(단위시간당 수리횟수) μ라 정의한다.

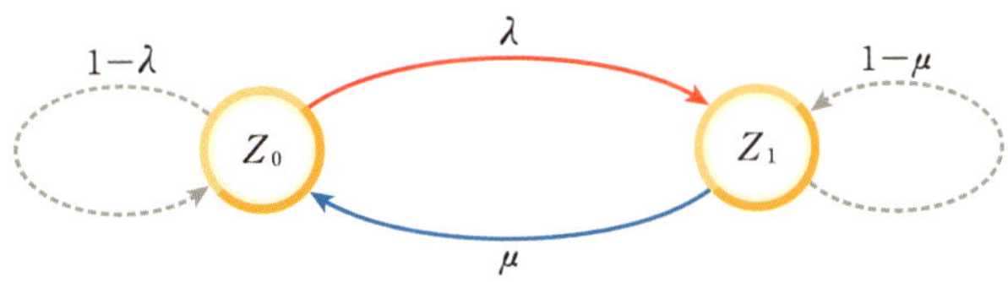

| 그림 3.7 | 단일 항목에 대해 마코프 체인원리를 설명하는 그래프

이때 고장율과 수리율을 상수로 가정(이것이 성립하려면 다음 상태는 오로지 현재 상태에 의해서만 결정되어야 하며, 이것이 Markov 모델의 전제조건임)하고, 현장 데이터로부터 이들 값을 추정할 수 있다면 이를 바탕으로 다음과 같은 지배방정식을 수립할 수 있다.

$$\frac{\mathrm{d}P_0(t)}{\mathrm{d}t} = -\lambda \cdot P_0(t) + \mu \cdot P_1(t)$$

$$\frac{\mathrm{d}P_1(t)}{\mathrm{d}t} = -\mu \cdot P_1(t) + \lambda \cdot P_0(t)$$

그 결과 P_0와 P_1에 대해 해를 구할 수 있으며, 그 중에 P_0가 가용도, $P_1 = 1 - P_0$가 불가용도를 나타낸다. 이들은 시간의 함수로 해가 얻어지나, 시간을 무한대로 보내면 정상상태 해를 얻게 되며 그 결과는 다음과 같이 주어진다.

$$A_D = \lim_{t \to \infty} A(t) = \frac{\lambda}{\lambda + \mu} = \frac{MTTF}{MTTF + MTTR}$$

여기서 MTTF, MTTR은 mean time to failure와 repair의 약어로, 고장까지의 평균 가동시간 및 평균 수리시간을 뜻한다. 이것은 단일 항목의 결과로, 이러한 분석을 다수의 항목으로 확대 적용할 수 있으며 그 결과 각 항목의 가용도를 추정할 수 있고 이것이 Markov 분석의 장점이다. 예를 들어 [그림 3.8]과 같이 어떤 장비 F와 기능고장을 건전성진단하는 장비 D가 있다고 하자[3]. 이들에 대해 이론이나 핸드북 또는 필드데이터로부터 각 조건에 대한 확률정보(고장발생률 λ_F, 진단장비가 제대로 고장진단할 확률 λ_{FC}, 진단장비가 정상으로 잘못 건전성진단할 확률 λ_{FNC}, 진단장비 자체가 불작동할 (즉 고장날) 확률 λ_{DFA} 등)를 알 수 있으면, [그림 3.8]

및 [표 3.3]을 참고하여 Markov 분석을 수행함으로써 장비 F에 대한 가용도를 구할 수 있다.

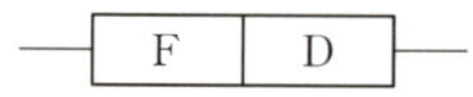

(a) 본장비 F와 그것의 기능고장을 진단하는 진단장비 D

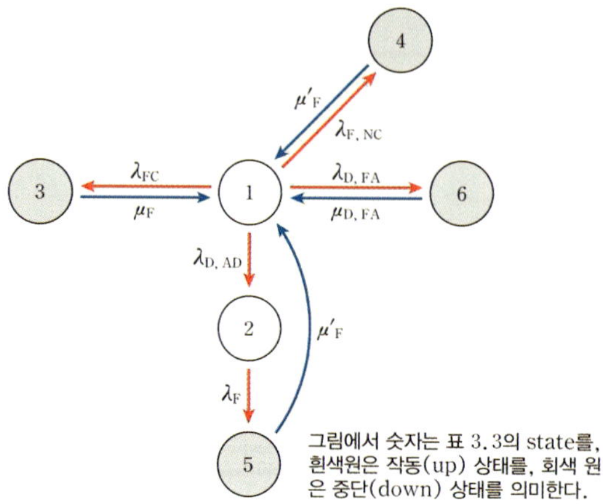

(b) F와 D의 고장간 상호영향 관계

| 그림 3.8 | 진단기능을 가진 어떤 장비의 마코프 분석

| 표 3.3 | 본장비 F와 진단장비 D에서 고장모드 영향

state of F	state of D	state	effects
operating	operating	1	correct operation (state 1)
operating	fault in false alarm mode	6	alarm emitted, F is in up state until maintenance personnel perform a repair action. In general, if F is not redundant, the system normally leaves it in service (start 6) until the repair action takes place
	fault in alarm defection mode	2	no alarm emitted, F part is in the up state (state 2) until it fails (state 5)
fault	operating	3	alarm emitted. Correct fauit recognition (state 3)
fault	fault	5	sequence of events to arrive in this state: diagnostic fault (alarm defection mode), sub-system goes into state 2 functional fault; no alarm emitted (state 5)
fault	missing	4	undetectable fault (state 4)

3.2.5 페트리넷 분석(Petri net analysis)

이 방법은 1962년에 개발되었으며 항공우주, 생산, 원자력 시스템은 물론 금융에 이르기 까지 넓은 영역에서 시스템 거동을 표현하고 설계하고 유지하는데 활용되었다[6]. 페트리넷은

기본 집합이론에 기반하여 프로세스를 수학적으로 표현하는 방법이다. 페트리넷은 프로토타입과 프로세스를 가장 초기 설계단계에서 큰 비용 없이 테스트를 할 수 있으며, 따라서 테스트와 정비수행의 시간을 줄이면서 시스템 신뢰도를 향상시키는 장점이 있다. 게다가 페트리넷은 마코프 분석을 할 수 있는 모델을 생성한다. 따라서 페트리넷이 마코프 모델 보다 더 일반적이고 우수하다.

1980년대 들어서 페트리넷은 high level 로 확대되어 이산 사건 시스템의 모델도 가능하게 되었다. 특히 high level Petri net(HLPN)은 그래픽 형태로 시스템을 모델링함에 따라 시스템 데이터와 제어를 손쉽게 가시화할 수 있어 사용자 친화적이며 많은 산업계에서 이를 이용하여 시스템 모델링을 수행하였다.

3.2.6 고장모드 영향분석(failure mode and effects analysis)

개요

문헌[5]에 의하면 고장모드 영향분석(FMEA)은 시스템이나 부품 설계 단계에서 고장예방을 위해 수행하는 신뢰성 방법론이다. FMEA의 특징은 신뢰성 목표를 달성하기 위해 경험적인 관점에서 부품을 분석하고 변경하는 것이며 이를 위해 위험우선순위(risk priority number, RPN)를 이용한다. FMEA는 새로운 제조물 책임법이나 규격에 따른 품질 요구 증가, 시스템 복잡도 및 비용 증가, 개발기간 단축, 환경영향 고려 등에 대한 인식이 높아지면서 오늘날 설계에서 필수 요소가 되었다.

FMEA는 1960년대 중반 미국항공우주국(national aeronautics and space administration, NASA)에서 아폴로 프로젝트를 위해 개발된 이래 항공우주 및 항공공학 분야의 절차에 적용되었다. 이후 FMEA의 문헌들은 미군의 표준규격인 MIL-STD-1629A에서 작성 발간되었고 원자력과 자동차 산업에 이르기 까지 많은 산업군에서 활용되고 있다. 미국 포드사는 자동차 업계 최초로 FMEA 방법을 자사의 품질보증 개념에 포함시켰다. FMEA와 유사한 FMECA(failure mode, effects and criticality analysis)는 기존의 FMEA에 위험도 분석(criticality analysis)을 포함한다.

FMEA는 시스템적 방법으로 기본 아이디어는 시스템, 서브시스템 또는 부품에 대한 발생 가능한 모든 고장 모드를 식별하고, 이들에 대해 가능한 고장 영향 및 원인을 서술하며, 위험도 평가와 시정조치로 끝맺는다. 이것을 설계단계에서 수행함으로써 가능한 빨리 시스템의 위험 및 약점을 파악하여 적시에 개선할 수 있도록 하는 것이다. FMEA는 제품에 대한 설계

FMEA와 이것을 생산하는 프로세스에 대한 공정 FMEA로 구분된다.

FMEA는 다양한 부서(설계, 품질, 재무, 영업, 생산 등)에서 차출된 FMEA 팀에 의해 진행되어야 하며, FMEA 방법론을 잘 아는 한 명의 조정자와 분석하고자 하는 제품이나 프로세스를 잘 알고 있는 팀원들로 이루어 진다. 조정자는 구성원들이 FMEA 방법론에 대해 기본적 지식을 습득하도록 초반부에 교육을 제공하는 것이 바람직하다.

FMEA 수행절차

FMEA를 수행하기 위한 첫 단계는 시스템 분류체계(system breakdown structure)를 작성하는 것인데, 이것은 [그림 3.8]과 같이 시스템을 하위 서브시스템, 구성품 및 부품레벨로 기능에 따라 분류하는 것이다[7]. 이때 중요한 것은 분류의 수준인데 복잡한 시스템을 부품수준까지 분류하면 FMEA에 많은 노력이 필요할 뿐 아니라 결과도 복잡하게 되어 올바른 분석이 어렵게 된다. 시스템의 경우는 서브시스템 또는 구성품까지 분류하고, 이후 필요에 따라 각 구성품에 대해 조립품 또는 부품레벨까지 분류하는 것이 바람직하다. 또는 고장률 추정치를 수집할 수 있는 수준을 기준으로 분류하는 것도 좋은 방법이다.

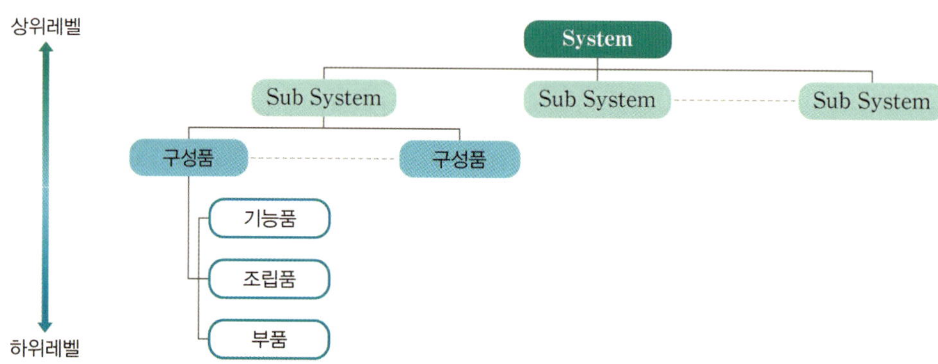

| 그림 3.8 | 시스템 분류구조

이것이 작성되면 기능블록도(function block diagram)를 작성하는데 이것은 시스템 분류체계의 각 레벨에 있는 단위 시스템에 대해 그 하부에 있는 여러 요소의 기능간 상호접속이나 종속관계를 그림으로 나타낸 것이다[8]. 이것을 위한 표현기법으로 SADT(structured analysis and design technique)가 있는데 이것은 하나의 기능블록 단위를 그림과 같이 입력(기능작동에 필요한 에너지, 재료나 정보), 출력(기능작동의 결과), 통제(기능작동을 제한하거나 관리하는 요소) 및 메커니즘 (기능작동에 필요한 사람, 시스템, 설비)으로 표현하는 것이며, 이들이 앞뒤의 기능블록과 연결되고 시스템 분류체계에 따라 하향 전개된다.

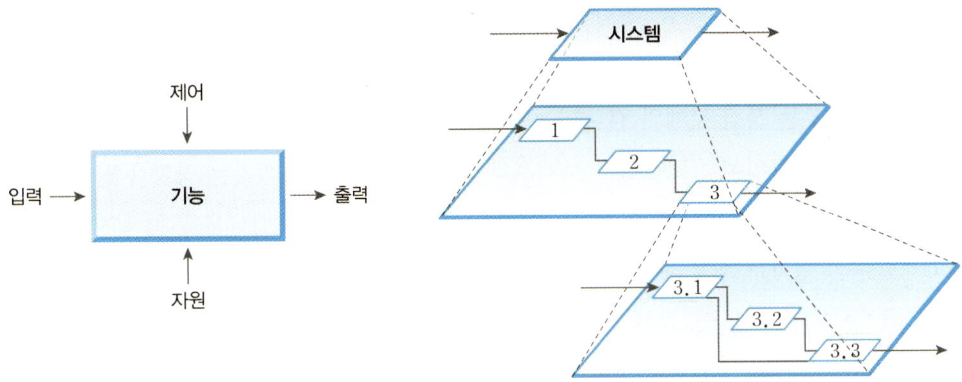

(a) SADT 다이어그램 기능블록 (b) SADT 모형 작성을 위한 하향식 접근방법

| 그림 3.9 | 시스템 기능블록도 개념

고압공기 압축시스템에 대해 기능블록도를 작성한 사례를 [그림 3.10]에 보였는데[7] 여기서는 [그림 3.9(a)]에서 정의한 기능블록을 완벽하게 따르지는 않았다. 이러한 기능블록도가 있어야 FMEA에서 고장모드 원인 및 영향을 파악하는데 도움을 얻을 수 있다.

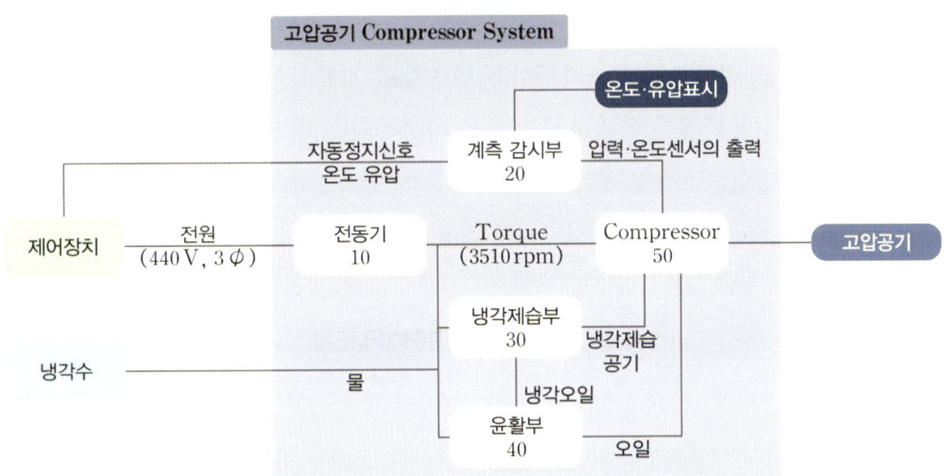

| 그림 3.10 | 고압공기 압축시스템의 기능블록도

FMEA 양식은 다양한 표준과 문헌에서 소개하고 있으나, 어느 하나로 통일되어 있지 않으며 그중 하나를 [그림 3.11]에 보였다[8]. 이중에 특히 설명이 필요한 부분만 발췌하면 다음과 같다.

3) 운용모드 : 기동 혹은 대기 등 운용모드 또는 운전조건을 기입한다. 운용모드의 구분이 필요 없을 경우 이 항목은 삭제된다.

6) 검출도 : 경고(alarm), 시험, 인간지각 등을 포함한 고장모드의 검출방법과 가능성을 기록한다. 가능성의 경우 명백고장은 발생 즉시 검출되는 반면, 예를 들어 예비펌프의 '시동고장' 같은 경우는 점검 시에만 검출되는 은폐고장으로 분류하기도 한다.

7) 서브시스템 고장영향 : 동일한 서브시스템 내 다른 구성품에 끼치는 영향을 말한다.

8) 시스템 고장영향 : 고장모드가 상위 및 최종 시스템 기능에 미치는 모든 영향을 말한다.

9) 발생도 : 각 고장모드에 대한 고장발생률이다. 데이터가 있으면 그것에 기초해서 작성하고 아니면 정성적 범주로 분류하며, 대부분의 경우 다음과 같이 광범위한 범주로 분류한다.

- 희박함(very unlikely) 1000년에 한번 또는 더 드물게
- 낮음(remote) 100년에 한번
- 보통(occasional) 10년에 한번
- 높음(probable) 1년에 한번
- 매우높음(frequent) 1달에 한번 또는 더 자주

10) 심각도 : 고장은 그 심각도에 따라 다음과 같은 범주로 분류할 수 있다.

- 파국적(catastrophic) 사망 또는 부상을 초래하거나 의도된 임무수행을 방해할 수 있는 고장
- 치명적(critical) 허용한계를 초과하여 전체 성능을 저하시키고 위험을 초래하는 고장
- 심각(major) 허용한계를 초과하여 성능을 저하하지만 대안을 통해 적절하게 통제될 수 있는 고장
- 사소(minor) 전체 성능을 저하시키지만 허용한계를 초과하지 않는 고장

고장모드 및 영향분석(FMEA)

시스템: 작성자:
참고도면 번호: 작성 연월일:
페이지 : /

대상품목			고장			고장 영향		발생도	심각도	대책	의견
참고 번호	기능	운용 모드	고장 모드	고장원인/ 메커니즘	검출도	서브 시스템	시스템 기능				
(1)	(2)	(3)	(4)	(5)	(6)	(7)	(8)	(9)	(10)	(11)	(12)

| 그림 3.11 | FMEA 양식의 예

고장률 및 심각도를 결합하면 [그림 3.12]와 같이 위험행렬(criticality matrix)을 만들어 고장모드의 치명도에 순위를 매길 수 있다[9]. 이 행렬은 5개 범주의 발생도(고장률)와 4개 범주의 심각도로 나누며 가장 치명적인 고장은 위험행렬의 좌측 상단에, 가장 덜 치명적인 고장은 우측 하단에 위치한다.

Likelihood \ Severity	Catastrophic	Major	Marginal	Minor
High	x	x	1	2
Medium	x	x	1	2
Low	x	x	1	2
Very Low	x	1	1	2
Remote	1	2	2	3

| 그림 3.12 | 정성적 치명도 행렬의 예

또한 위험행렬 대신 위험우선순위(RPN)를 활용하기도 하는데, RPN은 잠재적 고장의 상대적 평가 척도로서 심각도(severity, S), 발생도(occurrence, O) 및 검출도(detectability, D)로 구성되며, 각 구성요소별로 1~10등급의 단계로 구분한 후 다음 식과 같이 이들을 곱하여 값을 구한다. 그 결과 RPN은 1과 1000 사이의 값을 가지며 이것이 높을수록 위험수준이 높다. S, O, D의 등급부여 기준에 대한 보다 자세한 사항은 IEC 60812 FMECA 표준[9]을 참고하기 바란다.

$$\text{RPN} = \text{심각도(S)} \times \text{발생도(O)} \times \text{검출도(D)}$$

3.2.7 신인성 분석을 위한 데이터 수집

본 내용은 많은 부분이 IEC 60300-3-2[10]를 편집한 것이다. 대상 시스템에 대해 다양한 정비정책을 수립하고 이들의 경제성을 검토하여 최적의 정비업무를 선택하기 위해서는 관련되는 데이터의 수집이 필수이다. 예를 들어 3.1절의 수명주기 비용분석에서 다룬 펌프 예제의 경우 정비업무 별 수명주기 비용분석을 수행하기 위해서는 필드에서 운영 중인 시스템으로부터 펌프의 고장수명 분포를 비롯, 신뢰도, 가용도, 보전도 및 지원도와 관련된 데이터의 수집이 필요하다.

데이터 수집에서 가장 강조할 것은 수집의 목적을 확실히 해야 하는 것이며, 그러지 않으면 목표 없는 배와 같이 불필요한 데이터를 담음으로써 시간과 자원을 낭비할 수 있다. 종종 데이터는 수집에 비용이 들기 때문에 해당 데이터가 왜 필요한지 판단 후 수집으로 인한 이득과 수집비용을 비교하여 정해야 한다. 또한 데이터는 실제 수집할 때 올바르게 입력하기 어려운 경우가 많으므로 단순화, 편리화, 자동화 하도록 노력해야 한다.

그런 면에서 데이터 수집활동은 다음과 같은 질문에 답하면서 진행하는 것이 좋다.

1) 우리는 무엇을 알기 원하는가? (누가 알기 원하는가, 무엇을 알기 원하는가?)
2) 어떤 분석이 수행될 수 있는가? (어떤 분석, 무엇을 사용해서)
3) 어떤 데이터가 수집될 수 있는가? (어떤 데이터, 어디에서 오는가?)
4) 언제 그리고 얼마나 자주 알기 원하는가?
5) 데이터가 어떻게 수집되어야 하는가? (수작업, 반자동, 자동, 원격 자동)

데이터의 종류에는 재고정보(필드에 비축된 항목정보 : 원래의 상태, 제조자, 배치번호, 변경상태, 수리이력), 사용량정보(해당 항목이 언제 필드에 배치되었는지, 어떤 조건에서 운용되었는지, 언제 제거되었는지), 환경정보(고장에 영향을 미치는 주변 환경조건), 사건정보(항목 관련 고장, 수리교체, 업그레이드) 등이 있다. 사건정보는 되도록 유발원인 별로 범주화하는 것이 좋은데 예를 들어 복잡한 전기 시스템 고장 사건은 설계, 제조, 공급자, 보전, 파손 또는 소프트웨어 및 고장 미발견 등으로 범주화할 수 있다.

또한 다른 측면에서 데이터의 종류를 정의할 수 있는데, 가장 기본적인 것으로는 특정 기간 동안 발생한 사건수가 있으며, 이것을 토대로 시간당(사이클당) 사건수를 구한다. 다음으로는 분포 데이터가 있으며 이를 토대로 적합한 수명분포 모델(예를 들어 와이블 분포)을 추정할 수 있다. 만일 분포모델이 적절치 않으면 비모수적 분석을 할 수도 있다. 데이터 수집은 되도록 효율적으로 치우침 없이 수행하는 것이 좋으며 이를 위한 다양한 통계적 이론과 기법이 소개되어 있다. 여기에는 모집단과 샘플링, 표본의 크기, 샘플링 관련 오류, 관측중단 등 다양한 내용이 있다.

신인성 분석에 필요한 데이터와 그것이 어떤 용도로 사용되는지, 그리고 어떻게 수집해야 하는지를 정리해 놓은 표가 IEC 60300-3-2에 항목별로 자세히 소개되어 있으며 일부 발췌하면 [표 3.4]와 같다. 한 예로 어떤 전자제품의 신뢰성(즉 수명)을 예측하고 이것을 토대로 수명주기 비용분석을 수행하는 문제를 생각해 볼 수 있다. 이를 위해 IEC 61709를 통해서 여러 가지 사용조건에서 전자제품의 고장률을 구하고, 이때 데이터는 일정한 고장률을 따르는 지수분포로 가정하고 IEC 60605-4를 참고하여 지수분포 수명을 구한다. 한편 고장률이 일정하다는 것을 입증할 필요가 있을 경우 IEC 60605-6에 있는 방법을 적용하여 타당성 검정을 할 수도 있다.

| 표 3.4 | 신인성 분석에 대한 데이터 요구사항 및 관련 표준

왜	데이터 요구 사항	KS 및 IEC 참조표준	제 목
수명 주기 비용의 개념을 어떻게 적용하는가.	확인되는 비용 요소의 비용 및 프로젝트의 총 비용	KS A IEC 60300-3-3	수명 주기 비용
위험 분석 기술을 어떻게 선택하고 실행하는가.	확인되는 사건 발생 빈도, 사건 발생의 가능성 및 사건 발생 종속 기간	KS A IEC 60300-3-9	기술 혁신 시스템의 위험 분석
구성 요소 및 파트에 신뢰성 데이터를 어떻게 제시하는가.	연관 구성 요소의 고장수, 구성 요소의 고장 유형 및 연관 구성 요소의 고장 시간	KS A IEC 60319	전자 제품의 구성 요소에 대한 신뢰성 데이터의 제시 및 상술
일정 고장률을 어떻게 예측하는가.	아이템의 고장 시간(그림으로 나타내기 위해서는 최소한 4개의 고장 시간 관측이 필요함)	KS A IEC 60605-4	지수 분포에 대한 통계적 절차
고장률이 일정하다는 것을 어떻게 입증하는가.	모든 관련 고장에 대한 고장 시간(수치적 절차를 위해서는 최소 10개의 고장 시간을 관측할 필요가 있고, 그림으로 나타내기 위해서는 최소한 4개의 고장 시간 관측이 필요함)	KS A IEC 60605-6	일정 고장률 또는 일정 고장 강도 가정에 대한 타당성 검정
초기 고장을 어떻게 식별하는가.	모든 연관 고장에 대한 고장 시간(수치적 절차를 위해서는 최소 10개의 고장 시간을 관측할 필요가 있고, 그림으로 나타내기 위해서는 최소한 4개의 고장 시간 관측이 필요함)	KS A IEC 60605-6	일정 고장률 또는 일정 고장 강도 가정에 대한 타당성 검정
보전의 목적을 어떻게 입증하고 달성할 수 있는가.	보전 활동의 이유, 완료된 보전 활동의 유형, 보전 활동의 인시 및 일에 대한 달력상 경과 시간, 보전팀의 수 및 기술 수준, 시험 및 검사 장비의 이용 및 예비품 소모	IEC 60706-3	데이터의 확인 및 수집, 분석 및 제시
보전의 평가에서 통계적 방법을 어떻게 사용하는가.	특정 장비에 대한 보전을 하는데 필요한 시간	IEC 60706-6	보전성 평가에서의 통계적 방법
서로 다른 상태 간 전자 부품의 일정 고장률을 어떻게 변환하는가.	정의된 상태 하에 전자 부품에 대한 고장률과 전자 부품이 사용될 환경에 관한 정보	IEC 61709	전자 부품-신뢰성-고장률 참조 조건 및 변환 응력 모델
거듭 제공 모형의 모수를 어떻게 추정하는가.	모든 연관 고장에 대한 고장 시간	KS A IEC 61709	거듭 제공 모형-적합도 및 추정 방법

3.3 신뢰도중심정비(RCM)에 의한 정비업무 선정

신뢰도중심정비(RCM)는 앞 장에서 언급되었 듯이 많은 문헌과 표준에서 서술하고 있다. 본 절에서는 이 중에서 SAE JA 1012[11]에 기반하여 내용을 소개하고자 하며, 이는 RCM에서 가장 잘 알려진 Moubray의 서적[12] 내용과도 상당 부분 일치한다. 참고로 SAE 에서는 두개의 표준을 발간하였는데 JA1011은 RCM 프로세스를 위한 평가기준, JA1012는 RCM을 위한 가이드를 담고 있다.

RCM 프로세스는 대상 항목에 대한 기능정의에서 시작하여 FMEA로 이어진다. FMEA는 3.2절에서도 소개되었듯이 기능 고장에 대한 정의, 고장과 관련한 현상(고장모드) 정의, 고장이 대상 항목, 상위 및 최종 시스템에 미치는 영향(effect)을 분석하는 것이다. 앞 절에서 이미 FMEA가 소개된 바 있지만 본 절에서는 RCM 관점에서 추가로 알아야 할 포인트들이 있으므로 이들 위주로 한번 더 서술하며, 이로 인해 일부 중복되는 부분이 있음을 참고하기 바란다.

FMEA를 수행하고 나면 다음 단계는 각 고장모드가 초래할 안전 및 환경관련 심각도(consequence)에 대한 평가를 수행하며, 이것을 바탕으로 고장관리 정책을 결정한다. 이때 고장률이 증가, 일정, 감소하느냐에 따라 정책결정 방향이 달라진다. 참고로 고장 영향은 해당 고장모드로 인해 어떤 일이 발생하느냐에 관한 것이고, 심각도는 그래서 얼마나 심각하냐에 관한 것이다. 안전 및 환경에 중대한 결과를 초래하는 고장모드의 경우에는 정비결과가 코스트와 상관없이 고장확률을 낮추는 방향으로 선택되어야 한다. 반대로 그렇지 않은 경우는 해당 고장발생으로 인한 사후수리 코스트 대비 해당 고장예방을 위한 예방정비 코스트와 비교하여 정해야 한다.

3.3.1 기능

기능은 대상 시스템에 대해 요구되는 고유의 업무를 말하는 것으로 사용조건 또는 운전조건에 따라 많은 영향을 받으므로 이것도 함께 서술되어야 한다. 기능에는 일반적으로 주(primary) 및 부(secondary) 기능이 존재한다. 주기능은 대상품이 수행할 고유의 기능인 반면, 부기능은 추가적으로 갖춰야 할 기능으로 예를 들어 환경규제 조건을 만족해야 한다 ; 안전해야 한다 ; 디자인이 좋아야 한다 ; 경제적이어야 한다 등을 들 수 있다.

기능정의에는 동사와 목적어, 그리고 성능의 정량적 서술이 있어야 한다. [그림 3.13]과 같은 펌프 예제의 경우 "분당 800 리터 이상의 유량을 탱크 X에서 Y로 송출해야 한다."로 기능을 정의한다. 기능 중에 보호를 위한 기능도 있는데 그 경우에는 "만일", "~ 경우에" 등이 포함되어야 한다. 예를 들어 압력 안전밸브 경우 "만일 보일러의 압력이 250 psi를 초과하면 압력을 낮추는 역할을 한다."로 서술된다.

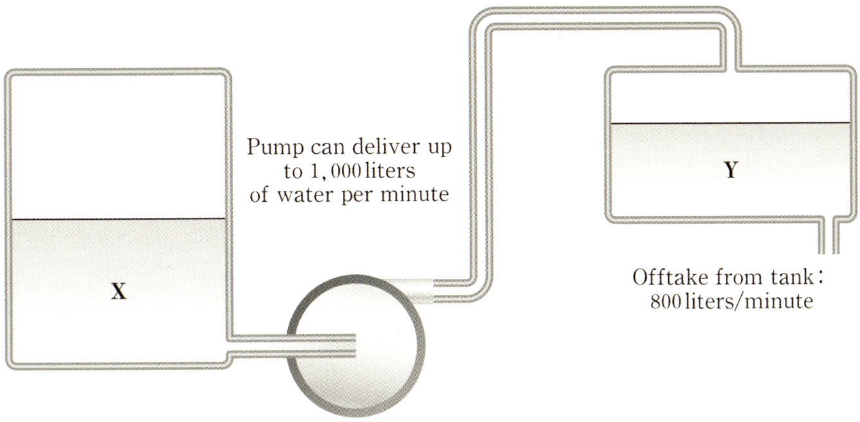

| 그림 3.13 | 펌프의 기능

한편 대부분의 경우 기능은 시간에 따라 열화된다. 따라서 [그림 3.14]와 같이 기능은 초기기능과 수명시간 동안 만족해야 할 요구기능(마지막 시점에서 만족해야 할 최소의 기능)의 두 가지로 정의한다. 설계자는 이런 측면을 고려하여 초기성능이 요구기능 보다 충분히 높으나, 너무 높아서 과도설계가 되지 않게 해야 한다.

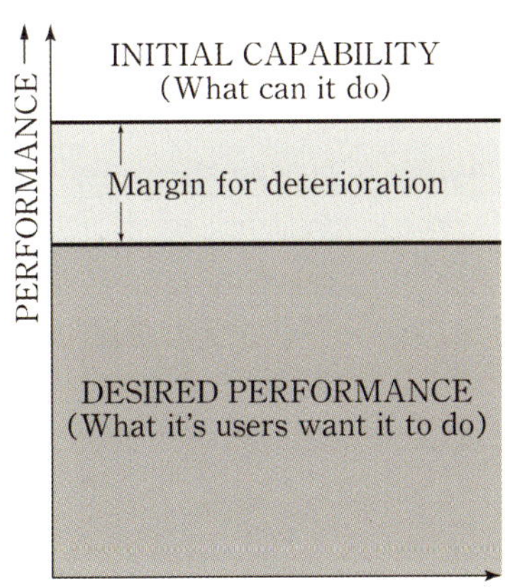

| 그림 3.14 | 기능열화의 설명

3.3.2 기능 고장

일반적으로 대상 시스템에 대한 기능은 하나 이상으로 되어 있다. 펌프 예제의 경우 주기능은 "분당 800 리터 이상의 유량을 탱크 X에서 Y로 송출해야 한다."이고 부기능은 "물을 담고 있어야 한다."이다. 부기능의 경우 펌프에 누수가 발생하면 기능고장이 발생하며, 이것은 주기능을 수행하면서도 발생이 가능하다. 따라서 고장은 해당 기능에 대한 고장으로 정의해야 하며 단순히 시스템 고장 이라고 하면 안된다.

고장에는 전체고장과 부분고장이 있다. 펌프의 경우 전체고장은 갑자기 펌프가 작동하지 않는 것을, 부분고장은 분당 800리터 보다 작은 양을 송출하는 것이다. 고장모드 분석에서는 이 두 가지도 분리하여 각각 고려해야 한다. 전체, 부분고장은 각각 파국, 열화고장이라고도 한다.

3.3.3 고장모드 식별

기능고장이 발생할 경우 이것이 어떤 현상에 의해 발생한 것인지를 나타내는 것이 고장모드이다. 문헌에 따라 이것을 고장원인으로 정의하기도 하나, 더 정확한 것은 고장의 형태로 정의하는 것이 맞다. 예를 들어 [그림 3.15]에서 A와 같이 펌프의 유량송출 고장이 발생할 경우 이것의 원인을 6가지 들고 있는데, 그 중 1A4는 커플링 허브가 절단된 것을 말하고 있다. 여기에서는 이것을 원인으로 서술하고 있으나 고장모드라고 하는 것이 맞고, 그 원인(또는 메커니즘)은 같은 문장에 서술되어 있듯이 기계적 피로가 원인이 되어 발생했다고 분리하여 설명하는 것이 더 바람직하다. 이러한 고장원인까지 제대로 식별되어야 고장관리 대책을 수립할 수 있다.

ASSET: Pumping System

	FUNCTION		FUNCTIONAL FAILURE (Loss of Function)		FAILURE MODE (Cause of Failure)
1	Transfer water from tank X to tank Y at not less than 800 liters/minute	A	Unable to transfer any water at all	1	Bearing seizes
				2	Motor burns out
				3	Impeller comes adrift
				4	Coupling hub shears due to fatigue
				5	Inlet valve jams closed
				6	Impeller jammed by foreign object … etc
		B	Transfers less than 800 liters/minute	1	Impeller worn
				2	Partially blocked suction line … etc

| 그림 3.15 | 펌프의 고장모드[11]

Level 1	Level 2	Level 3	Level 4	Level 5	Level 6	Level 7
Pump set fails	Pump fails	Impeller fails	Impeller comes adrift	Mounting nut undone	Nut not tightened correctly	Assembly error
				Mounting nut worn away	Nut eroded/corroded away	
					Nut made of wrong material	Wrong material specified
						Wrong material supplied
				Impeller nut cracked	Impeller nut overtightened	Assembly error
					Nut made of wrong material	Wrong material specified
						Wrong material supplied
				Impeller key sheared	Wrong key steel specified	Design error
					Wrong key steel supplied	Procurement error
						Storekeeping error
						Requisitioning error
			Object smashes impeller	Part in system after maintenance	Assembly error	See (human error)
				Foreign object enters system	Suction strainer not installed	Assembly error
					Strainer holed by corrosion	
		Casing ruptured	Casing bolts come loose	Casing bolts undertightened	Assembly error	See (human error)
				Bolts loosened by vibration		
				Casing bolts corroded away		
				Bolts fail due to fatigue		
			Casing joint fails	Joints incorrectly fitted	Assembly error	See (human error)
				Joint fails due to fretting		
			Casing smashed	Casing smashed by vehicle	Operating error	See (human error)
				Smashed by object from sky	Casing hit by meteorite	
					Casing hit by part of aircraft	
		Pump seal fails	Normal wear and tear	Seal abraded		
			Pump runs dry	*See "water supply fails" below*		
			Seal misaligned	Assembly error	See (human error)	
			Seal faces dirty	Assembly error	See (human error)	
			Wrong seal fitted	Wrong seal supplied	Procurement error	See (human error)
					Storekeeping error	See (human error)
				Wrong seal specified	Design error	See (human error)
			Damaged seal installed	Pump seal dropped in stores	Storekeeping error	See (human error)
				Pump seal damaged in transit	Procurement error	See (human error)
	Motor fails	Etc				
	Driveline fails	Etc				
	Valve closed	Etc				
	Power fails	Etc				

| 그림 3.16 | 구체화 수준별로 나타낸 고장모드[11]

한편 고장모드는 발생원 별로 레벨을 증가하면서 나열되어야 하며, 그 끝은 해당 고장모드에 대한 고장관리 대책을 수립할 수 있는 선에서 끝내야 한다. 사례를 [그림 3.15]에 나타내었는데 시작 레벨의 고장은 앞의 그림 고장모드 A와 동일한 "유량송출을 할 수 없다"이다. 그렇게 식별된 각 고장모드에 대해 [그림 3.11]과 같이 고장영향, 발생도, 심각도, 검출도 등을 적용하면 FMEA가 완성된다. [그림 3.16]은 이 고장을 발생시키는 다양한 고장모드를 레벨 7까지 내려가면서 찾아내어 수록한 것이다. 이렇게 레벨을 증가하면서 고장모드를 식별하는 작업의 끝에는 또다시 각 고장모들 별로 [그림 3.11]과 같은 FMEA를 작성할 수 있다. 이러한 작업의 끝은 고장관리 대책을 수립하는 관점에서 정해야 하며 따라서 어떤 것은 낮은 레벨, 어떤 것은 높은 레벨에서 나타남을 참고하기 바란다.

고장모드를 식별하는 작업은 매우 어렵고 주관성이 있으나 가장 중요한 부분이다. 고장모드는 통상 기존 동일 또는 유사 시스템에서 기존에 발생한 사례에서 찾거나, 기존에 없어도 상상력을 동원하여 상식적으로 발생할 수 있는 고장모드를 생각해 내야 한다. 이러한 정보를 찾기 위해서는 해당 시스템을 잘 아는 작업자, 정비자, 제조사 판매 엔지니어 등의 도움을 얻어야 한다. 또한 기존 시스템에서도 예방정비로 인해 고장모드 발생이 없는 경우가 대부분인데 그렇다고 소홀히 해서는 안되고 예방정비를 하지 않을 경우 발생할 수 있는 고장모드를 상상하여 생각해 내야 한다.

- 고장모드는 또한 세가지 원인 : 반복사용 또는 오랜 사용에 따른 열화, 설계결함, 그리고 작업자 오류 별로 분류하기도 한다. 이중에서 작업자 오류는 공정 중 조립 또는 세팅 부주의, 부주의에 의한 이물 낙하 등이 있는데, 이런 것은 언뜻 고장모드에 포함하지 않기 쉬우나, 그로 인한 고장이 충분히 심각한 결과를 초래하는 경우는 포함시켜야 한다.

3.3.4 고장모드 영향

고장모드로 인한 영향은 만일 어떠한 조치도 하지 않은채 사용할 경우 해당 고장모드로 인해 어떤 결과가 초래되는 가를 서술하는 것이다. 고장모드 영향에는 다음의 내용이 포함되어야 한다.

- 고장 발생에 대한 근거가 무엇이냐 : 예를 들어 경보등이 켜졌느냐, 소리가 났느냐, 속도변화가 있었느냐 등 명백한 또는 정량적 측정 통한 확인이 가능해야 한다.
- 고장발생 시 사망 또는 부상을 야기하는가, 환경문제를 일으키는가 : 예를 들어 화재 폭발, 화학개스 누출, 감전사, 탈선 등이 있다.
- 생산에 어떤 영향이 있나 : 라인정지, 생산속도 저하, 품질 저하, 운영코스트 상승이 있다.

• 고장으로 인해 어떤 2차 손상이 발생하는가 : 다른 설비에 미치는 영향을 서술한다.
• 고장발생 시 기능을 원상복구하기 위해 어떤 것을 해야 하는가 : 사후정비를 말한다.

3.3.5 고장모드 심각도 평가

고장 발생으로 인한 심각도는 앞서 언급한 영향이 "어떤 상황이 발생하느냐"를 서술하는 것인 반면, "그로 인한 심각도가 얼마나 되느냐"를 다루는 것이며, 심각도의 수준에 따라 대응되는 방향이 크게 달라진다.

여기서 한가지 중요하게 소개할 내용으로 은폐고장(hidden failure)이 있다. 이것은 명백고장(apparent failure)에 대비되는 단어이며, 주로 높은 안전도가 요구되는 경우에 보조설비나 설비 고장 전에 먼저 고장나게 하는 보호장비를 설치 운영하는데, 이들에 대해 고장을 식별하지 못하는 경우를 말한다. 예를 들어 퓨즈가 고장났는데 이것을 모른 채 주 설비가 고장나면 그때는 대형사고가 발생한다. 현대의 많은 고안전 시스템들은 이러한 은폐고장이 발생하는 보조장비가 거의 반을 차지할 정도로 많기 때문에 이에 대해서는 각별한 관심을 갖고 심각도 평가를 해야 한다.

심각도는 안전 및 환경측면을 먼저 평가하고, 문제가 없으면 운용(경제적) 측면에서 평가한다. 운용 측면은 가용도 측면으로 설명하기도 하는데, 예를 들어 어떤 설비가 고장나도 안전, 환경문제는 없지만, 자주 고장나면 설비 가동률이 떨어지거나 이를 유지하기 위해 재고를 더 많이 제작해 두고 있어야 하는 점을 고려하여 고장관리를 위한 정비정책을 선택해야 한다. 심각도 평가는 "어떤 조치를 하지 않은 채로 운영했을 때의 결과"로, 각종 정비업무를 적용하면서 운영했을 때의 결과는 아님을 다시한번 염두에 두면서 진행해야 한다.

3.3.6 고장 심각도 관리

일반적으로 시스템은 시간이 경과함에 따라 고장률(정확히는 순간 조건부 고장확률)이 다양한 형태를 띄며, 이들은 [그림 3.17]과 같이 대체로 6가지로 분류된다. 이중에 A, B는 말기에 마모로 인한 고장률이 증가하고, C는 그러한 마모증가 구간이 없이 지속적으로 증가하며, D, E, F는 고장률이 일정한 경우를 말한다. 이중에서 A, B는 주로 대상품이 간단하거나 지배적 고장모드가 있는 경우로 기계피로, 부식, 산화 등의 경우에 성립한다.

안전 및 환경에 영향을 미치는 고장모드

어떤 고장률 커브를 따르던 간에 안전 및 환경에 심각한 영향을 미치는 경우에는 그에 관한 리스크를 정량적으로 평가하여 고장관리 정책을 선택했을 경우 얼마나 감소하는지를 분석해야 한다. 그리고 그러한 정책이 복수로 가능하다면, 예를 들어 상태 기반(on condition) 정비정책을 결정했을 경우 하나는 수작업 주기검사 방식, 다른 하나는 자동(주기이던 연속이던) 검사 방식의 경우, 더 경제적인(cost-effective) 정책을 선택해야 한다. 종종 정비정책의 선택 시 무조건 진보된 기술을 적용하는 정책을 선택하는 경향이 있으므로, 이런 측면에서 경제적 선택을 특히 명심해야 한다.

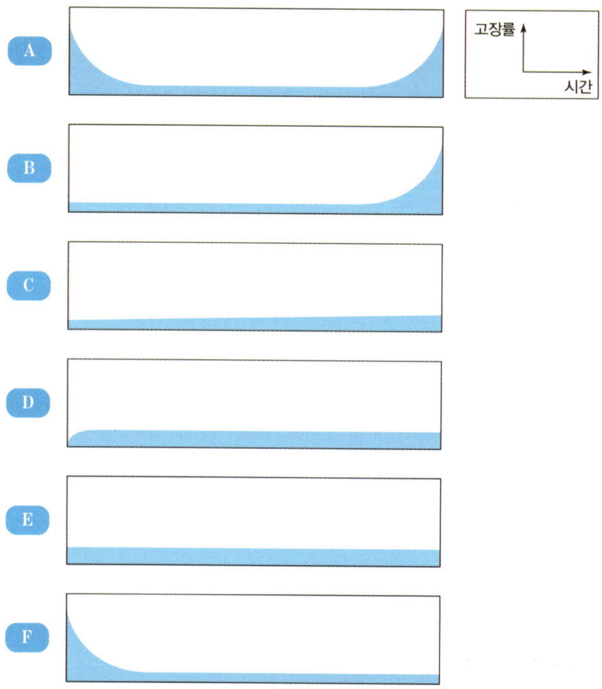

| 그림 3.17 | 고장률 곡선의 6가지 패턴

앞서도 언급했듯이 고장관리 정책을 정할 때는 항상 아무런 정책을 적용하지 않았을 때 발생할 리스크에 기반하여 정해야 한다. 리스크는 고장 발생시 어떤 결과가 초래되는 가와 해당 고장이 발생할 확률은 얼마인가를 곱하여 구한다. 이러한 리스크가 허용할 만 한가를 판단하고 허용치를 초과하면 RCM 프로세스에서는 이것을 낮추기 위한 정책을 결정한다. 참고로 RCM에서 리스크에 기반하여 정책을 정할 때는, 안전 또는 환경에 심각한 결과를 초래함에 따른 코스트는 고려하지 않고 단지 허용치 이하로 낮출 수 있느냐에만 초점을 맞추어 결정한다.

경제적 손실이 발생하는 고장모드

이 경우에는 주어진 수명기간 동안 해당 정책을 구현하기 위한 비용 대비 고장으로 인해 발생하는 손실비용을 비교하여 결정해야 한다. 그 결과 정책 적용 비용이 더 작으면 그것을 선택해야 한다.

은폐고장이 경제적 손실로 이어지는 경우에는 은폐고장을 탐지하기 위한 정비정책을 적용하는데 드는 비용이 주설비와 보조설비(또는 고장감지설비)가 동시에 고장발생함으로 인해 발생하는 손실비용 보다 작을 때에 선택해야 한다.

3.3.7 고장관리 업무

본 절에서의 고장관리는 사실상 정비업무에 해당하는 것이지만 제목을 고장관리로 정하는 이유는 업무의 선택지 중에 재설계, 운전조건 변경 등이 포함되기 때문임을 참고하기 바란다.

상태 기반(on condition) 업무

이것은 다음의 조건을 만족할 때 선택해야 한다.

- 잠재 고장이 분명히 정의되어 있고 찾아낼 수 있다.
- P-F 구간(잠재고장이 고장으로 발전하는 구간) 이 확실히 존재한다.
- 상태 검사 주기가 P-F 구간길이 보다 짧아야 한다.
- P-F 구간길이와 검사 주기의 차이가 상태 검사를 수행하는 시간 보다 매우 길어야 한다.

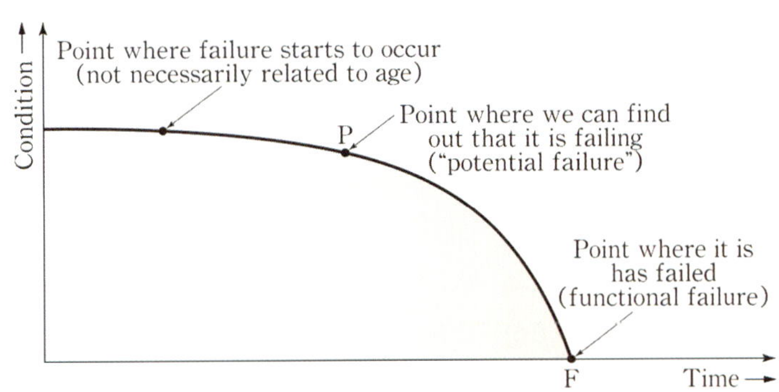

| 그림 3.18 | P-F 커브

일반적으로 고장은 순식간에 발생하지 않고 초기에 징후를 보이기 때문에 이것을 잠재고장으로 정의하며, 이것을 감지할 수 있다면 잠재고장이 실제고장으로 발전하기 전에 조치를 취할 수 있다. 이것은 P-F를 설명하는 [그림 3.18]을 통해 이해할 수 있는데 정기적 주기를 가지

고 검사하다가 P를 초과하는 결함이 감지되면 그때 교체하자는 것이다. 이때 중요한 것은 현재 검사 후 다음 주기에서 검사할 때 까지는 P가 F에 도달하지 않는다는 전제가 있어야 한다. 주의할 것은 너무 뜸한 검사는 그 사이에 고장이 발생하는 리스크가, 너무 잦은 검사는 비용 증가 및 검사로 인한 가동률 저하의 문제가 있다는 것이다. 통상 검사주기는 P-F 주기의 반을 선택한다. 그러나 다른 크기로 선택하는 것도 많이 있으니 섣불리 1/2로 하지 말고 해당 조건에 대한 검토 통한 신중한 결정이 요구된다.

[그림 3.17]에서 랜덤 고장을 따르는 패턴 E와 같은 경우를 고려하자. 이 경우는 언제 고장이 발생할 지 알 수 없다. 예를 들어 [그림 3.19]를 생각해 보자. 어떤 것은 5년만에, 어떤 것은 불과 6개월 만에 발생한다. 그리고 각 경우는 그때로부터 4개월 전에 잠재고장(P)가 발생한다. 이런 케이스에 대해 잠재고장을 감지하려면 P-F 주기의 반인 2개월 마다 한번씩 검사해야 한다. 그리고 그것을 장비운영 초기부터 계속해야 한다. 즉 검사의 시점은 그 대상의 수명과는 상관없이 시작부터 주기적으로 하라는 것이다.

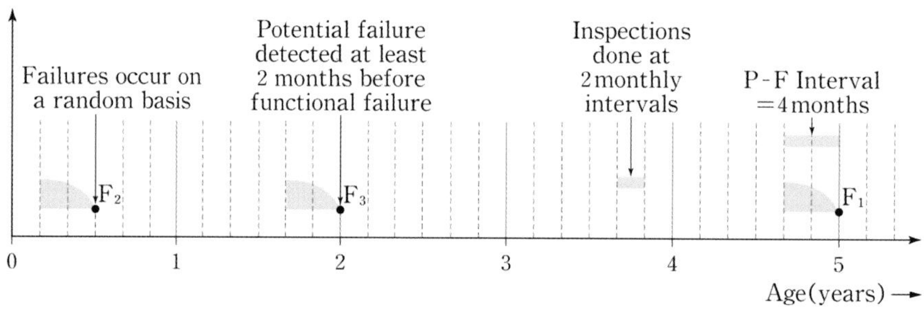

| 그림 3.19 | 무작위 고장과 P-F 간격

이번에는 [그림 3.17]에서 마모고장을 따르는 패턴 A, B 같은 경우를 고려하자. 특히 선형적으로 고장률이 증가하는 경우로 [그림 3.20]과 같은 타이어 마모를 생각해 보자. 트래드 깊이가 초기는 12 mm이고 2 mm로 감소하면 고장이며, 잠재 고장은 3 mm에서 정의된다고 하자. 기존 이력데이터에 의하면 초기 12에서 2 mm까지 내려가는데 50,000 km가 소요된다고 한다. 선형열화 조건이라면 잠재고장 3 mm 시점은 45,000 km이고 P-F 간격은 5,000 km이 된다. 따라서 검사주기는 2,500 km로 하는 것이 타당하다. 이것을 초기부터 이 주기로 검사하다가 3 mm 이하가 확인되면 그때 교체하는 것이다.

한편 앞의 예제에서는 PF 구간길이가 일정하다는 가정하에 진행했지만 실제는 그렇지 않다. 그럴 경우에는 가장 짧은 PF 구간길이를 알아내어 그것을 기준으로 계산을 해야 한다. PF 구간길이가 지나치게 변화가 심하면 그때는 이러한 방식의 정비정책은 선택하지 말아야 한다.

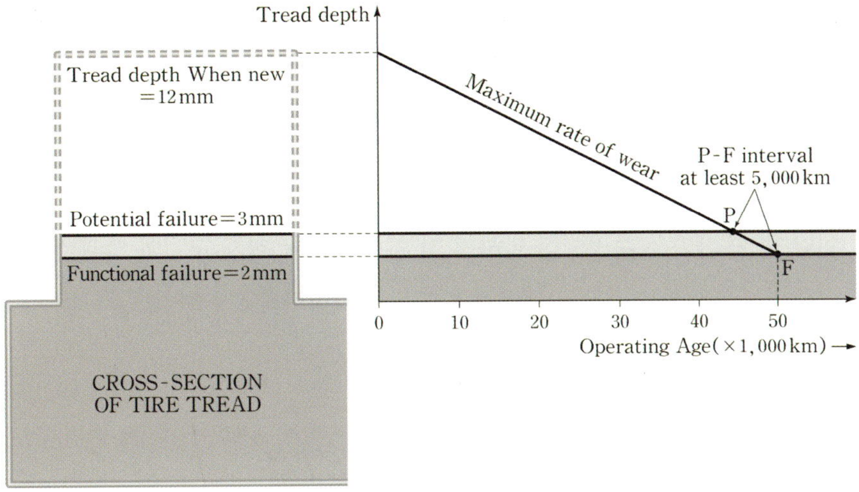

| 그림 3.20 | 선형 P-F 커브

지금까지 서술된 on-condition 업무는 기존의 RCM에서 다룬 내용들인데 최근에는 온라인 모니터링이 가능해짐에 따라 주기검사 기반으로 고장예방을 할 필요가 없어지고 있다. 아울러 PF 구간에서 연속 모니터링 데이터를 이용하여 현재의 열화상태를 파악하고 고장까지의 잔존수명을 예측하는 것까지 가능한 수준으로 발전하고 있다. [그림 3.21]은 항공기 균열을 통해서 이러한 개념을 표현한 것으로 현재 사이클까지 일정 간격으로 수집된 성능열화(즉 균열) 데이터를 이용하여 미래 성장거동을 예측하고 임계치(threshold)까지 도달하는데 걸리는 시간분포(end of life probability distribution)를 구하여 고장까지의 잔존 유효 수명(remaining useful lifef, RUL)을 구하는 것을 보이고 있다. 보다 자세한 것은 4장의 건전성 진단 및 고장예지 부분과 함께 문헌[13]을 참조하기 바란다.

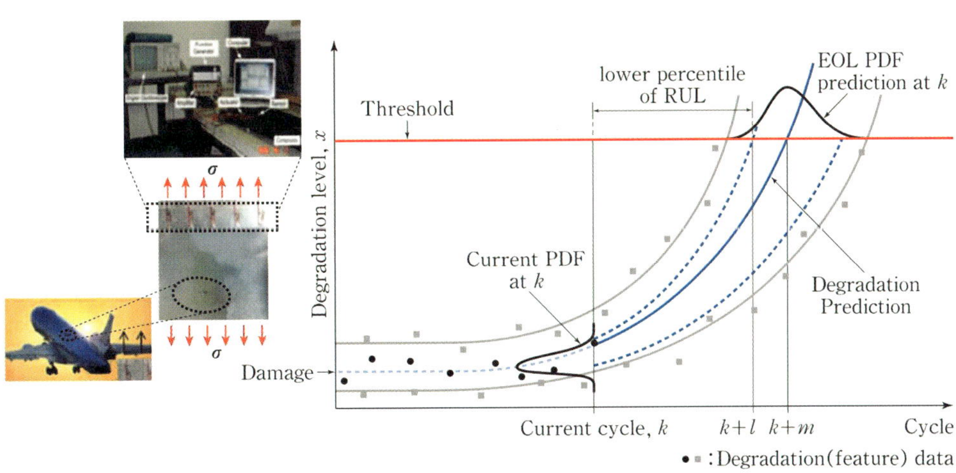

| 그림 3.21 | 성능열화에 대한 고장예지 개념도

주기적 회복 및 폐기 업무

주기적 회복과 폐기(scheduled restoration/discard)는 패턴 A, B와 같이 고장률이 증가하는 분명히 정의된 시점이 존재할 경우에 선택한다. 이중에서 주기적 회복은 수명에 도달하기 전 일정 시점에 대상 항목의 현재 조건과 상관없이 무조건 수리하거나 부품을 가공하여 원상회복하는 것이다. 반면 폐기는 수명에 도달하기 전 일정 시점에 현재 조건과 상관없이 무조건 폐기하고 신품으로 교체하는 것으로 예방정비 또는 주기정비라고도 한다.

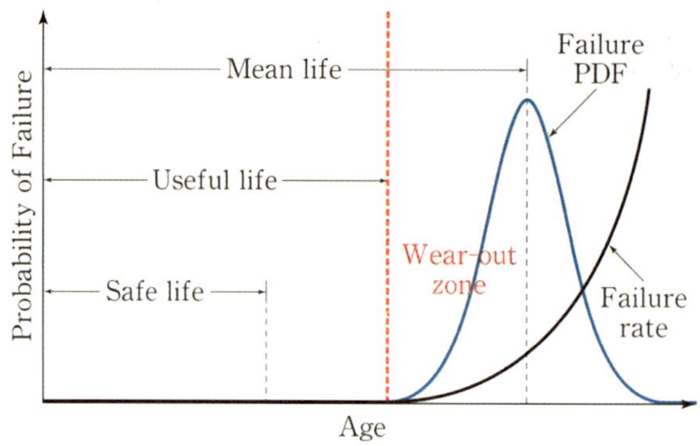

| 그림 3.22 | 다양한 수명 정의

수리교체 시점은 두가지 기준에 의해 결정되는 데 [그림 3.22]에서 보는 바와 같이 안전수명(safe life) 한계 및 경제수명 한계이다. 안전수명 한계는 통상 고장확률이 10^{-6} 또는 10^{-9}를 허용치로 할 때 수명분포에서 이 확률에 해당하는 낮은 꼬리의 시점(분위수)에서 교체한다. 또는 B1~B10과 같은 수명분포의 낮은 꼬리 분위수(여기서 B1, B10은 1%, 10% 분위수를 뜻함)를 유효수명(useful life)이라 할 때 이것보다 3~4배 더 작은 크기를 안전수명으로 정의하기도 한다. 반면 경제수명의 경우는 통상 유효수명 시점에서 교체시점을 정한다. 즉 안전수명처럼 이 보다 몇 배 더 작은 것으로 하지는 않는다. 무엇이 되든 간에 이를 위해서는 특히 신제품의 경우 다수의 표본을 가지고 수명시험을 하여 확률분포를 확보해야 한다.

고장탐구 업무

일반적으로 설비 고장발생시 그 영향이 매우 치명적인 경우 보조설비 또는 보호장비를 운영하는데, 예를 들어 주엔진 고장에 대비한 보조엔진, 화재예방을 위한 연기 감지기 등이 있다. 이때 보조설비 또는 보호장비의 고장감지가 안되는 경우 이를 은폐고장이라 하며 이러한 조건에서는 보호장비의 고장예방을 위한 정비업무가 중요한 부분을 차지한다.

이러한 조건에서는 두 설비가 동시에 고장날 확률, 즉 다중고장 발생확률이 목표치 보다 낮게 되도록 설계하거나 보호장비의 정비계획을 수립하는 것이 중요하며 이는 다음과 같이 구해진다.

$$\text{Probability of a multiple failure} = \text{Probability of failure of the protected function} \times \text{Average unavailability of the protection}$$

여기서 unavailability of protection이 보호장비가 고장날 확률로서 이로 인해 보호장비가 작동불능 상태인 것을 unavailability로 정의한 것이다. 이를 감소시키기 위해서는 보호장비의 고장확률을 감소시켜야 하며 이를 위해 보호장비에 대해 예방 또는 예측 정비업무를 수립해야 한다. 가장 간단한 방법으로는 정기적으로 순시하여 보호장비의 은폐고장이 발생했는 지를 점검하는 것도 한 방법으로 이를 고장탐구(failure finding) 라 한다. 통상 고장탐구의 주기는 다음과 같이 구해진다.

$$\text{FFI} = 2 \times \text{Unavailability} \times \text{Mtive}$$

여기서 FFI는 고장탐구 주기를 말하며 mtive는 보호장비의 MTBF 즉 평균고장간격이다. 그 결과 FFI는 availaibility를 어떻게 주느냐에 따라 표와 같이 주어진다.

availability we require for the protective funtion	99.99%	99.95%	99.9%	99.5%	99%	98%	95%
failure finding interval (as a% of the MTBF)	0.02%	0.1%	0.2%	1%	2%	4%	10%

이 외에 더 구체적인 방법도 있으나 그것은 문헌을 참고하기 바란다[11].

업무 조합

해당 고장모드(하나이던 다중고장이던)가 안전이나 환경에 중대한 영향을 미칠 경우, 경우에 따라서는 하나의 정비업무 만 수행하는 것보다 다중으로 수행함으로써 더 효율적으로 리스크를 허용치 이내로 관리할 수도 있다.

설계 또는 운전조건 변경

초기에 시스템을 설계하는 사람은 단순히 기능과 신뢰성을 만족하는데 그치지 않고 신뢰도를 관리하기 위한 고장관리 플랜(즉 정비업무)도 함께 설계해야 한다. 이 경우 정비업무가 신뢰도를 향상시키는 것은 아니고, 더 악화되는 것을 방지하는 것임을 명심해야 한다. 따라서 목표 신뢰도가 만족되지 않을 경우에는 설계를 변경하거나 운전조건을 완화해야 건전성 문제가 해결된다. 통상 시정조치는 한번 실시하는 것이지 정기적으로 실시하지 않는다는 면에서 표준문헌에서는 "one time change"라고 정의한다. 설계 변경에는 예를 들어 자체적으로 두께보강을 하거나 예비설비나 보호장비를 추가하는 것이 있을 수 있다. 또한 은폐고장(보호장비가 고장났을 때 감지되지 못하는 고장)의 경우에는 자동으로 감지할 수 있는 장치(built in test equipment, BITE)를 추가하는 것이다.

사후정비

정비업무의 또 다른 선택 중 하나는 정비하지 않고 고장날 때 까지 사용하다가 고장이 나면 수리하는 것이다. 이 기법은 주로 고장발생 시 안전/환경에 영향이 없으면서 딱히 적절한 정비업무가 잘 파악되지 못하는 경우에 적용한다.

3.3.8 고장관리 업무의 선택

앞에서 언급한 여러가지 업무를 선택하는 방법은 엄격한 방법 대 덜 엄격한 의사결정 선도(decision diagram)에 의한 방법이 있다.

엄격한 방법은 최대한 정량적 평가를 수행하고 그에 기반한 결정을 하는 것으로 명백고장 대 은폐고장 별로 진행한다. 그것이 어떤 것이던 간에 핵심은 해당 고장모드의 발생확률, 발생했을 경우 이것이 안전/환경에 심대한 영향을 미칠 확률 등을 계산하고, 해당 확률이 허용치를 초과할 경우 이것을 재설계 할 것이냐, 아니면 정비업무를 적절히 선택할 것이냐를 코스트 관점(정비업무 수행함에 따른 비용 대 고장 발생했을 경우 초래될 손실비용)에서 결정하는 것이다.

의사결정 선도(decision diagram) 방법은 [그림 3.23]에 소개되어 있으며 다음의 순서를 따른다.

- 안전/환경에 영향을 미치는 명백한 고장 : 상태 기반 정비, 예방정비, 둘의 조합, 설계/운전 변경
- 안전/환경에 영향이 없는 명백한 고장 : 상태 기반 정비, 예방정비, 사후정비, 설계/운전 변경
- 안전/환경에 영향을 미치는 은폐 고장 : 상태 기반 정비, 예방정비, 고장탐구, 둘의 조합, 설계/운전변경
- 안전/환경에 영향이 없는 은폐 고장 : 상태 기반 정비, 예방정비, 고장탐구, 사후정비, 설계/운전변경

이러한 순서를 따르는 자세한 이유는 문헌[11]에 설명되어 있으니 참고하도록 한다.

이러한 절차를 많은 문헌이나 기구에서 다양한 형태의 다이아그램(선도)으로 정리하여 소개하고 있고 산업계에서 사용하고 있다. 중요한 것은 이러한 절차 또는 다이아그램이 어느 하나만 유효한 것은 아니고 따라서 여기서 소개하는 것도 많이 사용되는 것 중의 하나로 보고 이해하기 바란다.

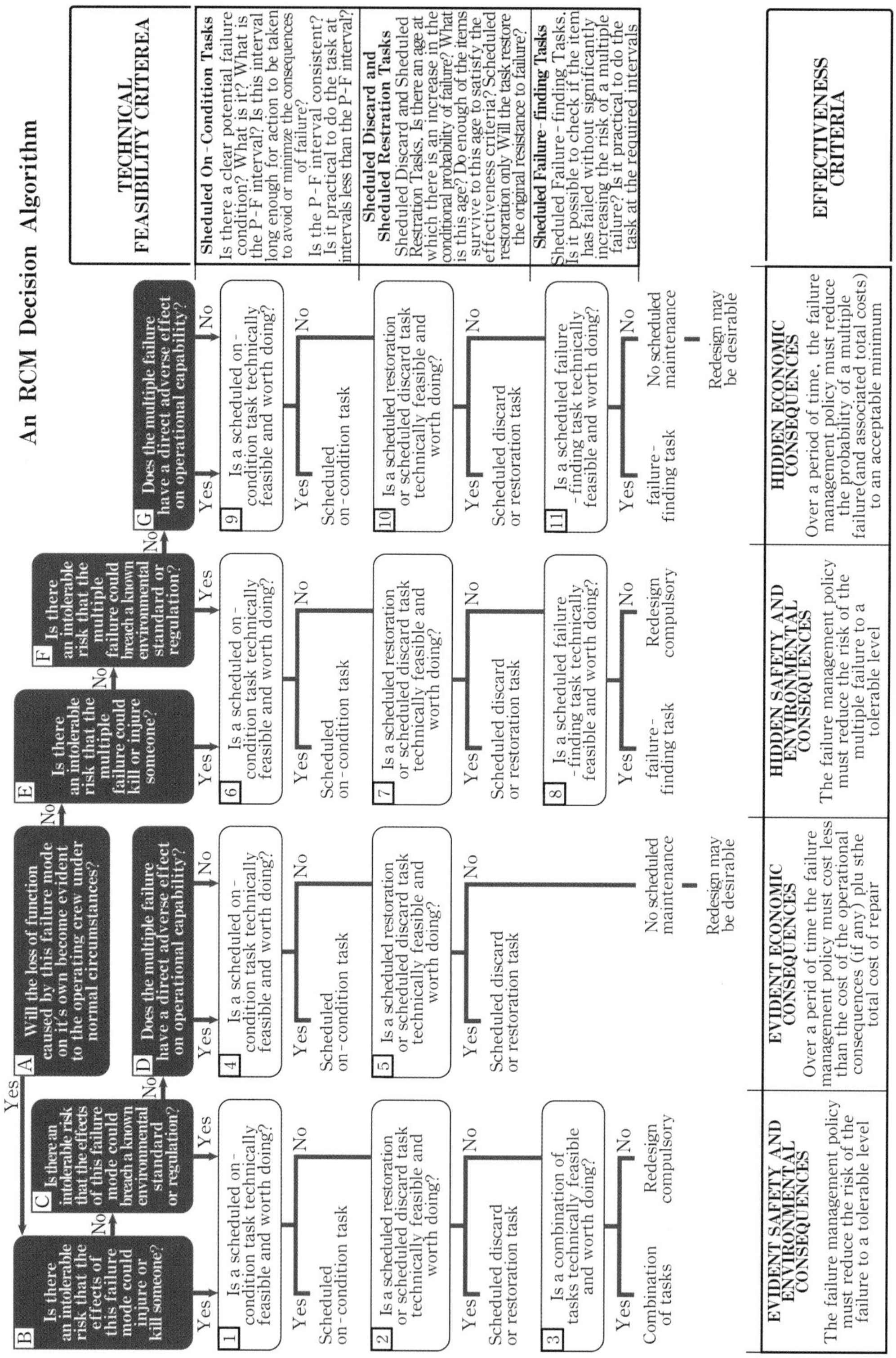

| 그림 3.23 | PCM 논리에 의한 정비업무의 결정 프로세스[11]

참고문헌

[1] International Electrotechnical Commission(IEC), IEC 60300-3-3, Dependability management Part 3-3: Application guide - Life cycle costing, 2004.

[2] 산업통상자원부 국가기술표준원, KS A IEC 60300-3-3:2017 신인성 관리 – 제3-3부: 적용 지침 – 수명 주기 원가 계산, 2021.

[3] International Electrotechnical Commission(IEC), IEC 60300-3-1, Dependability management Part 3-1: Application guide - Analysis techniques for dependability - Guide on methodology, 2003.

[4] International Electrotechnical Commission(IEC), IEC 61709, Electronic components - Reliability - Reference conditions for failure rates and stress models for conversion, 1996.

[5] Bernd B., 기계와 자동차 산업의 신뢰성 공학, 시그마프레스, 2016.

[6] International Electrotechnical Commission(IEC), IEC 15909-1:2004, Software and system engineering - High-level Petri nets - Part 1: Concepts, definitions and graphical notation, 2004.

[7] 서순근 외 공저, 신뢰성공학 개정판, 교보문고, 2010.

[8] 강영식 외 공저, 신뢰성공학과 응용, 동화기술, 2007.

[9] International Electrotechnical Commission(IEC), IEC 60812, Analysis techniques for system reliability - Procedure for failure mode and effects analysis (FMEA), 2006.

[10] International Electrotechnical Commission(IEC), IEC 60300-3-2, Dependability management Part 3-2: Application guide - Collection of dependability data from the field, 1993.

[11] SAE International, JA1012, Surface vehicle/aerospace recommended practice: A guide to the reliability-centered maintenance (RCM) standard, 2002.

[12] Moubray, J., Reliability-centered maintenance, Industrial Press Inc., 1997.

[13] Kim, N.H., An, D., Choi, J.H., Prognostics and health management of engineering systems: An introduction, Springer, 2016.

Chapter

4

PHM 시스템 구축 절차 및 도구

최주호 · 오현석

PHM

Prognostics and health management

제3장에서 설명한 정비업무 결정절차에 따라 분석을 수행한 결과 상태기반 정비 또는 예측정비 업무가 필요한 것으로 결정되면 이를 구현하기 위해 PHM 시스템을 구축한다. 본 장에서는 이를 위한 절차와 도구를 설명한다. 시스템 구축은 설계단계와 구현단계로 나누며, 설계단계에서는 아키텍처와 데이터관리 체계의 확립 및 최적의 센서세트 설계를 수행한다. 구현단계는 실제 운영중인 설비로부터 센서데이터를 수집하고 건전성진단예측을 위한 분석을 수행하며, PHM 성능이 제대로 구현되는지의 검증을 진행한다.

4.1 아키텍처 및 데이터 관리

4.1.1 아키텍처

아키텍처는 PHM 구현을 위한 시스템 또는 프로세스 구성도, 구현을 위한 요소간 주변환경간 상호관계 및 설계와 구현을 위한 가이드라인을 담은 것으로 DoDAF(DoD architecture framework)에 의하면 아키텍처의 목표는 이러한 아키텍처를 제공함으로써 개발, 공유, 통합의 제반 과정에서 공통의 방법론을 제시하는 것이다[1].

아키텍처는 [그림 4.1]과 같이 operational view(OV), systems view(SV), technical standards view(TV)의 세 가지 관점에서 구축하는 것이 좋다. 여기서 SV는 시스템(on system ↔ at system ↔ off system ↔ health management system) 간 어떤 정보를 교환하는지를 담으며, TV는 OSA 표준에 대한 내용으로 각 시스템과 데이터 교환에 대해 적용하는 표준을 나열하는 것이다.

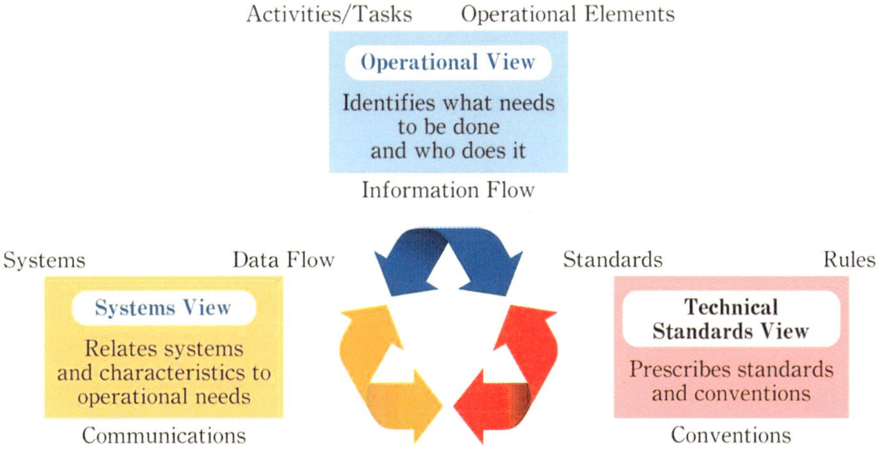

| 그림 4.1 | DoDAF에서 정의한 세가지 관점의 아키텍처 간 관계

이러한 아키텍처를 초기 단계부터 이용함으로써

- PHM시스템을 더 쉽게 잘 이해하고
- 높은 비용의 HW/SW 구매 개발에 앞서 적절한 수준의 시스템 설계를 수행하며,
- 이들이 어느 정도로 잘 작동하고 목표달성을 할 지를 이해할 수 있고
- 동시에 PHM을 구현할 사람도 이 아키텍처를 통해 시스템, 기술, 운영 간의 관계를 이해하고 발주사 등과 소통하는 도구로 활용할 수 있는 장점이 있다.

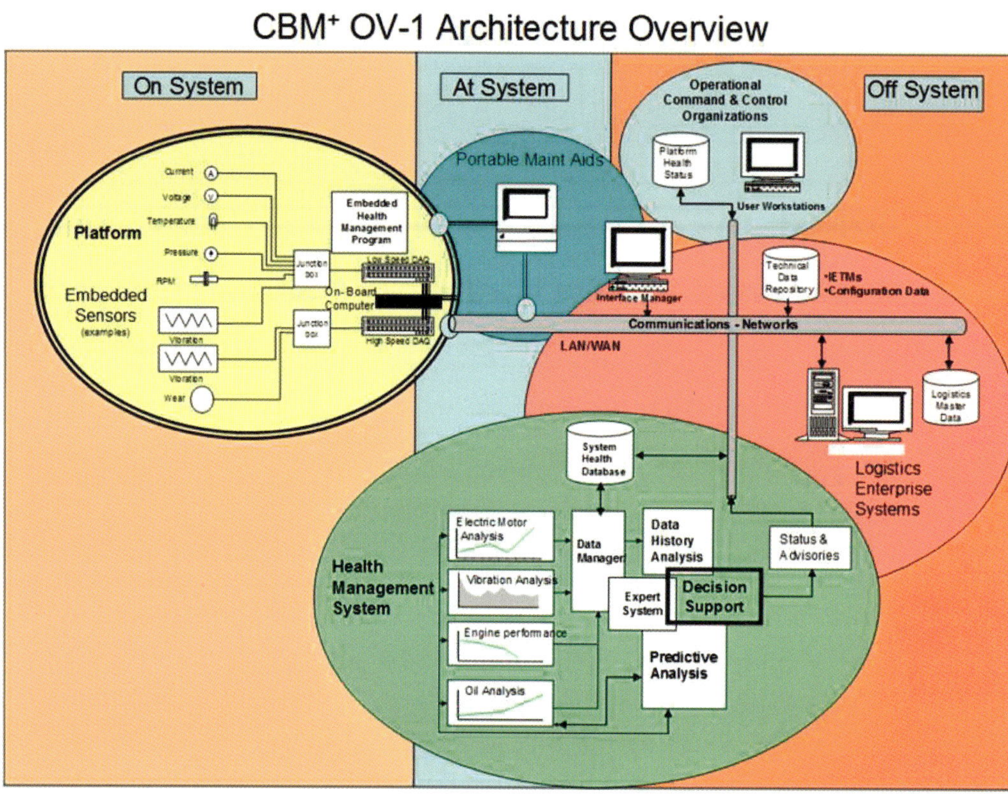

| 그림 4.2 | CBM+의 일반적 OV(operational view) 아키텍처[1]

이중 OV 아키텍처의 사례를 [그림 4.2]에 보였다. 이에 따르면 on system에서는 수집할 센서 종류와 수집방식과 인터페이스를, at system에서는 현장대응 가능한 휴대형 점검 또는 정비 도구를, off system 에서는 건전성 관리분석 시스템(health management system, 다양한 PHM 분석 위한 도구), 운영 및 정비관리 시스템(operational command & control organization, 이를 이용하여 운영 및 정비에 관련된 의사결정을 수행)과 물류지원 시스템(logistics enterprise system, PHM 분석 정보를 종합하여 부속품 등 물류관련 의사결정을 수행) 그리고 이것을 원활히 할 수 있도록 하는 데이터 네트워크로 구성된다. 보다 자세한 것은 구글검색에서

"DODAF volume 1"을 입력하면 다수의 관련 문서를 얻을 수 있다[2].

4.1.2 개방형 데이터 관리 및 표준화

ISO 13374-1[3]에서는 건전성진단예지 과정에서 데이터 처리 및 분석, 데이터 교환, 정보 현시(presentation)와 관련되는 다양한 소프트웨어의 규격에 대해 일반적 절차를 제시하고 있으며 본 절에서 이를 소개한다. 이러한 절차를 표준에서 다루는 이유는 각 단계별로 교환되는 데이터와 사용 프로그램을 특정 플랫폼이나 하드웨어에 종속하지 않고 개방형 소프트웨어 규격에 따라 plug-and-play 방식으로 다루어야 효율적 관리가 되기 때문이다.

데이터 흐름을 나타내는 6개의 블록

ISO 13374-1에 의하면 PHM을 위한 데이터 처리 또는 흐름의 순서를 [그림 4.3]과 같이 총 6블록으로 구성하고 있으며, 데이터수집(DA)에서 의사결정(AG)까지 앞단의 데이터가 다음 단으로 전달되며 외부 시스템과 정보를 주고 받으면서, 각 단계 마다 사용자에게 정보를 디스플레이하는 형태로 정의하고 있다. 이들을 간략히 설명하면 다음과 같다.

a) 데이터 수집(DA) : 센서출력 신호를 획득하여 해당 물리량을 나타내는 디지털 데이터와 관련 정보(시간, 교정, 데이터 품질, 사용된 데이터 수집기, 센서 구성)를 출력한다.

b) 데이터 조작(DM) : 디지털 데이터로부터 신호분석, 특성인자추출을 수행, 상태 모니터링을 위해 필요한 정보를 출력한다.

c) 상태 감지(SD) : 정상 또는 기준상태 "프로파일"을 만들고 새 데이터가 획득될 때 이상을 감지하여 경고 또는 경보 발령 여부를 결정한다.

d) 건전성 평가(HA) : 결함을 진단하고 대상설비나 공정의 현재 건전성 수준을 평가한다.

e) 고장예지(PA) : 현재의 건전성 정보와 향후의 운전조건(하중)을 바탕으로 미래의 건전성 상태와 고장모드 및 잔존수명을 예측한다.

f) 의사결정(AG) : 앞에서 얻은 결과를 토대로 공정이나 대상설비를 최적 운영하기 위해 필요한 소치사항을 세시한나.

외부시스템 : 단계 마다 분석을 수행할 때 외부시스템을 통해 기존 정비 및 고장이력을 가져올 필요가 있으며, 이를 통해 정비요원은 단지 고장예측에 그치지 않고 보다 다양한 결정(검사주기를 늘릴지, 대상부품을 수리할 지 교체할 지 등)을 할 수 있다. 또한 단계 마다 수집된 데이터 및 분석결과는 외부 데이터베이스로 저장되어야 하는데, 이렇게 저장한 이력 데이터

를 가지고 미래를 예측할 수 있다.

결과디스플레이 : 과정의 결과는 디스플레이를 통해서 사용자에게 전달된다. 여기에는 장비 또는 부품에 대해 고장모드 종류, 심각도, 향후의 추이예측, 그리고 어떤 조치를 취할 지를 안내하는 것 등이 포함된다. 조치에 따른 비용과 위험도도 추가로 포함할 수 있다.

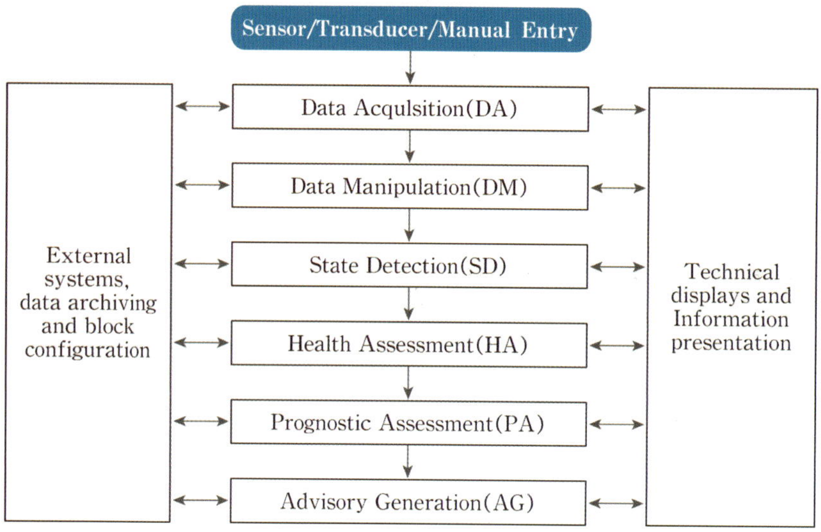

| 그림 4.3 | 데이터 처리 및 정보 흐름 블록도[3]

개념적 정보 스키마

개념적 정보 스키마(schema)는 PHM에서 사용하는 데이터의 의미와 상관관계에 대해 일관된 정의를 해 줌으로써 이들을 이용한 데이터의 통합, 공유, 관리가 수월하게 하기 위한 목적으로 만든 규격이다. 즉 다양한 개발자에 의한 다양한 PHM 분석 프로그램 간에 데이터 통신을 가능하게 하려면 개발자와 무관한 개방형 스키마 아키텍처가 있어야 한다. 여기에는 용도별로 다음과 같이 여러가지 스키마가 있다.

- 파일설명 스키마 : 컴퓨터에서 파일 가져오기, 내보내기를 위해 사용하는 포맷으로 대표적으로 ASCII와 2진 포맷이 있다. 이를 위해 구체적 레코드 포맷 상세가 제공되며, 여기에는 파일에 포함된 데이터 필드, 정확한 필드 위치, 정확한 포맷(과학적 부동 소수점, 정수, 문자, 변화하는 문자열)등이 포함된다.
- 관계정보 스키마 : 관계형 data base management system(DBMS)에서 필요한 언어로 데이터가 저장되는 방번호(또는 표), 방 안의 데이터 목록(컬럼), 각 데이터 컬럼의 데이터 포맷, 방이 비어 있는지 아닌지, 데이터 열을 식별할 수 있는 키 등이 정의된다.
- 확장 마크업 언어(extensible markup language, XML) : XML은 다양한 종류의 전자 문서의

구조를 설명하기 위해 표준 일반 마크업 언어(standard generalized markup language, SGML)를 이용하여 내용을 작성한 표준규격이다. 기존의 HTML과 달리 XML은 확장성이 있고 문서양식에 제한이 없는 주문형 언어설계가 가능한 "메타언어"이며, 대부분의 인간언어를 표현하면서 웹상에서 SGML의 사용을 간단하게 만든다. MIMOSA에서는 CRIS(common relational information schema)라고 부르는 개념 스키마를 소개하고 있으며 이것은 기계의 정보 컴퓨터 시스템 들이 전용 프로토콜 없이도 XML 통해 상호 교신하는 것을 가능하게 한다.

- 소프트웨어 개체정보 스키마 : 현재 컴퓨터 산업에서 널리 사용되고 있다. 이에 의하면 소프트웨어 "객체"는 그들 고유의 외부특성, 고유키, 데이터 양식, 타입, 관계 등을 수록한 객체정의 언어를 통해 정의된다. 이를 위해 UML(unified modeling language) 언어를 이용한다.

데이터 통신 스키마

개념적 정보 스키마가 분석 코드와 생성 데이터를 규격화한 것이라면 데이터를 전달 분배하기 위해 다양한 통신 방법이 활용될 수 있으며, 이를 위한 통신관련 스키마를 이용하면 불필요한 작업과 단계를 줄일 수 있다. 여기에는 다음과 같은 다양한 스키마가 있다.

- 원격 데이터베이스 접근(remote database access, RDA)은 관계형 DB에 접속하기 위한 통신 프로토콜로 이질적인 플랫폼에서도 데이터 접근이 가능한 장점이 있다.
- 구조화된 쿼리 언어(structured query language, SQL)는 관계형 DB에 접속하기 위한 언어로 서로 다른 프로그램 언어 환경에서도 이를 이용하여 서버에 접속하는 것이 가능하게 한다.
- 제조 메시지 규격(manufacturing message specification, MMS)은 실시간 모니터링과 분산 시스템 제어를 위한 서비스를 제공한다. 이것은 한 컴퓨터에서 다른 컴퓨터로 거의 실시간 기반의 공정 데이터를 전송하기 위한 코딩 규칙, 문법, 신택스를 정의한다.
- 확장형 마크업 언어(XML)는 ISO의 표준 일반화 마크업 언어(SGML)이며 현재 인터넷에서 널리 사용되고 있다. XML은 단순함으로부터 복잡한 것까지 넓은 범위의 다양한 정보의 내용 구조 표준을 제공하고 다양한 계산용 플랫폼을 사용하기 위한 인터넷/인트라넷 네트워크를 통하여 전송할 수 있도록 한다.
- 공통 객체 요청 중계자 아키텍처(common object request broker architecture, CORBA)는 소프트웨어의 객체 대 객체 간 통신을 위해 제정된 국제표준이다.

데이터 통신 방법

데이터 통신을 위한 데이터 접근에는 다양한 방법이 있다. 이중에서 데이터파일 방법은 서버와 클라이언트에서 사용자가 정의한 필터와 옵션을 이용하는 특정 정보 스키마 형식의 데이터 파일을 이용하는 방법이다. 이것은 매우 큰 용량의 정보를 전송할 때 또는 타겟 시스템이 온라인이 아닐 때 적합하다.

또한 RDA SQL 같은 관계형 쿼리 방법이 있는데 이것은 데이터 제공자가 SQL 구성의 사용자 정의 "SELECT"를 위한 최소 수준의 지원으로 요청 레벨 인터페이스를 지원하는 것이다.

이 외에도 MMS와 같은 데이터 통신의 메모리 상주 통신 서버 방법, XML 기반의 클라이언트/서버 데이터 통신 방법, 및 데이터 통신의 소프트웨어 대상물 클라이언트/서버 방법 등이 있으며 자세한 설명은 생략한다.

사용자 인터페이스 통한 정보의 현시(display)

사용자 인터페이스는 다양한 데이터 소스를 이용하여 장비 상태 모니터링을 위한 직관적이고 도움이 되며, 수정이 편리해야 한다. 상태 모니터링에서는 다양한 센서 데이터로부터 상태를 나타내는 수준을 표시하고 기존에 정상 또는 베이스라인 데이터를 통해 설정해 놓은 경보 또는 트립 수준과 비교한다.

이때 정상에서 벗어난 것으로 판단되면 다음 단계는 대상 설비의 건전성 상태를 평가하고 원인을 보여준다. 이러한 건전성평가에서는 보다 복잡하고 깊이있는 분석작업이 필요하고 왜 그러한 상황에 이르렀는 지를 알려줄 수 있어야 한다. 이때 많은 경우 여러 부품 또는 고장모드의 변화를 함께 보면서 분석하는 것이 중요하다. 예를 들어 베어링 온도상승과 마모입자 증가는 서로 관계가 있으므로 하나 보다는 둘 다를 함께 놓고 평가할 필요가 있다.

건전성진단이 문제의 원인을 알려주는 것이라면 예지는 대상설비의 향후 수명을 예측하는 것이다. 이때 미래 하중, 운전조건 등이 미래 거동에 영향을 준다는 것을 명심하고 이를 고려해야 한다.

정보의 현시는 [그림 4.4]에서 보이듯이 되도록 세가지 스키마 : internal, conceptual, external를 기반으로 구현되어야 하며, internal은 소스 데이터 고유 포맷을, external은 사용자에 제공되는 데이터 포맷을, 그리고 conceptual은 데이터를 처리하고 분석하는 객체 자체에 대한 통일된 스키마를 말한다. 실제 사용자에게는 첫 화면은 6개의 블록에 기반한 표준 포맷을 통해서 정보를 현시하고 더 자세한 것은 해당 블록에 들어가서 추가로 보일 것을 권하고 있다.

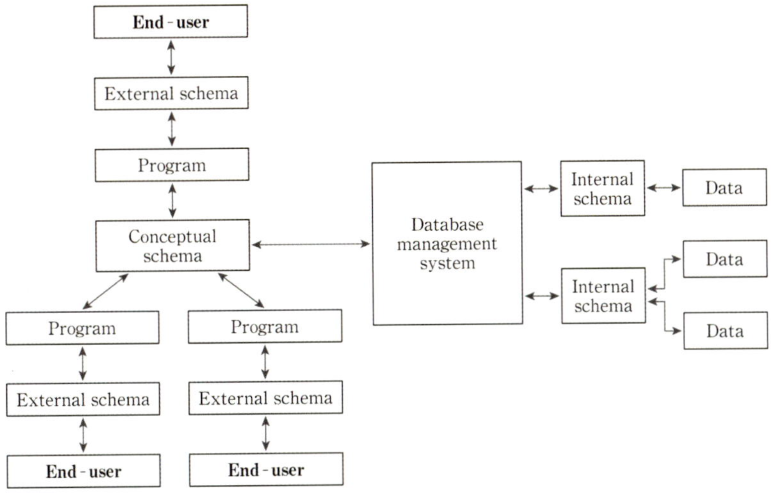

| 그림 4.4 | 세가지 스키마 아키텍처[3]

이렇게 구현되는 정보의 현시는 해당 분야 마다 다르며 맞춤형으로 만들어져야 한다. 대표적 사례로 항공기 엔진에 대해 구현된 사례를 [그림 4.5]에 보였다.

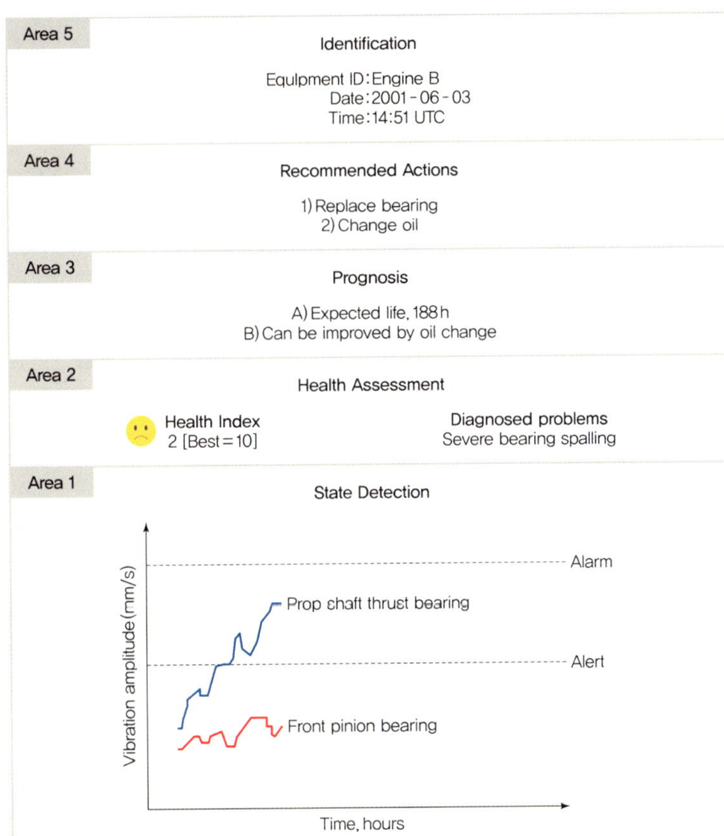

| 그림 4.5 | 항공기 엔진에서 구현된 PHM 시스템 예시[3]

4.2 센서세트 설계

PHM 시스템 구축을 위해서는 PHM 구현의 4단계를 설명한 [그림 2.4]와 같이 대상 설비에 대해 적절한 센서를 이용하여 신호를 수집한 후 특성인자를 추출하여 설비의 결함 또는 건전성 상태를 건전성진단하고 고장까지의 남은 시간을 예측하는 기술을 확보해야 한다. 이것을 제대로 하기 위한 첫 스텝이 센서세트의 설계이며, 이를 위해 해당 결함을 잘 감지하는 센서종류 선정, 부착위치 및 신호취득 방법 등의 결정이 필요하다.

예를 들어 [그림 4.6]과 같은 발전소 터빈 베어링 윤활계통 설비의 경우, 설비고장은 베어링 과열 및 터빈 전체의 손상으로 이어지므로 고장예방을 위한 다양한 활동이 필요하며 그 중 센서 데이터를 이용한 PHM시스템 구축도 해결책의 하나로 검토할 수 있다. 윤활설비의 대표적 고장모드에는 펌프성능 저하, 여과기(필터) 막힘, 파이프 누유, 밸브 고장 등이 있으며 이를 감지하기 위한 다양한 센서의 선정 및 설계가 필요하다. 이를 위해서는 해당 고장모드가 발생할 경우 시스템 내에서 어떤 매개변수가 이를 잘 감지하는 지 파악하고, 이를 토대로 해당 변수를 측정할 센서를 선정하며, 선정된 센서를 얼마나 어디에 잘 배치하는 것이 고장모드를 가장 효율적으로 모니터할 수 있는지를 설계해야 한다.

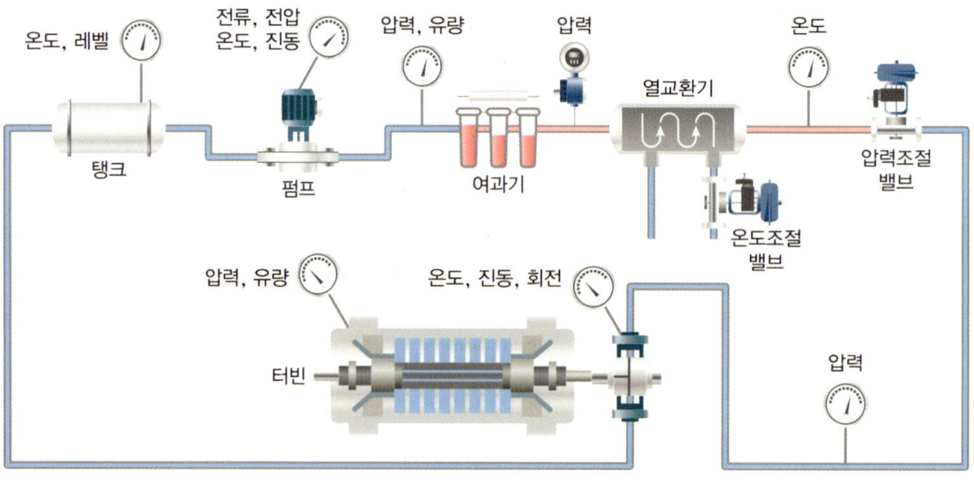

| 그림 4.6 | 윤활계통 구성 및 센서배치

4.2.1 센서종류 선정

상태감시 매개변수

센서종류를 정하기 위해서는 설비 결함이나 열화상태를 잘 나타내는 매개변수를 아는 것이 중요하며, 이를 위해 ISO 17359[4]에서는 파트 2의 [표 5.3]과 같이 전기모터, 증기터빈, 펌프 및 압축기와 같은 다양한 설비 별로 관계되는 상태감시 매개변수를 소개하고 있다.

또한 각 설비 마다 어떤 결함에 어떤 매개변수가 관계되는지도 보여주고 있는데, 구체적으로 사례를 [표 5.2]에 제시하였다. 이것에 의하면 특정결함, 예를 들어 베어링 손상을 모니터하고 싶다면 모터의 속도, 진동, 온도 등을 측정하면 된다. 반면 정렬불량의 경우 진동을 통해 결함이 감지된다. 결함발생은 복수의 매개변수를 통해 모니터가 가능하므로 할 수 있다면 복수의 변수를 측정하는 것이 진단 오류 가능성을 줄일 수 있다.

펌프 외에 다른 설비에 대해서도 같은 내용이 ISO 17359에 부록으로 수록되어 있으니 참고하기 바란다. 그러나 ISO 문헌에서 보여주는 사례들은 하나의 예시로서 완전한 목록이 아니며, 경우에 따라서는 표에 없는 다른 매개변수를 고려하는 것이 더 좋을 수도 있음을 참고하기 바란다.

매개변수 측정센서

매개변수 중에서 온도, 압력, 유량, 속도, 길이, 각도는 측정 센서의 원리가 비교적 간단한 반면 진동, 전기신호(전류, 전압), 음향방출, 초음파, 열화상, 오일의 6가지는 신호처리 과정이 복잡하고 설명할 것이 많아 여러 문헌에서 관련 내용을 소개하고 있다. 이 중에서 열화상, 오일, 초음파 같은 것은 센서 보다는 측정장비의 느낌이 더 강하므로 본 서에서는 이들 모두를 측정도구라고 명명하였다. 이들에 대해서는 파트 2의 5.1절 시험검사 장비에서 측정이론, 사용법 및 적용사례를 설명하였으며 이는 NASA의 RCM가이드[5] 문서와 미국 DOE(department of energy)의 operations and management best practice 문서[6]에 서술된 내용을 발췌하여 정리한 것이다.

또한 ISO에서도 이들에 대해 [표 4.1]에시와 같이 관련 내용을 소개하고 있으며 이 모든 것을 본 서에 담기에는 한계가 있으므로 해당 자료를 참고하기 바란다.

| 표 4.1 | ISO에서 소개하는 측정도구의 일반적 사용절차

국제표준	제목
ISO 13373-1	Condition monitoring and diagnostics of machines — Vibration condition monitoring — Part 1 : General procedures
ISO 14830-1	Condition monitoring and diagnostics of machines — Tribology based monitoring and diagnostics —Part 1 : General guidelines
ISO 18434-1	Condition monitoring and diagnostics of machines — Thermography — Part 1 : General procedures
ISO 20958	Condition monitoring and diagnostics of machine systems — Electrical signature analysis of three-phase induction motors
ISO 22096	Condition monitoring and diagnostics of machines — Acoustic emission
ISO 29821-1	Condition monitoring and diagnostics of machines —Ultrasound — Part 1 : General guidelines

4.2.2 센서위치 설계

한편 센서종류가 선택되었어도 대상설비에서 해당 센서가 필요한지, 필요하다면 얼마나 많이 어느 위치에 설치하면 좋을지 등의 사전 설계가 필요하다. 일반적으로 센서는 시스템 운전 제어를 위해서는 이미 설치된 경우가 많으므로 이것을 활용하는 것이 좋으나 부족할 경우 새로운 센서를 추가할 필요도 있다.

센서세트의 설계를 위해서는 많은 경험과 해당 설비에 대한 전문지식이 요구되는데, 예를 들어 앞서 소개한 윤활계통설비의 경우, 설비 내에서 등압구간(iso-baric zone)과 등온구간(iso-thermal zone)에서는 단일 센서 만으로 충분하다던지, 펌프 임펠러 손상은 베어링 진동과 온도상승을 유발하며 출구압력 저하, 윤활유 토출유량을 감소시키므로 이와 관련한 센서를 선정한다던지 하는 것이다.

그러나 이 방법은 해당 전문가의 지식에 지나치게 의존하거나 해당 지식이 잘못된 경우 시행오차를 겪는 문제가 있을 수 있다. 최근 이러한 문제를 해결하고 센서세트 설계를 보다 과학적으로 수행하기 위해 관련 솔루션 업체들이 소프트웨어를 출시해 왔으며, 이들은 2012년 발표된 문헌[7]에 의하면 [그림 4.7]과 같다. 이 중에서 본 절에서는 상용 소프트웨어 MADe에서 구현한 센서세트 설계 방법을 사례로 듦으로써 PHM시스템 설계자에게 도움을 주고자 한다.

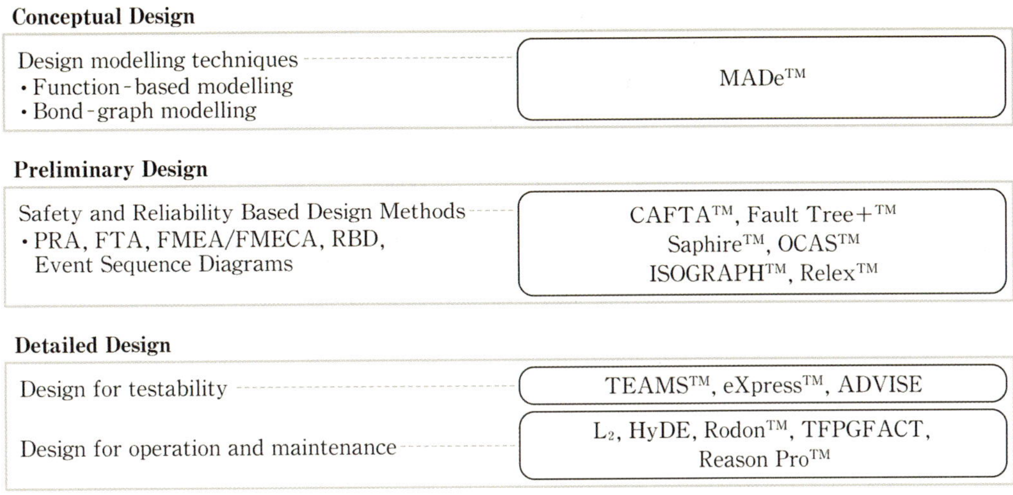

| 그림 4.7 | PHM 시스템 설계 위한 소프트웨어 도구들

PHM 시스템을 위한 센서세트 설계 과정은 [그림 4.8]과 같이 크게 세 스텝으로 구성된다[8]. 첫째는 해당 시스템에 대한 기능분해 및 모델링, 둘째는 주요 구성품 또는 부품에 대한 고장모드 다이아그램 작성, 마지막은 이러한 고장모드를 감지할 수 있는 센서세트 최적화이다.

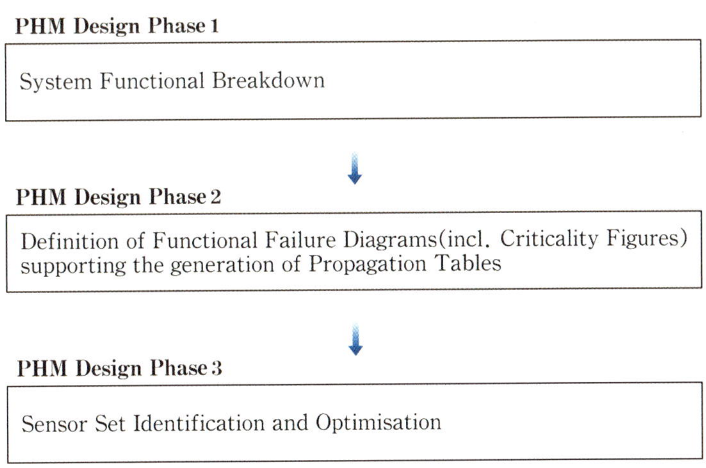

| 그림 4.8 | PHM 시스템 설계 프로세스

사례 소개 대상은 [그림 4.9]와 같은 무인항공기(unmanned aerial vehicle, UAV)에 사용되는 연료공급장치로서, 대표적으로 5가지의 고장모드가 있는 것으로 알려져 있다[7].

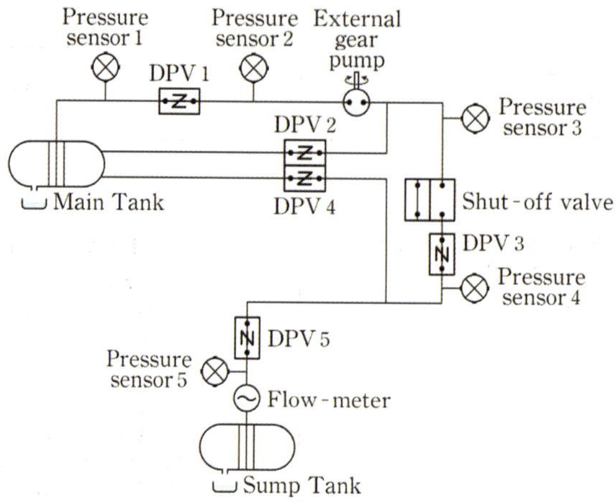

(a) 시스템 계통도

대상 고장

- filter clogging from foreign matter
- pump degradation
- shut-off valve stuck in a midrange position
- leak in the main pipe line
- clogged nozzle

(b) 주요 발생 고장모드

| 그림 4.9 | UAV용 연료 시스템 계통도 및 주요 고장모드

이에 대해 첫째 단계에서는 기능모델링 방법을 이용하여 연료공급 시스템에 대한 기능을 서술한 시스템 모델을 구축한다. 여기서 언급하는 기능모델링은 [그림 3.9(a)]에서도 소개한 것보다 더 단순화한 것으로 간단히 정리하면 예를 들어 단위부품 모터의 경우 전압과 제어신호를 입력으로 하면 각속도가 생성되는데 이것을 [그림 4.10]과 같이 표현하는 것이다.

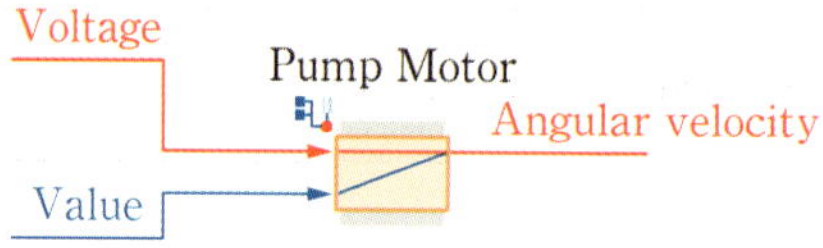

To convert – to change from one form of energy(*electrical energy*) or material to another form of energy(*mechanical angular velocity*)

| 그림 4.10 | 펌프용 모터의 기능모델 도식

이러한 작업을 각 부품단위는 물론, 부품이 조립된 상위 서브시스템, 그리고 시스템에 이르기까지 순차적으로 진행한다. 그 결과 연료공급장치 시스템에 대한 기능모델을 [그림 4.11]과 같이 얻을 수 있다.

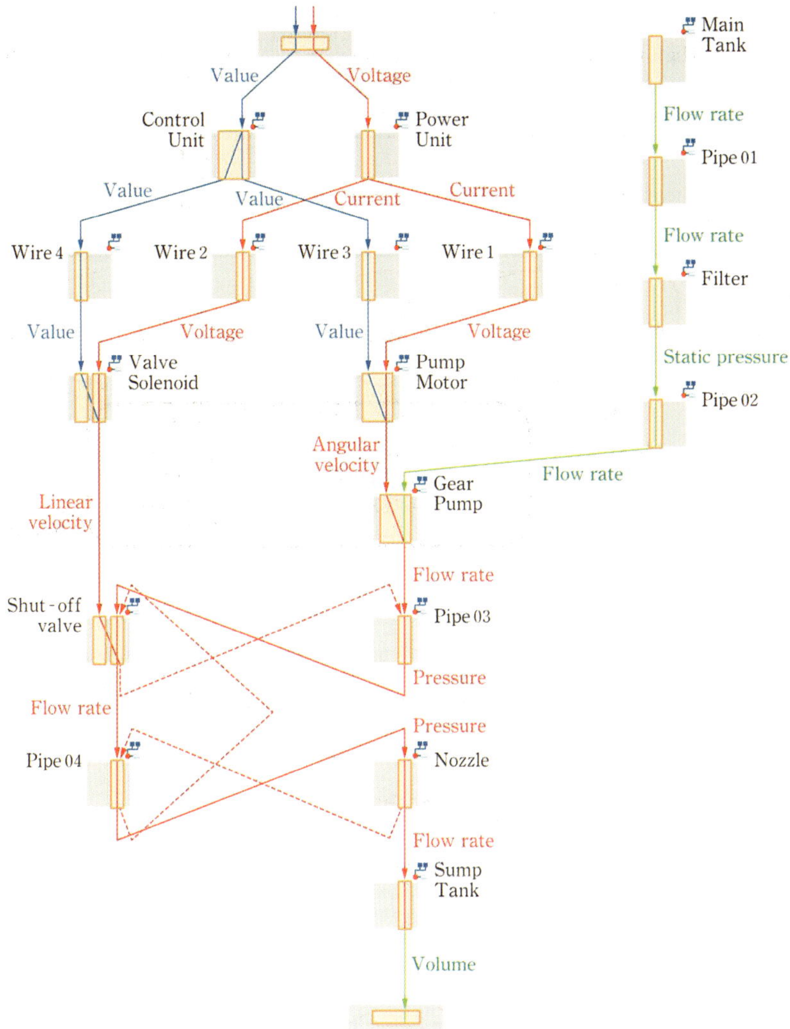

| 그림 4.11 | 연료 시스템 기능모델

다음 단계에서는 앞서 언급한 5개의 고장모드에 대해 고장모드 다이아그램을 작성한다. 이것은 고장모드 영향분석(FMEA)을 다이아그램을 통해 보다 쉽게 표현한 것으로 원인, 메커니즘, 결함, 증상 및 기능고장의 5가지로 구성되는데 이중에서 우리가 알고 있는 통상의 고장모드는 여기에서 결함에 해당하며 증상 및 기능고장은 해당 결함으로 인한 고장영향에 해당한다. 고장모드 다이아그램을 파이프와 펌프에 대해 적용한 결과는 각각 [그림 4.12], [그림 4.13]과 같다. 파이프의 경우 누설(leak) 및 막힘(clogging)의 두가지 결함(고장모드)을 갖고 있으며 이로 인해 아랫단에 보는 바와 같이 압력감소, 유량감소 등의 기능고장이 발생하며 또한 소음, 거동변화 등이 증상으로 나타난다. 결함을 발생시키는 원인과 메커니즘은 윗단에 서술되어 있다.

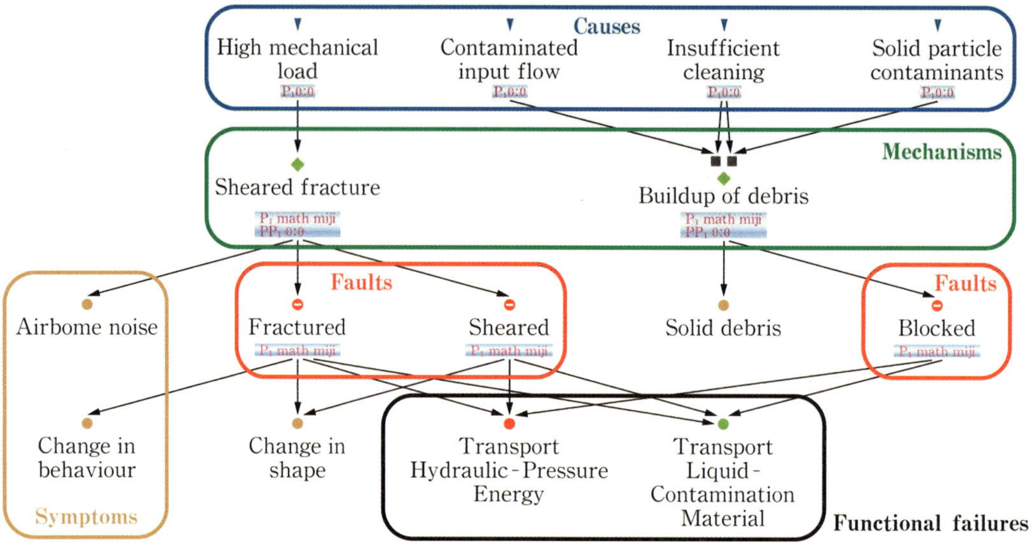

| 그림 4.12 | 파이프의 고장모드 다이아그램과 증상

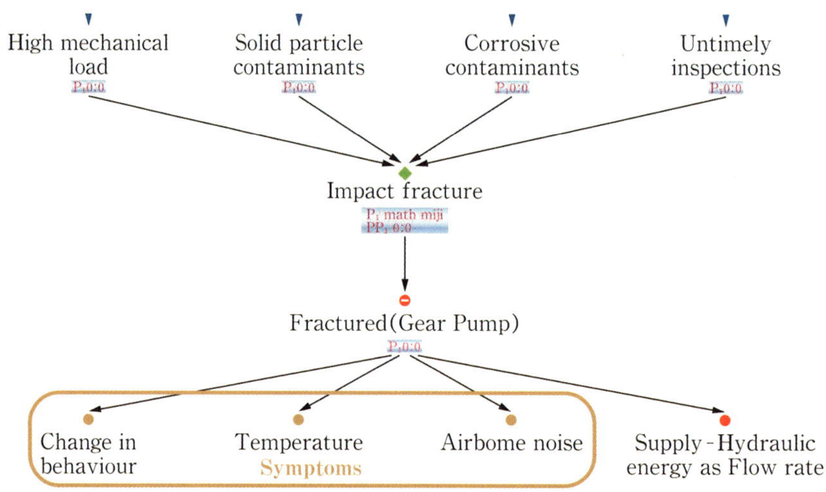

| 그림 4.13 | 펌프의 고장모드 다이아그램과 증상

마지막 단계에서는 시스템 기능모델과 고장모드 다이아그램을 이용, 각 고장모드를 해당 위치에 인가하고 fuzzy cognitive map(FCM) 기법을 적용함으로써 이들이 센서세트에 어떤 영향을 미치는 지를 정성적으로 분석할 수 있다. 해당 사례를 [표 4.2]에 보였는데, 여기서 좌측단의 5개 component는 고장모드를, 상위단의 F, G, P, P, P, P, S, S는 관심위치의 물리량으로서, 필터 압력, 기어 펌프 유량, 2번 3번 파이프 유량, 4번 파이프 압력, 노즐 유량, 셧오프 밸브 유량, 그리고 sump 탱크 체적을 나타내며, 이들은 해당 위치에 센서를 설치하여 측정할 수 있다. 상하 방향 화살표는 해당 고장모드로 인해 이 위치의 물리량이 어떤 영향을 받는지를 나타낸

것이다. 예를 들어 첫째 행 필터막힘 증상이 발생하면 2번 파이프 유량을 감소시키며, 이것이 계속해서 하단에 있는 다른 모든 물리량을 감소시킨다.

| 표 4.2 | 연료시스템의 5대 고장모드 발생이 관심위치의 물리량에 미치는 영향분석

Component	Flow	Failure	F	G	P	P	P	P	S	S
filter	pressure	low	↓	↓	↓	↓	↓	↓	↓	↓
pump	flow	low	↓	↓	↓	↓	↓	↓	↓	↓
pipe	pressure	low	↓	↓	↓	↓	↓	↓	↑	↓
nozzle	flow	low	↑	↓	↑	↑	↑	↓	↓	↓
valve	flow	low	↑	↓	↑	↑	↓	↓	↓	↓

이러한 과정을 다양한 센서 갯수와 위치에 대해 반복하면 5개 고장모드를 전반적으로 잘 감지하고 모호한 감지를 최소화한 센서 세트 후보군을 도출할 수 있다. 본 사례에서는 그 결과 여섯 세트가 도출되었으며 이들에 대해 신뢰성 및 경제성 등을 비교하여 최종적으로 가장 적합한 세트를 선택한다. 그 결과 [그림 4.14]와 같이 총 4개의 센서를 이용하는 것이 가장 적합한 것으로 판단되었다.

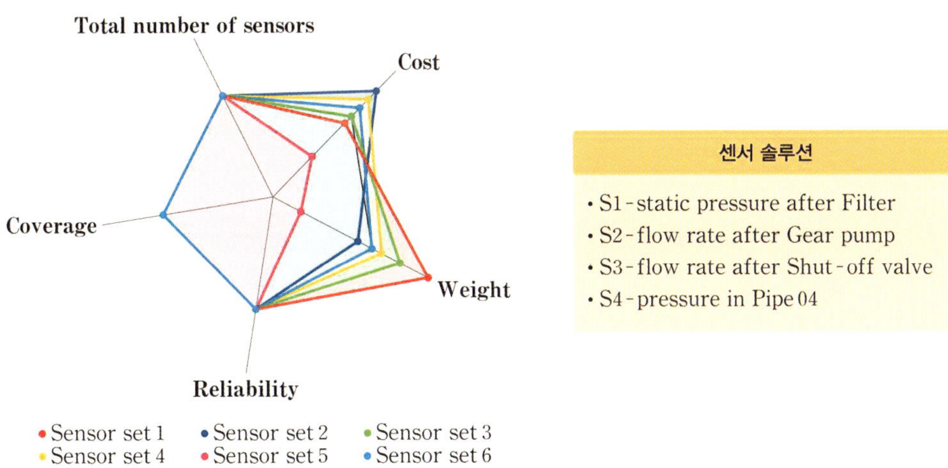

(a) 여섯 종류의 센서세트 후보군　　(b) 최종 선정된 센서세트

| 그림 4.14 | 센서세트 비교 및 선정된 센서세트

이러한 S1 ~ S4를 삽입한 형태의 시스템 모델은 다음과 같다.

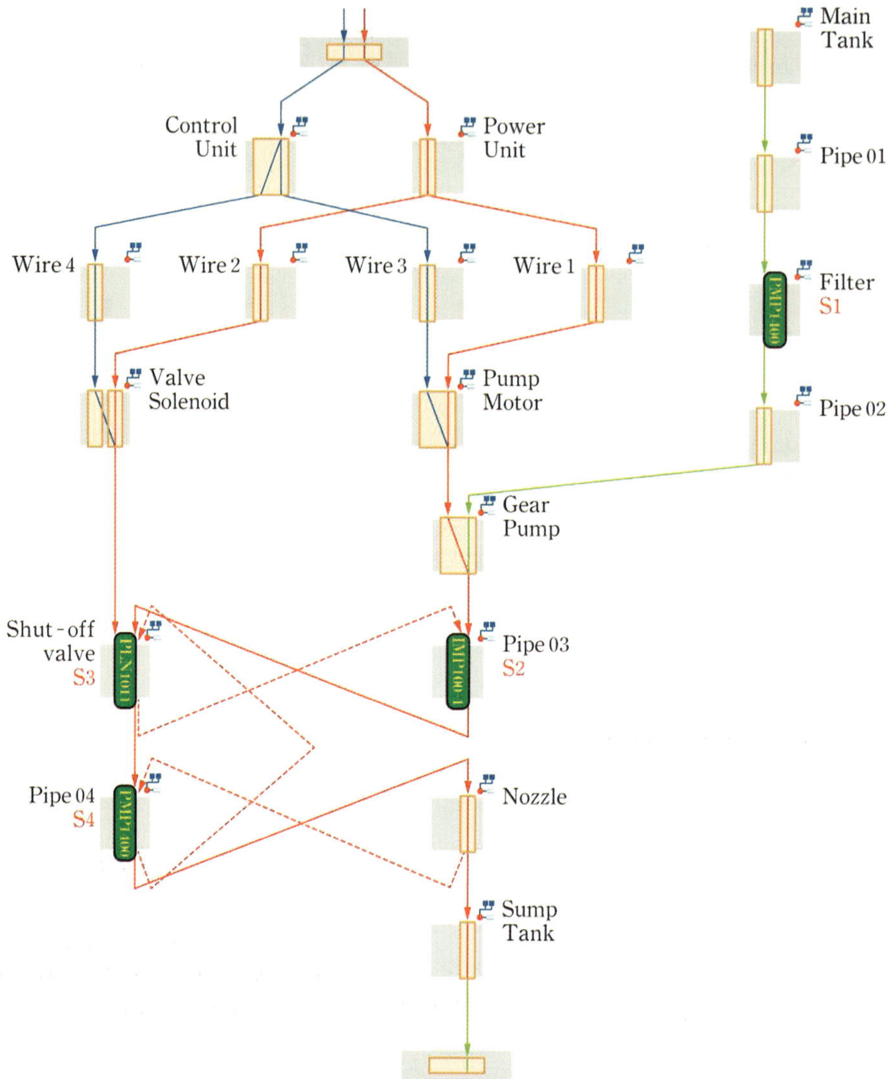

| 그림 4.15 | 선정된 센서 세트가 적용된 연료 시스템 기능모델

즉 이 네개의 센서를 이용하면 5가지의 고장을 식별할 수 있다는 것이며, 각 센서 시그널이 어떠할 때 어떤 고장으로 진단할 수 있는지에 대한 진단 논리도 함께 구할 수 있다. 예를 들어 [그림 4.16(a)]와 [그림 4.16(b)]에서 보듯이 필터고장은 단일 센서 S1에 의해 식별이 가능하나 펌프는 세개의 센서 S1, S2, S3를 종합(S1 low; S2 low; S3 low)하여 고장 판단해야 한다.

Clogged filter

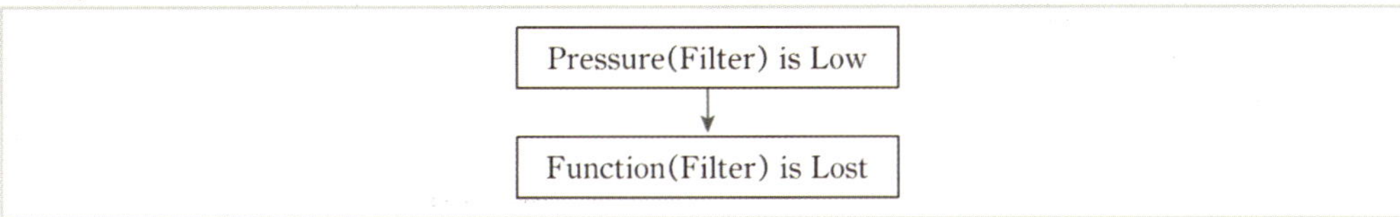

(a) 필터막힘

Degraded gear pump

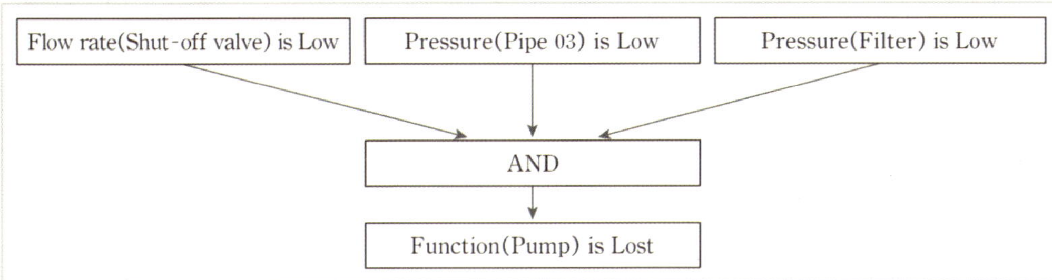

(b) 펌프열화

| 그림 4.16 | 센서신호의 변화를 이용하여 수행될 진단로직

이러한 설계결과를 실제 검증하기 위해서는 실제 필드에 투입하기 전에 테스트베드를 제작하여 센서를 설치하고 고장을 인가하여 예측한 대로 성능이 구현되는지 시험을 수행하는 것이 바람직하다. 이를 위해 테스트베드 모델과 실제 제작한 실물을 [그림 4.17]에 보였다.

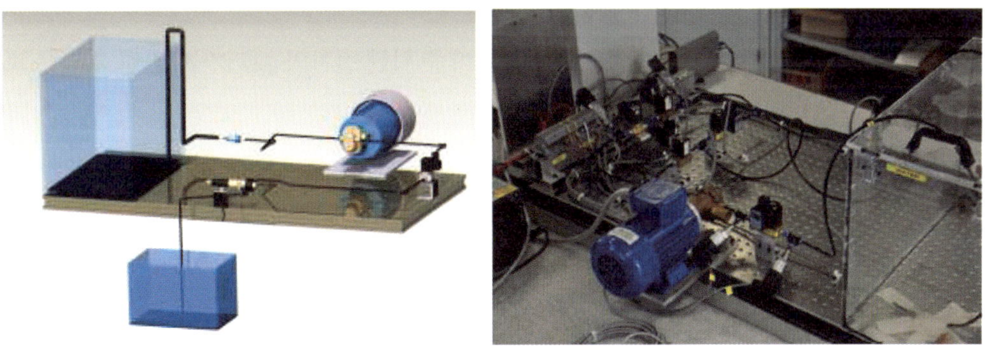

| 그림 4.17 | 연료시스템 테스트베드

테스트베드에서 다양한 시험검증을 수행한 결과, 필터 막힘 고장에 대한 예측과 시험결과는 [그림 4.18]과 같다. 즉 S1~S4 중에서 S1(필터 출력단 압력, pressure after filter) 하나만이 필터 고장에 영향을 주는 센서이고 그 값이 감소하면 고장임을 예측하고 있으며 필터 막힘을 정상(우측 100)에서 점차 고장(좌측 0)으로 감소시킨 결과 실제 결과도 S1 센서값만 감소하고 있다. 반면 펌프의 경우 세 개의 센서가 영향을 받음을 확인할 수 있는데 S1~S3 세 개가 모두 감소하고 있다.

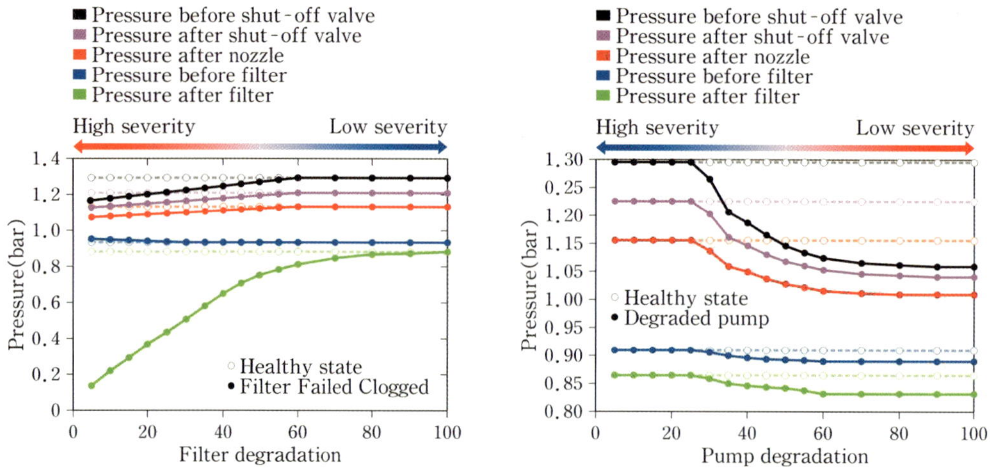

(a) 필터막힘 (b) 펌프열화

| 그림 4.18 | 부품 열화에 따른 센서신호의 변화

4.3 신호수집, 처리 및 특성인자추출

센서종류 선정 및 설계가 완료되면 이들을 이용하여 원하는 매개변수 측정을 위한 센서신호를 수집하며, 이로부터 결함 또는 열화 모니터링에 유효한 특성인자를 추출하는 과정을 거쳐야 한다. 본 절에서는 ISO 17359[4]를 중심으로 이를 위한 절차와 여러가지 관련 기법을 소개한다.

4.3.1 신호수집

신호 수집방식

센서에서의 신호수집은 설비에 부착 고정하여 연속으로 수집하는 것과 휴대용 측정장비를 이용하는 방법이 있다. 또한 새로 설치(add-on) 하거나 기존에 운전 또는 제어 위해 사용 중인(built-in) 센서를 활용하는 방안도 있다. 어떤 선택을 하는 것이 좋을 지에 대해서는 측정센서 및 데이터 획득장치의 가격, 데이터 획득의 복잡성, 접근의 용이성, 센서 내환경성 및 신뢰도 등을 고려하여 결정해야 한다.

수집신호의 종류

결함을 모니터링하기 위해서는 일정 주기 마다 신호를 획득해야 되는데, 단순히 하나의 신호값을 가지고 모니터링할 수도 있으나 많은 경우 적절한 시간구간 동안 신호를 획득한 후 이들에 대해 시간평균이나 평균제곱근을 구하여 활용할 수도 있다.
전류, 전압이나 진동 같은 변수는 단일 값을 이용할 경우 결함 모니터링이 어려운 경우가 많으므로 주파수 영역으로 변환하여 스펙트럼 및 위상을 분석하는 것이 더 유리하다. 이를 위해서는 일정 시간구간 동안 충분한 양의 신호를 획득해야 하며 이때 신호의 샘플링률(sampling rate) 또는 수집률(acquisition rate)이 중요한 역할을 한다. 예를 들어 베어링 결함을 진동신호를 통해 찾고자 하는 경우 10 kHz 이상의 수집률로 2~5초 동안 수집하는 것이 좋다. 반면 모터전류의 경우는 1 kHz 로도 관련 결함 모니터링 하기에 충분하며, 수집시간은 정속운전의 경우는 2~5초, 동일 작업을 반복하는 경우 하나의 작업구간 동안 수집하는 것이 좋다.

신호 수집주기

신호 수집주기는 주로 결함 또는 열화의 진행 및 이에 따른 관련 매개변수의 변화를 통해 결정된다. 이것은 3.3절에서 설명한 P-F 커브에서 보듯 결함의 감지(P)와 실제 고장(F) 사이의 P-F 구간을 바탕으로 결정하는 것이 좋으며 P-F 구간길이 보다 충분히 작은 주기로 획득해야 결함 또는 열화의 추이를 모니터링할 수 있다.
그러나 명심할 것은 신호획득에는 비용이 따른다는 것이다. 앞서 언급한 대로 신호획득은 온라인 센서와 오프라인 측정장비의 두 가지가 있는데 오프라인의 경우 종종 설비운전을 정지한 후 설비를 분해하거나 결함부위에 접근하여 측정을 해야 한다. 이런 점에서 너무 잦은 신호획득은 온라인의 경우 데이터 통신 및 저장량 증가를, 오프라인의 경우 잦은 정지로 인한 가동률 저하와 정비비용 상승을 초래하므로, 수집주기를 잘 정해야 한다. 그리고 이러한 검토는 되도록 초기 경제성 분석 또는 위험도 분석 시에 하는 것이 좋다.

센서의 정확도 및 정밀도

센서의 성능은 정확도(accuracy)와 정밀도(precision)를 통해 평가되는데 정확도는 측정치 평균이 절대값에 얼마나 근접한가를, 정밀도는 측정치 산포가 얼마나 작은지를 나타내는 지표이다. PHM에서는 정확도 보다는 정밀도를 중시하는데 이유는 측정치의 경향분석을 주 목적으로 하므로 측정의 반복성이 절대적 정확성보다 더 중요하기 때문이다. 최근 센서는 자동교정기능과 고장경보기능을 지원하여 주기적 교정기능을 보완하고 있다.

작동조건의 고려

신호수집은 항상 동일 운전조건에서 이뤄져야 하는데, 예를 들어 운전온도나 속도가 정해져 있을 경우, 또는 가동시작이나 종료 조건이 있을 경우, 동일한 해당 조건에서 수집해야 한다. 이를 통해 초기 정상상태 대비 결함으로 인해 신호가 어떻게 달라지는 지를 모니터링할 수 있다. 또한 매개변수가 여러개인 경우 이들은 동일 시간과 운전조건에서 수집해야 한다. 한편 측정치의 변화가 발생했을 경우에는 그 원인이 결함 발생에 기인한 것인지 운전조건의 변화에 기인한 것인지를 파악하고 결함의 경우에만 결과반영을 해야 한다.

4.3.2 신호처리

본 절에서 설명하는 신호처리의 상당부분은 전류, 진동, 음향과 같은 고주파로 획득되는 신호에 대해 적용되므로 그 점을 감안하여 읽기를 바라며 저자의 문헌[9]을 바탕으로 작성하였다. 일반적으로 전류, 진동, 음향과 같은 센서신호에는 결함에 관계되는 신호 외에 다양한 다른 신호와 잡음이 섞여 있다. 신호처리의 목적은 이러한 혼재된 신호에 대해 결함 모니터링에 필요한 것을 남기고 그 외의 정보를 제거하는 것이다.

이것은 [그림 4.19]에서 보듯이 불필요한 신호를 제거하는 신호 분리(signal separation)와 미세한 크기의 신호를 강화하는 신호 강화(signal enhancement)의 두 단계로 구분하며, 이것을 순서대로 진행할 수도 있고 하나만 할 수도 있다. 이렇게 신호처리를 한 후에 특성인자를 추출해야 보다 쉽게 결함관련 정보를 얻을 수 있다.

한편 이러한 두 단계를 거치지 않고 원 신호를 다양한 성분으로 분해하는 신호 분해(signal decomposition) 방법도 있는데 이렇게 분해된 성분 중에 결함신호가 더 잘 식별되는 것이 존재하므로, 이것을 가지고 결함특징을 추출하기도 한다.

Signal separation	Signal enhancement	Signal decomposition
• Remove other signal of nosie • Pass filters(high, low, band) • Resamping, TSA • AR filter, ANC, SANC	• Amplify weak fault signal • Minimum Entropy Deconvolution(MED) • Spectral kurtosis	• Decompose into many modes • (Ensemble)Empirical Mode Decomposition • Wavelet transform

| 그림 4.19 | 신호처리의 세가지 방법

본 절에서는 이들 중 하나씩 선택하여 사례를 소개함으로써 신호처리란 어떤 것인지에 대해 조금은 더 구체적 느낌을 전달하고자 한다.

자기회귀 필터링(autoregressive, AR) 방법

[그림 4.20]에서 보듯이 베어링 하우징에 진동센서를 부착하여 신호를 획득할 경우 여기에는 베어링 고유의 진동신호 외에 축회전으로 인한 불필요한 신호(이를 결정론적(deterministic) 신호라 함)가 섞여 있는데 자기회귀 필터링은 이 불필요한 신호를 AR model을 이용하여 찾아낸 후 원신호에서 이것을 제거함으로써 결함에 관계되는 잔여(residual) 신호만 남기는 방법이다. 그림에서는 가상의 신호를 이용하여 시뮬레이션한 것으로 우리가 보고자 하는 베어링 결함신호(좌측의 일정간격의 피크를 보이는 신호) 외에 결정론적 신호(축회전 등으로 인한 신호), 가우스 잡음(측정오차)이 섞여 있을 경우, 센서에서 수집되는 신호는 그림의 중앙처럼 이들이 혼합된 형태로 나타나게 되며, 이것을 AR 필터링을 이용하여 결정론적 신호를 제거하면 잔여신호(residual signal)만 남게 되는데 이것은 베어링 결함신호와 가우스 잡음 만 포함하며 그림에서 보듯 베어링 원신호와 동일하지는 않으나 결함특징을 포함하고 있음을 알 수 있다. 이것에 대해 추가적 절차를 적용하면 결함특징을 손쉽게 추출할 수 있다[9].

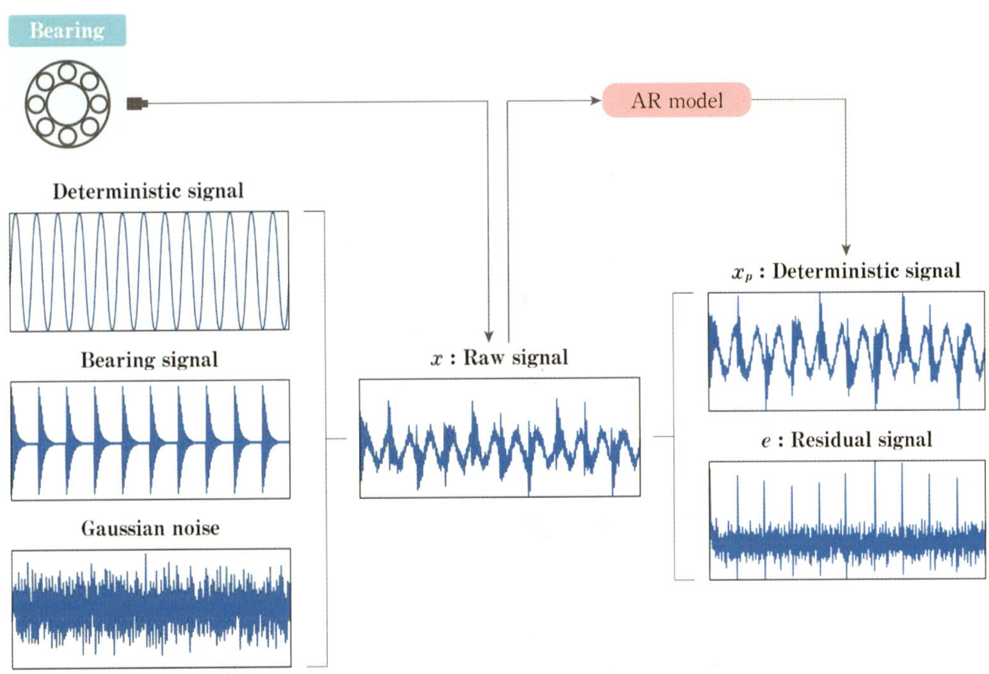

| 그림 4.20 | 자기회귀 필터링(autoregressive, AR)을 이용한 신호처리 방법[9]

Spectral kurtosis(SK) 방법

기어와 베어링의 경우, 결함발생 시 진동 신호는 임펄스 형태의 충격 신호를 보이는데 이것은 첨도(kurtosis)를 계산하여 알 수 있다. 하지만 원신호에서는 이 값이 잘 식별되지 않는 경우가 많아, 이를 증폭시킬 수 있는 주파수 대역을 알아낸 후 해당 주파수 대역에서 필터링한 후에 첨도를 구하면 훨씬 잘 식별되는데 이를 spectral kurtosis(SK) 방법이라 한다. 적용 예를 [그림 4.21]에 보였는데, 첨도가 23.2인 원신호 (a) (예를 들어 앞에서 구한 잔여신호로 생각해도 좋다)에 대해 (b)와 같은 kurtogram을 통해서 SK를 구하여 증폭이 잘 되는 주파수 대역 20~22 kHz를 찾아낸 후, 원신호를 이 대역으로 필터링하면 (c)와 같이 크기 193.8의 훨씬 높은 첨도 신호를 얻게 된다. 그렇게 높은 첨도의 신호를 얻고 나면 첨도 자체를 모니터링하거나 고속푸리에 변환변환(fast Fourier transform, FFT) 통해 주파수영역에서의 주요 특징을 추출하여 모니터링 하는 등 여러가지 방안을 적용할 수 있다[9].

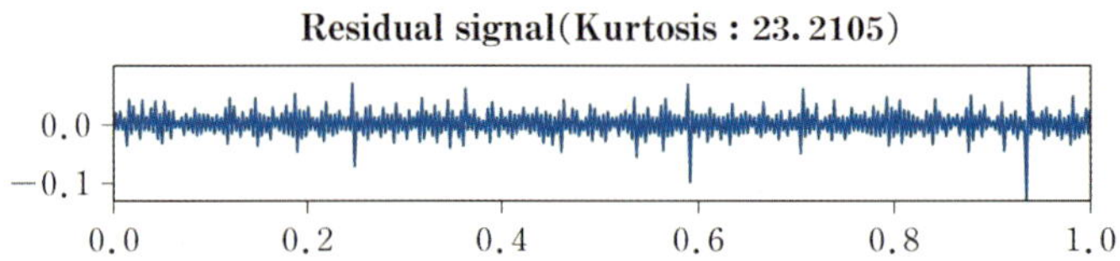

(a) 원신호

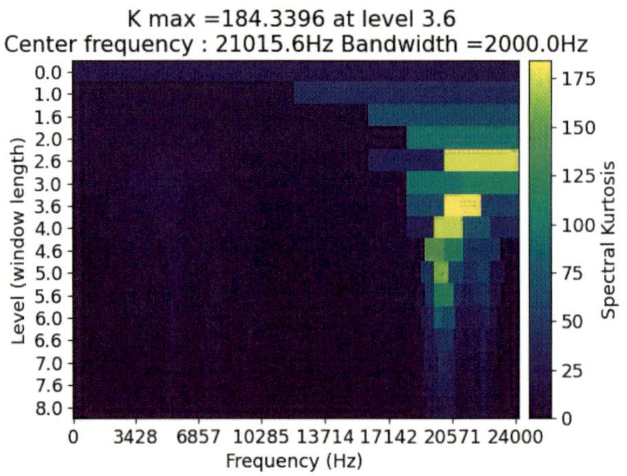

(b) Spectrogram

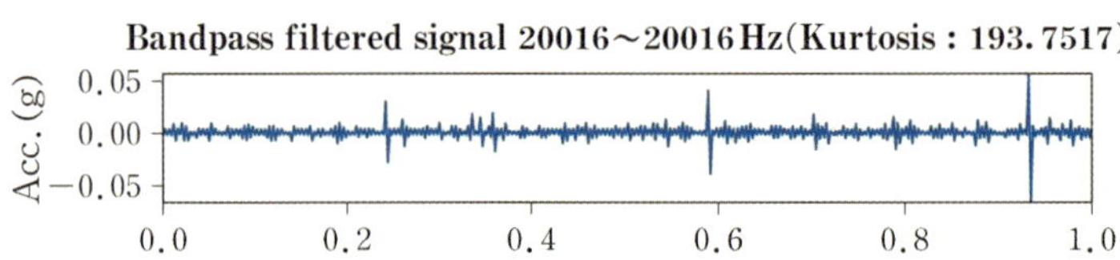

(c) 대역필터된 신호

| 그림 4.21 | Spectral Kurtosis (SK)를 이용한 신호처리 방법[9]

Empirical mode decomposition(EMD) 방법

앞 절에서 소개한 신호분리, 신호강화 기법들은 주로 정상상태(stationary) 신호를 대상으로 한 것이므로, 시간에 따라 변동(non-stationary)하는 경우 부정확한 결과가 도출될 수 있다. 이를 보완하기 위해 원 신호를 다양한 성분으로 분해하는 신호분해(signal decomposition) 방법이 개발되어 있으며 대표적으로 empirical mode decomposition(EMD), wavelet packet decomposition(WPD)이 있다. 이 중에서 EMD를 소개하고자 하는데 이것은 어떤 신호라도 IMF (intrinsic mode function)라 불리는 서로 직교하는 성분의 합으로 이루어진다는 가정에서 [그림 4.22(a)]와 같이 신호의 국부적인 극대, 극소값을 연결한 upper & lower envelope의 평균을 이전 신호에서 제거하는 과정인 sifting을 반복하면서 신호가 다음 두 조건을 만족할 때까지 진행한다. 그 결과 [그림 4.22(b)]에서와 같이 제일 상단의 원신호를 그 아래에서 보는 바와 같이 IMF 1,2,3 및 residual 신호로 분해할 수 있다. 이렇게 분해된 신호 각각에 대해 특징을 추출하면 원신호 보다 유효한 특징을 더 잘 찾아낼 수 있게 된다.

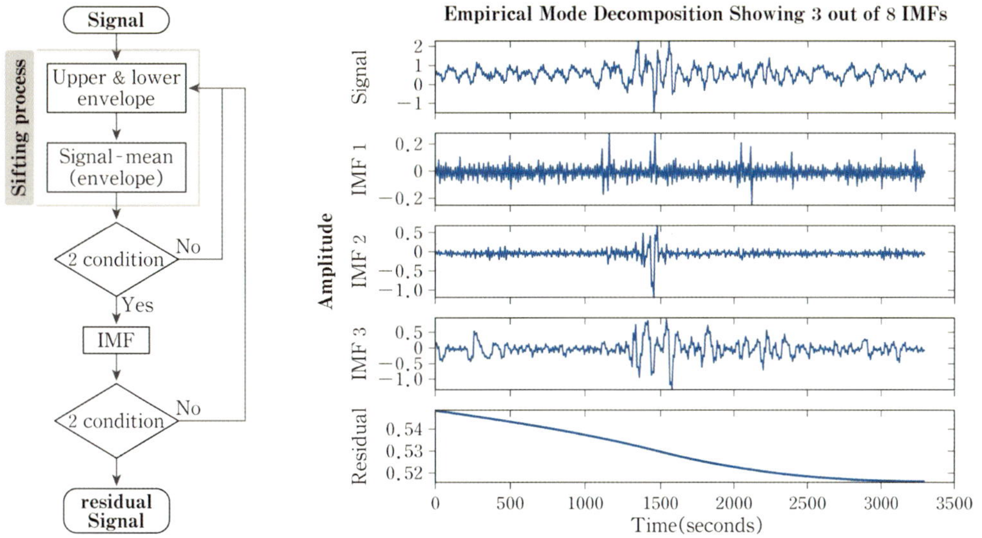

(a) EMD에서 IMF 생성과정 (b) 원신호와 생성된 IMF신호

| 그림 4.22 | EMD 과정 및 생성된 신호사례[9], [10]

4.3.3 특성인자추출

신호처리를 거친 신호는 결함정보를 보다 잘 포함하게 되는데 이것을 시계열 형식으로 되어 있는 신호 그대로 이용하여 건전성진단예측에 활용하는 것은 현실적으로 많은 어려움이 있다. 따라서 이들로부터 결함 또는 열화상태를 잘 나타내는 유한개의 특성인자를 추출하는 것

이 바람직하다. 이를 위해서는 최대한 많은 특징을 추출한 후 추출된 특징의 평가를 통해 유효한 특성인자를 추리는 선발 과정이 필요하다. [그림 4.23]은 이러한 두 과정을 잘 나타내고 있다.

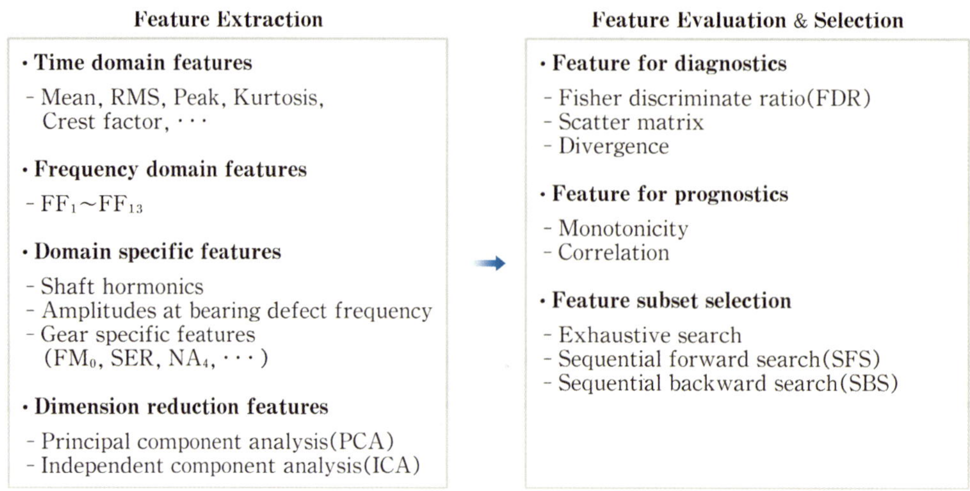

| 그림 4.23 | 다양한 특성인자추출 및 선발 관련 알고리즘

특성인자추출

첫째 단계는 특성인자추출로 여기에는 시간영역, 주파수영역 특성인자 및 해당 부품 고유의 특성인자 세 가지가 있다. 그리고 이렇게 추출된 다수의 특성인자를 소수의 특성인자로 개수를 줄이는 차원축소 방법이 있다. 시간영역 특성인자는 수집된 시계열 신호로부터 평균, 평균제곱근(RMS), 피크, 첨도 등 시간영역의 특징을 잘 나타내는 10개 내외의 통계적 물리량을 말하고, 주파수영역 특성인자는 신호를 고속푸리에변환(FFT)한 주파수영역 신호를 이용하여 구한 총 13개의 특성인자를 말한다. 시간 및 주파수 영역 특성인자가 특정 영역의 고장모드와 상관없이 일반적으로 구할 수 있는 것이라면 해당 부품 고유의 특성인자 예를 들어 오정렬, 편심, 균열과 같은 축결함의 경우 축속도의 하모닉성분을, 구름베어링의 경우 내외륜 결함주파수에서의 진폭 등을 들 수 있다. 한편 이렇게 구한 특성인자의 개수가 너무 많을 경우에는 주성분분석(principal component analysis, PCA) 등을 이용하여 고차원의 특성인자를 서로 연관이 적은 저차원(2~3개)의 특성인자로 변환할 수 있다.

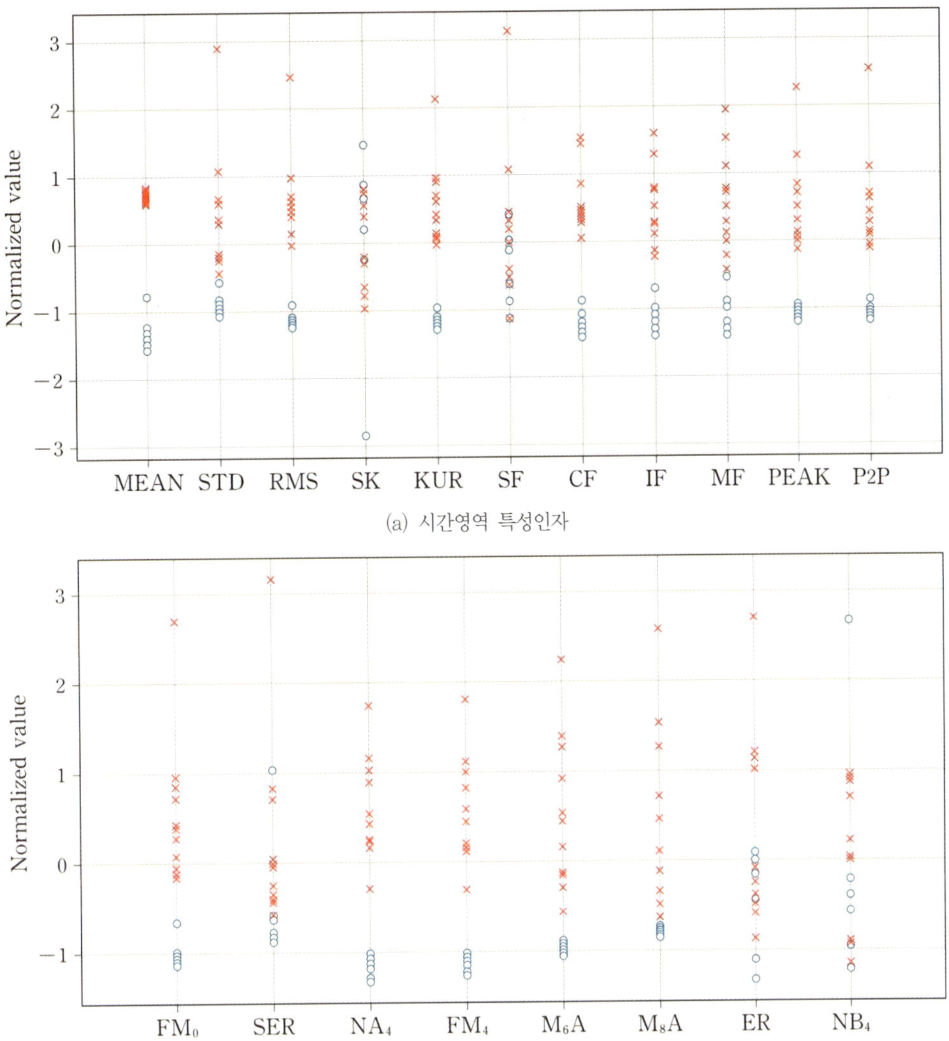

(a) 시간영역 특성인자

(b) 기어 고유의 특성인자

| 그림 4.24 | 시간영역 및 기어 고유의 특성인자[9]

특성인자추출의 사례로서 정상 및 결함 기어에서 얻은 진동신호로부터 11개의 시간영역특성인자와 기어에 특화된 8개의 특성인자를 구한 결과를 [그림 4.24]에 보였다. 그림에서 보듯 많은 특성인자가 정상 대 결함을 잘 구별하는 반면 어떤 것(SK, SF, ER, NB_4)은 그렇지 못함을 알 수 있다. 따라서 이들 모두를 무조건 특성인자로 활용하는 것은 바람직하지 않다.

특징평가 및 선정

따라서 이렇게 구한 특성인자 중에서 어느 것이 정상과 결함을 잘 구별하는 가 평가하여 해당 특성인자 만을 선정하는 것이 좋으며 이를 위해 다양한 방법이 있으나 본 절에서는 진단과 예지에 대해서 적용한 예제를 하나씩 소개한다. 진단의 경우 fisher 판별비를 이용하여 우수한 특성인자를 찾을 수 있는데 앞 절에서 구한 기어의 총 19개의 특성인자로부터 가장 구별력이 좋은 특성인자가 MEAN, 가장 나쁜 특성인자가 SK로 나타났으며 이들에 대해 각각 정상 대 결함에서의 특성인자 확률분포를 [그림 4.25]에 도시하였다. 예상대로 가장 좋은 특성인자는 정상 대 결함을 잘 식별하고 있음을 알 수 있다.

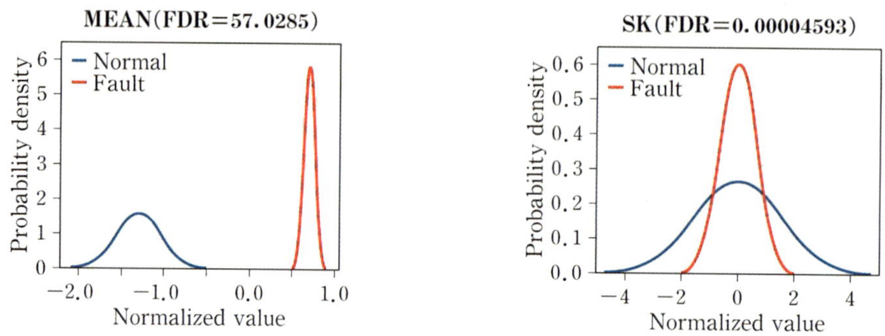

(a) 가장 우수한 특성인자 (b) 가장 나쁜 특성인자

| 그림 4.25 | 정상 대 고장 식별 위해 Fisher 판별비에 의해 선정한 특성인자[9]

예지의 경우 시간이 지남에 따라 특성인자가 단조증가하고 잡음에 영향이 덜 한 것이 우수하다고 할 수 있으며 이것을 적절한 공식을 통해 평가하여 해당 특성인자를 찾을 수 있다. 적용 사례로 베어링에 대해 고장 시까지 연속으로 수집한 진동신호로부터 시간영역 특성인자 11개를 구한 후 예지에 가장 잘 부합하는 특성인자를 평가한 결과 STD가 가장 우수하고 IF가 가장 미흡하였다. 이들을 [그림 4.26]에 보였으며 STD는 비교적 잡음 없이 단조증가경향을 잘 나타내고 있음을 알 수 있다.

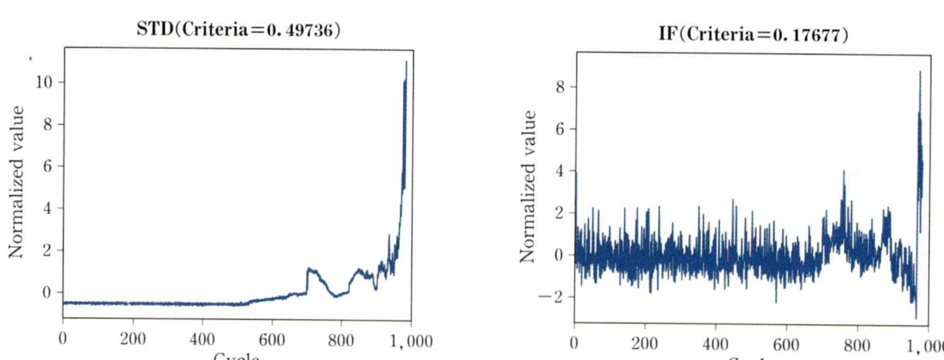

(a) 가장 우수한 특성인자 (b) 가장 나쁜 특성인자

| 그림 4.26 | 예지성능 평가를 위해 사이클에 따른 변화추이 분석을 통해 선정한 특성인자[9]

4.4 이상감지

4.4.1 이상감지 개요

이상감지(anomaly detection)는 일상적 감시, 일상적 분석, 임의적 분석 또는 현장 기술자가 발견한 이상 징후에 의해 이루어 진다. 안전이 중시되고, 목적을 달성해야만 하는 공학 시스템의 경우, 상태 감시용 센서에서 취득한 데이터를 이용하여 이상감지를 수행하기도 한다. 일반적으로 대상 시스템이 정상적으로 작동할 때 얻은 데이터(베이스라인)와 현재 시점에서 취득한 데이터를 비교함으로써 이상감지가 이루어 진다.

예를 들어 회전체 이상 감지를 위해 상태감시 매개변수로 진동 신호를 선택하고, 특성인자(또는 디스크립터, descriptor)로 진동 속도 RMS(root mean square)를 선택한 상황을 가정해 보았다. 이 때, 정상과 이상을 구분하는 기준이 되는 진동 RMS 값을 사용자 지식과 경험에 기반하여 설정할 수 있을 것이다. 실제 대상체에서 측정된 진동 RMS 값이 그 기준값 이하이면 정상, 초과하면 이상이라고 판단할 수 있다. 이를 고정 임계값(hard threshold)에 기반한 이상 감지 기법이라고 한다. 이 고정 임계값은 현장 전문가 경험, 제조사 규격서, 시운전 시험, 또는 통계적 데이터(장기간 평균) 등으로부터 산출된다.

[그림 4.27]은 실제 제조 현장에서 공기 압축기 진동 신호를 이용한 이상감지를 보여주고 있다. 상태감시 매개변수는 진동 속도 RMS이고 하루에 두번씩 취득하였다. "허용가능(allowable)" 수준을 계속 유지해 오다, 2019년 6월 14일에 이상감지를 위해 설정한 고정 임계값인 4.6 mm/s를 초과함으로써 "감당가능(tolerable)" 구간에서 "허용불가(not permissible)" 구간으로 진입하게 된다. 따라서 현장 유지 보수 담당자의 판단하에 점검 및 수리(문제 시스템 교체)가 진행되었고, 이후 "좋음(good)" 수준으로 회복 된 것을 관찰 할 수 있다. 본 사례에서는 ISO 20186에 제시된 고정 임계값을 사용하였다. 이러한 고정 임계값은 대상체 운전 환경, 환경 조건에 따라 유동적으로 사용될 수 있다.

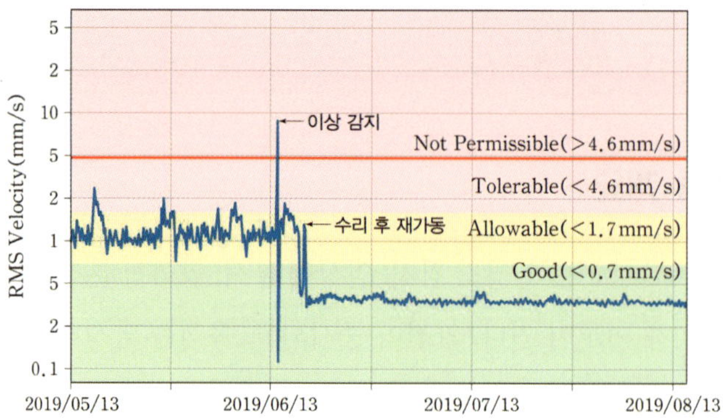

| 그림 4.27 | 공기 압축기 이상감지 예시 : ISO 20816 국제 표준을 기반으로 기준값 설정

[그림 4.28]은 테스트베드(FEMTO-ST institute 제작)에 설치된 볼베어링 수명 시험 데이터(2012년 IEEE reliability society에서 주최한 PHM 데이터 챌린지에서 공개) 진동 신호를 분석한 결과이다. 여기서 "horizontal"은 수평방향 진동 성분, "vertical"은 수직방향 진동 성분을 나타낸다. 각각의 진동 신호에 대해 FFT를 수행한 결과 0~1.5 kHz 및 6.5~10 kHz에 해당하는 영역에서는 공통적으로 별다른 변화가 없다. 반면 수평 진동 신호 3 kHz와 수직 진동 신호 5.2 kHz 부근에서는 특정 주파수가 존재하다 사라지고, 없다가 생겨나는 것을 각각 관찰할 수 있다. 이러한 변화를 베어링 결함 발생에 대한 초기 징후로 간주하고, 이상감지를 위해 사용할 수 있다. 즉, 특정 주파수 영역에 고정 임계값을 설정함으로써 이상감지가 가능하다.

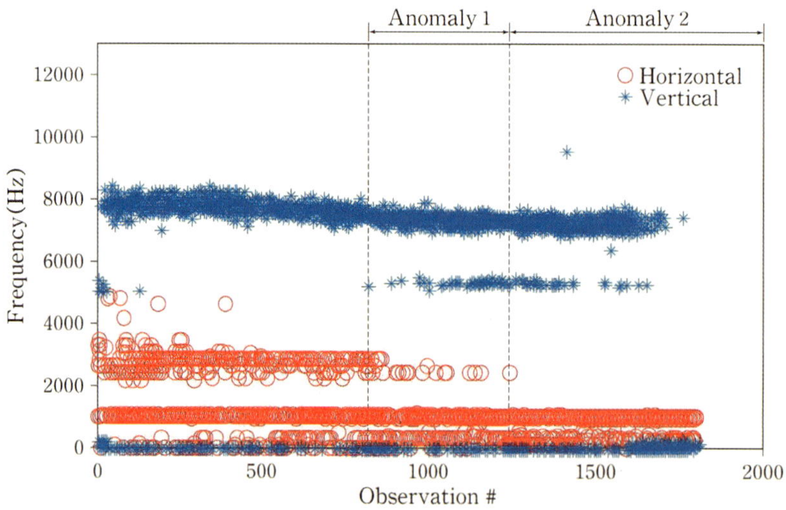

| 그림 4.28 | 볼 베어링 이상 감지 예시 : 특정 주파수 구간을 설정하여 이상 감지[11]

실제 대상체에서 주어진 시간 동안 반복적으로 상태감시 매개변수 데이터를 수집하여 특성인자 값을 계산 후 고정 임계값과 비교했을 때, 그 차이의 절대값이 무시할 정도로 작음에도

불구하고 몇 개는 이상, 나머지 몇 개는 정상으로 판단하는 곤란한 상황이 발생할 수 있다. 이러한 경우, 고정 임계값 근처에서 거짓 양성(false positive, 실제로는 이상이 없는데 있다고 판정) 또는 거짓 음성(false negative, 실제로는 이상이 있는데 없다고 잘못 판정)이 때때로 발생한다.

이상감지는 대상 시스템이 정상 상태 이탈 여부만을 판단하지, 이상 상태가 결함에 해당하는지(fault detection), 결함 위치가 어디인지(fault isolation), 결함 종류가 무엇이고 얼마나 심각한지(fault identification)를 판단하지는 않는다. 예를 들어 자동차 브레이크 등이 점등 되었다는 것은 브레이크 계통이 정상 상태를 벗어 나는지 여부를 나타낸다. 브레이크 계통에 결함이 실제로 발생했는지, 브레이크 계통 여러 부품 중 어디에 문제가 있는지, 자동차 운행을 즉각적으로 멈추어야 할 정도로 심각한지 등을 판단하는 것은 이상감지의 목적이 아니다. 만약 추운 겨울 자동차 시동을 걸었을 때, 브레이크 오일에는 문제가 없음에도 불구하고 낮은 온도에 의해 브레이크 등이 점등 되었을 수 있다. 이와 반대로, 브레이크 오일에 과도한 수분이 포함되어 매우 위험한 경우에 점등 되었을 수 있다.

이상감지는 이 모든 경우를 "이상"으로 판정하는 것으로 그 목적이 한정된다. 이상감지를 했을 경우, 정말 운전자를 위협하는 결함이 발생한 것인지, 얼마나 심각한 상황인지, 고장 없이 운전 가능한 시간 또는 거리에 대한 결정은 하지 않는다. 이상감지는 대상 시스템 특성과 주어진 상황에 따라 매우 효과적으로 사용될 수 있다. 그러나 앞서 언급한 한계가 분명히 존재하므로, 대상 시스템의 특성을 반드시 고려하여 목적에 맞게 사용하여야 한다. 실제 대상 시스템을 운용하는 상황에서 만약 이상감지가 되지 않았다면, 이상감지를 계속 수행한다. 만약 이상이 감지되었다면 건전성진단 또는 예측 과정이 시작된다.

4.4.2 통계적 공정관리 방법

만약 발전소와 같은 중요 설비에서 거짓 음성이 발생한다면, 즉 실제로는 이상이 있음에도 불구하고 이상이 없다고 오판을 하게 된다면 발전소 설비의 안전과 신뢰성에 심각한 결과를 초래할 수 있다. 이를 방지하기 위한 보수적 접근 방법으로써, 고정 임계값을 n회 초과 했을 경우 경보(warning, alarm)를 띄우도록 설정하기도 한다. 그럼에도 불구하고 n값에 대해 정확한 물리적 의미를 부여하기 힘들기 때문에, 사용자가 임의로 결정해야 한다는 어려움은 존재한다.

[그림 4.29]는 고정 임계값을 이용한 이상감지의 유용성과 그 한계를 보여주고 있다. 본 데이터는 발전소 설비에 설치된 여러 대의 중형 모터를 시험가동 하면서 취득한 진동 데이터에 대해 전처리 과정을 거쳐 특성인자를 추출한 결과이다. [그림 4.29(a)]에서는 정상과 이상 상태

가 고정 임계값을 기준으로 명확하게 구분된다. 그러나 [그림 4.29(b)]에서는 정상의 경우 명확하지만, 이상의 경우 경계를 넘나들기 때문에 그 판단이 모호할 수 밖에 없다. 이러한 고정 임계값 기반 방법 및 n회 초과 기반 방법의 문제 해결하기 위해 통계적 공정 관리(Statistical process control, SPC) 방법이 개발되었다.

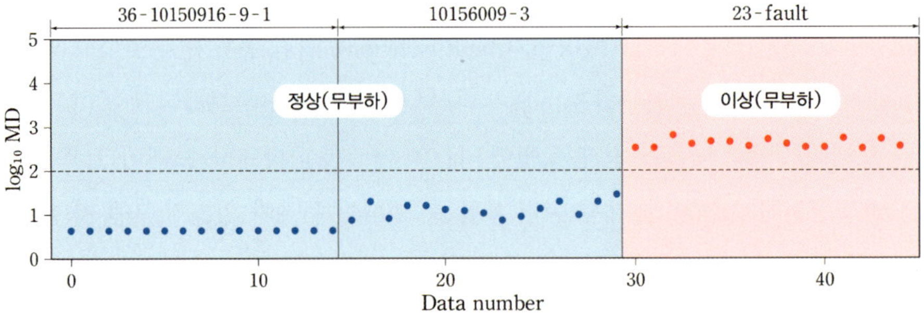

(a) 고정 임계값을 적절하게 사용할 수 있는 경우

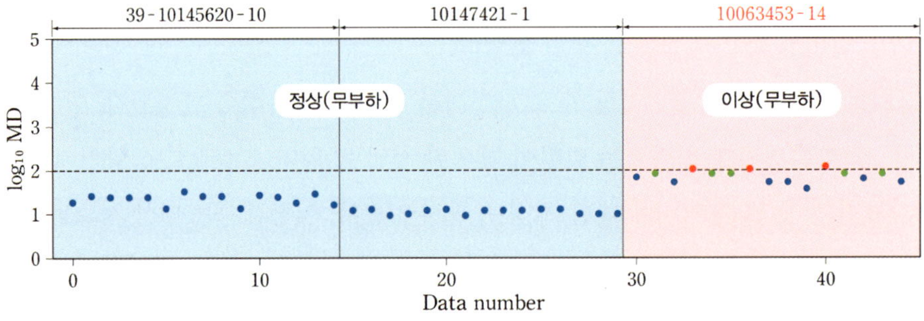

(b) 고정 임계값 이용 이상감지가 곤란한 경우

| 그림 4.29 | 중형 모터 이상감지

통계적 공정 관리 방법에 기반한 이상감지는 통계 분석을 통해 수집된 통계 데이터를 활용한다. 예를 들어, 현대 품질관리에서 가장 널리 사용되는 방법론 중 하나인 넬슨 법칙 중 첫 번째 규칙은 다음과 같다. 측정 값이 3 시그마(즉, 표준편차의 3배) 선을 벗어난 경우 해당 측정 값이 관리 범위를 심하게 이탈한 것으로 간주한다. 이해를 돕기 위하여 [그림 4.30(a)]에 예시를 나타내었다. 두 개의 측정 값이 상단 관리 한계(upper control limit, UCL) 및 하단 관리 한계(lower control limit, LCL) 범위를 이탈함을 알 수 있다. [그림 4.30(b)]에는 넬슨 법칙의 세 번째를 나타내었다. 여섯 개 측정값이 연속으로 증가하거나 또는 연속으로 감소할 경우 문제가 있다고 판단한다.

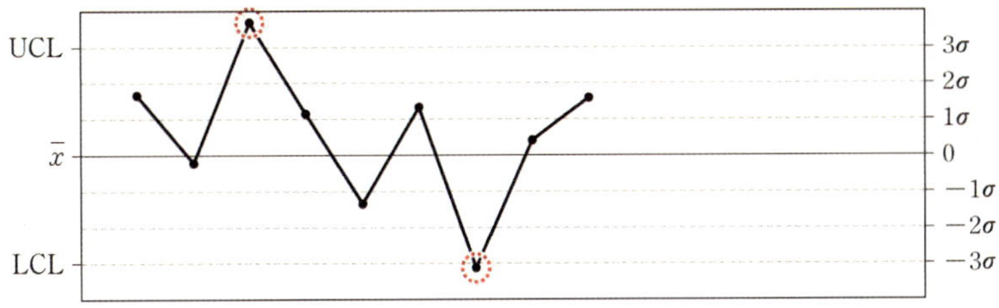

(a) 넬슨 제1법칙

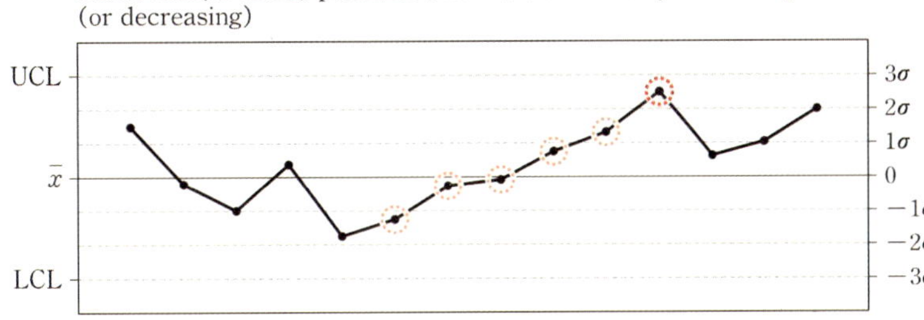

(b) 넬슨 제3법칙

| 그림 4.30 | 통계적 공정관리(SPC)를 이용한 이상감지

4.4.3 순차 확률비 테스트 방법

순차 확률비 테스트(sequential probability ratio test, SPRT) 기반 이상감지 방법은 고정 임계값이 아니라 순차 데이터를 이용한 적응형 임계값(adaptive threshold)을 활용하는 접근법이다. SPRT와 같은 확률론적 접근법은 계산 비용이 고정 임계값 접근법과 비교했을 때 보다 높을 수 있으므로, 대상 시스템의 중요도를 고려하여 사용자의 판단에 따라 사용하여야 한다. 또한 SPRT는 사용자가 "알파"와 "베타"와 같은 하이퍼파라미터 값을 초기 설정해야 하는데 이를 임의로 설정할 경우 오히려 역효과가 날 수 있음을 명심해야 할 것이다.

[그림 4.31]은 냉각팬 회전축 베어링 이상감지를 위해 SPRT를 사용한 결과를 보여주고 있다. 고온 오븐에 냉각팬을 설치하고 320일 동안(실제 점검 및 데이터 수집 기간을 포함했을 때, 약 2년) 수명 시험이 진행되었다. 진동 가속도(RMS) 값과 음향 방출 히트 카운트의 두 가지 특성인자에 대해 모니터링을 수행하였고, 음향방출 히트 카운트(acoustic emission hit count)에 SPRT를 적용한 결과 약 40일 만에 이상이 감지됨을 알 수 있었다. 실제 이상감지된 시편에 대해 고장 분석 결과 금속 재질 회전 요소(rolling element)와 유리섬유 강화 플라스틱 케이지(glass fiber reinforced plastic cage) 사이의 마찰로 인해 파편들이 생성 되었음을 알 수 있었다. 베어링 작동시 베어링 구성 요소들과 파편들간 상호 작용으로 인해 상당히 변동성이 심한 특성인자 값들이 관찰되었다. 이런 경우 SPRT는 좀 더 강건한 이상감지를 수행함을 알 수 있었다.

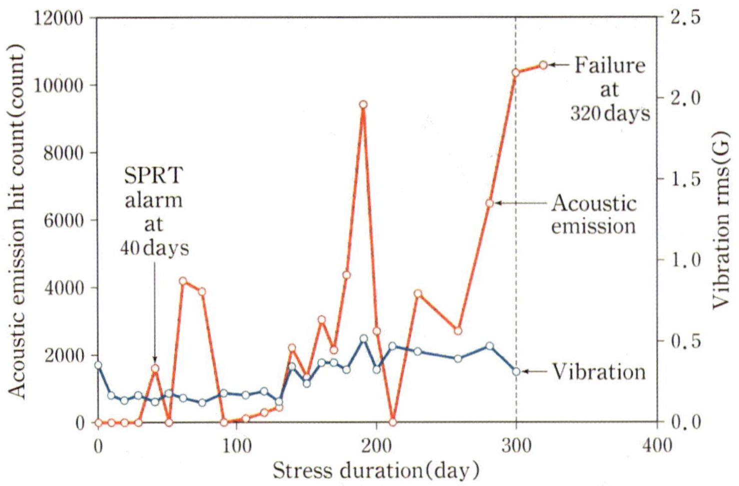

| 그림 4.31 | SPRT 기반 냉각팬 볼 베어링 이상감지[12]

4.4.4 유사도 기반 방법

앞에서 소개한 이상감지는 대체로 운전조건이 일정하여 수집데이터 또한 변동이 적으며, 따라서 임계값이 고정된 경우를 대상으로 한 반면 실제 현장에서는 정상 데이터라 하더라도 변동하는 운전조건에서 수집되는 경우가 많다. [그림 4.32]에서 보듯 고정 임계값을 적용하면 이상감지를 제대로 하기 어렵다. 이를 해결하기 위해 유사도를 이용한 이상감지 방법이 90년대 후반에 미국 Argonne 연구소에서 개발되어 많은 산업체에서 사용하였다[13]. 이 방법을 이용하면 정상데이터가 변동 운전조건으로 인해 일정하지 않더라도 이것을 dynamic band로 정의하고 이것에서 벗어날 때 이상감지를 발령한다.

이 방법을 항공기 엔진에 적용하여 이상감지를 수행한 사례를 소개한다[14]. 항공기 엔진에는 다양한 센서를 부착하여 운전제어 및 상태 모니터링을 하는데 대표적으로 [그림 4.33(a)]와 같이 N1, N2, EGT 및 FF가 있다. 이러한 센서 데이터를 정상조건에서 운영한 550기의 B757-200 항공기(1100개의 엔진)에 대해 수집하여 유사도 기반 방법을 이용하여 모델을 구축한 후, 실제 운항 중인 비행기에 적용하여 유사도를 모니터하고 이상감지를 수행하였다. 그 결과 [그림 4.33(b)]에서와 같이 EGT, FF 및 N2 센서에서 어느 시점 부터 정상에서 벗어남을 나타내는 붉은 점이 표시되어 이상감지 경고를 발령하였고, 보어스코프 검사를 수행한 결과 6번째 스테이지 블레이드가 절손된 것을 육안으로 확인하였으며 [그림 4.33(c)], 엔진을 해체하여 블레이드를 교체하게 되었다[그림 4.33(d)].

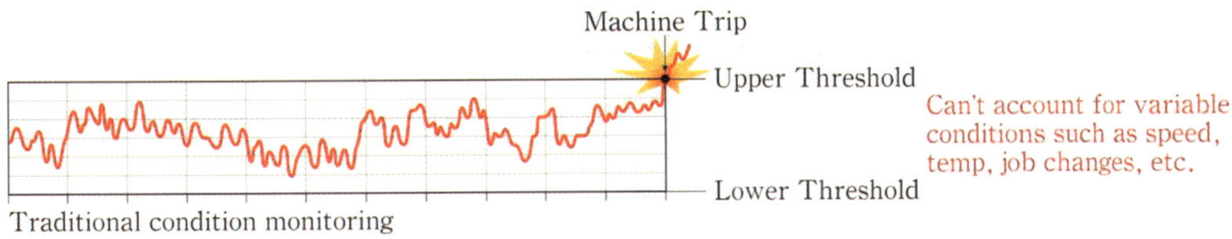

(a) 고정임계값을 이용한 이상감지의 문제점

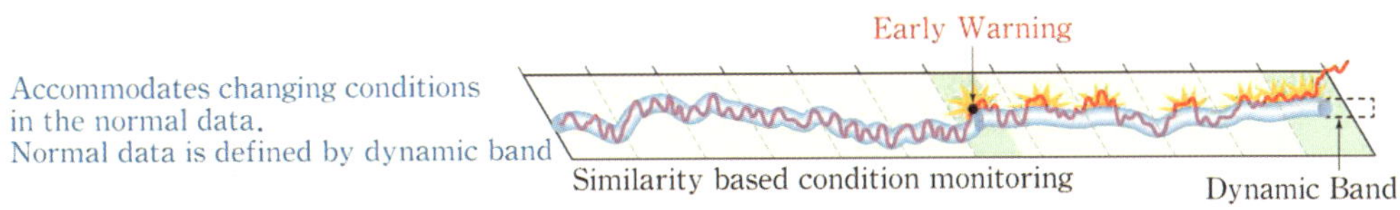

(b) 유사도 기반 이상감지 개념

| 그림 4.32 | 고정임계값을 이용한 이상감지 문제점 및 이를 해결하는 유사도 기반 이상감지

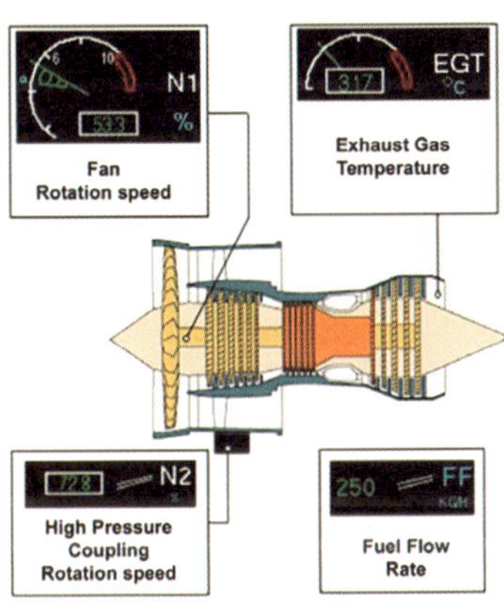

(a)

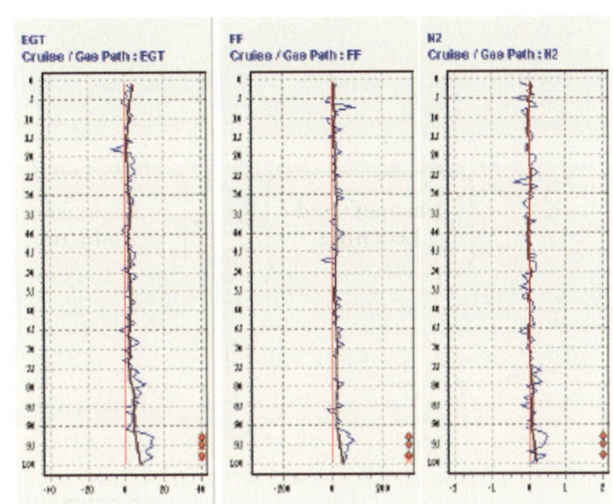

(b)

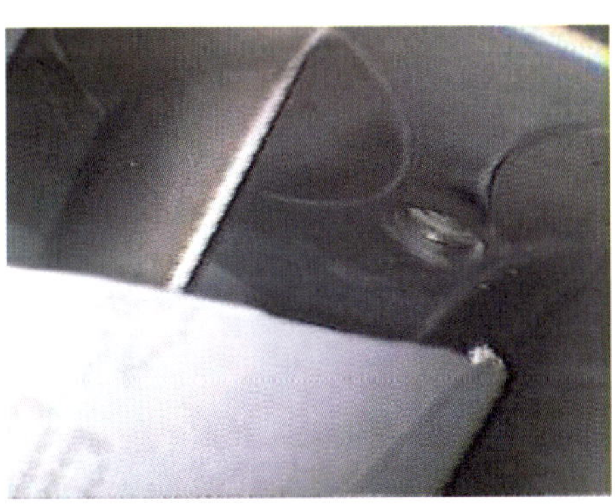

(c)

(d)

| 그림 4.33 | 항공기 엔진에 유사도 기반 방법을 적용한 사례[14]

4.4.5 기계학습 기반 이상감지 방법

앞서 소개한 유사도 기반 방법은 비교적 오래전에 개발된 방법인 반면 보다 최근에는 흔히 비지도 학습(unsupervised learning, [그림 4.34] 참고)이라고 부르는 기계학습에 기반한 우수한 방법이 많이 개발되었으며, 이들은 대체로 통계적 분석, 차원축소, 클러스터링(clustering) 방법으로 분류된다.

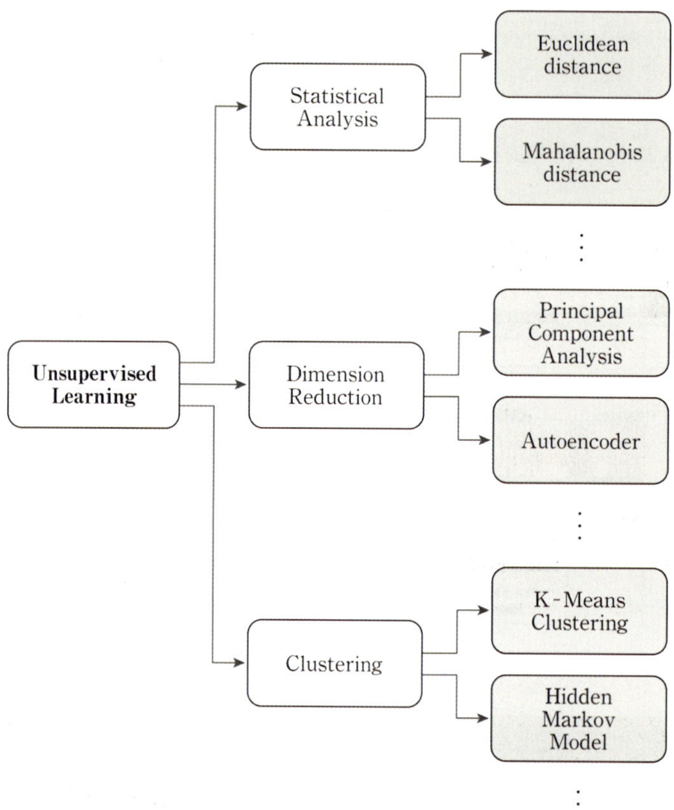

| 그림 4.34 | 이상감지에 사용될 수 있는 통계적 분석, 차원축소, 클러스터링 알고리즘 예시

통계적 분석 방법에는 특정 데이터 세트와 주어진 데이터 사이의 거리를 계산해 주는 Mahalanobis distance(MD)가 대표적이다. 예를 들어 [그림 4.35]는 모터 고정자 권선 결함에 대한 전류 신호를 기반으로 MD 이상감지 결과를 보여주고 있다. [그림 4.36]은 알루미늄 판재 크랙에 대한 가속도 신호를 기반으로 MD 이상감지 결과를 보여주고 있다. 이들은 모두 MD를 이용하여 다양한 특성인자를 하나의 건전성 지표로 만들고, 새롭게 획득한 측정값이 정상 범주에서 얼마나 떨어져 있는지를 정량화하며 사용자가 정의한 특정 기준 값을 이용하여 정상/이상을 판단한다.

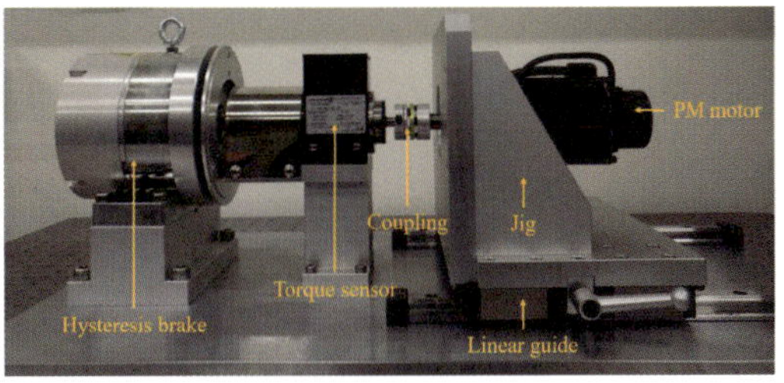

(a) 대상 전동기 모습

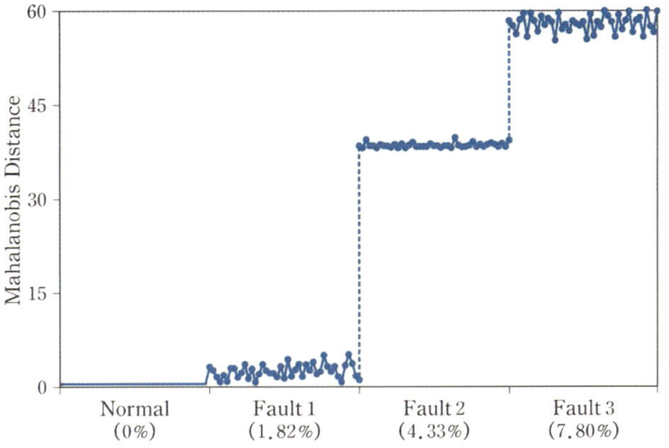

(b) 심각도 수준에 따른 MD 값 변화(결함을 인위적으로 인가하였으며 괄호 안의 숫자는 심각도 수준을 나타냄)

| 그림 4.35 | 전류 신호의 Mahalanobis distance를 이용한 전동기 고정자 권선 이상감지[15]

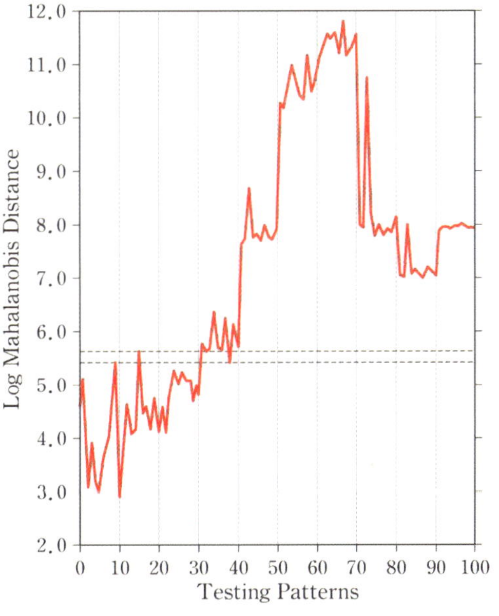

| 그림 4.36 | 가속도 신호의 Mahalanobis distance를 이용한 알루미늄 판재 크랙 감지[16]

차원 축소 방법으로는 변수들 간 선형적 관계에 기반한 principal component analysis(PCA) 그리고 비선형적 관계에 기반한 autoencoder가 대표적이다. 마지막으로 클러스터링은 데이터들

간 유사성(similarity)에 기반하여 주어진 데이터들을 특정 클러스터로 묶는 것이다. 직관적으로 특정 클러스터에 속한 데이터는 다른 클러스터의 데이터들 보다 더 유사하다고 생각할 수 있다. 클러스터링 알고리즘은 데이터의 패턴 자체를 분석하므로 레이블이 부재한 데이터라 하더라도 아무런 문제 없이 사용될 수 있다. 대표적인 클러스터링 알고리즘은 fuzzy clustering, self-organizing maps(SOM) 등이 있다.

k-means 클러스터링 알고리즘을 이용한 데이터 군집화를 수행한 결과를 살펴 보도록 한다. 만약 데이터를 두개의 클러스터로 군집화를 하기 원한다면 두개의 클러스터 중심 좌표를 임의로 부여한다. [그림 4.37(a)]에 나타난 것과 같이 특정 데이터 포인트 좌표에서 클러스터 중심 좌표까지의 거리를 계산하여, 그 중 가장 가까운 거리에 해당하는 클러스터 멤버십을 그 특정 데이터에 부여한다. 이 과정을 모든 데이터 포인트에 반복한다. 각 클러스터 멤버십에 해당하는 데이터를 이용하여 클러스터 중심 좌표를 다시 계산한다. 클러스터 중심 좌표가 더 이상 변화하지 않을 때까지 앞서 언급한 과정을 계속 반복한다. 그 결과 [그림 4.37(b)]에 나타난 것과 같이 두개의 클러스터가 잘 형성된 것을 확인할 수 있다.

k-means 클러스터링 알고리즘은 가장 기본적인 군집 알고리즘이다. [그림 4.38(a)]에 나타난 바와 같이 직관적으로 보이는 세개의 클러스터를 k-means는 잘 구분하지 못하고 있다. 왜냐하면 클러스터 중심과 각 데이터 포인트 사이의 유클리디언 거리(Euclidean distance)를 계산하여 유사도를 평가하기 때문이다. 이러한 한계를 보완하기 위해 expectation maximization(EM) 알고리즘을 이용한 Gaussian mixture model(GMM) 방법을 이용하면 [그림 4.38(b)]에 표현된 바와 같이 직관과 매우 유사한 군집화 결과를 얻을 수 있다.

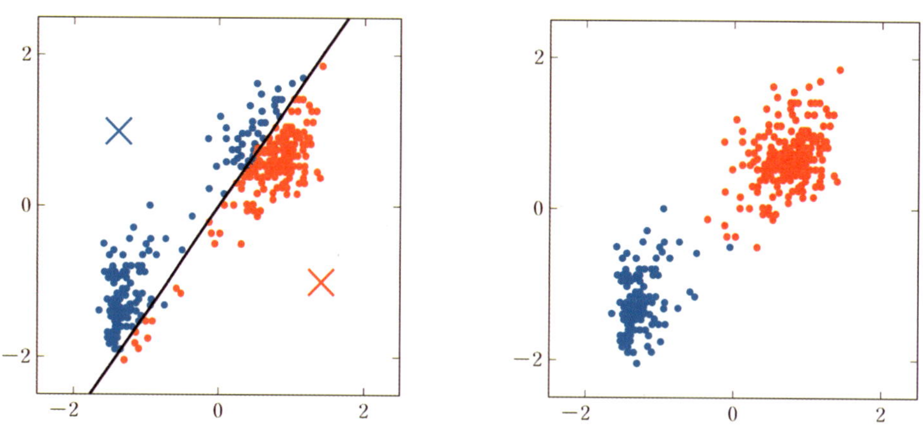

(a) 클러스터 중심 좌표를 임의로 부여 후 한번의 Iteration을 거쳐 군집화를 수행한 결과, 클러스터가 아직 적절히 구성되지 않았음

(b) 반복적인 업데이트 후 두 개의 클러스터가 적절하게 군집화 되었음

| 그림 4.37 | k-means 클러스터링

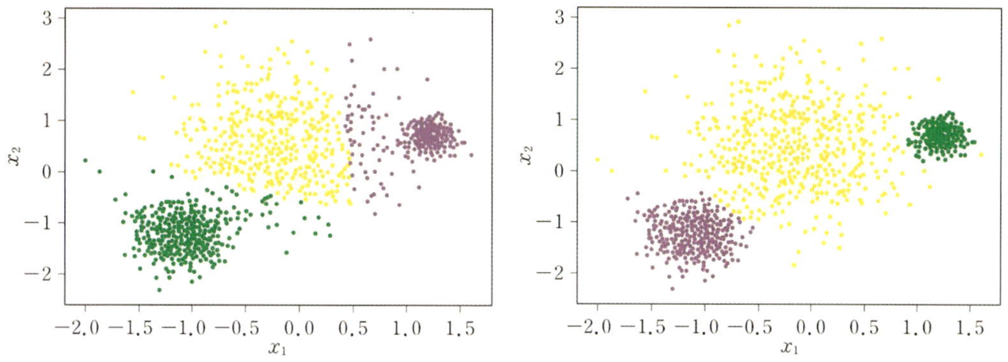

(a) k-means는 거리 기반 유사도를 계산하기 때문에 직관적으로 예상되는 클러스터 형태로 구분하지 못하는 경우가 이와 같이 발생

(b) 확률론적으로 유사도를 계산하는 Gaussian mixture model의 경우 직관과 유사한 형태로 클러스터링함

| 그림 4.38 | 클러스터링 알고리즘의 결과 비교

4.5 건전성진단

4.5.1 건전성진단 개요 및 종류

건전성진단(diagnosis)은 일상적인 감시, 일상적인 분석, 임의의 분석 또는 현장 기술자가 발견한 이상 징후에 의해 시작된다. 건전성진단의 목적은 결함 종류, 위치, 심각도를 파악하여 유지보수 의사 결정에 도움이 되는 정보를 제공하는 것이다. 건전성진단에 필요한 기초 자료는 (1) 상태 감시 데이터, (2) 시스템 데이터, (3) 이력이다. 첫째, 상태 감시 데이터에는 상태 감시에 사용된 매개변수, 매개변수로부터 추출된 특성인자, 외적으로 드러나는 증상, 현장 실무자가 관찰한 결함을 포함한다. 둘째, 시스템 데이터는 회전속도, 기어 잇수, 볼 베어링 기하학적 형상, 윤활 오일 경로 등과 같은 시스템 설계 및 구동 관련 정보이다. 마지막으로, 이력은 운전 이력, 결함 이력, 정비 이력 등이다.

건전성진단을 위한 접근법은 지식 기반, 데이터 기반 두 가지로 구분할 수 있다. 지식 기반 접근법은 대상체 고장이 발생하기 까지 물리적, 화학적, 전기적 메커니즘에 대한 전문가 경험, 지식이 존재할 때 사용 할 수 있다. 이와는 반대로 데이터 기반 접근법은 대상체 구동 원리, 고장 메커니즘에 대한 깊은 이해가 없더라도 정상 및 고장 데이터가 존재할 때 선호된다. 그러나 모델 훈련(또는 튜닝) 과정에서 사용했던 데이터 분포(distribution)와 실제 건전성진단을 위해 취득한 데이터 분포가 다르면 데이터 기반 접근법에서 높은 건전성진단 정확도 달성을 기대하기 어렵다. 예를 들어, 10마력 전기 모터에서 얻은 데이터로 훈련을 완료한 인공지능 분류 모델을 1,000마력 전기 모터 결함 건전성진단에 사용한다면 높은 건전성진단 정확도를 기대하기 어려울 것이다. 실제 건전성진단 모델을 개발 할 때는 지식 기반과 데이터 기반의 두 가지 접근법을 혼용하여 쓸 수 있다.

적절한 건전성진단 모델을 개발하기 위해서 개발 담당자는 우선 수집한 데이터를 이용하여 업데이트(또는 튜닝, 훈련)가 가능한 모델이 존재하는지 확인해야 한다. 그러한 모델이 존재하지 않을 경우, 관련 전문가 경험, 의견을 참고하여 건전성진단 모델을 개발해야 할 것이다. 즉, 전문가 경험 의견을 참고하는 것이 더 적절할 경우에는 지식기반, 데이터 기반 모델이 가용할 경우에는 데이터 기반 접근법을 선택할 수 있다. 기존 경험, 지식의 얕고 깊음에 따라 인과 기반, 제1원리(1st principle) 기반으로 나뉘고, 분석 모델의 특성에 따라 통계 기반, 사례 기반, 기계학습 기반으로 나뉜다. 앞서 언급한 세 가지 기준에 근거한 가이드를 [그림 4.39]에 보여주고 있다. 실제로 어떠한 방법이 적절한가에 대해서는 (1) 적용 대상체 (2) 건전성진단 방법 최종 사용자 (3) 감시 기술 (4) 가용 지식의 복잡도 (5) 가용 분석 모델 유무 (6) 모델 훈련 가능 유무 (7) 정상/고장 데이터 유무 등을 종합적으로 고려하여 결정해야 한다.

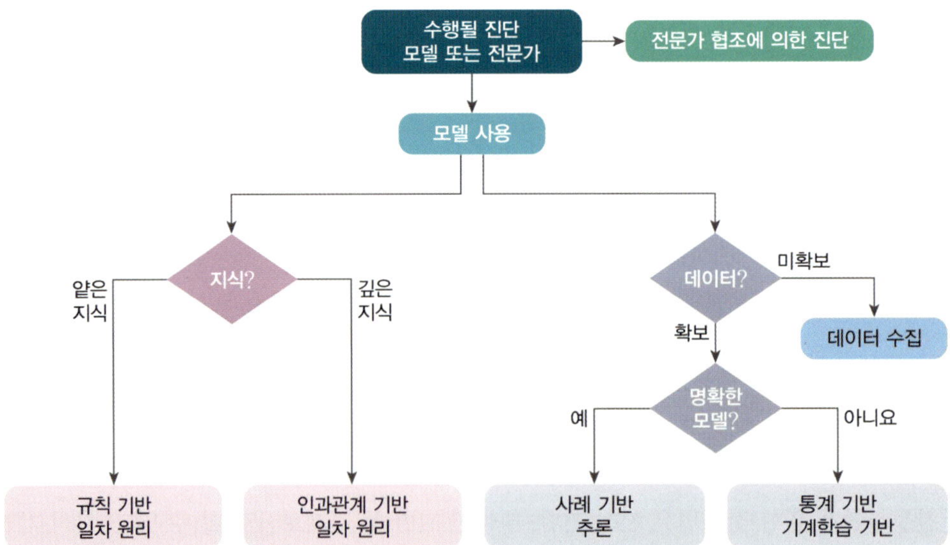

| 그림 4.39 | 건전성진단 접근법 선택을 위한 가이드[17]

4.5.2 지식기반 접근법

일반적으로 많이 사용되는 상태 감시 기술을 활용한 건전성진단 방법은 [표 5.5]에 나타내었다. 먼저, 지식 기반 접근법 중에서 규칙 기반 건전성진단 방법은 결함과 증상에 대해 추정한 관계를 활용하는 것이다. 이 방법은 다양한 산업 분야에 성숙한 수준에 이르러 통상적으로 사용되고 있다. 도메인 전문가가 가설을 제시해 줄 수 있기 때문에 구현이 단순하지만, 건전성진단법이 다소 불완전하고 작동 이유에 대한 설명이 어려울 수 있다. 다음으로 인과 관계 결함 기반 건전성진단 방법은 도메인 전문가의 가설에 의존하는 것이 아니라, 과학적으로 규명되어 유효한 고장 메커니즘에 기반하고 있다. 따라서 고장 메커니즘 및 고장 모델이 개발되어 존재한다면 매우 정확한 건전성진단 방법 개발이 가능하다. 예를 들어, 회전체 질량 불균형 결함 발생시 회전 주파수 1x 성분 진폭 증가, 오정렬 결함은 주로 2x 성분 진폭이 증가, 베어링 결함의 경우 베어링 결함 주파수에 해당하는 성분 진폭 증가가 이론적으로 정립되어 있다. 따라서 이러한 인과 관계에 기반하여 [그림 4.40]에 나타난 바와 같이 각 결함별 건전성진단이 가능하다. 공기 압축기에 문제가 발생시 1x와 2x 성분 진폭이 증가하는데 이는 주로 오정렬, 헐거움, 샤프트 휨으로 진단할 수 있다. 실제로 해당 압축기 문제 부품 교체 후에는 해당 주파수 진폭이 상당폭 감소하였고 결과적으로 진동 RMS 값이 감소하였다.

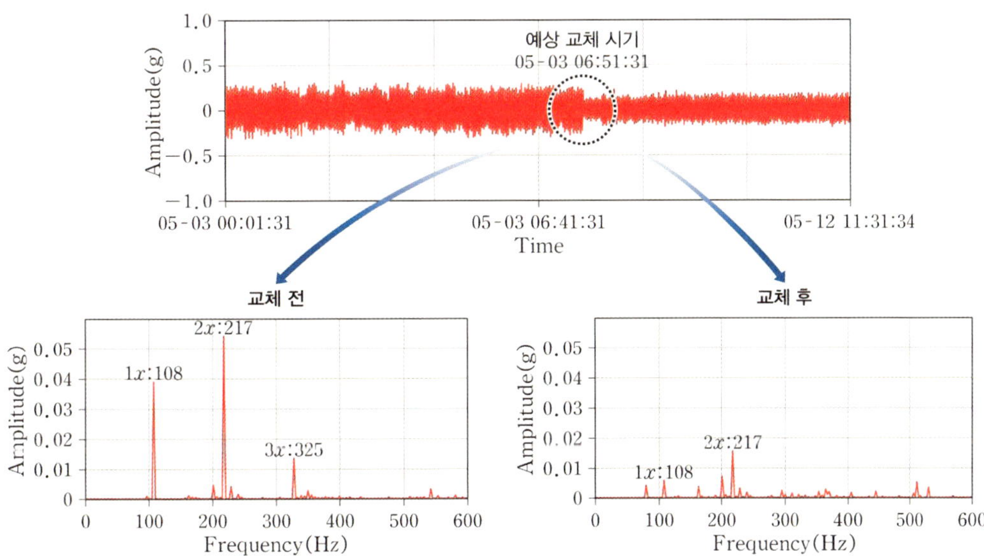

| 그림 4.40 | 인과 관계를 이용한 공기 압축기 건전성진단 예시

현장에서 일반적으로 관찰되는 고장들은 고장 메커니즘이 너무 복잡하여 인과관계 규명이 쉽지 않거나, 적용 가능한 고장 모델이 종종 매우 제한적이라는 한계가 있다. 마지막으로 일

차 원리 건전성진단 방법은 장비의 입출력 전달함수(예, 구조물 진동에 대한 미분 방정식)와 같은 수학 방정식을 건전성진단에 활용하는 것이다. 고장 지식 또는 고장 데이터를 전혀 요구하지 않기 때문에 새 장비 개발을 위한 설계 단계에서도 적용 가능한 방법이다. 그러나 수학 방정식이 실제 물리 거동을 완벽하게 나타내지 못할 경우 예상하지 못한 건전성진단 오류가 생길 가능성이 있고, 특정 도메인에서는 모델이 매우 복잡하여 개발에 많은 시간과 비용이 요구 될 수 있다.

4.5.3 데이터 기반 접근법

데이터 기반 접근법 중 통계적 데이터 분석을 이용한 건전성진단 방법은 기술 수준이 성숙하여 다양한 산업 응용 분야에서 통상적으로 사용되고 있다. 여기에는 통계적 방법과 사례기반 추론 방법이 있는데 두 가지 모두 관측되는 상황과 이미 알려져 해결된 사례 사이의 유사성을 이용한다는 원리에 근거하고 있다. 즉 대상체에서 획득한 건전성진단 기초 자료와 매우 유사한 데이터베이스의 사례들을 찾아서 진단한다. 따라서, 이를 위해서는 건전성진단을 위한 데이터를 우선 축적해야 한다. 그 후 축적된 데이터베이스의 사례와 현재 대상체에서 나온 자료들의 유사성을 판단할 수 있는 모델을 개발해야 한다. 마지막으로 새로운 사례들이 발견될 경우, 기존 건전성진단 모델을 업데이트 한다. 이러한 방법을 이용하여 여러 사례들을 잘 구조화 한다면, 고장에 대해 설명이 가능한 모델 구성이 가능하다.

데이터 기반 접근법에서 대량의 라벨링(labeling)된 학습 데이터가 있을 경우, 인공지능 기계학습 기법을 활용할 수 있다. 과거에는 데이터 수집, 획득에 필요한 비용이 고가이기 때문에 많은 데이터를 축적하기 어려웠지만, 최근 이러한 비용이 낮아져서 데이터 구축이 용이해 졌다. 이러한 데이터를 도메인 전문가가 분석해서 건전성진단 결과를 도출해도 되지만, 데이터 용량이 증가함에 따라 도메인 전문가가 건전성진단 결과를 도출하는 것이 시간 비용 측면에서 감내하기 어려워지고 있다. 그 대안으로 인공지능 기계학습 알고리즘 활용에 대한 관심이 증대되고 있다. 인공지능 기계학습에서 "기계"란 우리가 흔히 일컫는 공장 설비 또는 제조 시스템이 아니라 "컴퓨터"를 의미한다. 즉, 기계(컴퓨터)가 주어진 모델을 기반으로 데이터를 이용하여 학습하고, 그 모델의 예측 정확도를 점진적으로 향상시키는 것이다. 발생 가능한 다양한 결함을 정확하게 구분하기 위해 인공지능 분류 알고리즘을 이용할 수 있다.

[그림 4.41]에 건전성진단을 위해 사용될 수 있는 분류 알고리즘을 나열하였다. 의사결정 트리(decision tree), 서포트 벡터 머신(support vector machine, SVM), 인공 신경망(artificial neural network, ANN) 등이 있다. 본 섹션에서는 건전성진단을 위해 사용할 수 있는 대표적인 세 가

지 기계학습 방법을 소개하고, 특징과 장단점을 요약하였다.

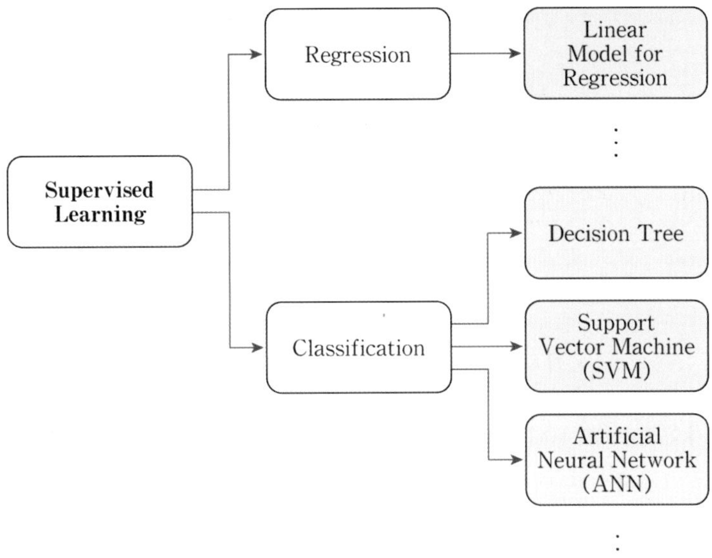

| 그림 4.41 | 건전성진단에 사용될 수 있는 분류 알고리즘 예시(선형 회귀 모델은 분류 목적으로는 사용되지 않음)

의사결정 트리는 실무적으로 가장 많이 사용하는 기계학습 모델 중 하나이다. 주로 불연속 데이터(예, 정상/소음 발생)를 다루며, 외란이 있어도 중단되거나 예상하지 못한 결과를 보여주지 않는 매우 강건한 모델이다. 의사결정 트리는 주어진 데이터가 소속된 그룹(즉, 정상, 고장 1, 고장 2 등)을 찾는 것을 목적으로 한다. "트리", 즉 나무라는 이름이 붙은 것은 뿌리부터 시작하여 줄기, 이파리 순서의 하향식으로 의사를 결정하는 구조를 가졌기 때문이다. 마치 스무고개 게임처럼 질문하고 답을 얻는 과정을 반복함으로써 정답을 찾아가는 기계학습 방법이다. 스무고개 게임에서 가장 적은 개수의 질문으로 가장 빨리 정답을 찾기 위해 오답 제거 효과가 큰 질문부터 수행한다. 동일한 전략이 의사결정 트리를 구현할 때 적용되고, 효과가 큰 기준을 우선 적용하여 의사결정 트리 구조를 만들도록 훈련한다. 훈련을 마친 의사결정 트리는 훈련에 사용된 데이터에는 잘 맞추지만, 보여주지 않은 새로운 데이터를 잘 맞추지 못하는 과적합(overfitting) 가능성이 높다. 따라서, 과적합 방지를 위해 교차 검증을 수행하고 트리의 하위 가지들을 제거하는 가지치기(pruning) 작업을 수행할 수 있다. 의사결정 트리의 대표 알고리즘으로는 C4.5가 있다. [그림 4.42]에 보여지듯이 뿌리부터 시작하여 의사 결정 과정을 거쳐 최종 나뭇잎의 결론에 도달하게 된다. 건전성진단을 수행한다면 뿌리부터 시작하여 의사 결정 과정을 거쳐 최종적으로 해당 결함 모드에 도달하게 된다.

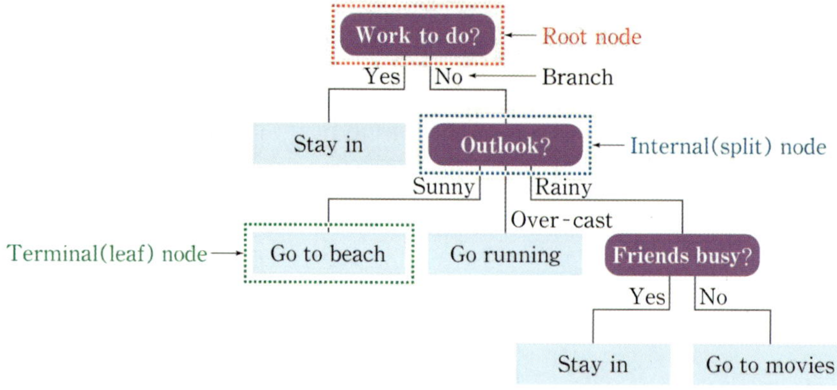

| 그림 4.42 | 의사결정나무 다이어그램 예시

서포트 벡터 머신(support vector machine, SVM)은 심층학습이 등장하기 전까지 매우 우수한 성능을 보였던 기계학습 모델이다. 현재까지도, 특성인자 세트가 잘 정의되었을 경우 건전성 진단 문제 해결을 위해 자주 사용되고 있다. 건전성진단 문제 특징에 따라 심층학습보다 SVM이 더 적은 비용으로 더 효과적으로 작동할 수 있으므로, 일방적으로 SVM을 배제하는 것은 지양해야 할 것이다. SVM의 목적은 두 개 데이터 집단을 구분하는 경계선을 찾는 것이다. 이러한 경계선을 초평면(hyperplane)이라고 하며, 일반적으로 직선, 평면 등의 선형 경계선으로 데이터를 구분한다. 초평면과 가장 가까운 데이터를 서포트 벡터, 그리고 초평면과 서포트 벡터 사이의 거리를 마진(margin, 여유 간격)이라고 정의한다. 직관적으로, 두 개의 집단을 구분하는 최적의 경계선은 두 데이터 집단에서 가장 거리가 먼 직선이다. 따라서 마진이 가장 큰 경계선을 탐색한다. 데이터를 선형 경계선으로 구분하기 어려울 때, 커널(kernel)이라 불리는 비선형 함수를 이용하여 원시 데이터를 고차원 공간으로 맵핑함으로써 고차원 공간에서 선형 경계선으로 구분 후 다시 원래 공간으로 역 매핑하는 방법을 쓰기도 한다. 이러한 방법을 커널 기법(kernel trick)이라고 한다. SVM은 기본적으로 두개 그룹 중 주어진 데이터가 속하는 그룹을 판별하는데 적합한 방법이다. 여러 개 그룹이 있을 때 판별하는 것도 가능하긴 하지만, 비효율적일 수 있다. 이 경우, SVM보다 ANN이 일반적으로 더 뛰어난 성능을 발휘한다.

발전소 스팀 터빈 로터 건전성진단을 위해 서포트 벡터 머신을 분류기로 사용한 예시를 [그림 4.43]을 이용하여 소개하고자 한다. 실제 발전소에서는 결함이 거의 발생하지 않기 때문에, 현장에서 정상 및 다양한 결함 데이터를 획득하는 것은 매우 어렵다. 이러한 어려움을 극복하기 위해 실험실에서 구축 및 운용 가능한 소형 테스트 키트가 종종 사용된다. [그림 4.43(a)]에서와 같이 GE 벤틀리-네바다 사에서 제작된 RK4 로터 키트를 활용하였다. 정상 상태(normal,

N) 뿐만 아니라 러빙(rubbing, R), 오정렬(misalignment, M), 오일휠(oil whirl, O)의 세 가지 결함을 인위적으로 구현할 수 있다. 한쌍의 갭 센서를 통해 로터와 지지부 사이의 간격 변화를 측정하는 진동 신호를 수집, 저장한다. [그림 4.43(b)]는 서포트 벡터 머신의 대략적 원리를 나타낸 것으로 고차원 특성인자 공간에서 정상과 결함 간 경계(hyperplane)를 학습데이터를 통해 찾아낸 후 새로운 데이터가 들어오면 이를 바탕으로 판정을 한다. 마지막으로 [그림 4.43(c)]는 로터 건전성진단 결과를 시각화 하여 보여주고 있다. 네 가지 정상 및 결함 상태에 대해 바늘이 가리키고 있고, 그 바늘의 길이에 따라 정상 및 결함 확률을 표현하고 있다. 여기서는 러빙 결함이 발생했을 확률이 52.7%로 가장 높음을 나타내고 있다.

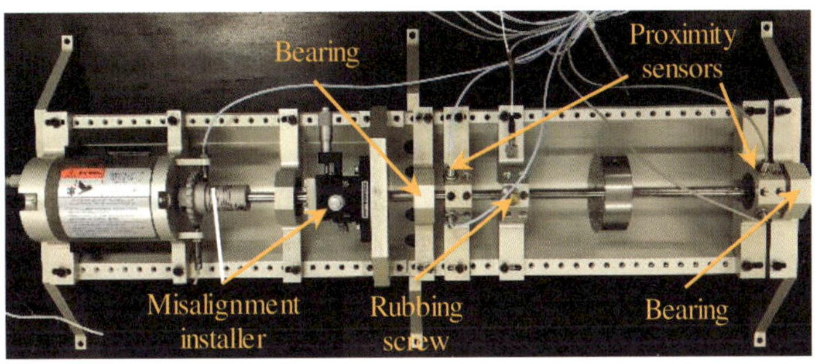

(a) 진동 데이터 획득을 위한 테스트베드

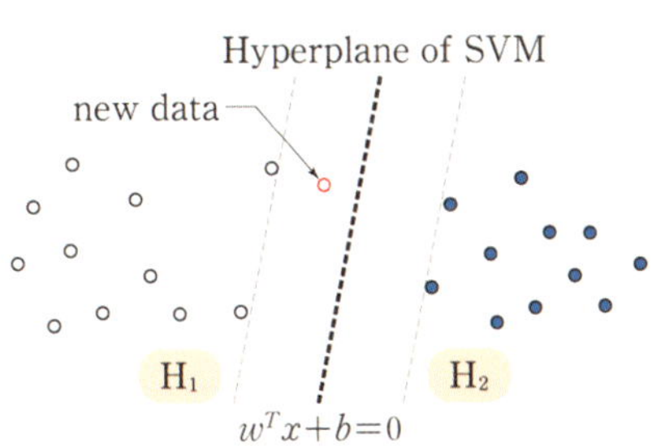

(b) 다차원 공간에서 SVM을 이용한 분류기 설계

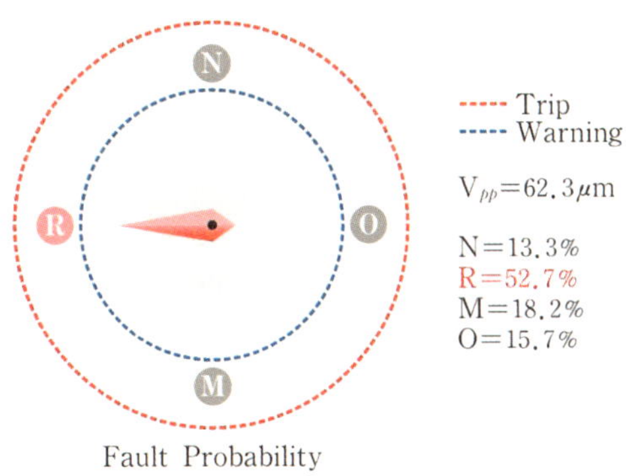

(c) 결함 분류 결과 시각화

| 그림 4.43 | 발전소 스팀 터빈 로터 건전성진단[18]

ANN은 동물 뇌의 신경망 구조를 모방해 만든 기계학습 모델이다. 복잡하게 얽혀있는 뇌의 뉴런들이 일정 임곗값을 기준으로 신호를 전달하는 것처럼 ANN도 비슷한 구조를 가진다. ANN은 뉴런들의 연결 네트워크, 학습 가능한 가중치, 그리고 활성화 함수로 구성되어 있다. 어떠한 자극(입력 신호)이 주어지면 일련의 가중치와 활성화 함수를 통과하면서 결괏값이 계산된다. 활성화 함수는 비선형 함수로써 주어진 데이터의 비선형성이 강할 때, 건전성진단 분류 문제를 풀 수 있게 한다.

[그림 4.44]는 건전성진단을 위한 인공 신경망 아키텍쳐 예시를 보여주고 있다. 진동 신호가 입력으로 들어가서 인공신경망의 입력층, 은닉층을 지나 출력을 제공한다. 출력값은 두가지 클래스로 구분된다. 예를 들면 class 1은 전동기 베어링 결함, class 2는 전동기 고정자 권선 결함이 될 수 있다.

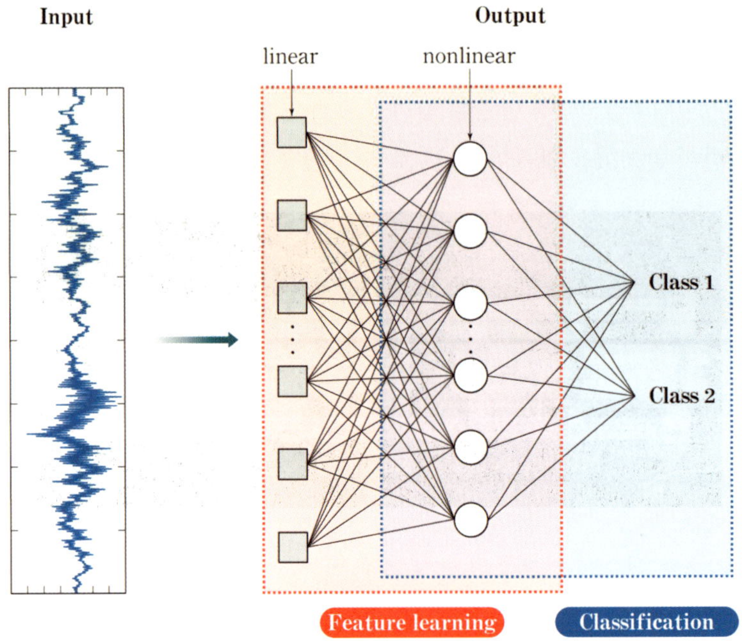

| 그림 4.44 | 건전성진단을 위한 인공신경망 아키텍쳐 예시

한편 최근에는 기계학습 중에서 합성곱 신경망(convolutional neural network, CNN), 순환 신경망(recurrent neural network, RNN)과 같은 심층학습(deep learning, 딥러닝) 모델이 많은 관심을 받고 있다. [그림 4.45]에는 CNN 알고리즘을 ANN과 비교하여 설명하고 있는데, ANN은 주어진 2차원 행렬 입력을 (이미지) 잘라낸 후 이어붙임(concatenate)하여 1차원 벡터 입력으로 변환하는 평탄화(flatten) 과정을 거친 후 이를 학습에 이용하며, 이로 인해 2차원 이미지의 공간 정보가 파괴되는 단점이 존재한다. 이와 다르게 CNN은 2차원 행렬 입력을 그대로 입력으로 사용하며 ANN과 달리 인접한 층의 모든 노드들을 연결하는 것이 아니라 합성곱(convolution)에 기반하여 일부만 연결함으로써 많은 양의 데이터에 대해서도 매우 효율적으로 연산을 한다는 장점이 있다.

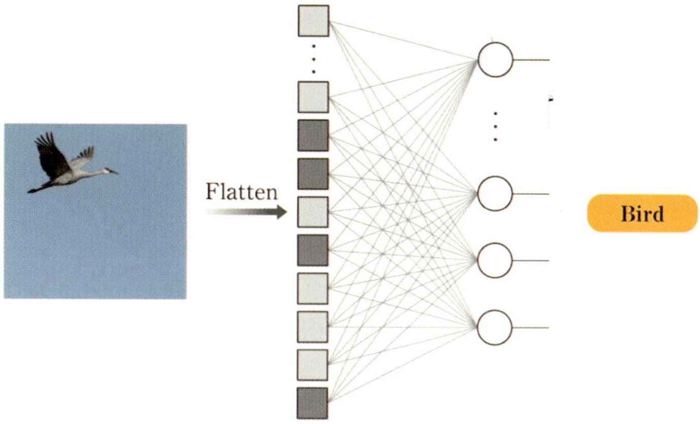

(a) Flatten 과정을 거쳐 2차원 이미지를 1차원 신호로 변환하여 입력

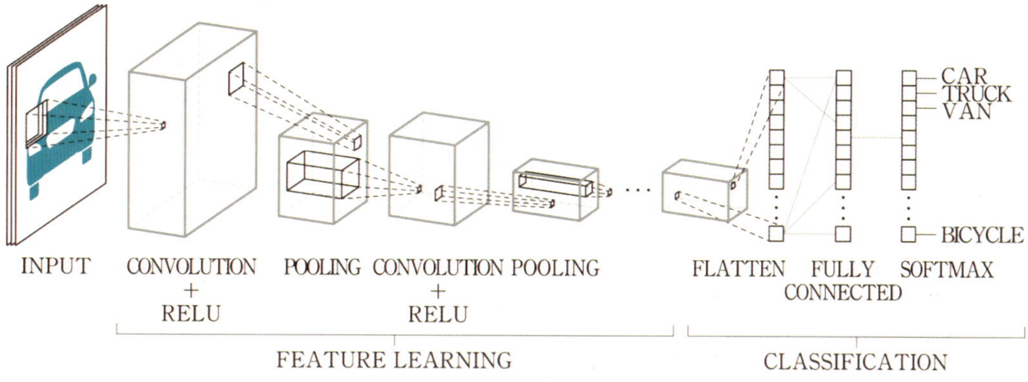

(b) 2차원 이미지 그대로 입력

| 그림 4.45 | ANN과 CNN 입력 처리의 차이점

한편 건전성진단에 활용되는 신호는 진동, 전류, 음향 방출과 같이 1차원 시계열 또는 벡터 데이터 형태로 수집된다. 반면 CNN은 2차원 이미지 분류에 특화된 알고리즘이므로 CNN을 적용하기 위해서는 이러한 1D 신호에 적합한 방법을 찾아야 하며 이를 1D CNN이라 한다. 예를 들어, 진동신호의 경우 시간영역 보다는 고속푸리에변환(FFT) 후 주파수영역 신호를 많이 이용하는데 이를 입력으로 1D CNN 모델을 학습시키고, 테스트 신호가 들어오면 동일하게 FFT를 거친 후 건전성진단을 할 수 있다. 이때 1D CNN 모델 훈련 중에 특정 주파수 영역의 진폭 변화 패턴을 잡아내는 필터가 생성되고 이렇게 생성된 필터 덕분에 높은 정확도로 결함 진단을 수행할 수 있다. 그러나 그 결과 주파수 영역의 어떤 위치에서 진폭 패턴 변화가 발생했는지는 알 수가 없는데, 진동신호의 경우 이것은 여러가지 물리적 의미를 가지므로 무시해서는 곤란하다. 따라서, 1D CNN을 이용한 건전성진단이 타당한지에 대해서는 데이터 과학 관점뿐만 아니라 물리적 해석(도메인 지식) 관점에서도 검토 되어야 할 것이다.

[그림 4.46]에서는 1D CNN 모델을 이용한 모터 베어링 건전성진단에 대해 소개하고 있다. 여기에 사용된 데이터는 Case Western Reserve University(CWRU) 테스트베드에서 운전중 베어링 하우징에 부착한 진동센서 신호를 취득한 것이다. 총 4가지 부하 조건(0, 1, 2, 3 마력)에 대해 실험하였으며 4개 클래스(정상, 내륜 결함, 외륜결함, 볼 결함)가 존재한다. 이에 대해 [그림 4.46(b))와 같은 간단한 1D CNN 모델을 이용하면 각 부하 조건에서 획득한 데이터를 이용하여 인공지능 모델을 훈련하고 동일한 부하 조건 데이터를 이용하여 테스트를 수행하였을 경우 [그림 4.46(c)]와 같이 100% 분류 정확도를 달성함을 확인할 수 있다.

(a) Case Western Reserve University(CWRU) 테스트 베드

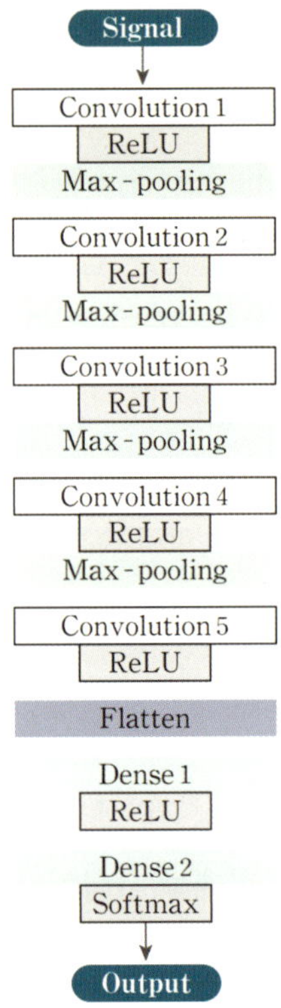

(b) 1D CNN 아키텍쳐

	Test accuracy(%)			
	0HP	1HP	2HP	3HP
0HP	100	100	100	100
1HP	100	100	100	100
2HP	100	100	100	100
3HP	100	100	100	100

(c) 건전성진단 정확도

| 그림 4.46 | 1D CNN을 이용한 모터 건전성진단[19]

딥러닝 알고리즘은 주어진 데이터(입력)에 대해 건전성진단결과(출력)를 주지만, 왜 그러한 건전성진단결과가 도출 되었는지는 그 이유를 제시하지는 않는다. 다른 표현으로 블랙박스라고 표현한다. 이러한 블랙박스 문제를 극복하기 위해 설명 가능 인공지능 기술로 주어진 결과에 대한 이유를 해석하고자 하는 시도가 활발히 이루어지고 있다. 대표적으로 층별 적합도 전파(layerwise relevance propagation, LRP), 클래스 활성 지도(class activation map, CAM), 마스크(mask) 기반 방법 등이 있다.

4.6 고장예측

4.6.1 고장예측 개요

고장예측(prognosis)은 미래 상태(future condition) 또는 잔존 유효 수명(remaining useful life, RUL)을 예측하는 것으로 건전성진단과 동일하게 일상적인 감시, 분석, 임의의 분석 또는 현장 기술자가 발견한 이상 징후에 의해 시작된다. [그림 4.47]에서 보이는 바와 같이 대상체 건전성을 단계1, 단계2로 구분할 수 있다. 단계1은 대상체가 정상적으로 작동하는 구간을 의미한다. 단계2는 이상이 감지된 이후의 기간을 의미하며, 이상이 감지되었기 때문에 수명 예측이 실질적으로 의미를 가진다. 예를 들어, 소아, 청년, 중년, 장년기동안 건강 검진에서 아무런 증상이 발견되지 않는다면, 굳이 특정 사람의 건강을 매주 또는 매달 정밀하게 추적하여 정확한 잔여 수명을 예측할 동기가 크지 않다. 그 사람 건강에 별 문제가 없다면 일반인 평균 기대수명 동안 생존할 것이라 생각하기 때문이다. 그러나 그 사람에게 암과 같은 질환이 발병한다면 그 때에는 잔여 수명을 예측하는 것이 큰 의미를 가진다. 어떻게 하면 적절한 조치를 취해서 그 사람의 행복을 고려하여 수명을 최대한 늘릴 것인가가 중요하기 때문이다. 이러한 논리를 공학 시스템에도 그대로 적용할 수 있을 것이다.

고장예측은 일반적으로 3단계에 따라 수행된다. 첫째, 대상 시스템의 해당 고장 모드에 대한 건전성 지수(상태 감시 매개변수 또는 특성인자)에 대한 이상감지 기준 값을 정의한다. 둘째, 현재 대상 시스템 건전성 지수의 열화거동(degradation process)을 예측한다. 셋째, 고장에 이르렀을 때 예상되는 건전성 지수 임계치를 결정한다. 마지막으로 현재 시점과 고장 발생이 예상되는 시점의 차이를 계산하여 잔존 유효 수명(remaining useful life, RUL)을 산출한다. 이러한 과정을 [그림 4.47]에서 확인할 수 있는데, 현재 시간 t_k에서 고장까지 열화(degradation)의 성장과정을 평균과 신뢰구간을 통해 예측하고 있으며, 임계치에 도달하는 시간을 확률밀도 함수(probability density function)로 표시하고 있다. RUL은 이것의 평균과 현재 시점 사이의 간격이 된다. 또한 이렇게 예측된 RUL이 얼마나 우수한지를 평가하기 위해 실제 고장까지 열화된 데이터를 이용하여 실제 RUL과 비교한다.

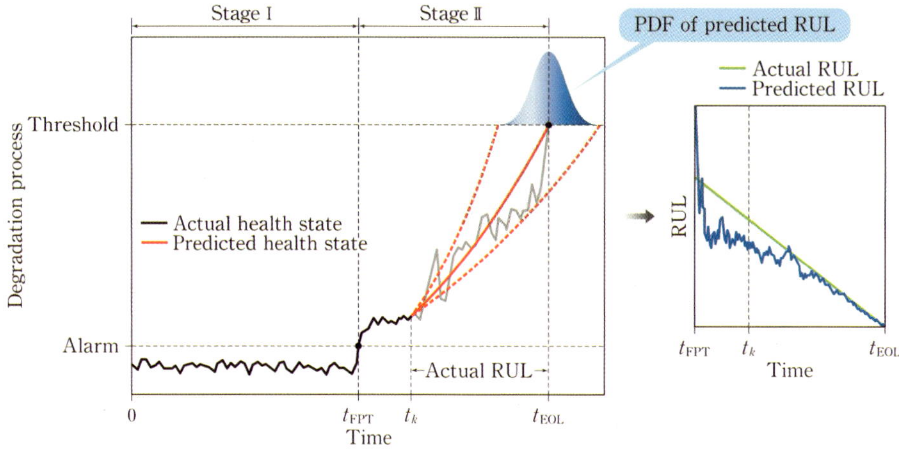

| 그림 4.47 | 대상 시스템의 상태 구분. 단계1에서는 정상 상태로 잔여 수명 예측을 수행하지 않고, 이상감지가 된 단계2부터 잔존 수명 예측을 수행[20]

그림에서 보듯 잔존 유효 수명은 항상 불확실성을 내포하고 있어 확률적으로 결과를 구해야 한다. 불확실성이 너무 크다면 예측 결과 계산된 잔존 유효 수명 값은 의미가 없을 것이다. 즉, 잔존 유효 수명이 15일로 예측되었을 때, 15일에 대한 90% 수준의 신뢰 구간이 ±15일이라면, 지금 당장 고장이 발생할 수도 있다는 의미이다. 이 경우, 수명 예측 값이 사용자의 의사결정에 유의미한 도움을 주지 못할 것이다. 수명 예측 결과의 불확실성은 불확실성 요인의 누적 효과에 의해 중첩되기 마련이다. 불확실성 요인에는 (1) 정비이력 (2) 건전성 지수 임계치 (3) 상태감시 매개변수 종류 (4) 데이터 수집 간격 (5) 열화 모델 (6) 건전성진단 과정 (7) 예측 과정 (8) 미래의 부하 및 환경 조건 등이 있다. 따라서, 수명 예측 값의 불확실성이 너무 클 경우, 불확실성 요인을 재검토하여 가능한 제거하고, 수명 예측 값의 불확실성을 감소하려는 노력이 필요할 것이다.

건전성 지수 임계치는 부품열화가 고장에 이르는 최종값이다. 그러나 실제로 고장이 발생할 때까지 최대한 가동하는 것은 고장 리스크를 높이므로, 임계치 이전에 주의(alert), 경고(warning), 정지(shutdown) 설정점을 별도로 정의하기도 한다. 이러한 설정점은 실제 고장 사례에 기반하여 주의 깊게 결정되어야 한다. 일반적으로 예측의 신뢰도 수준, 예비품 공급 시간, 정비 계획 간격, 고장 수리에 요구되는 작업 범위, 경향 예측에 사용된 내삽(interpolation), 외삽(extrapolation)

방법 등을 고려하여 결정된다.

일단 이상이 감지되면 건전성진단, 수명 예측이 서로 독립적으로 수행될 수 있다(그림 4.48 참고). 수명 예측의 목적은 대상 시스템의 개별 고장 모드에 대해 고장까지 소요 시간(또는 리스크)를 사전에 예측하여 유지보수 의사 결정에 도움이 되는 정보를 제공하는 것이다. 수명 예측은 성능이 점진적으로 저하되는 고장 모드(wearout failure)에 대해서는 가능하지만, 갑자기 발생하는 고장 모드(catastrophic failure)에 대해서는 불가능하다. 예를 들어, 차량 타이어 마모 고장 모드를 대상으로 수명 예측이 가능하지만, 차량 주행시 타이어가 못에 찔려 파손될 시점을 예측하는 것은 불가능하다. 따라서, 수명 예측은 wearout 고장 모드에 대해서만 수행하는 것으로 한정된다.

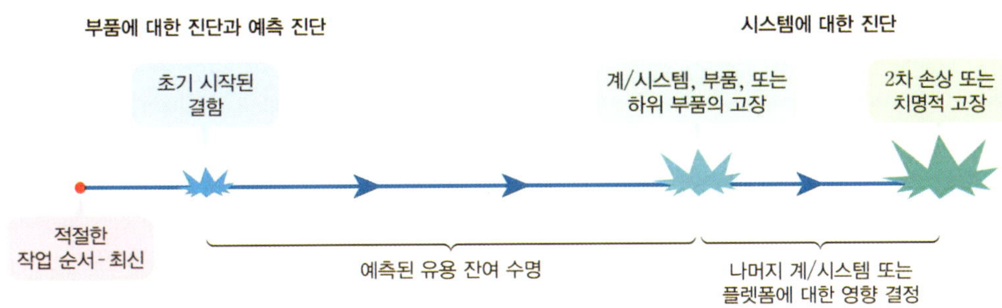

| 그림 4.48 | 시간 흐름에 따른 이상감지, 건전성진단, 잔존 유효 수명 예측[21]

앞 절에 언급하였듯이 건전성진단에 필요한 기초 자료는 (1) 상태 감시 데이터, (2) 시스템 데이터, (3) 이력인데 반해, 수명 예측에는 더 많은 기초 자료가 요구되고 있다. 수명 예측에 필요한 기초 자료는 (1) 현재 상태 및 현장 성능과 관련된 신뢰성 데이터, (2) 현재의 현장 가동률 및 누적 가동률과 관계된 데이터, (3) 상태 감시 장비와 사용, 생산 손실, 2차 손상 손실, 정비 활동과 재고와 관련한 비용 데이터이다. 보다 세부적 항목은 다음과 같이 요약할 수 있다. 추가적인 사항은 ISO 13381에 자세히 서술되어 있으니 참고하길 바란다.

(1) 현재와 미래의 운전과 정비 환경, 관리 체제, 요구사항과 계획

(2) 신뢰성, 가용성, 정비성, 비용과 안전성 데이터

(3) 부품 건전성에 영향을 주는 환경 데이터

(4) 손상 시작과 진행됨을 보여주는 데이터

(5) 경고 한계, 차단(운전 정지) 한계, 시스템의 건전성과 관계된 성능 한계 수준

(6) 기준선, 시운전, 운전 이력, 정비, 검사와 고장 데이터에 대한 전문적 지식

(7) 모든 현존하는 고장 모드의 규명을 포함하는 초기 건전성진단, 고장 조사 결과

(8) 장비의 원본 사양서와 함께 관찰 대상이 되는 설비, 기계류와 부품의 총 규모

(9) 제조 형상 상태(제품 번호, 제조 번호 등)

(10) 상태 감시 매개변수와 특성인자

(11) 통계, 존재하는 고장 모드와 미래의 고장 모드 영향 인자, 고장의 시작 기준, 그리고 모든 매개변수와 특성인자에 대한 임계치를 포함할 수 있는 한 개와 다수의 고장 모드를 포함하는 고장 모델

(12) 곡선 맞춤(curve fitting), 전망(projection)과 중첩(superposition) 기술

대상 시스템은 일반적으로 많은 서브 시스템을 가지고 있고, 개별 서브 시스템은 복수의 고장 모드를 가진다. [그림 4.49]에 나타낸 바와 같이 하나의 서브 시스템의 세 가지 고장 모드에 대해 이상감지 수준, 열화 진전 속도(곡선의 기울기), 고장 정의 설정값("X" 표시에 해당하는 Y축 값)이 모두 다르다. 따라서 복수의 고장 모드에 대한 수명 예측은 개별 고장 모드 별로 이루어 진다. 고장 모드 중에 가장 짧은 잔존 유효 수명이 전체 시스템 운용에 대한 잔존 유효 수명을 결정하게 된다.

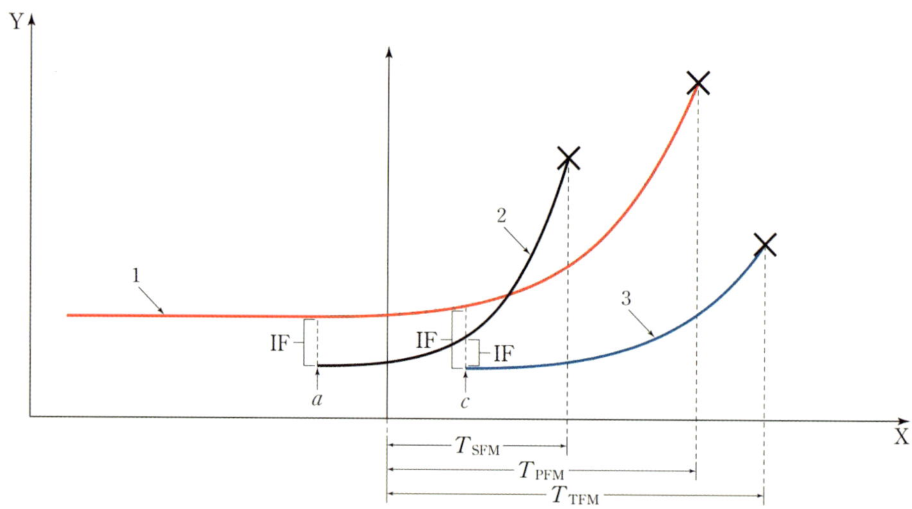

| 그림 4.49 | 대상 시스템 복수 고장 모드에 대한 가장 짧은 잔존 유효 수명[21]

[그림 4.50]에는 현재까지 개발된 수명 예측 알고리즘들을 방법론 별로 정리하였다. 첫번째는 단순 커브 피팅 방법으로 모델 훈련 과정을 요구하지 않고, 과거부터 현재까지 계측된 값을 다항함수 또는 비선형 함수로 피팅하는 것이다. 두번째는 데이터 기반 방법이다. 정상 상태부터 고장 상태까지 상태감시신호와 실제수명 간 빅데이터가 구축된 경우 정확한 수명 예측이 가능하고, 구축 데이터의 품질이 낮을 경우 수명 예측 정확도는 급격히 감소한다. 세번째로 모델 기반 방법이다. 정확한 물리 모델이 구축되어 있을 경우 정확한 수명 예측이 가능하다.

마지막으로 사례 기반 방법이다. 현재 대상 시스템에서 관찰되는 과거 시스템과 유사한 사례를 찾아 과거 시스템의 수명을 바탕으로 대상 시스템의 수명을 유추하는 방법이다. 본 절에서는 이중에 커브피팅, 모델기반 및 데이터기반 방법을 사례와 함께 설명한다.

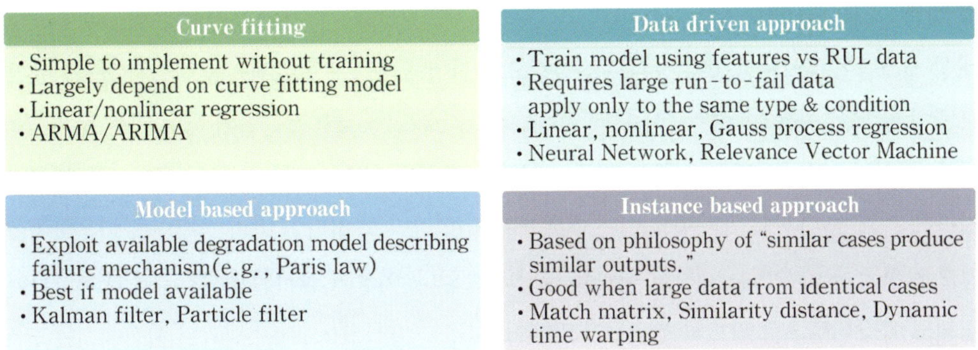

| 그림 4.50 | 수명 예측 알고리즘 요약

4.6.2 커브피팅 방법

수명 예측을 위해서는 대상 고장 모드에 대한 건전성 지수 저하 속도, 즉 열화 모델이 필수적이다. 이러한 열화 모델은 다음과 같은 분석을 수행하여 개발된다. 매우 단순하고 직관적인 열화 모델로써 선형 함수가 있다. 선형 함수에 기반한 열화 모델은 시간이 경과하면 건전성 지수가 선형적으로 감소하는 관계를 나타낸 모델이다. 선형 함수, 지수 함수, 로그 함수 등 경험에 기반한 단순 형태의 열화 모델 사용이 가능하다. [그림 4.51(a)]에는 전력 소자 IGBT 모듈이 정전기에 노출되어 열화가 되는 실험적 결과를 바탕으로 열화 커브 피팅한 결과를 나타내고 있다. [그림 4.51(b)]에는 휴대폰 내부에 침수를 감지하기 위한 액체 손상 감지기(liquid damage indicator, LDI)의 열화 커브 피팅한 결과를 보여주고 있다. 이러한 모델을 바탕으로

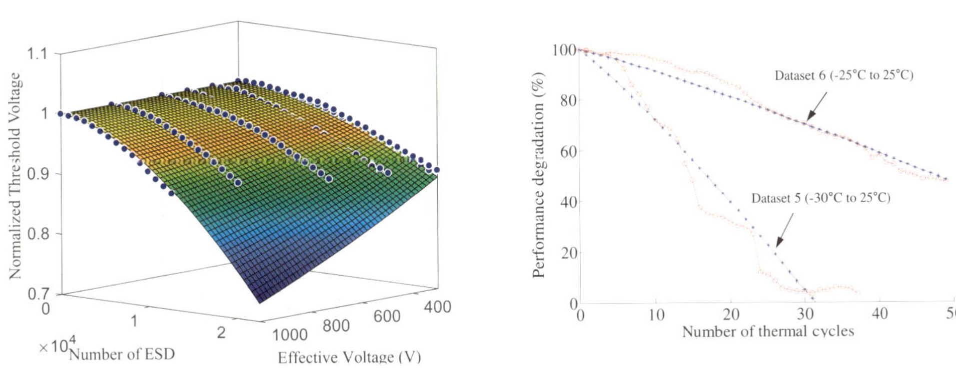

(a) 전력 소자 IGBT 열화 모델[22]　　(b) LDI 열화 모델[23]

| 그림 4.51 | 열화 모델 도출을 위한 커브 피팅

모델의 계수를 실시간으로 업데이트 해 나간다면 열화 커브와 고장 기준값과 만나는 지점을 예측할 수 있고, 이를 통해 잔존 유효 수명을 계산할 수 있다.

4.6.3 물리모델 기반 접근법

대상 시스템이 정상에서 고장 상태로 점진적으로 진행해 나가는 프로세스를 적절히 묘사하는 열화 모델이 있다면, 이를 이용한 물리 모델 기반(physics model based) 접근법이 더 신뢰성 높은 결과를 얻을 수 있다. [그림 4.52]는 이를 보여주는 사례로 비선형 열화 모델을 이용한 공학 시스템 건전성 진단에 관한 것이다. 볼 베어링은 이에 대해 베이지안 필터 중 하나인 파티클 필터를 이용하여 실시간으로 잔존 유효 수명을 계산한 결과를 나타내고 있다. 이상이 감지된 0 시간부터 데이터들이 수집되고 이를 바탕으로 커브의 계수들이 업데이트 되고 있다. 530시간이 경과된 시점에서는 안정적으로 수명이 예측되기 시작하여 실제 수명을 약 850시간으로 예측한다. 여기서 850 − 530 = 320시간이 잔존 유효 수명으로 계산된다. 시간 경과에 따른 잔존 유효 수명 값의 변화를 [그림 4.53]에 보여주고 있다 실제 값이 대각선에 가까울 수록 잔존 유효 수명을 정확하게 예측했음을 직관적으로 알 수 있다.

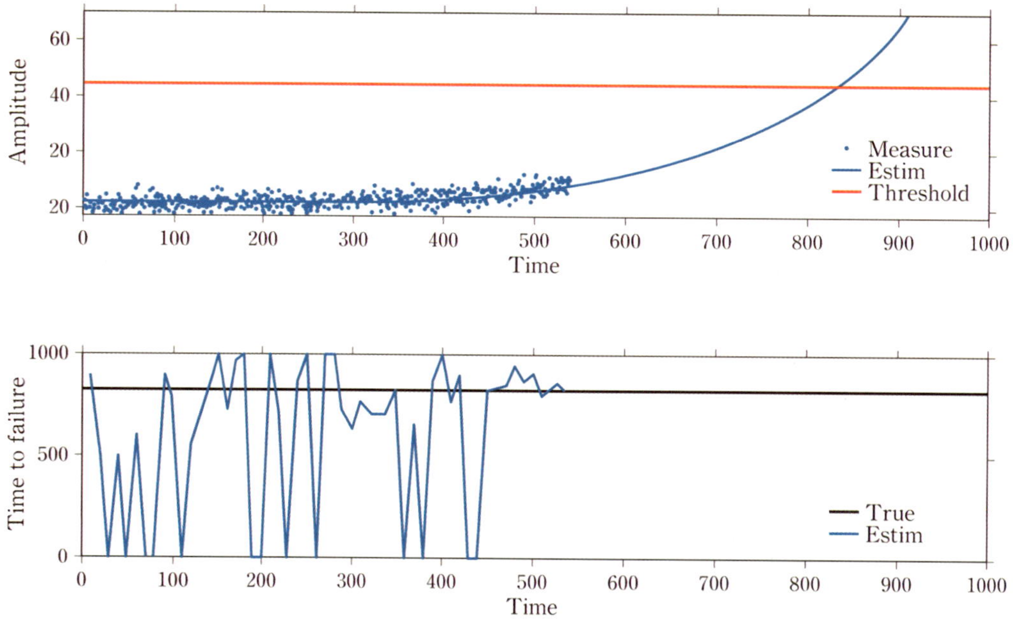

| 그림 4.52 | 파티클 필터를 이용하여 열화 커브 계수 업데이트를 통한 잔존 유효 수명 예측

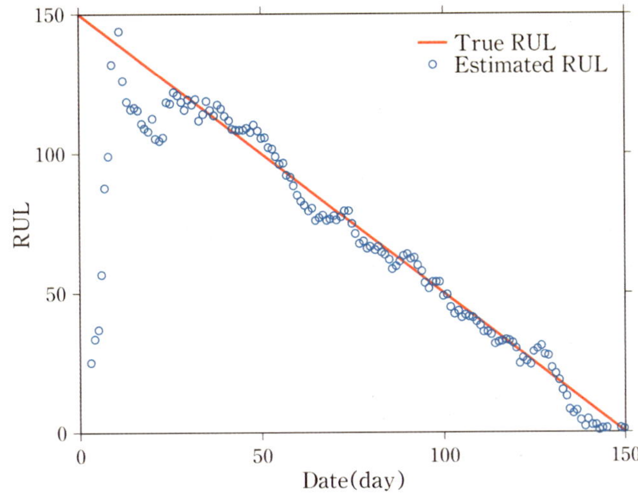

| 그림 4.53 | 시간 경과에 따른 잔존 유효 수명 변화

4.6.4 데이터 기반 접근법

고장까지의 거동을 나타내는 열화모델 정보가 없거나 이해가 부족할 경우에는 데이터 기반(data driven) 방법을 사용할 수 있다. 이것은 고장까지 수집된 데이터를 사용하여 기계학습에 기반하여 열화모델을 도출하는 방법이다. 본 절에서는 [그림 4.54]에서와 같이 항공기 가스터빈엔진에 대해 운항조건(operating condition) 별로 다양한 엔진열화조건(13 health parameters degrading over cycles)을 부여하여 가상으로 시뮬레이션하고 이에 따라 엔진 내 부착되어 있는 센서(21 measurements) 신호를 이용하여 고장예측을 수행한 사례를 소개하며, 이는 미국 NASA의 prognostics center of excellence data repository[24]에서 데이터를 다운로드받을 수 있다.

Inputs: 13 health parameters
Degrading over cycles

Name	Symbol
Fuel flow	W_f
Fan efficiency modifier	fan_eff_mod
Fan flow modifier	fan_flow_mod
Fan pressure-ratio modifier	fan_PR_mod
LPC efficiency modifier	LPC_eff_mod
LPC flow modifier	LPC_flow_mod
LPC pressure-ratio modifier	LPC_PR_mod
HPC efficiency modifier	HPC_eff_mod
HPC flow modifier	HPC_flow_mod
HPC pressure-ratio modifier	HPC_PR_mod
HPT efficiency modifier	HPT_eff_mod
HPT flow modifier	HPT_flow_mod
LPT efficiency modifier	LPT_eff_mod
HPT flow modifier	LPT_flow_mod

$$h(t) = 1 - d - \exp\{at^b\}$$

System model (C-MAPSS)

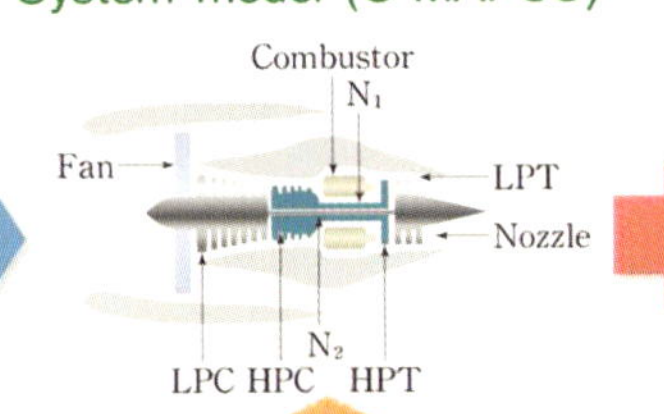

Operating condition

Name	Description	Units
Altitude	Altitude	ft
Mach number	Mach number	MN
TRA	Throttle resolver angle	degree

Outputs: 21 measurements

Symbol	Description	Units
Parameters available to participants as sensor data		
T2	Total temperature at fan inlet	°R
T24	Total temperature at LPC outlet	°R
T30	Total temperature at HPC outlet	°R
T50	Total temperature at LPT outlet	°R
P2	Pressure at fan inlet	psia
P15	Total pressure in bypass-duct	psia
P30	Total pressure at HPC outlet	psia
Nf	Physical fan speed	rpm
Nc	Physical core speed	rpm
epr	Engine pressure ratio (P50/P2)	--
Ps30	Static pressure at HPC outlet	psia
phi	Ratio of fuel flow to Ps30	pps/psi
NRf	Corrected fan speed	rpm
NRc	Corrected core speed	rpm
BPR	Bypass Ratio	--
farB	Burner fuel-air ratio	--
htBleed	Bleed Enthalpy	--
Nf_dmd	Demanded fan speed	rpm
PCNfR_dmd	Demanded corrected fan speed	rpm
W31	HPT coolant bleed	lbm/s
W32	LPT coolant bleed	lbm/s

| 그림 4.54 | 미국 NASA에서 수행한 항공기 엔진의 가상 열화 시뮬레이션 개요

[그림 4.55]에서 보듯 데이터 세트에는 총 100개의 엔진(unit)에 대해 매 운항 사이클(time) 마다 21개의 센서데이터가 초기부터 수명을 다 할 때 까지 기록되어 있으며, 100개 엔진의 수명은 [그림 4.56]과 같이 엔진 unit 39의 최소 128에서 엔진 unit 69의 최대 362 사이클까지 매우 다양하게 분포하고 있다.

unit	time	Operating settings			sensors										
Var1	Var2	Var3	Var4	Var5	Var6	Var7	Var8		Var20	Var21	Var22	Var23	Var24	Var25	Var26
1	1	-0.0007	-0.0004	100	518.67	641.82	1589.7		8.4195	0.03	392	2388	100	39.06	23.419
1	2	0.0019	-0.0003	100	518.67	642.15	1591.8		8.4318	0.03	392	2388	100	39	23.424
1	3	-0.0043	0.0003	100	518.67	642.35	1588		8.4178	0.03	390	2388	100	38.95	23.344
1	4	0.0007	0	100	518.67	642.35	1582.8	~	8.3682	0.03	392	2388	100	38.88	23.374
1	5	-0.0019	-0.0002	100	518.67	642.37	1582.8		8.4294	0.03	393	2388	100	38.9	23.404
1	6	-0.0043	-0.0001	100	518.67	642.1	1584.5		8.4108	0.03	391	2388	100	38.98	23.367
1	7	0.001	0.0001	100	518.67	642.48	1592.3		8.3974	0.03	392	2388	100	39.1	23.377
1	8	-0.0034	0.0003	100	518.67	642.56	1583		8.4076	0.03	391	2388	100	38.97	23.311
:	:	:	:	:	:	:	:		:	:	:	:	:	:	:
:	:	:	:	:	:	:	:		:	:	:	:	:	:	:

| 그림 4.55 | 센서 데이터 세트 예시

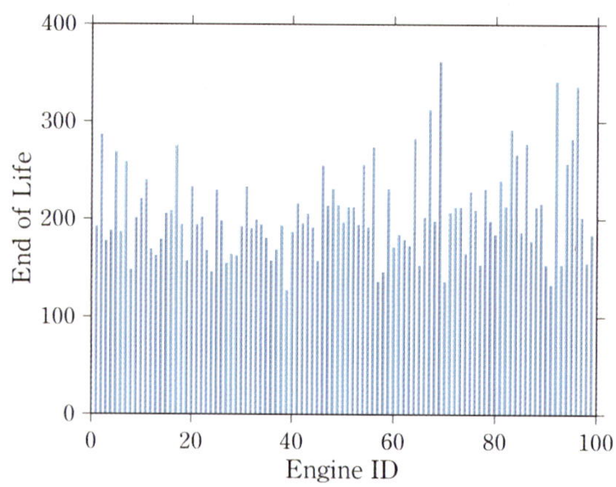

| 그림 4.56 | 100개의 엔진수명 분포

이에 대해 75%의 엔진 데이터를 이용, 인공신경망 모델을 학습하고 나머지 25% 데이터에 대해 수명을 예측한 후 얼마나 정확하게 예측하는 지를 분석하였다. 학습은 MATLAB의 ANN 함수를 이용하였으며 총 4단계로 진행하였다.

1) construct a function fitting NN with one hidden layer of size 30: net = fitnet(30).

2) change the NN parameters to our purpose, if necessary.

3) train the NN using the X and y: mdl = train(net,X',y');

4) predict the output ynew at the Xnew using the trained NN: ynew = mdl(Xnew);

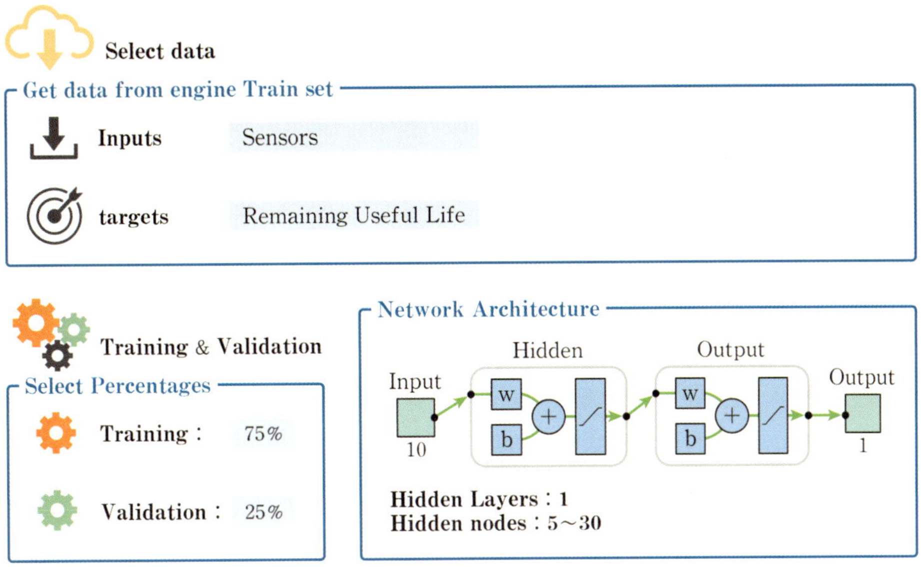

| 그림 4.57 | MATLAB을 이용한 ANN 모델 구축

ANN으로 예측된 RUL 대비 실제 RUL을 비교한 결과 중에서 엔진 2, 27, 52, 77에 대해 구한 것을 [그림 4.58]에 보였으며 비교적 잘 일치하는 것을 알 수 있다.

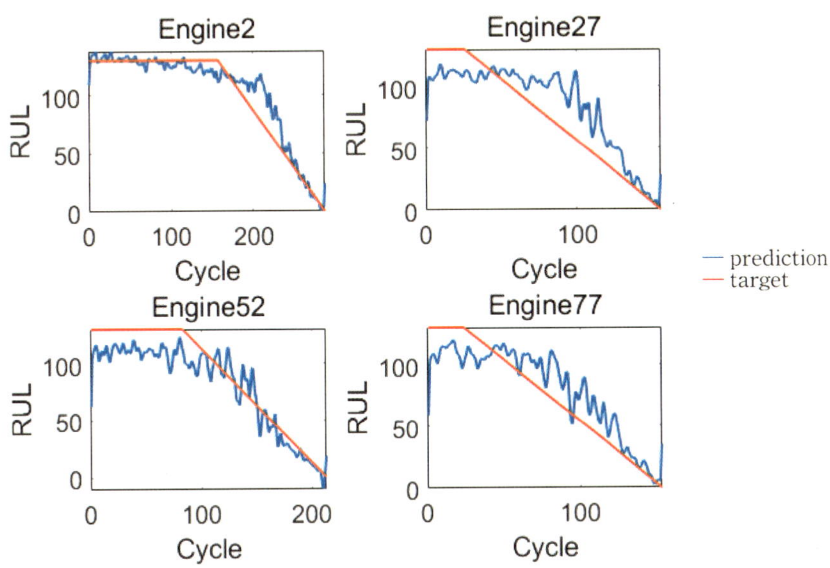

| 그림 4.58 | ANN을 이용하여 엔진 RUL을 예측한 결과

4.7 PHM 성능검증

4.7.1 V&V의 일반적 정의

미국기계학회(ASME)에 의하면 어떤 수학모델(또는 소프트웨어)을 개발할 경우 개발결과 성능을 평가하기 위해 확인(verification)과 검증(validation)을 수행할 것을 권장하고 있으며 이를 약어로 V&V로 정의하고 있다. 여기서 확인은 수학모델의 구현과 그 결과가 올바른 지를 평가하는 것이고, 검증은 수학모델에 의한 계산결과와 시험데이터를 비교하여 수학모델이 실제현상을 제대로 나타내는 지를 검증하는 것을 말한다.

ADS-79D-HDBK[25]에서는 이러한 V&V의 전반적인 프로세스를 [그림 4.59]와 같이 보였으며, 이에 의하면 수학모델(시뮬레이션)과 물리모델(실험)의 두 축으로 구성되고 이들을 비교하여 일치도를 평가하는 것으로 설명하고 있다.

좌측의 수학모델에서는 대상 문제의 물리를 잘 표현하는 수학모델과 그것을 계산하는 수치계산 코드를 만들고 다양한 조건에서도 안정적으로 해를 생성하는 지를 보는 강건성, 해를 알고 있는 예제와 비교하여 동일한 결과를 도출하는 지를 보는 정확성 등을 확인(verification)하고 잘못된 경우 오류를 바로 잡는다. 한편 이렇게 만들어진 수학모델은 해당 현상의 부족한 지식이나 단순화로 인한 모델의 불확실성, 입력변수 산포로 인한 불확실성 등이 있으므로 계산결과에 이를 적절히 반영하고 정량화하여 나타내야 한다.

우측의 물리모델에서는 수학모델이 실제모델을 잘 표현하는 지 검증하기 위해 물리적 실험을 수행한다. 이때 효과적 실험계획 수립이나 실험결과를 측정하기 위한 최적 센서위치 선정 등이 필요하며, 이를 위해 수학모델을 활용하기도 한다. 한편 실험에서도 다양한 불확실성이 있으므로 이를 반영하기 위해 반복시험이 필요하며 그 결과의 불확실성 또한 정량화하여 나타내야 한다.

이렇게 두 파트에서 각각의 결과를 도출하면 이들을 이용하여 적절히 정의된 기준에 의거, 일치여부를 평가함으로써 검증을 수행한다. 그 결과 불일치하면 수학모델, 물리모델의 각 파트에서 얻어진 결과가 제대로 된 것인지, 잘못된 부분은 없는지 점검하여 바로 잡아서 일치하도록 과정을 반복하는 것이 V&V의 과정이다.

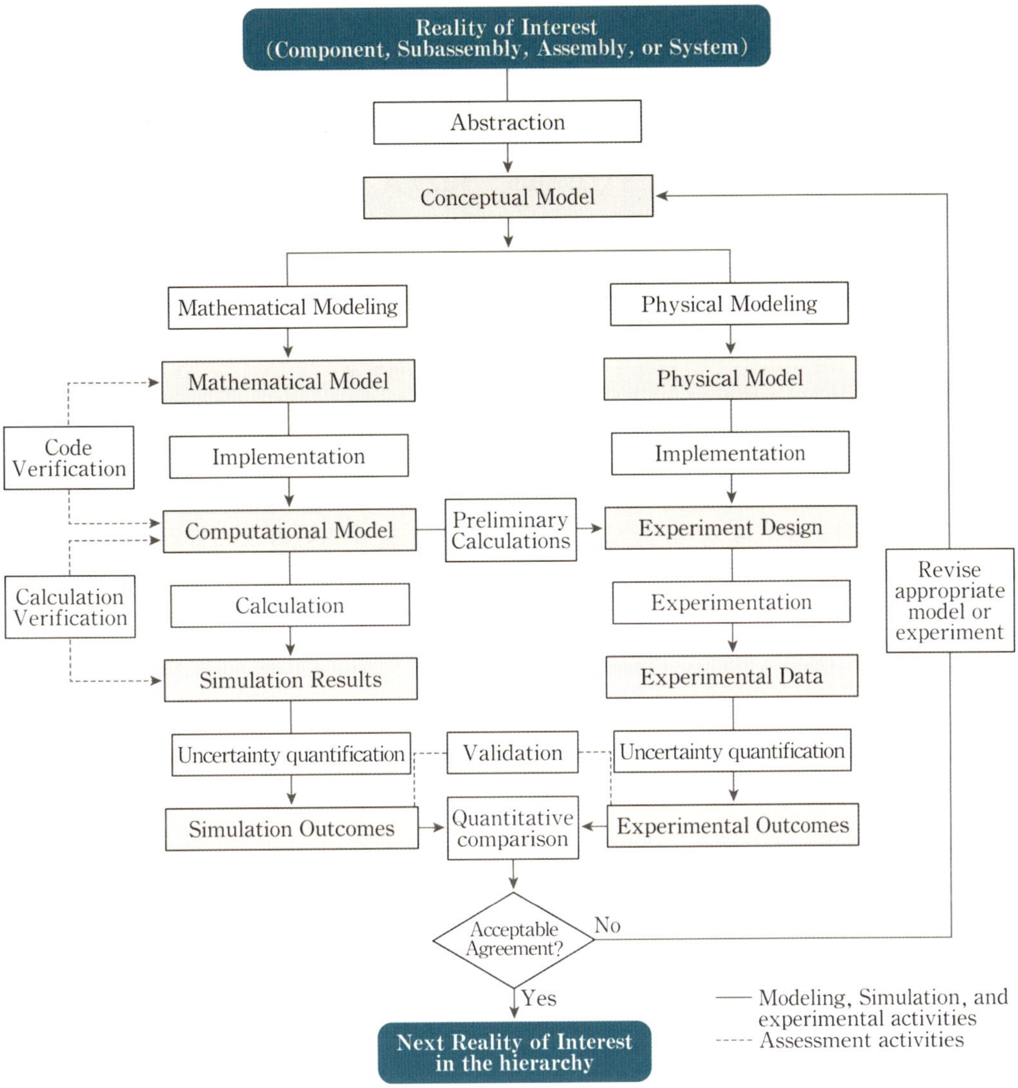

| 그림 4.59 | V&V activities and flow for modeling and simulation[25]

일반적으로 검증은 검증 영역과 적용 영역의 관점에서 볼 때 [그림 4.60]과 같이 세 가지로 나눈다. 첫째는 검증 영역이 적용 영역을 포함하는 것으로 더 넓은 영역에서 검증이 되었으므로 적용 결과에 충분한 신뢰를 부여할 수 있으며 따라서 가장 바람직한 경우이나, 검증을 위해 매우 많은 시간과 노력이 발생할 수 있다. 둘째 및 셋째는 두 영역이 일부만 겹치거나 아주 다른 경우로, 이것은 실제 모델이 적용될 영역에서 검증하기가 어려운 경우를 뜻하며 이때는 간접 검증을 하는 수 밖에 없다. 관련 사례로 항공기의 매우 낮은 고장확률을 검증하는 것이 있으며 이는 직접 검증이 사실상 불가능하기 때문에 기존 운용이력을 통해 간접적으로 추론하는 수 밖에 없으며, PHM 시스템에서도 이러한 상황은 매우 흔하게 발생한다.

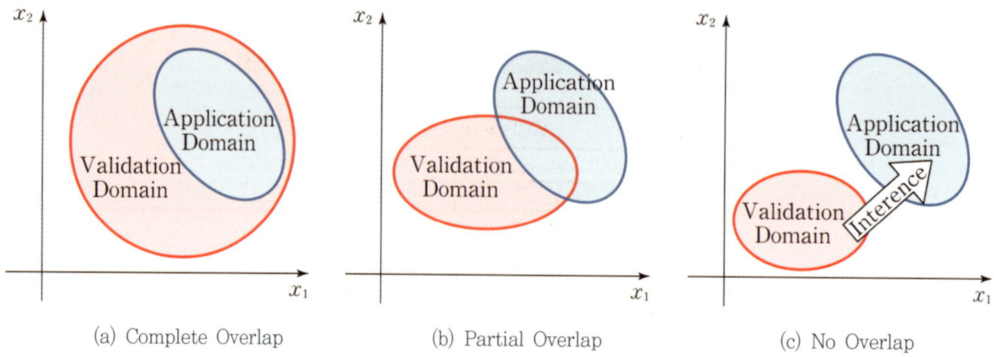

| 그림 4.60 | 다양한 검증 시나리오 예시

4.7.2 PHM 시스템의 V&V

PHM 시스템 적용을 통해 상태기반 또는 예측기반 정비를 구현하려면 개발된 PHM 시스템이 의도대로 건전성진단예측을 수행할 수 있음을 V&V 과정을 통해 검증해야 한다. 이를 위한 절차는 다음과 같다.

1. PHM 시스템을 적용할 대상 설비, 부품을 식별한다.
2. PHM 구현결과를 평가하기 위해 평가지표와 목표수준(허용치)을 정한다.
3. 건전성진단 예측을 위한 모델을 개발하고, 대상 설비 부품에 적용하여 건전성진단 예측 결과를 도출한다.
4. 실제로 발생한 고장데이터를 이용하여 건전성진단 예측 결과를 평가하고 설정된 허용치보다 이들이 높으면 V&V는 실패한 것으로 간주되어 시스템을 개선하는 노력을 한다.

한편 검증을 제대로 수행하기 위해서는 실제 시험으로부터 충분한 크기의 고장 데이터를 얻어야 하나 이는 현실적으로 한계가 있다. 적절한 요구수준을 위해서는 얼마나 많은 고장 데이터가 필요한 지에 대한 검토가 있어야 하며 이를 위해 통계적 가설검정을 비롯한 다양한 방법이 있다.

또한 고장데이터는 실제 운영 중인 장비에서 획득하는 것이 가장 바람직하나 현실적으로 어렵다. 이 경우 별도 테스트베드를 제작 운영하는데, 여기서도 자연 결함(고장)의 획득은 시간이 오래 걸리거나 원하는 고장을 의도대로 얻기가 어려운 경우가 많으며, 이에 대한 대안으로 인공결함을 부여하여 검증해야 한다. 이러한 검증에 대한 일련의 과정을 [그림 4.61]에 보였으며, 좌측은 실제 필드를 통한 검증을, 우측은 테스트베드에서 자연결함 또는 인공결함 통한 검증의 과정을 나타낸다.

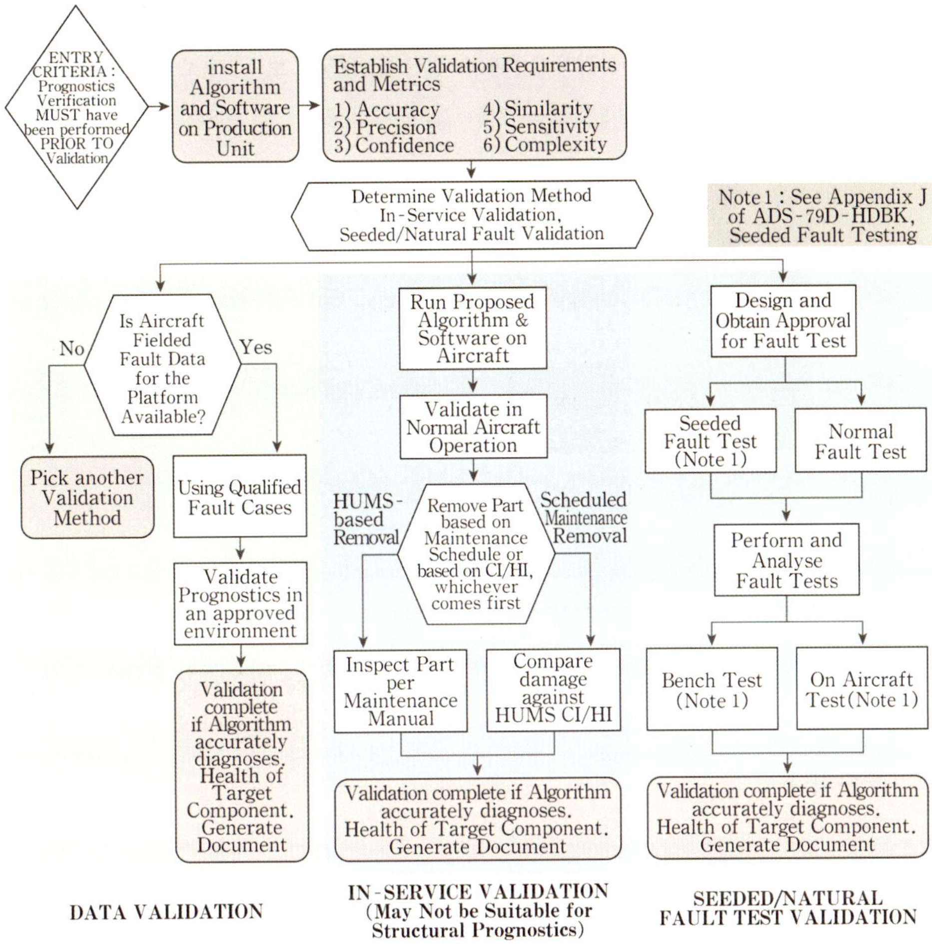

| 그림 4.61 | 기계류 건전성진단 및 고장예측 확인 및 검증 프로세스[25]

4.7.3 V&V 평가지표

건전성진단을 위한 평가지표는 매우 다양하고 어느 하나로 표준화되어 있지 않다. 그러나 가장 보편적으로 사용하는 것을 든다면, 건전성진단의 경우 정상 고장을 식별하는 능력을 평가하는 것으로 검출률과 위양성을 예지의 경우 잔존 유효 수명 예측의 정확도를 평가하는 지표를 들 수 있으며 각각 간단히 소개하면 다음과 같다.

PHM시스템에서 정상과 결함(또는 고장)을 식별할 수 있는 능력은 가장 기본적이면서 중요한 능력이다. 이를 위해 두가지 지표를 이용하는데 첫째는 결함을 결함으로 제대로 판정할 확률로서 TPR(true positive rate) 또는 검출률(probability of detection)이다. 중요 부품의 경우 일반적으로 90% 또는 0.9 이상을 요구한다. 참고로 이것의 반대는 결함을 정상으로 잘못 판정할 확률로서 FNR(false negative rate)이며 1-TPR로 정의된다. 둘째는 정상을 결함으로 잘못 판정할 확률로서 FPR(false positive rate)이 있으며 중요 부품의 경우 10% 또는 0.1 이하를 요구한다. 여기서도 마찬가지로 이것의 반대는 정상을 정상으로 제대로 판정하는 TNR이며 1-FPR이 된다. 이것을 정리하면 [그림 4.62]와 같다.

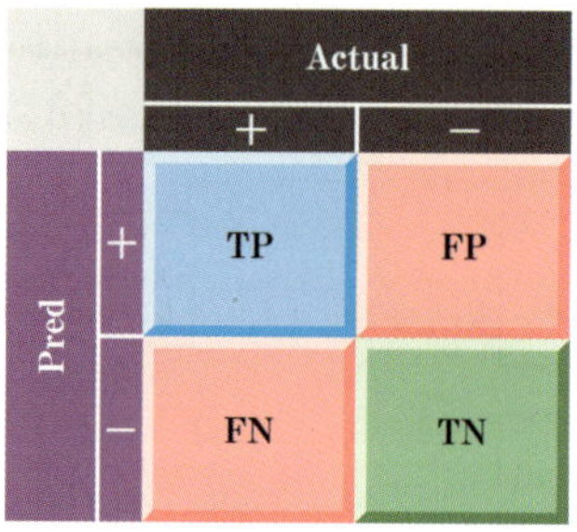

$$TPR = \frac{TP}{FN + TP}$$

$$FPR = \frac{FP}{TN + FP}$$

| 그림 4.62 | 건전성진단 성능평가를 위한 대표적 평가지표

고장예측의 경우 잔존 유효 수명 예측의 정확도를 평가하기 위한 지표로 [그림 4.63]에 있는 식을 이용할 수 있다. 여기서 정의되는 공식은 특정시점 t_p에서 고장시점 t_{pf}를 예측하고 실제 고장시점 t_{af}와 얼마나 차이가 나는지를 평가하는 것으로 그 정도를 0~1 사이 값으로 표시한 것이며 1에 가까울수록 정확도가 높은 것이다. 여기서 N은 시험횟수, D_0는 표준화 위해 도입된 상수이다.

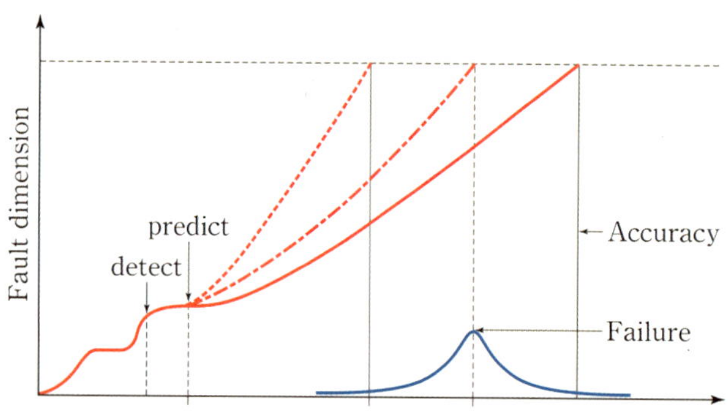

$$Acc(t_p) = \frac{1}{N}\sum_{i=1}^{N} e^{-\frac{D_i}{D_o}}$$

$$D_i = \left| t_{pf}(i) - t_{af}(i) \right|$$

| 그림 4.63 | 고장예측 성능평가를 위한 대표적 평가지표

참고문헌

[1] U.S. Department of Defense(DoD), Condition based maintenance plus DoD guidebook, 2008.

[2] U.S. DoD Architecture Framework Version 2.0, Volume 1: Introduction, Overview, and Concepts, Manager's Guide, 2009

[3] International Organization for Standardization(ISO), ISO 13374-1:2003, Condition monitoring and diagnostics of machines - Data processing, communication and presentation - Part 1: General guidelines, 2003.

[4] International Organization for Standardization(ISO), ISO 17359:2011, Condition monitoring and diagnostics of machines - General guidelines, 2011.

[5] U.S. National Aeronautics and Space Administration(NASA), Reliability-centered maintenance guide: for facilities and collateral equipment, 2008.

[6] U.S. Department of Energy(DoE), Operations & Maintenance Best Practices: A Guide to Achieving Operational Efficiency, , 2010.

[7] Niculita, O., Irving, P., Jennions, I.K., Use of COTS functional analysis software as an IVHM design tool for detection and isolation of UAV fuel system faults, Proceedings of the Annual Conference of the Prognostics and Health Management Society, Vol. 4, No. 1, 2012.

[8] Niculita O., Nwora, O., Skaf, Z., Towards design of prognostics and health management solutions for maritime assets, Procedia CIRP, 59, pp. 122-132, 2017.

[9] Sim, J., Min, J., Kim, D., Cho, S.H., Kim, S., and Choi, J.H., A python based tutorial on prognostics and health management using vibration signal: signal processing, feature extraction and feature selection, Journal of Mechanical Science and Technology, Vol. 36, pp. 4083-4097, 2022.

[10] 김석구, 임채영, 함석주, 박형준, 최주호, 기어 및 베어링의 건전성 예측관리를 위한 튜토리얼: 고급신호처리, 대한기계학회 논문집 A권, 42권, 12호, 1119-1131, 2018.

[11] Sutrisno, E., Oh, H., Vasan, A.S.S., and Pecht, M., Estimation of remaining useful life of ball bearings using data driven methodologies, Proceedings of IEEE Conference on Prognostics and Health Management, Denver, CO, June 18-21, 2012

[12] Oh, H., Prognostics of Ball Bearings in Cooling Fans, Ph.D. Thesis, University of Maryland, 2012.

[13] Wegerich, S., Bell, D.R., and Xu, X., Global state change indicator for empirical modeling in condition based monitoring, U.S. Patent No. 6,859,739, 2005.

[14] Herzog, J.P., Hanlin, J., and Wegerich, S., High performance condition monitoring of aircraft engines, ASME Turbo Expo, 2005.

[15] 정원호, 시계열 데이터 이미징 및 비지도 특성인자 추출을 이용한 전동기 고장 진단 연구, 석사학위 논문, 광주과학기술원, 2020

[16] Farrar, C.R. and Worden, K., Structural Health Monitoring: A Machine Learning Perspective, John Wiley & Sons, Inc., 2012

[17] International Organization for Standardization(ISO), ISO 13379-1:2012, Condition monitoring and diagnostics of machines-Data interpretation and diagnostics techniques - Part 1: General guidelines, 2012.

[18] Jeon, B.C., Jung, J.H., Youn, B.D., Kim, Y.W., and Bea Y.C., Datum unit optimization for robustness of a journal bearing diagnosis system, International Journal of Precision Engineering and Manufacturing, Vol. 15, No. 11, pp. 2411-2425, 2015.

[19] https://engineering.case.edu/bearingdatacenter (Retrieved on October 1, 2022)

[20] Lei, Y., Intelligent fault diagnosis and remaining useful life prediction of rotating machinery, Xi'an Jiaotong university press, 2017.

[21] International Organization for Standardization(ISO), ISO 13381-1:2004, Condition monitoring and diagnostics of machines - Prognostics - Part 1: General guidelines, 2004.

[22] Lee, J., Oh, H., Park, C.H., Youn, B.D., and Han, B., Test scheme and degradation model of accumulated ESD damage for IGBT prognostics, IEEE Transactions on Device and Materials Reliability, Vol. 19, pp. 233-241, 2019.

[23] Oh, H., Choi, S., Kim, K., Youn, B.D., and Pecht, M., An empirical model to describe performance degradation for warranty abuse detection in portable electronics, Reliability Engineering & System Safety, Vol. 142, pp. 92-99, 2015.

[24] https://www.nasa.gov/content/prognostics-center-of-excellence-data-set-repository (Retrieved on October 1, 2022)

[25] U.S. Army, ADS-79C-HDBK, Aeronautical design standard handbook for condition based maintenance systems for US army aircraft, 2012.

PART

II

PHM 산업적용

[건전성 예측관리(PHM) 산업적용]

이 PART는 PART I(기반지식)과 PART III(표준, 연구)에서 기술한 지식을 기반으로 건전성 예측관리(PHM) 기법을 산업부문에 적용하기 위한 방법과 사례를 제시하며, 건전성 예측관리 업무추진에 필수적으로 요구되는 장비와 솔루션, 시스템 구축 및 운영, 성공적 운영전략과 미래지향 발전노력, 산업 적용사례 등에 관한 실무적 접근방법을 설명한다.

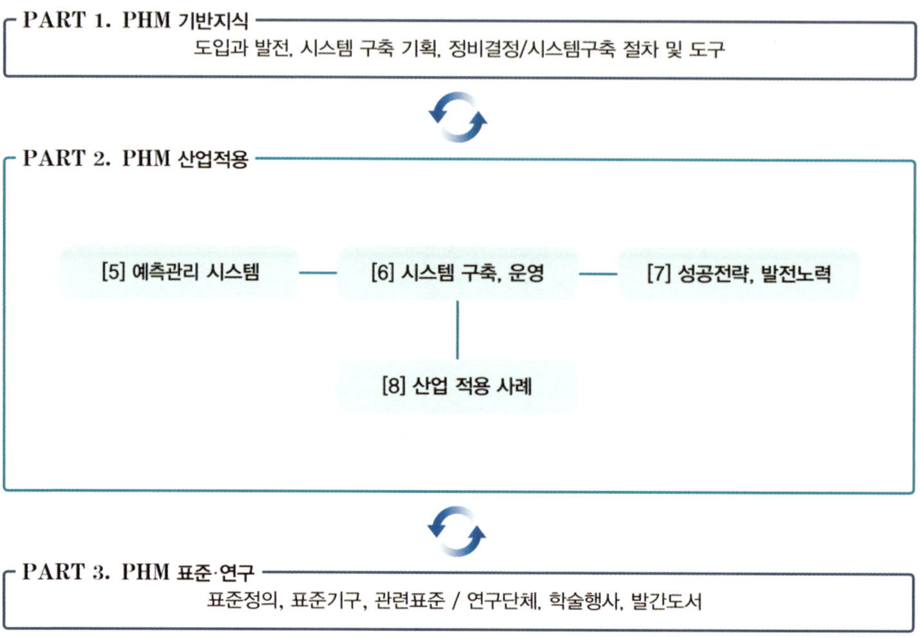

5장은 산업현장에서 건전성 예측관리(PHM) 수단으로 사용하는 시험검사 장비와 온라인 예측진단 솔루션을 소개하고 예측관리 솔루션 선택을 위한 가이드를 제시하며,

6장은 산업설비의 건전성 의의, 고장과 사고가 반복하여 발생하는 이유, 산업설비 건전성 정의, 건전성 예측관리 기술, 시스템 구축 및 운영 등에 대하여 기술하였다.

7장은 건전성 예측관리(PHM) 기법의 성공적 운영을 위하여 산업설비 관리자들이 고려해야 할 사항과 미래 지향적 발전을 위하여 기울여야 할 제반 노력을 제시하고,

8장은 건전성 예측관리(PHM) 기법의 산업 적용사례로서 법률적 요구사항, 예측관리 솔루션, 감시제어센터와 성능진단센터 운영, 예측관리 실무사례 등을 기술하였다.

Chapter

5 예측관리 솔루션

권대일 · 김승민 · 주성철

PHM

Prognostics and health management

5.1 시험검사 장비

5.2 온라인 예측진단 솔루션

5.3 솔루션 선택 가이드

5.1 시험검사 장비

기기장치의 가동과정에서 발생하는 열, 소리, 진동 등을 시험검사(test & inspection, T&I) 장비로 분석하여 건전성 판단에 활용하고 방사선 투과, 와전류 탐상 등 비파괴검사(NDT) 기술을 이용하여 정비과정에 기기장치의 물리적 건전성 판단에 활용한다.

5.1.1 적외선 열화상 분석(thermography)

측정 원리

적외선 열화상 분석은 측정 대상의 에너지 량에 따라 발산하는 각기 다른 파장의 적외선을 측정하여 대상 물체의 온도를 분석하는 방법으로, 측정 대상으로부터 복사된 적외선을 CCD(charge coupled device), CMOS(complementary metal oxide semiconductor) 방식의 이미지 센서로 감지하여 온도를 측정하고 화상으로 디스플레이 한다.

사람과 기기장치는 이상 상황 또는 고장 발생 시 온도가 정상 상태에 비하여 상승하거나 하강하는 현상이 나타나며, 이때 대상 물체의 온도측정을 통하여 이상 상황을 선제적으로 파악하고 그 결과를 진단에 활용한다. 설비 가동 중에 비접촉 방식으로 온도측정이 가능한 적외선 열화상 분석은 위험하거나 접근성이 떨어지는 대상에 대해서도 적용이 가능하다는 장점이 있어 다양한 설비에 활용되고 있다.

적외선 열화상 분석은 특성상 주변 환경에 많은 영향을 받기 때문에 적외선의 특성과 측정 파장 대역, 측정 환경 등을 잘 이해하는 것이 중요하다. 적외선의 주요한 특성 중 하나로 방사율(emissivity)이 있는데 방사율은 동일 온도에서 흑체의 방사 에너지 량 대비 해당 물질의 방사 에너지 량의 비율을 의미한다. 물질 간 방사율에 차이가 있으면 실제로는 같은 온도임에도 불구하고 적외선 열화상 카메라로 측정 시 서로 다른 온도처럼 나타날 수 있다.

이 경우 방사율이 제시된 문헌을 참고하거나, 직접 대상을 가열하며 적외선 열화상 카메라 측정과 온도 보정을 통하여 방사율 확인이 가능하다. 반사도(reflectivity) 또한 적외선의 주요한 특성 중 하나로서 거울에 가시광선이 반사되는 원리와 마찬가지로, 적외선은 유리나 비산화 금속에 의해 반사되어 대상 물체의 온도측정에 영향을 줄 수 있다.

적외선은 가시광선에 비하여 넓은 파장 대역을 가지고 있어 측정 목적에 따라 측정이 가능한 파장 대역이 달라질 수 있다. 또한, 해당 측정 대역에서 높은 반응성을 보이는 감지 소자가 제시되어 있으며, 소자의 종류에 따라 각각 다른 반응 특성을 나타내기 때문에 측정 목적에 맞게 적절한 감지 소자를 사용한 적외선 열화상 카메라를 선택하는 것이 중요하다.

적외선 열화상 카메라에 사용되는 감지 소자는 양자형(quantum) 감지 소자와 열형(thermal) 감지 소자로 나누어진다. 양자형 감지 소자는 반도체를 활용하여 광자에 의해 생성된 전자를 전기신호로 변환하는 방식을 사용하며, 열형 감지 소자는 열에 반응하는 소재를 사용하여 적외선에 의한 온도 변화를 전기신호로 변환하는 방식을 사용한다.

상용 장비

적외선 열화상 분석 장비는 적외선 온도계와 열화상 카메라로 나누어진다. 적외선 온도계는 대상 물체의 적외선 방사를 감지하여 측정 온도값을 표기해주는 방식으로 정확한 온도 측정이 필요한 경우에 사용되며, 열화상 카메라는 촬영된 범위의 적외선 방사량을 시각화하여 제공한다. 간단한 열화상 카메라의 경우 온도 값을 특정하거나 분석할 수는 없지만 시각화된 이미지를 통하여 주변과의 온도 차이, 온도 변화 포착이 가능하다. 이 장비는 전기설비 겉면의 부적절한 절연 등을 탐지하는 용도로도 사용할 수 있다.

| 그림 5.1 | 적외선 온도계, 열화상 카메라

활용 분야

적외선 열화상 분석 방법은 주로 기계 및 전기 시스템에 적용되어 고장을 진단할 수 있다. 전력 공급라인의 손상이나 단락, 회로차단기 및 절연상태 불량, 모터 이상 등 산업 설비에서 발생하는 주요 고장들은 많은 경우 온도 변화를 동반하며 적외선 열화상 분석을 사용하여 해당 고장을 파악할 수 있다.

적외선 열화상 분석을 활용한 사례로 물 공급 파이프라인의 누수 진단을 예시할 수 있다[그림 5.2]. 파이프라인의 손상으로 인해 생기는 누수를 진단하고 누수 위치를 파악하기 위하여 적외선 열화상 분석 방법의 사용이 가능하다. 해당 문헌에서는 아랍에미리트의 물 분배 네트워크의 실제 환경을 재현한 것으로 관절부 결함이 있는 플라스틱 파이프를 모래로 덮어서 구성하였다.

이 실험에서는 적외선 열화상 카메라를 연속적으로 촬영하여 시간 경과에 따른 변화를 분석하는 방법인 multi temporal infrared radiation 방법을 활용하였다. 적외선 열화상 카메라를 통하여 수집한 사진을 바탕으로 열화상의 밝기와 시간에 따른 온도 변화를 분석하여 효과적으로 누수 위치를 분리하였다.

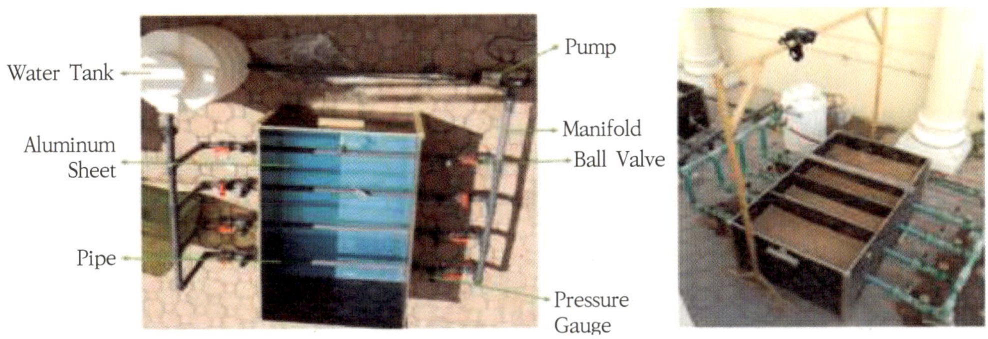

| 그림 5.2 | 물 공급 파이프라인의 누수건전성진단[1]

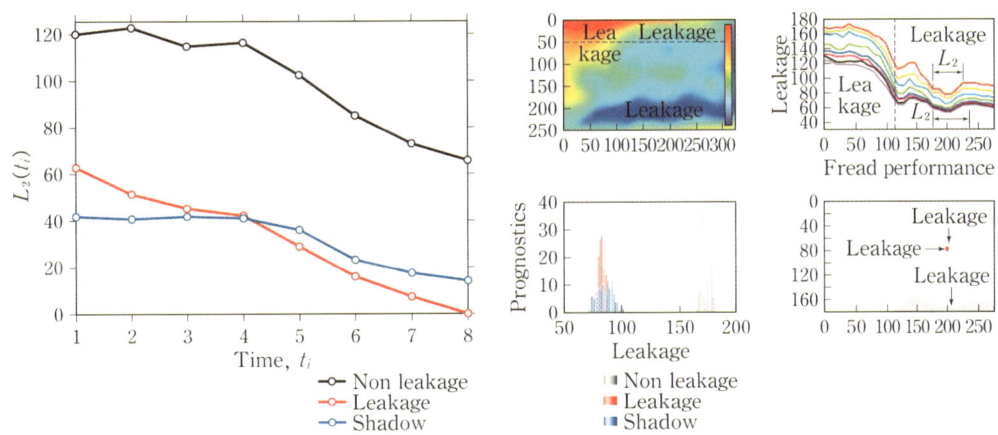

| 그림 5.3 | 온도 변화와 열화상 기반 누수지점 분리과정[1]

5.1.2 초음파 분석(ultrasonic analysis)

측정 원리

초음파는 인간의 귀로 감지할 수 없는 20 kHz 이상 영역의 음파이다. 초음파 분석을 이용하여 난류나 마찰, 이온화 등으로 발생하는 고장의 위치와 원인의 특정이 가능하고, 검사 대상에 직접 초음파를 인가하여 내부의 균열이나 결함의 탐지가 가능하다. 센서를 통하여 검출한 고주파 대역 음파를 사람이 들을 수 있는 대역으로 변환하여 고장을 알리거나, 여러가지 신호처리 기법을 통하여 정량적으로 설비의 고장 및 이상 탐지가 가능하다.

초음파는 매질을 타고 전달되는 특성 때문에 초음파의 전파 방식에 따라 검출되는 초음파의 주파수 대역에 차이가 있다. 공기음(airborne) 초음파는 주로 1 kHz 이상의 높은 주파수 대역에서, 고체음(structure borne) 초음파는 200 Hz 이하의 낮은 주파수 대역에서 주로 전달된다[그림 5.4]. 주파수 대역은 해당 초음파가 갖는 에너지량에 관계하여 서로 다른 고장모드의 탐지가 가능하다. 마찰과 충격, 공기와 기밀의 누설, 유체와 고체 간의 마찰 등 여러 조건에서 발생하는 초음파를 분석하여 고장, 이상 상황 유무 건전성진단이 가능하며, 초음파를 직접 발생시킨 후 분석 대상에 유도할 때 생기는 파형의 변화를 이용하여 분석 대상의 재료적 특성, 구조적 결함 등을 파악할 수 있다.

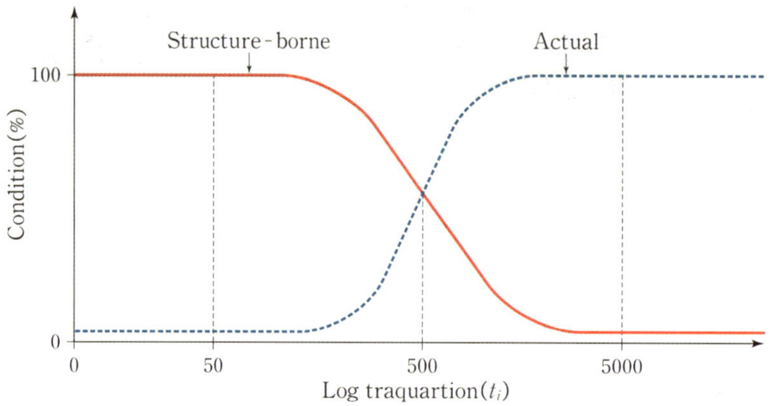

| 그림 5.4 | 주파수 대역과 초음파의 전파 방식의 관계[2]

상용 장비

초음파 분석 장비들은 상대적으로 작고 가볍고 사용하기 쉬운 형태이며 장비의 가격이 높지 않은 편이다. [그림 5.5]와 같이 휴대성이 높은 형태를 가지고 있으며 일반적으로 측정 대상에 근접하여 초음파를 집음하는 반면, 설비에 접근하기 어렵거나 위험이 높은 환경에서는 민감도가 높고 더 먼 거리에서 집음할 수 있는 디스크 타입의 초음파 분석 장비를 사용한다.

| 그림 5.5 | 초음파 분석 장비 : 일반형, 디스크 타입[3]

활용 분야

초음파 분석은 압력과 진공의 누출 또는 파이프, 밸브, 탱크 등 기체를 취급하고 저장하는 시스템의 결함 진단에 사용할 수 있다. 기계설비에서는 펌프, 모터, 베어링 등 구성 부품의 결함 탐지에 활용이 가능하다. 전기설비의 경우 아크방전, 트래킹, 코로나 방전과 같은 절연 및 전류, 전압 이상의 징후를 포착할 수 있으며 그 외에도 스위치 기어, 회로차단기 등 다양한 전기 시스템 구성 부품들의 결함 진단이 가능하다.

또한, 초음파 분석은 영상융합 기술과 함께 코로나 방전의 발생 여부 및 위치를 시각화하여 파악하는데 이용된다[그림 5.6]. 코로나 방전은 강한 전기장에 노출된 유체가 이온화되며 플라즈마를 형성하는 현상으로, 전력 손실뿐만 아니라 전력 시스템 절연에 손상을 가할 수 있다. 코로나 방전을 검출하는 환경을 재현하기 위하여 IEC6070(선로절연)에 의해 발생하는 펄스 전류를 다수의 압전 센서로 구성된 이중 나선 초음파 배열(double helix ultrasonic array,

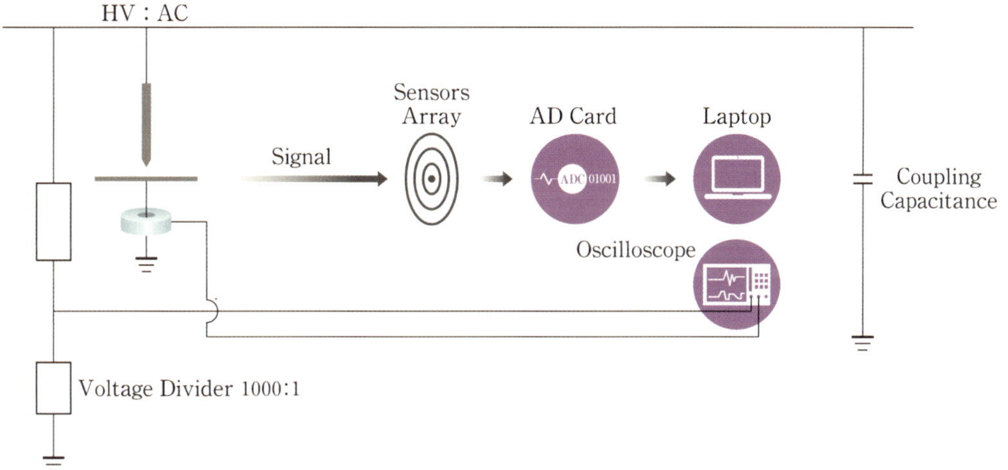

| 그림 5.6 | 초음파 분석시험 구성[4]

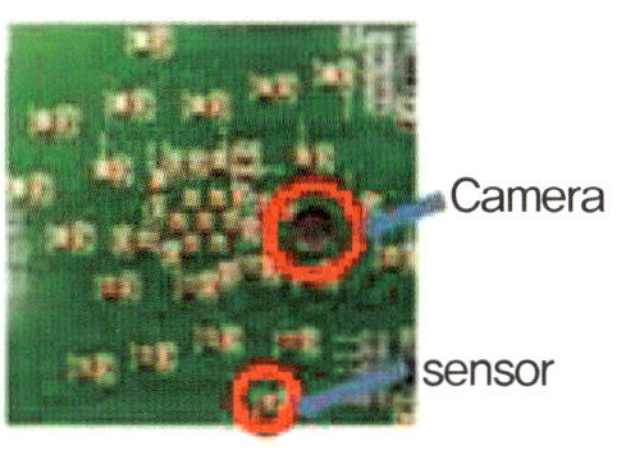

(a) Picture of array

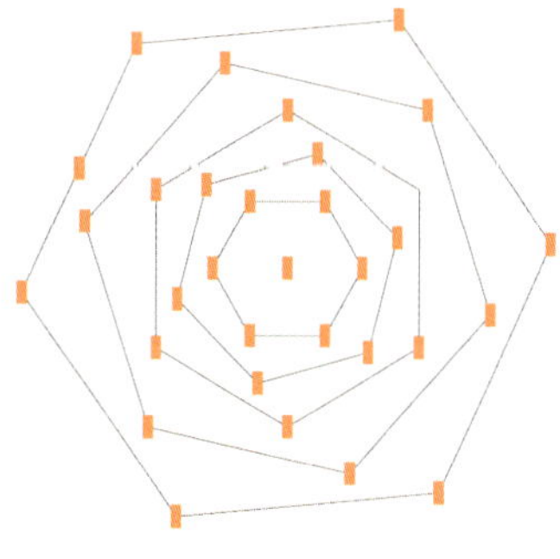

(b) Diagram of array

| 그림 5.7 | DHUA(이중 나선 초음파 배열)의 센서 배치[4]

DUHA)을 이용하여 검출하였다 [그림 5.7]. 센서의 내부 배치에 따라 입력 신호의 방위각과 입면각 등 다양한 방향 사이의 관계를 수집할 수 있으며, 최대 탐지거리 30 m에서 코로나 방전 위치를 높은 정확도를 가지고 탐지할 수 있었다.

5.1.3 진동 분석(vibration analysis)

측정 원리

진동은 평형 위치에 대한 주기적인 움직임으로 정의하며 터빈, 모터, 펌프와 같은 회전체에서 쉽게 확인할 수 있다. 자동차를 운전할 때, 휠과 타이어의 정렬이 맞지 않으면 고속 주행 시

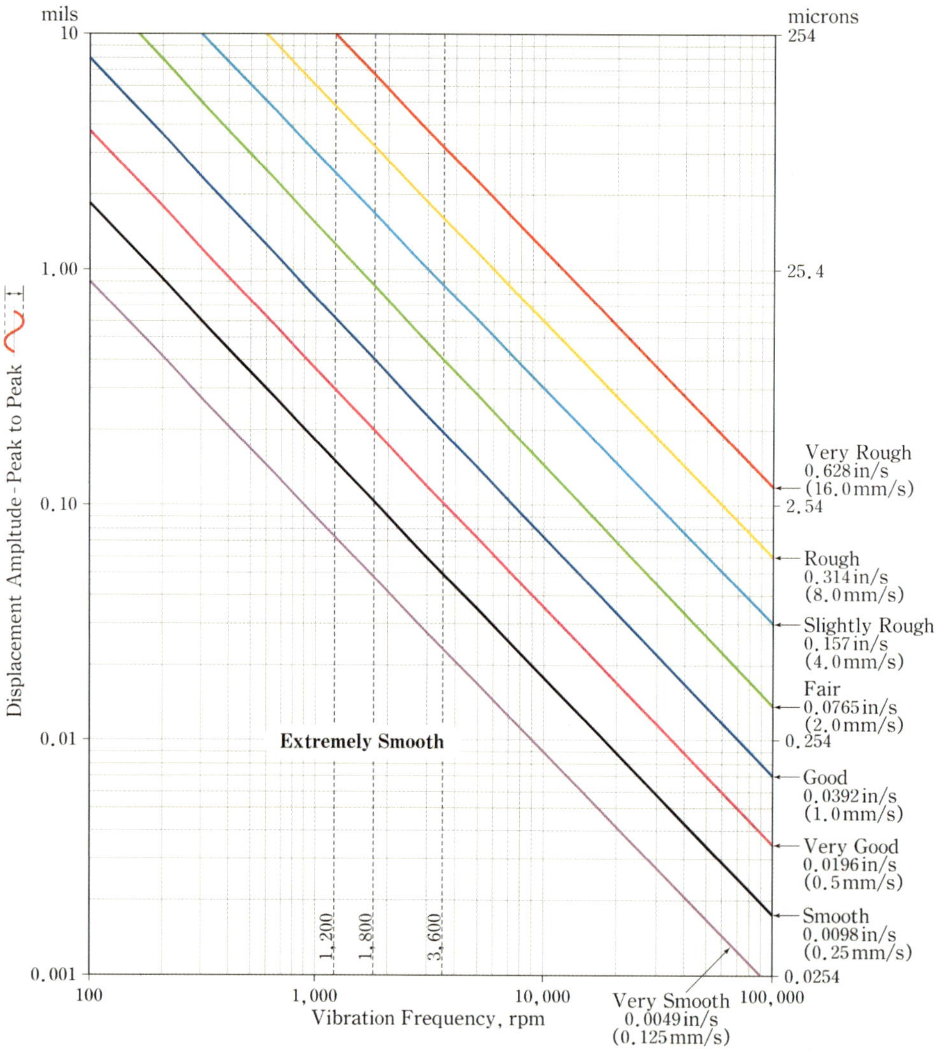

| 그림 5.8 | 진동 변위, 속도에 따른 설비상태 예시[5]

진동은 평형 위치에 대한 주기적인 움직임으로 정의하며 터빈, 모터, 펌프와 같은 회전체에서 쉽게 확인할 수 있다. 자동차를 운전할 때, 휠과 타이어의 정렬이 맞지 않으면 고속 주행 시 떨림이 발생하거나 특정 주기의 이음이 발생하기도 한다. 많은 경우 회전체에 결함이 발생하게 되면 진동의 진폭이 심화되거나 특정한 패턴을 나타내기도 하여, 진동 모니터링 및 분석을 통하여 설비의 이상 상황 및 고장징후를 파악할 수 있다.

진동의 정도는 변위, 속도, 가속도 3가지의 형태로 표현이 가능하다. 변위는 진동으로 인하여 발생한 물리적 위치 변화의 차이, 속도는 진동으로 인해 발생하는 단위 시간당 움직임, 그리고 가속도는 진동으로 인해 발생하는 단위 시간당 속도 변화를 표현한다. 변위, 속도, 그리고 가속도를 측정하는 다양한 센서가 사용되는데 설비 상태를 가장 잘 평가하기 위한 측정 단위는 설비의 설계와 운전 조건에 따라 달라진다. 아래 [그림 5.8]과 같이 진동 변위, 속도에 따른 설비상태를 보여주는 가이드라인이 존재하나, 이는 절대적인 기준이라기보다는 하나의 예시로써, 설비의 특성에 맞게 사용하는 것이 필요하다.

상용 장비

진동분석을 위해서는 많은 장비 옵션들이 마련되어 있으며 샘플링 속도, 온라인 모니터링 여부, 신호의 전후처리 필요 등에 근거해서 적절한 장비를 선택할 수 있다. 진동분석 장비는 진동을 수집하는 트랜스듀서(transducer)와 수집한 진동신호를 전기신호로 변환하는 장치로 구성된다. 트랜스듀서는 설비에 부착이 용이하도록 소형화되어 있으며 진동신호를 측정하고자 하는 위치에 영구적으로 부착하여 사용할 수 있는 형태로 제공된다.

신호를 변환하는 과정에서 휴대용 모니터링 장치를 통하여 현장에서 즉각적으로 설비의 상태를 파악할 수 있으며 변환기와 데이터 수집장치를 추가하여 신호분석에 사용할 수 있다.

(a) 트랜스듀서

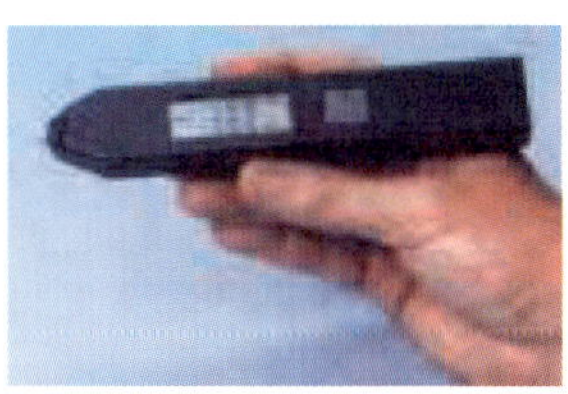
(b) 휴대용 모니터링 장치

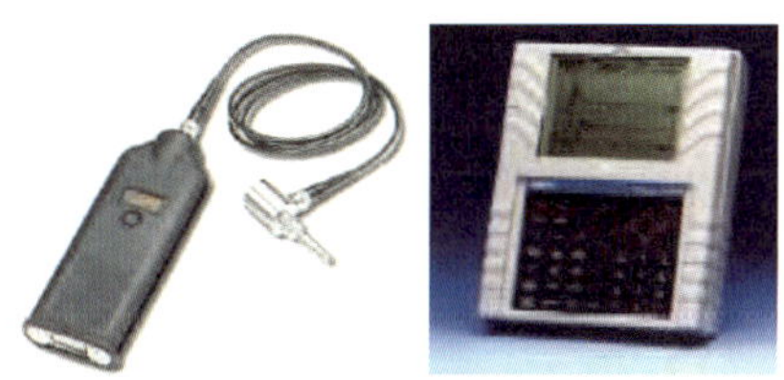
(c) 진동분석기

| 그림 5.9 | 진동측정장비 예시[3]

활용 분야

진동 모니터링 및 분석은 베어링, 모터 샤프트, 기어 등을 포함하는 다양한 회전 설비의 불균형, 풀림, 편심, 로터 마찰, 정렬 불량, 공진 등 고장 진단에 많이 이용된다. 진동 분석을 통하여 베어링의 고장을 파악할 수 있으며 볼 베어링, 내륜, 외륜 등 고장 부위도 파악이 가능하다.
구름 베어링은 외륜과 내륜 사이에 볼이나 롤러를 넣어 마찰을 줄인 형태의 베어링으로 낮은 발열과 고속 회전이 가능하다는 장점이 있는 반면, 내부 접촉이 선접촉 혹은 점접촉으로 이루어지므로 제조상의 정밀도가 강조되며 외부 충격에 약한 특성을 가지고 있다. 베어링 하우징 상부에 가속도계를 설치하여 베어링의 진동 데이터를 수집하고, 모터 및 플라이휠을 조정하여 회전 속도와 부하조건을 설정하여 베어링 결함이 진동 신호에 미치는 영향 분석이 가능하다.

(a) 볼 베어링 고장

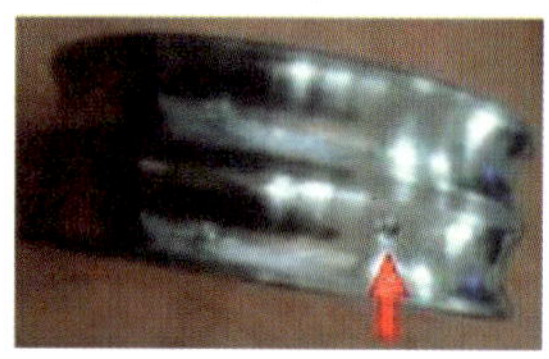

(b) 외륜 고장

(c) 내륜 고장

| 그림 5.10 | 베어링 고장 예시[6]

5.1.4 윤활유 및 마모입자 분석(lubricant and wear particle analysis)

측정 원리

윤활유는 접촉면의 마찰감소를 통하여 손상 발생을 방지하는 목적으로 사용한다. 오염된 윤활유를 지속적으로 사용하는 경우 윤활유 내에 마모입자(wear particle) 증가로 고장의 원인이 될 수 있다. 윤활유 조성 분석을 통하여 윤활유 상태, 오염여부, 마모입자를 파악할 수 있으며 윤활유가 사용되는 시스템의 고장진단에도 활용할 수 있다. 윤활유 및 마모입자 분석은 다양한 종류의 분석 방법이 존재하며 분석의 민감도, 정확도, 비용, 계측 장비의 구성 및 용도에 따라 적절한 방법을 선택하여 활용할 수 있다.
윤활유 상태는 점도, 산도, 염기 수 등 윤활유 특성으로 판별이 가능하고, 오염 여부는 수분 함량, 비중 및 실리콘의 농도로 판별이 가능하다. 마모 입자는 윤활유 내 철, 구리, 크롬, 알루미늄, 납, 주석, 니켈 등 마모된 금속의 양을 측정하여 설비 마모 여부와 정도 판별이 가능하다. 주요 지표로는 윤활유 상태의 변화나 오염의 지표가 되는 점도(viscosity), 산도(total acid number), 알칼리도(total base number), 윤활유 내 고형물질 비율(percent solid), 수분 비율 등이 있다. 이외에도, 오일 샘플에서 방출되는 빛의 스펙트럼 분석을 통한 금속성분 검출, 윤활유 내 금속과 비금속 입자의 분류, 자기를 이용한 마모입자 간 분리 및 분석 등을 통하여 윤활유의 상태 파악이 가능하다.

상용 장비

오일 상태 및 오염, 마모입자 전반에 대하여 현장에서 간단한 시험이 가능한 윤활유 및 마모입자 분석 장비가 활용되고 있다. 이러한 장비들은 점도계, 분광계(spectrometer), 윤활유 분석기, 입자 계수기 및 현미경 등 몇 가지 종류의 시험 장치들로 구성되어 있다. 이러한 장비를 사용하면 현장 시험에서 오일 내 수분과 같은 치명적인 결함 요인을 빠르게 확인할 수 있는 장점이 있다.

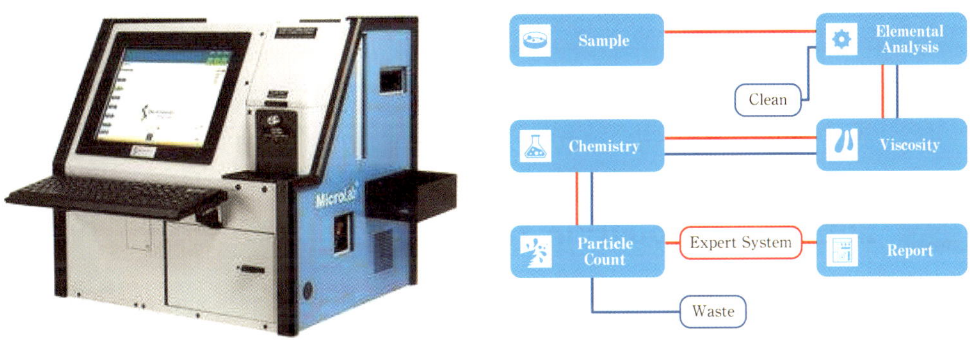

| 그림 5.11 | On-site 윤활유 및 마모입자 분석 장비

활용 분야

윤활유 분석은 상대적으로 높은 비용이 소요되기 때문에 고가 설비의 진단에 적합하다. 소규모 시스템의 경우 적절한 주기에 따라 윤활유를 세척하고 교체하는 것이 더 좋은 솔루션이 될 수 있다. 터빈, 펌프, 기어박스, 베어링 등 윤활유 상태가 장비의 성능에 영향을 초래할 수 있는 시스템에서는 고장 진단을 위하여 윤활유 분석 장비를 사용할 필요가 있다.

디젤엔진 분사 시스템의 진단에 자기를 이용하여 마모 입자들을 분석하는 ferrography 기술의 활용이 가능하다. 분사 시스템의 성능은 연료에 포함되어있는 마모 입자로 인하여 영향을 받을 수 있다. ferrography 기술을 이용하면 자석으로 형성된 자기장에 의해 금속입자가 침전되고 크기별로 정렬된다. 이후 멤브레인 필터를 사용하여 오일을 걸러주면 비금속 입자들이 남아 필터 위에 균질하게 분포하게 되어 마모 입자들을 분석할 수 있다.

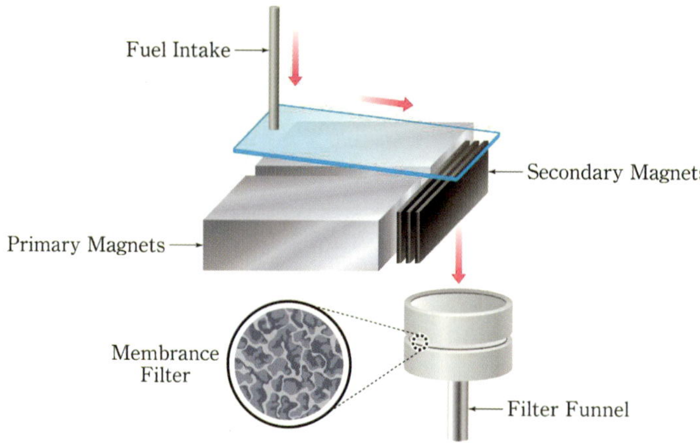

| 그림 5.12 | Ferrograph 개략도[7]

고압 펌프에서 발생한 마모의 경우 금속입자들이 많이 발견되고, 저압 펌프에서 발생한 마모의 경우 구리, 탄소 입자들이 많이 발견되어 펌프 고장건전성진단에 활용이 가능하다. 또한 외부 분진의 유입으로 인한 고장은 이산화규소(SiO_2)와 규산염 입자 검출로, 연료라인 조립 이상으로 발생한 고장은 고압 펌프와 유사하게 금속 입자들의 검출로 건전성진단이 가능하다.

5.1.5 빌트인 테스트(built-in test)

빌트인 테스트는 전자시스템 또는 장비의 상태를 검사하고 진단하는 측정 방법으로, 오프라인 테스트와 온라인 테스트로 구분된다. 오프라인 테스트는 시스템 비운용 조건에서 별도 테스트 환경을 구축하여 수행하는 반면, 온라인 테스트는 시스템 운용 중 병렬적으로 수행하는 측정 방법이다.

파워온 오프라인 테스트(power-on BIT, PBIT)는 초기 BIT(initial BIT, IBIT)로도 부르며, 시스템의 전원을 인가하고 초기화할 때 실행하는 테스트이다.

일반적으로 운영자와의 상호작용이 필요 없는 폐쇄루프 테스트(closed-loop test)로 수행되며, 상용 하드웨어 공급업체 혹은 특정 하드웨어 개발자가 시스템의 운영 준비상태를 확인하기 위해 만든 기본 진단도구이다. 파워온 오프라인 테스트에서는 시스템을 구성하는 주요 부품의 진단정보를 수집, 비교하여 시스템의 운영 준비상태를 판단한다.

운영자가 실행하는 오프라인 테스트는 CBIT(command BIT)로도 부르며, 운영자가 결함 부품 확인 및 유지관리를 위하여 수행한다. 일반적으로 운영자가 제어 및 디스플레이를 확인하며 수행하는 개방루프 테스트(open-loop test)로 수행하며, 대상 시스템과 연결된 다른 시스템과의 통신 및 상호작용을 확인하는 테스트가 포함되기도 한다. 단일 혹은 반복 세트로 오프라인 테스트를 수행하며 시스템의 간헐적 오류 또한 측정이 가능하다.

온라인 테스트는 시스템 운용 중 병렬적으로 수행하는 측정 방법으로 정상적인 시스템 작동 중에 백그라운드에서 주기적으로 또는 지속적으로 실행된다. 연속 혹은 간헐적으로 빌트인 테스트(BIT)를 수행하며 시스템 내부의 데이터 흐름이 원활한지 테스트하는 폐쇄루프 테스트 혹은 데이터 전송 통계 정보를 수집한다. 체크섬, 패리티 오류와 같은 네트워크 인터페이스 오류 통계 데이터 수집, BER(bit-error ratio)와 같은 비트단위 정보 오류 통계 등의 정보를 통하여 시스템의 상태 측정이 가능하다.

5.1.6 전기신호 분석(electric signal analysis)

전기 제품 및 시스템은 전력설비부터 전기 모터와 같은 단품에 이르기까지 많은 역할을 수행하는 주요 구성 요소이다. 전기시스템은 저항 측정, 위상차 분석, 누설전류 분석 등 전기신호의 모니터링 및 분석을 통하여 고장징후를 파악할 수 있으며, 시스템의 고장 진단에도 활용이 가능하다.

배터리의 고장을 진단하기 위하여 사용하는 임피던스 테스트는 배터리 단자 사이에 교류전류를 인가하고 측정된 출력 전압을 이용하여 임피던스를 계산한다. 정상과 불량 상태에서 얻은 임피던스 값을 분석하여, 불량 정도를 파악할 수 있으며, 임피던스 분석 등을 통하여 배터리의 셀 이상, 용량 손실, 내부 단락, 방전 등의 고장모드를 파악할 수 있다.

변압기, 회로 차단기, 스위치 등에 이용되는 절연유 오일의 경우, 절연유 오일의 분석을 통하여 설비의 상태를 파악할 수 있다. 오일 내 수분함량(karl fisher), 전도성 오염물, 절연유의 산도(ASTM D-974), 오일과 물 사이의 경계 장력(ASTM D-971), 오일 변질여부(ASTM D-1698), 오일 내부 수분 및 산화여부(ASTM D-924) 등의 산업표준 활용이 가능하다. 또한, 절연유의 열화로 발생하는 가스 성분의 조성비 분석을 통하여 변압기 등의 시스템 진단이 가능하다. 가스 크로마토그래피 분석을 이용하여 오일 내 가스의 존재 여부와 양을 측정하는 산업표준(ASTM D-3612-90) 활용도 가능하다.

0.1Hz 대역의 교류전류를 이용하는 저주파(very low frequency, VLF) 테스트는 고전압 내성 테스트와 tan delta 테스트, 부분방전 테스트로 이루어져 있다. 고전압 내성 테스트는 케이블 사용 환경조건에 따른 품질 파악에, tan delta 테스트는 케이블 유전 특성을 파악하여 절연체의 결함 모니터링에 사용된다. 부분방전 테스트는 케이블 결함의 유무와 위치 파악에 사용한다. insulation power factor 모니터링 방법은 절연체의 손실 전력량을 측정하여 진단을 수행하며, high potential 테스팅 방법은 절연시스템의 조기 고장진단을 위하여 수행한다.

surge 테스트는 주로 모터 진단을 위하여 사용한다. 모터 권선에 높은 전압을 인가하여 발생하는 파형의 분석 및 비교를 통하여 권선 절연의 열화 정도를 파악할 수 있으며, 이를 기반으로 모터 고장의 징후를 파악한다. 모터전류신호분석(motor current signature analysis, MCSA) 방법은 전류 및 전압 정보를 이용하여 전류 스펙트럼을 시간과 주파수 영역에서 나타낸 후, 비교 분석으로 모터의 열화 정도를 진단할 수 있다.

다양한 전기신호 모니터링 방법에 따라 적용 대상 및 범위 또한 다양하며 각 대상별 요구되는 조건에 적합한 장비 선정이 필요하다. 발전설비 내 전자시스템에서 전기신호 모니터링이 가능한 지점과 적용 가능한 방법들은 [표 5.1]에 정리하였다. 전기신호 모니터링 방법에 따라 적용 대상 및 범위가 다양하기 때문에 [표 5.1]을 참조하여 진단조건에 적합한 장비를 선정하여야 한다.

| 표 5.1 | 적용 설비별 전기신호 모니터링 방법

적용 설비	테스트 기법
배전 케이블	메가옴미터, VLF 테스트, 시간영역 반응 테스트(TDR), high potential 테스팅, 적외선 열화상 분석, 공기음 초음파 분석
배전 개폐기, 제어기	회로 차단기 타이밍 테스트, 역률(power factor) 절연 진단, 육안검사, 적외선 열화상 분석, 공기음 초음파 분석
배전 변압기	오일 분석, 역률 및 고조파 왜곡 분석
전기 모터	MCSA, 모터회로 분석, 메가옴미터, high potential 테스트, surge 테스트, 적외선 열화상 분석, 공기음 초음파 분석
발전기	메가옴미터, VLF 테스트
배전 시스템	적외선 열화상 분석, high potential 테스트, 공기음 초음파 분석, 역률 및 고조파 왜곡 분석

전기신호 모니터링이 적용된 예로 모터전류신호분석(MCSA) 기반 저널 베어링의 고장진단 연구가 있다. 저널 베어링은 축과 베어링 간에 직접적인 접촉이 없어 소음이 적고 신뢰성이 높으며 안정적인 회전 궤도를 형성할 수 있다. 하지만 윤활 시스템이 필요하여 단가와 설치 비용이 많아서, 주로 구름 베어링이 사용될 수 없는 대형 고출력 모터나 일부 특수 소형 모터에만 그 사용처가 제한적이다. 저널 베어링의 주요 고장 모드는 oil whirl과 베어링 간극 문제 두 가지이다.

oil whirl은 저널 베어링 윤활유에 의해 이상 진동이 발생하는 현상을 의미하며, 주로 낮은 하중, 베어링 간극 이상, 이상 샤프트 부하 및 속도, 높은 오일 압력 등으로 발생하며 진동에 의해 기계에 손상이 가해지거나 샤프트와 베어링이 직접 마찰하는 현상이 발생할 수 있다. 또한

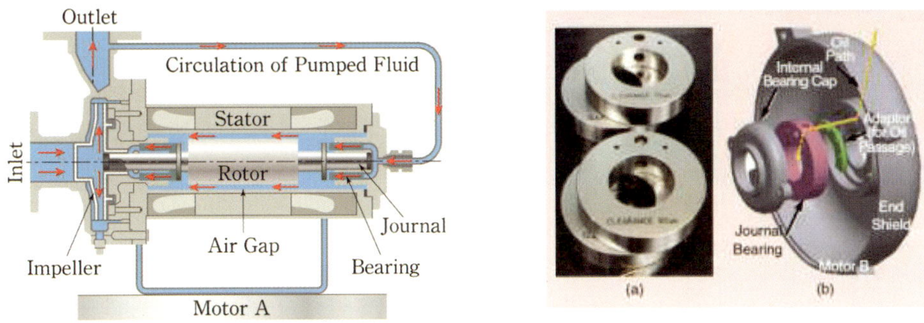

| 그림 5.13 | oil whirl 검사를 위한 sealless pump motor와 베어링 간극 검사를 위한 저전압 테스트 모터[9]

베어링 간극의 경우 오염, 잦은 기동 및 정지, 부식 등에 의해 베어링 표면이 손상되면 베어링 간극이 늘어나고 불규칙하여 풀림이나 마찰이 발생할 수 있다.

저널 베어링의 물리적 특성으로부터 이상 징후가 나타날 주파수 대역을 미리 파악하고 모니터링을 통하여 이상 설비와 정상 설비 사이의 신호에는 뚜렷한 차이가 있음을 발견하고, 고장 모드에 따라 다른 주파수 대역의 반응으로 고장 건전성진단 및 분류가 가능하다.

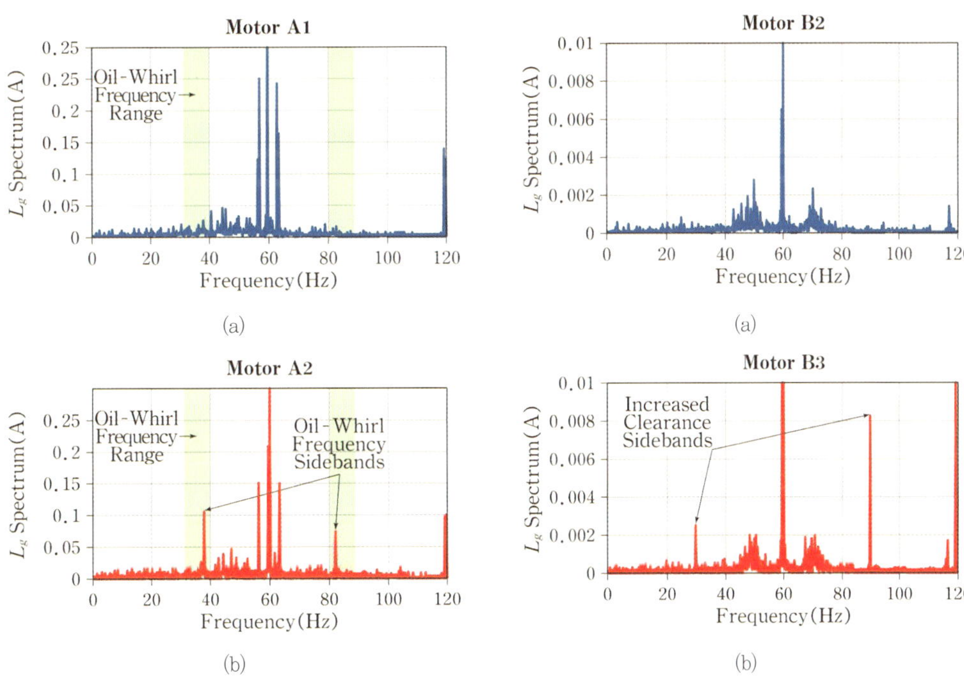

| 그림 5.14 | 실험 결과. 각각 oil whirl 테스트의 정상 모터(A1), 고장 모터(A2), 베어링 간극 테스트의 정상 모터(B2), 이상 모터(B3)[8]

5.1.7 비파괴검사(NDT)

비파괴 검사법은 부품이나 모듈을 기능의 손상이 없이 특성을 파악하고 품질을 평가하는 방법을 지칭한다. 본격적인 결함 파악을 위한 단면 분석과 같은 파괴 검사법을 적용하기 전, 결함의 유무 및 위치 확인에 사용 가능한 비파괴 검사법은 대상 재료의 구성 및 검사법에 따라 검사 가능여부 및 검사로 인한 결함의 정도 탐지 유무가 달라진다. 또한, 일부 비파괴 검사법의 경우 고가 장비 활용으로 인한 높은 검사 단가 혹은 분석 대상의 접근성 문제로 인한 한계가 나타나기도 한다.

분석 대상에 대한 적절한 비파괴 검사법을 선정하기 위해서는 다음과 같은 절차가 필요하다. 먼저, 분석하고자 하는 결함이 발생하는 곳의 위치를 파악하여 분석 대상의 범위를 선정한다. 이후, 고장모드 및 영향도 분석(failure modes and effects analysis, FMEA)를 통하여 분석 대상에서 발생 가능한 고장 모드를 파악하고, 해당 고장을 검출할 수 있는 비파괴 검사법을 선정한다. 각 비파괴 검사법 별로 측정 가능범위, 시편 크기 등 기본 요구사항을 정리하고, 안전성 및 접근성에 대한 제약, 그리고 측정 단가를 확인하여 검사법을 최종 결정하는 순서로 적절한 비파괴 검사법을 선정할 수 있다.

방사선 촬영(radiography)

직관적이고 널리 사용되는 비파괴 검사법 중 하나로, 분석 대상의 수 밀리미터(mm) 내부에 존재하는 재료의 변화나 이종 물질 등과 같은 비연속성을 검사할 수 있다. 검사할 대상의 한쪽 표면에 엑스선 혹은 감마선에 민감한 필름을 두고 다른 쪽 표면에서 촬영을 하는 방식으로 수행한다. 대상의 두께, 다공성, 용접 슬래그, 균열 및 피로 정도의 파악이 가능한 측정 방법이다. 초음파 검사 또한, 표면 아래 깊은 곳의 결함을 감지할 수 있으며 용접부나 기본 재료 검사에서 방사선 촬영을 보완하는 역할을 수행한다.

초음파 검사는 결함부의 파동 반사 특성이 주변부와 다르게 나타나는 점을 이용한다. 초음파가 전송되고 반사되는 속도와 진폭을 이용하여 대상 물질 내의 결함이나 불연속성을 파악하고 이를 영상으로 나타내는 방법이다.

자기 입자 테스트(magnetic particle testing)

표면 근처의 결함을 감지하는 방법으로 용접 부위나 응력, 피로 부하가 높은 특정 부위에 대한 국부적인 검사를 수행하는데 사용한다. 검사를 수행할 지점 표면에 일정 간격으로 두 개의 전극을 설치하고, 두 전극 간 자기선 왜곡을 관찰하여 고장을 진단할 수 있다.

염색 검사(dye penetrant)

비다공성 재료 표면의 결함을 탐지하기 위하여 사용한다. 표면을 세척한 후에 염료를 전체 표면에 분사한 후 염료를 닦아내면 표면 결점부에 염료가 남으며 이를 추출하여 표면 결점의 존재를 시각적으로 파악하는 방법이다. 수압시험(hydrostatic testing)은 시스템의 압력 경계에서 균열을 찾기 위하여 사용한다. 대상 시스템에 물이나 유체를 가득 채운 후 시스템을 밀봉하고 압력을 증가시켜 누출이나 압력 강하, 수분의 유입이 나타나는지 검사를 수행하여 누출 부위 여부와 위치를 찾는다.

와전류 테스트(eddy current testing)

대상 시스템의 표면 및 얕은 표면의 결함을 감지하기 위하여 사용한다. 금속 물질에 대해서만 수행할 수 있으며 검사의 특성상 구성 요소에 기계적인 구조를 고려해야 한다. 와전류 테스트는 코일에 빠르게 변화하는 교류 전기신호를 적용하여 와전류가 대상 물질에 유도되게 한다. 이렇게 유도된 전류는 자기장을 생성하는데 이 자기장을 감지 코일을 이용하여 측정한다. 측정된 자기장의 크기, 위상차, 패턴 등 다양한 요소에 대하여 분석을 수행하여 고장을 진단하는데 활용할 수 있다.

유의 사항

각 비파괴검사 기법들은 산업 설비에 시험 적용할 경우 다음과 같은 사항들을 고려할 필요가 있다. 방사선 촬영의 경우 방사선 물질이 가지는 위험성 때문에 시험 시 특별한 차폐 지역이 필요하며 때로는 인근의 사람들을 대피시킬 필요가 있다. 대형 설비 진단에 활용하기 어렵고 임시 차폐막을 설치하여 사용할 수 있지만 많은 시간, 인력, 비용이 소요된다. 초음파 검사의 경우 대상의 매우 좁은 범위에 대하여 수행하는 시험으로 테스트 지점을 설정하고 표면 준비를 수행하는 것이 테스트 결과의 신뢰성에 큰 영향을 미칠 수 있다. 방사선 촬영과 달리 한쪽 표면에서만 접근하기 때문에 사용이 간편하고 높은 투과력을 가지고 있어 두꺼운 단면에 적용하기 용이하다.

자기 입자 테스트는 간편하고 빠르게 테스트를 수행할 수 있는 장점이 있다. 오직 전류와 자기선이 흐를 수 있는 재질에서만 사용 가능하며 얕은 위치의 결함만을 탐지할 수 있다.

염색 검사의 가장 큰 제한 요소는 다공성이 아닌 표면에만 적용 가능하다는 점이다. 콘크리트나 석재와 같은 물질은 염료를 흡수하게 되며 이 경우 결함 요소를 포착할 수 없다.

hydrostatic testing의 경우 침수 및 가압을 진행할 수 있는 분리된 시험 공간이 필요하며 시험에 오랜 시간이 걸리는 문제점이 있다. 완전히 조립된 시스템에만 적용이 가능하며 이 경우 시스템의 압력 경계 전체에 대하여 결함을 한번에 테스트 할 수 있다. 와전류 테스트는 주로 5~10 MHz의 교류 주파수를 사용하며 중심부의 결함을 포착하고자 할 때는 낮은 주파수를, 표면 결함을 탐지하고자 할 때는 높은 주파수를 사용한다.

5.2 온라인 예측진단 솔루션

5.2.1 감시제어시스템(SCADA, DCS)

동작 원리

감시제어시스템(supervisory control and data acquisition, SCADA / distributed control system, DCS)은 산업설비가 정상적으로 운영될 수 있도록 제어하고 감시하는 기능과 이상 발생 시 설비를 보호하기 위한 보호 로직으로 구성되어 있다. 설비의 손상을 가져올 수 있는 중요 신호들에 대하여서는 경보(alarm) 값을 설정하여 담당자에게 1차 경고하고, 적절한 조치가 이루어지지 않아 정지(trip) 설정치에 도달하게 되면 설비를 자동으로 가동을 멈추거나(shut down) 보호하는 조치(action)가 이루어질 수 있도록 제어시스템이 설계되어 있다.

현장 설비의 온도, 압력, 유량, 수위 등 물리값 측정을 위해서는 이들을 계측할 수 있는 센서들이 기기장치와 공정에 설치되고, 이러한 신호를 제어시스템이 인식 가능한 전기신호(주로 4~20mA)로 변환하여 신호 케이블을 통해 전송하는 신호변환/전송기(transmitter)가 현장에 설치된다. 전송되는 아날로그 신호는 제어시스템의 입력 모듈(analog 입력 보드)에서 디지털 값으로 변환되어 통신 모듈(통신 보드)을 통해 제어 모듈(CPU 보드)로 전달된다. 제어 모듈에서는 엔지니어가 미리 구성해 둔 제어로직을 통해 연산 및 제어 명령이 만들어지고, 이 값이 통신 모듈을 통해 출력 모듈(analog 출력 보드)로 전달되며, 현장에 설치된 밸브나 펌프와 같은 구동기(actuator)로 전달되어 설비 제어가 이루어진다. 물론, 계측되는 신호나 구동기로 전달되는 신호들은 위에서 언급한 아날로그 신호뿐만 아니라 스위치 접점이나 모터 on/off, 밸브 open/close와 같은 디지털(binary) 신호들도 다수 존재하며 이러한 신호들은 디지털 입력 모듈(digital 입력 보드)과 디지털 출력 모듈(digital 출력 보드)을 통해 처리되며, 필요에 따라서는 계전기(relay)들이 DCS와 현장 구동기 사이에 구성되기도 한다.

[그림 5.15]는 플랜트 제어시스템의 전체적인 구조로서, 여러 면으로 구성된 제어패널들은 항온 항습이 유지되는 전자기기실에 설치되고, 각 패널 내부에는 영역별로 제어 모듈과 입출력 모듈이 설치되며, 주로 전산실에 위치하게 되는 시스템 서버는 운영자 환경 시스템의 일부로서 운영자 화면으로 데이터를 전송하는 기능과 운전자의 운전 명령 (예를 들면 기동, 정지, set point 설정 값 조정 등)들을 받아서 제어모듈로 전송하는 기능을 담당한다.

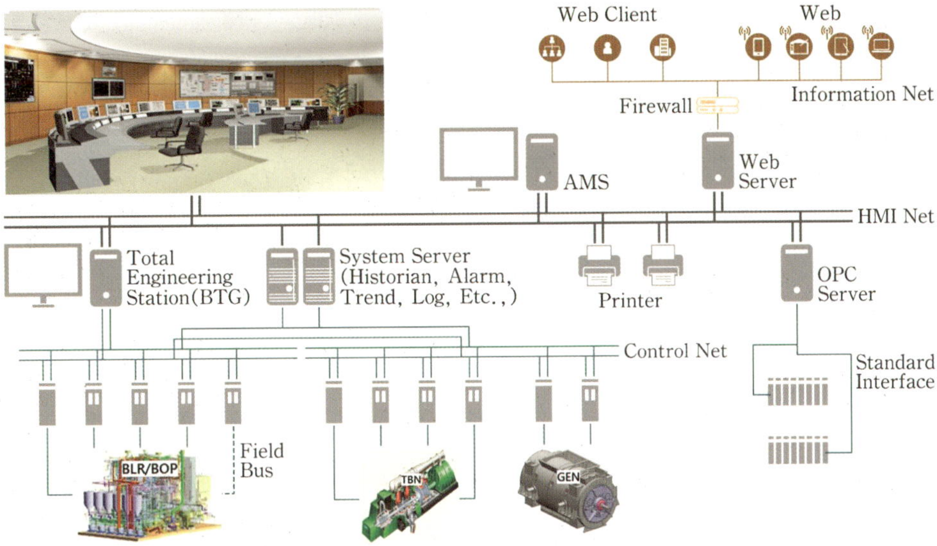

| 그림 5.15 | 발전플랜트 제어시스템 구성 예시

[그림 5.16]은 제어 패널과 제어 및 입출력 모듈, 현장의 센서 및 transmitter로서, 패널 내부에 위치하는 제어모듈(CPU 보드)은 플랜트의 자동제어 기능뿐만 아니라, 운전원들에게 플랜트의 운전 상태를 알려주고 실시간 운전데이터를 저장하기 위해 시스템 서버로 데이터를 전송하는 기능을 담당한다.

| 그림 5.16 | 제어시스템 패널, 제어 및 입출력 모듈, 현장 transmitter

[그림 5.17]은 플랜트 제어시스템의 운영자 화면으로, 설비 구성 형태를 심볼로 표현하고, 온도, 압력, 유량, 수위, 밸브 개도 등 설비 또는 플랜트에서 측정되는 아날로그 계측 값들을 숫자로 나타내며, 밸브나 펌프 등의 작동상태(on/off)를 서로 다른 색상(예시에서는 red=on/opened, green=off/closed)으로 표현함으로써, 설비의 운전 상태를 운전자가 화면을 통하여 감시할 수 있도록 하였다.

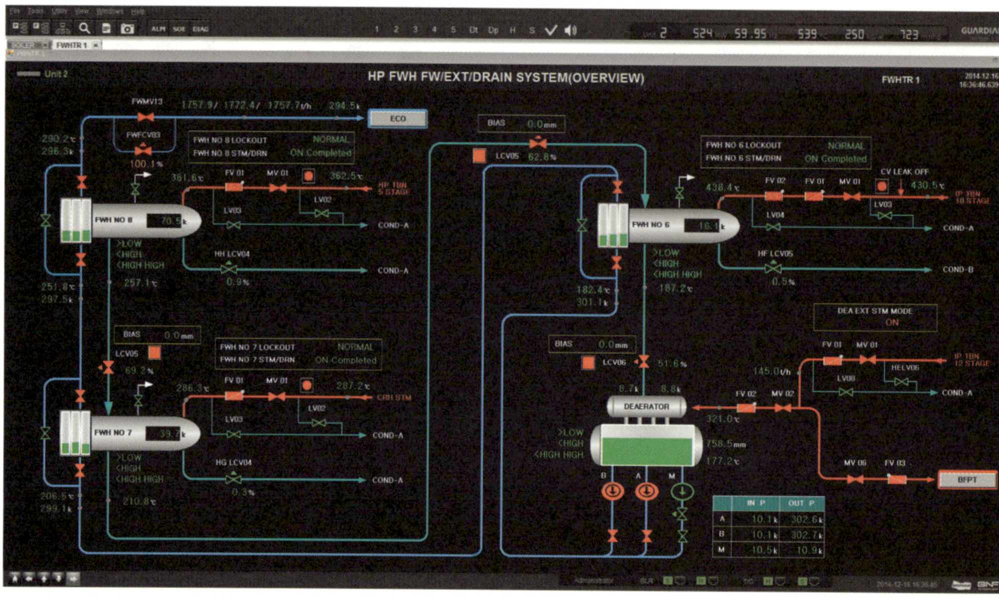

| 그림 5.17 | 제어시스템 운영자 화면 예시

또한 저장조(탱크)나 열교환기의 수위(level)가 제어 로직에서 미리 설정한 경보값 내에 있는지 여부를 “> LOW”, “< HIGH”, “< HIGH HIGH” 등과 같이 공정 화면상에 문자(text)와 색상으로 표시하기도 하고, [그림 5.18]과 같이 주요 경보(alarm) 설정 값과 현재 값을 일목요연하게 볼 수 있게 함으로써 설비 운전 상태가 얼마나 경보 값에 근접해 있는지를 볼 수 있게 하기도 한다.

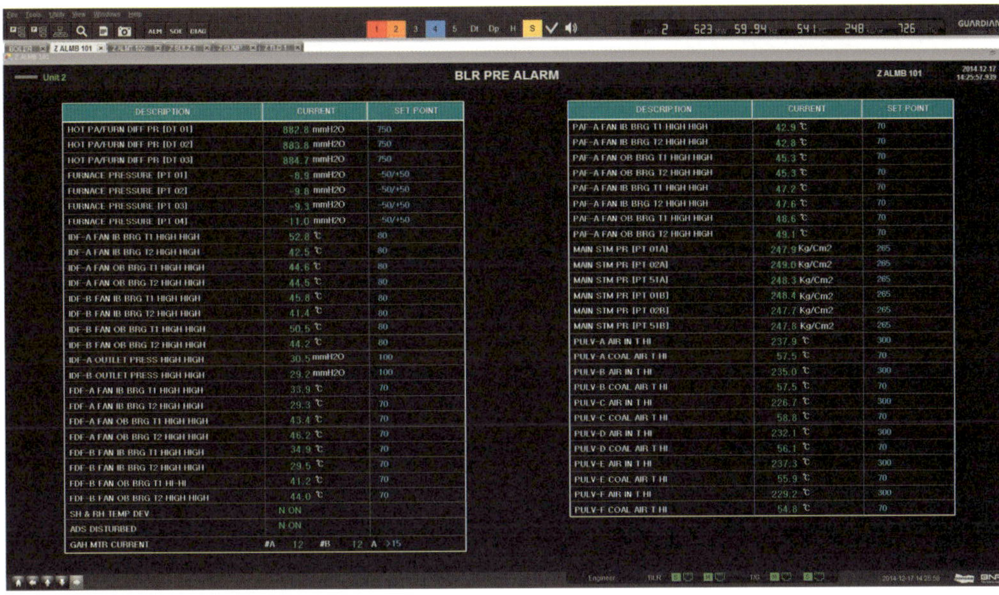

| 그림 5.18 | 제어시스템 경보 설정 값 요약 화면 예시

뿐만 아니라, [그림 5.19]와 같이 시간 순서에 따른 경보목록(alarm list)을 제공하여 언제 어떤 설비들이 이상 상태에 도달했는지와 발생 순서를 시계열로 표시함으로써 인과 관계 및 문제의 원인을 분석하기도 한다.

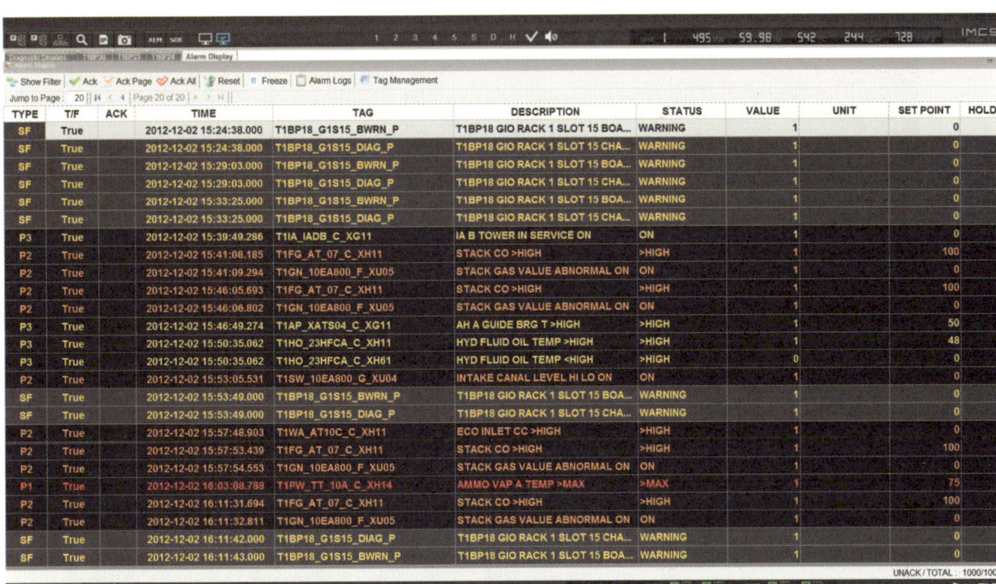

| 그림 5.19 | 제어시스템 발생 경보목록 화면 예시

상용 솔루션

감시제어시스템(SCADA, DCS) 제작회사로는 ABB, Emerson electric, Honeywell international, Rockwell automation, Schneider electric, Siemens 등과 같은 글로벌 기업들과 두산에너빌리티, LS electric 등 국내 기업들이 있고, 국내 플랜트 시장의 경우 ABB, Emerson, Siemens, 두산에너빌리티 등이 공급실적을 보유하고 있으며, 터빈/발전기와 같은 전용 제어시스템은 GE, 두산에너빌리티, Emerson 등이 제품을 공급하고 있다.

활용 방법

플랜트에는 제어시스템이 필수 설비로 구축되어 있고, 설비 운영을 담당하는 운전부서는 감시제어센터(main control room, MCR)에 24시간 상시 운영인력을 배치하여 설비를 감시 및 제어한다. 설비가 이상이 발생하면 자동 또는 수동으로 운전제어 및 정지 등 조치를 시행하고, 순시인력이 현장 확인과 점검을 시행하며, 설비상태 분석과 정비가 필요하면 긴급정비나 정기정비(overhaul)를 통하여 수리, 교체를 실시한다. 이러한 사항들은 [그림 5.20]과 같이 주제어실에 현황판을 설치하여 관련 직원들 간에 진행 상황을 공유하고, 설비 정비부서에 정비 업무를 할당하여 그 경과를 지속 확인하는 형태로 설비 건전성을 관리하고 있다.

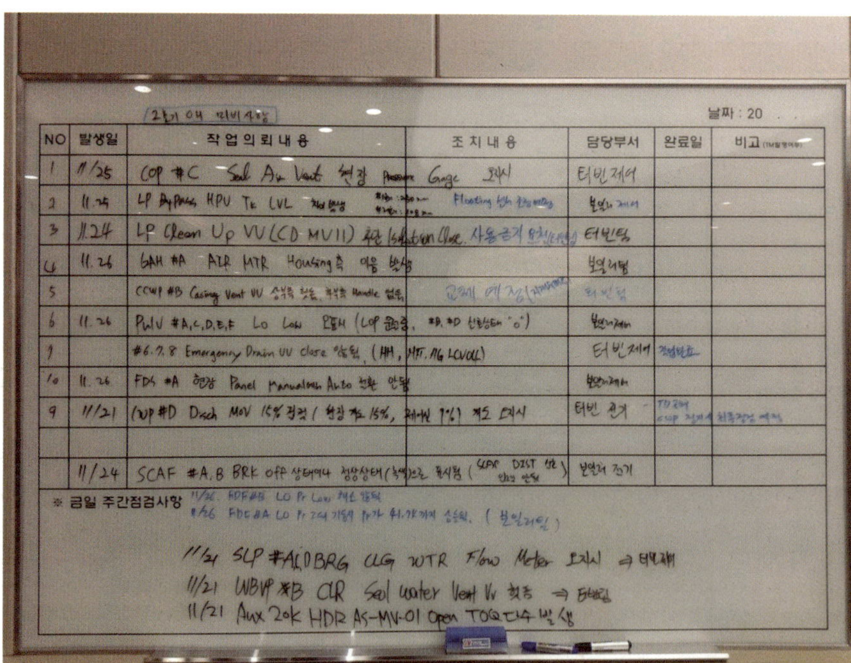

| 그림 5.20 | 설비이상 및 작업현황 관리 예시

감시제어시스템을 통한 설비관리는 실시간 발생하는 문제에 대한 신속한 확인과 조치는 가능하지만 향후 발생할 문제에 대한 예측관리에는 한계가 있다. 특히, 플랜트의 상태가 미리 설정해 둔 경보 값에 도달한 직후 정지 설정치까지 빠르게 진행하는 경우, 경보를 통하여 이상 상황을 인지는 했지만 플랜트가 가동정지로 진행되는 것을 방지할 만한 시간이 넉넉하지 못한 경우가 다수이기 때문에 이를 해결하고자 이상(anomaly)을 조기에 탐지할 수 있는 조기경보 솔루션을 필요로 한다.

5.2.2 조기경보시스템(EWS, ECA)

동작 원리

조기경보시스템(early warning system, EWS / equipment condition assessment, ECA)을 이용하여 이상을 조기에 감지하기 위해서는 우선 감시하고자 하는 대상에 대한 모델링 과정을 선행하여야 한다. 모델링 방법에는 감시 대상의 동적 거동을 물리적 상태 방정식과 경계 조건에 기반하여 실제 설비를 모사하는 물리모델(physics model) 방식과, 과거 운전 데이터에 기반하여 설비를 모사하는 경험모델(empirical model) 방식이 활용되고 있다. 근래 기계학습(machine learning) 기술의 발전과 현장(domain) 설비지식이 부족하여도 비교적 모델링의 용이함 등으로 대부분의 조기경보 솔루션은 경험모델방식을 채택하고 있다.

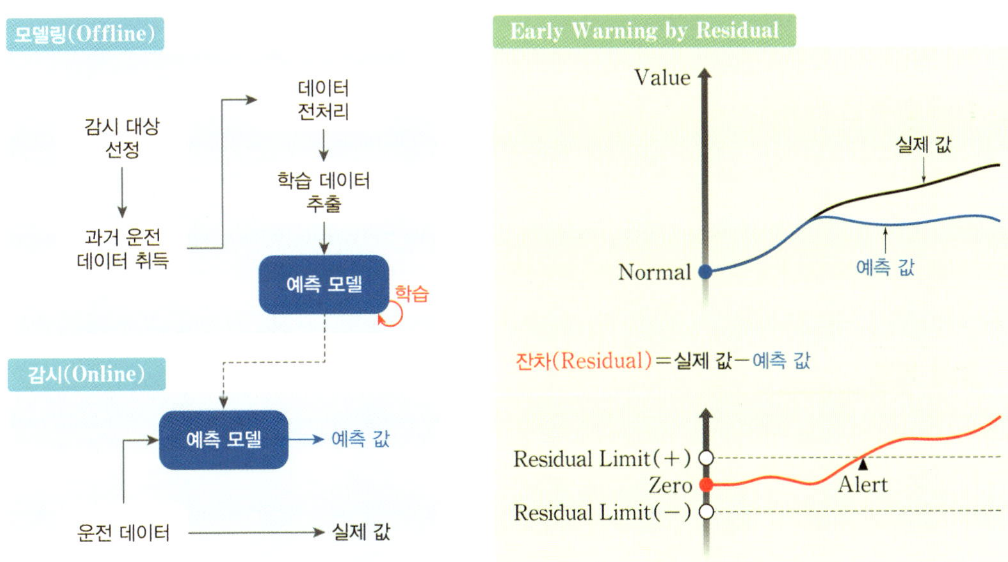

| 그림 5.21 | 조기경보 모델링 과정 및 동작원리

경험모델 방식의 조기경보 모델링 과정을 [그림 5.21]에 도식화하였고, 그 순서는 다음과 같다.

1) 감시대상 설비와 대상설비의 거동 특성을 담을 수 있는 센서신호 목록 작성(모델 설계)

2) 과거 운전 데이터 취득 및 전처리를 통한 정상 운전 데이터 추출(학습 데이터 확보)

3) 학습 데이터를 활용한 예측모델 생성(모델 학습)

위 모델링 과정은 offline 상태, 즉 실시간 데이터 취득이 이루어지지 않는 상태에서도 시행할 수 있다. 학습이 완료된 모델에 실시간 온라인 운전 데이터를 연결하면 감시 가능한 상태에 도달한다. 학습된 예측모델은 현재 입력 값으로부터 대상 기기가 정상인 상태에서 출력해야 하는 예측(estimation) 값을 생성해 내고, 이 예측 값과 현재 입력 값을 비교하여 그 차이(잔차, residual)가 일정 범위(threshold)를 벗어나면 경보를 발생시키는 것이 조기경보 솔루션의 동작 원리이다.

여기에서 한가지 정의하고 넘어가야 할 개념은 '경보'라고 통칭하는 alert와 incident의 구분인데, alert은 실제 값과 예측 값의 잔차가 미리 설정한 threshold(기준치)를 벗어난 상태를 의미하며, incident는 미리 설정한 rule(조건)을 기반으로 alert의 발생 빈도와 강도에 따라 사용자가 실제 인지하는 경보 상태를 의미한다. 따라서 시스템 내부적으로는 alert 상태가 많이 발생하더라도 사용자가 설정한 조건에 도달하지 않으면 사용자가 인지할 수 있는 경보인 incident로 이어지지 않도록 하는데, 이는 alert을 모두 경보로 띄울 경우 너무 많은 경보들이 발생하여 운영자의 주의가 분산되어 정작 중요한 경보를 놓칠 수 있기 때문에 산업계에서는 이러한 incident 개념이 실무적으로 활용되고 있다.

상용 솔루션

조기경보 솔루션 공급업체 및 제품으로는 GE의 Smart signal Shield, GP strategies의 EtaPRO APR, AVEVA의 Predictive analytics, 두산에너빌리티의 Prevision, BNF technology의 HanPHI 등이 있다.

활용 방법

대형 플랜트의 경우 감시해야 할 공정과 기기장치가 다수이기 때문에 plant-asset-model의 계층구조 하에 모델을 생성하고 감시하며 그 예시는 [그림 5.22]와 같다.

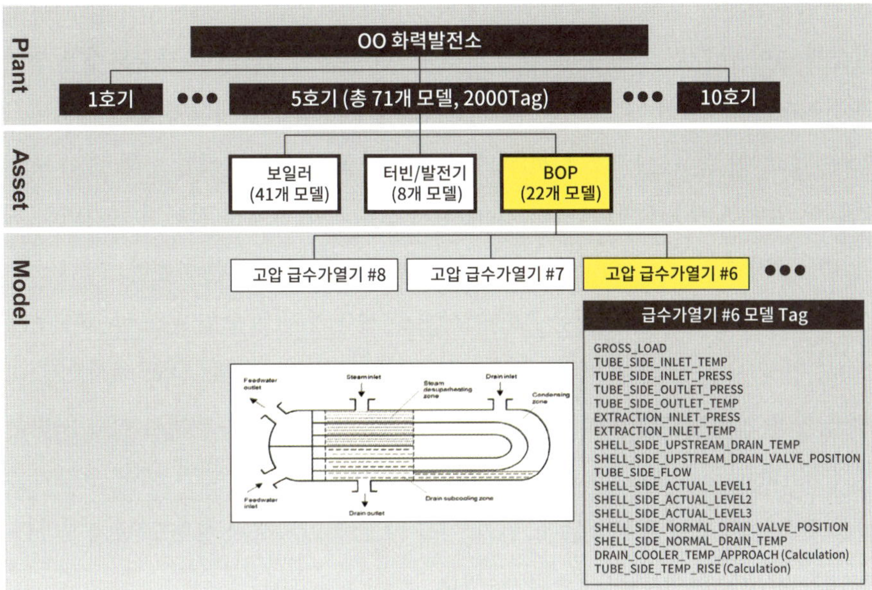

| 그림 5.22 | 플랜트 조기경보 모델링 계층 구조

[그림 5.23]은 조기경보 솔루션 화면에서 이상상태(incident)가 발생하여 그래픽(chart)으로 조회하는 화면의 예시이다. 상단 추세 그래프(trend)는 예측 값과 실제 값을 비교한 것이고, 하단 추세 그래프(trend)는 잔차(residual)와 경계값(threshold)를 나타낸 것으로 발생한 이상상태(incident)를 차트에 마크(mark) 형태로 표시하고 있다.

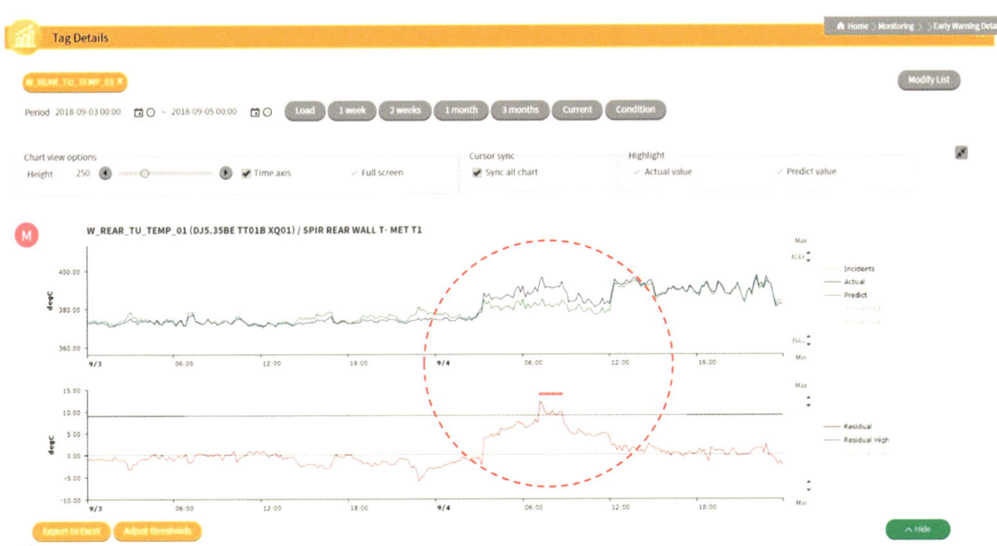

| 그림 5.23 | 조기경보 감시 화면 예

그림은 화력발전소의 보일러 튜브 중 특정 부위의 금속 온도 측정값(흑색 파형)과 조기경보 알고리즘에 의한 금속 온도 예측값(녹색 파형)이 편차가 발생하여 조기경보가 발생한 상황을 나타낸 것이다. 붉은 점선 원으로 표시된 구간은 예측값 보다 실제값이 높게 측정되고 있음을 확인할 수 있고, 이 경우는 [그림 5.24]의 예측진단 보고서에서 분석한 바와 같이 보일러 튜브에 침착되어 있던 석탄용융체(크링커, clinker)가 보일러 벽면에서 떨어져 나가면서 해당 영역 튜브의 열전달이 증가하여 실제 튜브금속 온도가 상승한 것으로 분석된다.

보일러 튜브 금속온도가 설계 허용온도 이상으로 올라가지 않으면 온도상승이 문제가 되지는 않으나, 평상 시 와는 다른 패턴의 온도상승을 감지한 조기경보 신호 해석으로 대형 크링커 낙하 상황을 인지할 수 있었다. 대형 크링커 낙하 시 보일러 하부에서 이를 처리하는 석탄재 이송장치(submerged drag chain conveyor, SDCC)가 과부하 상태가 되어 크링커를 제대로 처리하지 못하는 상황이 발생했는데, 만약 이를 사전에 인지하지 못하고 방치했다면 설비 운영에 문제가 발생할 뻔한 사례라고 볼 수 있다.

[그림 5.24]는 플랜트에서 운영 중인 예측진단센터의 예측진단보고서 예시로서, 해당 설비와 이상 상태 기술, 분석 내용 및 추정 원인과 조치사항 등을 기재하여 공식적으로 배포, 관리하도록 하고 있다.

예측진단 보고서

센터장

2018년 9월 4일 화요일

1. 설비명

발행번호	Asset	Model	Tag
OO #5-24	EVAPORATOR	FRONT_REAR_WALL	35BE TT01B XQ01

2. 진단명

○ Spiral Rear Tube Metal Temp_1 및 SDCC HYD Oil Pr. 상승
(Tag : 35BE TT01B XQ01 / 35AH SDCCHOP XQ01)

3. 분석 내용

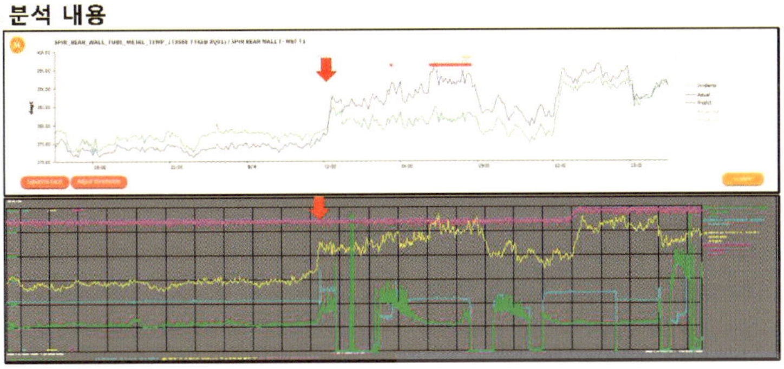

○ 9월 4일(화) Spiral Rear Wall Tube Metal Temp_1 상승(7:10 alert, 8:25 insident)발생
- 관련 Trend를 확인 결과 SDCC HYD Oil Pressure(03:19)와 SDCC Chain Conveyer Speed가 평소 운전 대비 높고 지속으로 기동/정지를 반복하고 있음

○ 운전 데이터 변화 추이
- 출력 : 378 / Spiral Rear Wall Tube Metal Temp_1 : 375 → 387℃
  SDCC HYD Oil Pr. : 53 →86 bar / SDCC Chain Conveyer Speed : 3.5 → 4.2 cm

4. 추정 원인 및 해결 방안

○ 추정원인
- SDCC 구동유압상승, Conveyor Speed상승은 전형적인 Ash량 과다 혹은 Clinker에 의한 과부하 현상임
- 각 Side별 TC개수: 18개, 총 W/W Tube 개수: 288개(72개 * 4side)
- 클링커가 주로 Left & rear side 에 집중된 것으로 판단
  (Left & rear side metal temp가 전반적으로 상승)

○ 해결방안
- 탄종변경(혼탄율조정, ash함유량 적은탄 변경)
- W/W측 Clinker 생성방지를 위한 운전방법개선(버너존 열부하 감소, 틸트 주기적 변동, 과잉공기량 조정 등)
- Sriral Wall Tube Metal Temp 경계치 조정(현재 9℃ → 5℃)하여 조기감지토록 조치
- 조기경보시스템에 SDCC 관련 예측모델 생성하여 감시 예정

5. 조치사항

점검 요청 일자	2018-09-04	점검부서	발전부, 보일러부

| 그림 5.24 | 예측진단보고서 예시

5.3 솔루션 선택 가이드

[선택절차] 산업설비의 건전성 예측관리를 위한 기준과 절차는 국제표준기구(ISO)가 "기계의 상태감시 및 진단 지침(KS B ISO17359)"으로 제시하고 있으며, 그 중에서 건전성 예측관리(PHM) 솔루션 선택에 관련된 프로세스는 [그림 5.25]에 표시한 부분으로 대상 장비 규명, 고장 모드 영향과 위험도 규명, 측정할 매개변수 규명, 측정 기술 선정 등이 해당된다.

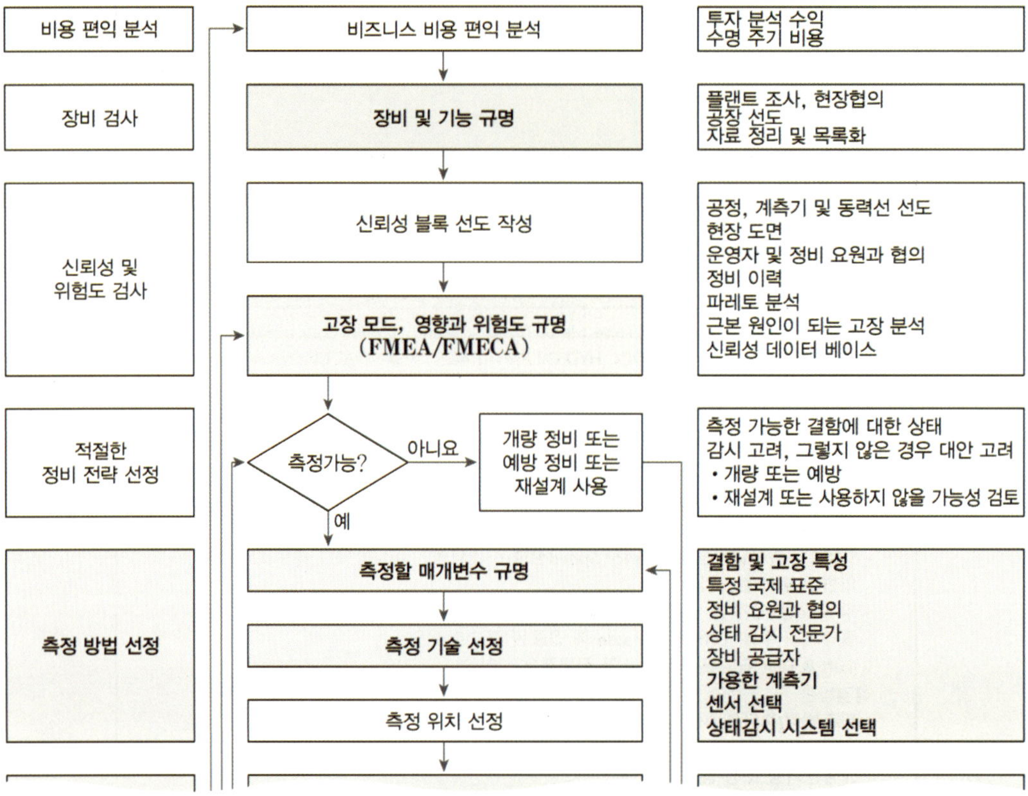

| 그림 5.25 | 건전성 예측관리 솔루션 선택 절차

[고장모드] 건전성 예측관리 대상 설비가 선택되면 고장모드 영향분석(FMEA)을 실시하여 모니터링 할 결함의 유형을 정의한다. [표 5.2]는 펌프의 대표적인 결함으로 손상된 임펠러, 손상된 실, 베어링 손상, 베어링 마모, 마운팅 결함, 불평형, 정렬불량 등을 예시하였다.

| 표 5.2 | 측정 매개변수 및 기술에 대응되는 펌프 결함 (출처 : KS B ISO17359)

기계 형태 (펌프)	증상 또는 매개변수의 변화									
결함의 예	**유체 누설**	**길이 측정**	**동력**	**압력 진공**	**속도**	**진동**	**온도**	**정지 시간**	**오일 찌꺼기**	**오일 누설**
손상된 임펠러		●	●	●	●	●	●	●	●	
손상된 실	●	●		●	●	●				
편심 임펠러			●	●	●	●	●	●		
베어링 손상		●	●		●	●	●	●	●	●
베어링 마모		●				●	●	●	●	
마운팅 결함						●				
불평형						●				
정렬 불량		●				●				

"●" 표시는 결함이 발생할 때 증상이 나타나거나 매개변수가 변화하는 것을 나타낸다.

[매개변수] 설비에 대한 주요결함이 정의되면 이들 결함을 예측하기 위한 증상과 매개변수를 정의해야 하는데 펌프의 경우 누설, 길이, 동력, 압력, 속도, 진동, 온도 등이 해당된다[표 5.2]. 구체적인 예로, 임펠러 손상을 예측하기 위해서는 길이, 동력, 압력, 속도, 진동 등 매개변수가 필요함을 알 수 있다. [표 5.3]은 기계종류별 결함예측을 위한 매개변수를 나타내었다.

| 표 5.3 | 기계의 형태에 의한 상태감시 매개변수 (출처 : KS B ISO17359)

매개변수	기계 형태									
	전기 모터	증기 터빈	가스 터빈	산업 가스터빈	펌프	압축기	발전기	RIC 기관	팬	전력 변환기
온도	●	●	●	●	●	●	●	●	●	●
압력		●	●	●	●	●		●	●	●
압력(수두)					●					
압력비			●	●		●				
압력(진공)		●			●					
공기 유동			●	●		●		●	●	
연료 유동			●	●				●		
유체 유동		●			●	●				
전류	●						●			●
전압	●						●			●
저항	●						●			●
전기 위상	●						●			
입력 동력	●				●	●	●		●	●
출력 동력	●	●	●	●			●	●		●
소음	●	●	●	●	●	●	●	●	●	●
진동	●	●	●	●	●	●	●	●	●	●
음향 방출	●	●	●	●	●	●	●	●	●	●
초음파	●	●	●	●	●	●	●	●	●	●
기름 압력	●	●	●	●	●	●	●	●	●	
기름 소모	●	●	●	●	●	●	●	●	●	
기름(마찰공학)	●	●	●	●	●	●	●	●	●	●
열화상	●	●	●	●	●	●	●	●	●	●
토크	●	●		●		●	●	●		
속도	●	●	●	●	●	●	●	●	●	

길이		●								
각도 위치		●	●	●		●				
효율(유도된)		●	●	●	●	●		●		

* "·" 표시는 상태 감시 측정 매개변수가 적용될 수 있음을 나타낸다.
* RIC : 왕복동 내연기관(reciprocating internal combustion)
* 이 표는 예제이며 완전한 목록은 아니다. 다른 매개변수를 고려하는 것이 적절할 수 있다.

[측정 기술] 선정된 매개변수의 측정을 위한 기술은 인력, 장비, 솔루션 등으로 구분할 수 있는데 [표 5.4]에서 인력 측정은 육안검사이고 장비 측정은 진동측정, 윤활유 분석, 초음파 분석, 적외선 분석 등이며 솔루션 측정은 진동분석, 성능분석, 모터전류 분석 등이다.

| 표 5.4 | 기계형태별 측정 기술 (출처 : NASA RCM GUIDE)

APPLICATIONS / TECHNOLOGIES	Pumps	Electric Motors	Diesel Generators	Condensers	Heavy Equipment/ Cranes	Circuit Breakers	Valves	Heat Exchangers	Electrical Systems	Transformers	Tanks, Piping
Vibration Monitoring/ Analysis	√	√	√		√						
Lubricant, Fuel Analysis	√	√	√		√					√	
Wear Particle Analysis	√	√	√		√						
Bearing, Temperature/ Analysis	√	√	√		√						
Performance Monitoring	√	√	√	√				√		√	
Ultrasonic Noise Detection	√	√	√	√			√	√	√	√	
Ultrasonic Flow	√	√		√			√	√			
Infrared Thermography	√	√	√	√	√	√	√	√	√	√	
Non-Destructive Testing(Thickness)				√				√			√
Visual Inspection	√	√	√	√	√	√		√	√	√	√
Insulation Resistance		√	√								
Motor Current Signature Analysis		√									
Motor Circuit Analysis		√				√			√		
Polarization Index		√	√						√		
Electrical Monitoring									√	√	

[모델 기술] 컴퓨터 기술과 인공지능 기술의 지속적 발전으로 건전성진단 부문에는 지식기반(knowledge-based) 모델기술과 데이터 기반(data-driven) 모델기술 들이 다양하게 도입되고 있으며 각각 모델 기술에 대한 성숙도는 다음과 같이 평가되고 있다[표 5.5].

| 표 5.5 | 감시기술별 건전성진단 모델과 성숙도 (출처 : KS B ISO 13379-1)

건전성진단 모델/감시 기술	지식 기반			데이터 기반						
	규칙 기반	인과관계 결함	일차 원리	통계적 방법	사례 기반추론	신경망 회로	분류 트리	랜덤 포레스트	로지스틱 회귀분석	서포트 백터머신
진동	M	D	P	M	D	D	—	D	—	—
열화상	M	—	—	M	—	D	—	P	—	—
오일분석	M	P	—	M	D	D	—	D	D	D
처리 매개변수	M	—	D	M	M	M	M	M	M	M
성능	M	—	D	M	M	M	M	M	M	M
음향방출	M	—	—	M	—	D	P	D	—	—
음향감시	M	—	—	M	—	D	—	D	—	—
전기감시	M	—	—	M	—	D	—	—	—	—

M : 산업 응용 분야에서 성숙되어 통상적으로 적용
D : 개발 중이며 일부 분야에서 초기 도입 적용
P : 향후 잠재적 적용 가능

참고문헌

[1] Yahia, M., Gawai, R., Ali, T., Mortula, M.M., Albasha, L., and Landolsi, T., Non-destructive water leak detection using multitemporal infrared thermography, IEEE Access, 9, 72556-72567, 2021.

[2] Costa, R.G., Ferreira, T.S., and Vimieiro, C.B.S., Methodology to vibrational noise attenuation of panels in vehicles through sound absorption materials. International Journal of Advanced Engineering Research and Science, 5(7), 264191, 2018.

[3] Sullivan, G., Pugh, R., Melendez, A.P., and Hunt, W.D., PNNL-19634, Operations & maintenance best practices-a guide to achieving operational efficiency (release 3), Pacific Northwest National Lab., 2010.

[4] Ma, A., Dong, M., Ren, M., and Zhang, C., Application of ultrasonic visualization technology to corona discharge detection, IEEE Conference on Electrical Insulation and Dielectric Phenomenon, pp. 282-285, 2017.

[5] Abdoveis, H., Lee, J.P., Schwietz, L.E., Harsh, S., Louis, F.G., Smalley, A.J., and Wrona, M.W., Reported by ACI Committee 351, 1999

[6] Li, C., De Oliveira, J.V., Cerrada, M., Pacheco, F., Cabrera, D., Sanchez, V., and Zurita, G., Observer-biased bearing condition monitoring: From fault detection to multi-fault classification. Engineering Applications of Artificial Intelligence, Vol. 50, pp. 287-301, 2016.

[7] Macián, V., Payri, R., Tormos, B.E.A., and Montoro, L., Applying analytical ferrography as a technique to detect failures in diesel engine fuel injection systems, Wear, Vol. 260, No. 4-5, pp. 562-566, 2006.

[8] Jung, J., Park, Y., Lee, S.B., Cho, C.H., Kim, K., Wiedenbrug, E.J., and Teska, M., Monitoring journal-bearing faults: Making use of motor current signature analysis for induction motors. IEEE Industry Applications Magazine, Vol. 23, No. 4, pp. 12-21, 2017.

Chapter

6

시스템 구축 및 운영

주성철

PHM

Prognostics and health management

6.1 산업설비 건전성 의의

6.1.1 산업설비 건전성

건강과 건전은 사람·사물·사상 등에 두루 사용되는 용어로서, 사람이 건강한 것은 육체적이나 정신적으로 균형을 유지하고 일상생활을 원만하게 영위한다는 의미이며, 기기장치의 건전은 신뢰도(reliability)와 성능(performance)이 균형을 유지하고 온전하게 제 역할을 수행하는 것으로 해석할 수 있다. 사회발전과 설비의 상태에 따라 건강과 건전의 기준은 변화하는데, 노후 자동차를 보유한 운전자 입장에서 본 건전은 5~6회 이상 시도해야 겨우 시동이 걸리면 '이상'이고 아예 시동이 걸리지 않아야 '고장'으로 판단하는 반면, 신차를 기준으로 한 건전은 한 번의 시도로 시동이 걸리지 않으면 '이상'이고 3~4회 시도 끝에 겨우 시동이 걸리면 '고장'이라고 해석할 수 있다. '고장'에 대한 정의와 같이 특정 부문의 지식과 기술이 사회적 기준이 되려면 구성원 모두가 공통적으로 인정할 수 있는 형식을 갖추어야 하므로 의학 분야와 산업 분야에서는 건강과 건전을 다음과 같이 정의하고 있다.

세계보건기구(WHO)는 "**건강(health)은 허약하거나 질병이 없이 육체적, 정신적, 사회적으로 온전하고 행복한 삶을 유지할 수 있는 상태**(Health is a state of complete physical, mental and social well-being and not merely the absence of disease or infirmity)"라고 정의하고 있으며, 체온을 기준 할 경우 건강하지 않은 상태를 − "38℃ 이상은 미열, 41℃ 이상은 고열, 43℃ 이상은 의식불명" − 으로 구분하여 비정상 체온에 대한 의학적 대처의 기준을 제시하고 있다. 코로나−19 방역을 목적으로 건물 출입 시 체온을 측정하여 37.5℃를 초과하는 경우 출입을 제한하는데, 그 근거는 세계보건기구의 발열 기준이 38℃이지만 선제적 방역을 위하여 일정한 여유(threshold))를 둔 것으로 질병관리 기관에서는 설명하고 있다.

사람은 환경적 특성에 따라 체온이 변화하여 오전 6시에 가장 낮고 오후 4~6시 사이에 가장 높은 수치를 나타내며, 신체적 특성에 따라 정상체온이 일반인보다 1℃ 정도 높은 경우도 있기 때문에 평상시 정상체온이 높은 사람의 불이익을 방지하기 위하여 병원 감염내과에서 기초체온 확인서를 발급하기도 한다.

산업설비의 감시제어시스템(SCADA, DCS)은 기기장치의 운전신호(온도, 압력, 유량, 진동 등) 수치가 정상범위를 초과하는 경우 1단계는 경계경보(alarm), 2단계는 가동정지(trip)로 설정하여 운영하고 있으나, 1990년대 중반부터 기계학습(machine learning) 기술을 이용한 조기경보 시스템 개발을 계기로 정상운전과 경계경보 사이에 정상운전범위 이탈을 의미하는 주의경보(warning, alert)를 추가하여 모니터링 기능을 보완하고 있다.

미국 전기연구소(EPRI)를 비롯한 산업부문은 계측신호 측정값이 통계적 정상운전 범위(normal operating range)를 초과하면 이상(anomaly), 고장이 우려되는 상태는 잠재적 고장(potential failure), 기능을 상실한 상태를 기능적 고장(functional failure)으로 정의한다. 세계원자력기구(IAEA)는 정상상태를 벗어나면 이상(anomaly), 시설에 중대한 손상을 끼쳤거나 환경에 방사선 피해를 줄 수 있는 상황이 발생하면 사고(accident), 그렇지 않은 상황은 고장(incident)이라고 정의한다.

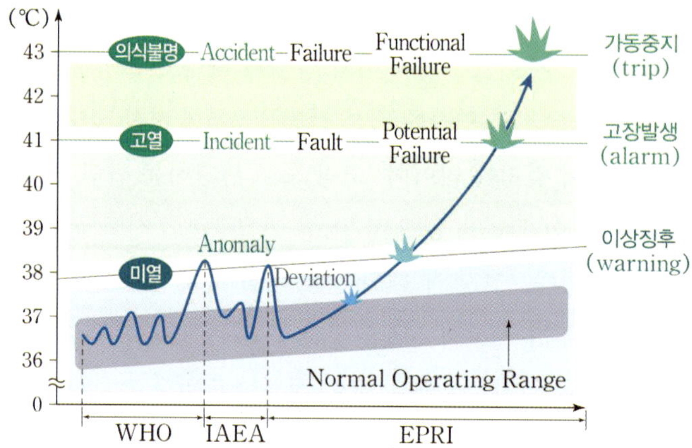

| 그림 6.1 | 산업부문의 건강·건전 정의

세계표준기구(ISO)는 기기장치가 구성요소의 성능저하 또는 비정상적 동작으로 고장을 일으킬 가능성이 있는 상태를 결함(fault)으로 정의하고, 당초 설계한 기능을 더 이상 수행할 수 없는 상태를 고장(failure)으로 정의한다. 산업부문에서는 주의경보(warning), 경계경보(alarm), 가동중지(trip)와 같은 구분으로 상태단계를 정의하기도 하며, 경보값 설정에 통계적 수치를 적용하는 경우 주의경보는 전체 운전값 수효의 95%(2σ) 수준으로, 경계경보는 전체 운전값 수효의 99%(3σ) 수준으로 정하여 한계 수치를 초과하면 경보로 정의한다.

6.1.2 건전성 관리 의의

인류의 삶이 시작된 이래 가장 큰 관심은 생존이며, 위험을 예측하고 회피하려는 능력과 먹을 것을 구하는 능력을 보유하여야 그 목적을 달성할 수 있다. 인간의 위험은 가뭄, 홍수, 태풍 등 자연재해, 생태계 상위 포식자로부터 폭력재해, 각종 병균과 해충으로 인한 질병재해 그리고 영양섭취에 필요한 재료가 부족한 기근재해 등이 일상적으로 일어나고 있어 이들 위험을 예지하고 회피하려는 수단에 대하여 끊임없는 관심을 기울여 왔다.

건전성 예측을 통하여 각종 위험을 회피하고 삶을 안정되게 유지하려면 본능적 수단인 오감을 이용하는 것이 가장 간편한 방법이기 때문이며 후천적 경험을 이용하여 능력을 높이도록 끊임없이 노력한다. 진화수준이 낮은 동물일수록 본능적 수단에 의존하는 비율이 높으나 지적 수준이 높을수록 경험을 기반으로 예측능력이 향상되는 반면, 지능이 높을수록 육감을 이용하는 능력은 높아지나 오감을 이용하는 능력은 오히려 감소하는 역설적 결과도 나타난다. 인간이 예측하고자 하는 대상은 출산, 입시, 결혼, 출세, 질병 등으로 주술사, 무당, 별점, 종교, 예측서 등을 이용하여 풀어보려는 노력이 부단하게 이어지고 있다. 이와 같이 위험을 예측하고 회피하려는 건전성 예측관리(prognostics and health management, PHM)는 의학부터 산업부문에 이르기까지 오래전부터 연구가 계속되었으며, 전기, 계측센서, 컴퓨터 등으로 이어지는 과학기술 발전은 경험과 관행 의존으로부터 통계와 학술을 거쳐 과학을 근거로 하는 기술로 전환되는 계기를 마련하였다.

6.1.3 건전성 예측관리 필요성

석유, 전력, 자동차, 반도체 등을 생산하는 산업설비에 고장이 발생하는 경우 공급 부족으로 국민 생활은 물론 국가 경제에도 큰 영향을 초래하고 엘리베이터, 자동차, 냉동장치, 통신설비 등의 제품에 고장이 발생하면 사용자의 불편함을 넘어 산업발전에도 많은 지장을 초래한다. 산업설비는 대형 기기장치의 고장만으로 가동이 중단되는 것이 아니라 제어장치에 부착된 손톱만 하고 소액에 불과한 전자부품 고장이 작동을 불가능하게 하여 산업설비의 건전성 관리는 개선이 단순하지 않은 과제로 남아있다. 더욱이 경제성 제고를 위하여 산업설비는 고기능, 고규격 기술을 지향하고 복잡한 공정을 채용하기 때문에 하나의 설비에 고장이 발생하는 경우 다른 설비의 기능에 까지 영향을 초래하여, 가동중단에 머물러야 할 고장이 안전, 환경, 원가 부문으로 파급되어 사회적 물의를 일으키는 상황이 종종 나타나곤 한다. 최근 국제사회는 제조업체의 사고 발생, 탄소 배출, 불투명한 경영 등이 사회적 안전과 환경에 피해를 초래하는 수준을 넘어서 지구 기후변화에도 심각한 영향을 미치는 점을 고려하여 기업의 사회적 의무 준수를 요구하는 ESG(environmental, social & governance) 경영을 제도화하려는 노력을 기울이고 있다. 국내외 관련 기관들은 기업들을 대상으로 평가지표를 마련하고 준수 정도에 따라 규제를 가하려는 계획을 발표하고 있는데 매출, 수출, 투자 등에 영향은 물론 궁극적으로는 기업의 지속가능성과 윤리경영을 판가름하는 지표가 될 것으로 예상된다. ESG 경영 중 안전 분야에는 안전사고와 안전관리가 포함되고 환경 분야에는 탄소배출, 연료사용, 연료효율 등이 포함되어 산업설비의 건전성 예측관리(PHM)는 기업의 지속성장 여부를 가늠하는 척도가 될 전망이다.

6.2 고장과 사고 반복 이유

6.2.1 고장·사고 사례와 피해

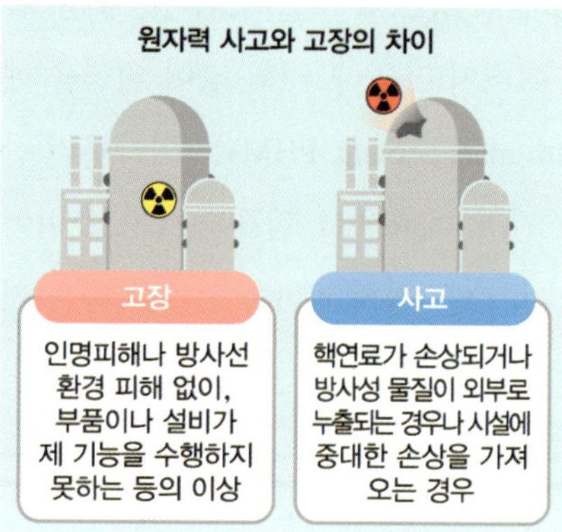

| 그림 6.2 | 고장과 사고의 차이

산업설비에 이상이 발생하면 관련 회사와 매스컴에서는 "××설비 고장" 또는 "××설비 사고"로 표현하는데 현상에 대한 공통인식을 위하여 용어의 정의가 필요하다. 원자력 플랜트의 경우를 보면, 고장은 설비 이상으로 기능에 장애가 발생한 것이고 사고는 고장의 영향으로 안전, 환경 등에 문제를 야기한 것으로 정의하고 있다. 통상적으로 고장은 기기장치를 대상으로 하기 때문에 산이 무너져 사람이 다치면 붕괴고장이 아니라 붕괴사고로 부른다. 그러므로 고장은 기기장치의 불완전으로 기능에 문제가 발생하는 것을 의미하며 그 결과로 안전사고, 환경오염 등 2차 피해가 발생한 경우 사고라고 부른다. 다만, 기기장치 고장 여파로 대규모 설비손상이 발생하고 재무적 손실이 막대한 경우는 사고라고 부르기도 하는데 굳이 의미를 부여하면 "고장은 공학적 접근"이고 "사고는 상황적 접근"으로 구분할 수도 있다.

1984년 유니온 카바이드 인도 현지법인 보팔공장의 살충제 생산공정 설비고장으로 유해가스가 유출되어 수천 명이 사망하였고 오랜 기간이 경과한 현재까지도 많은 사람들이 후유증에 시달리고 있으며 2010년까지 소송이 계속되어 역사상 최악의 환경재해로 꼽히고 있다. 체르노빌 원자력발전소 사고는 러시아 체르노빌 원전 4호기에서 터빈 정지 직후의 회전력으로 전기를 생산하여 중요 안전기기에 전원공급의 가능성을 시험하는 과정 중에 발생한 사고로서 화재가 발생하고 방사선이 대량 유출되었으며, 그 결과로 수 많은 인명이 사상되었거나 후유증에 시달리고 있다. 그 이후 1,2,3,4호기가 가동을 중단하고 건설 중이던 5,6호기도 중단하여 티엠아이 원전, 후쿠시마 원전과 더불어 세계 원자력 산업에 부정적 영향을 초래하였다. 인도 운차하르 화력발전소는 2018년 가동 직후 보일러가 폭발하여 많은 사상자가 발생한 사고로서, 건전성 측정과 제어를 위한 계측장치가 미비한 발전설비를 성급하게 가동하여 고장을 초래하였고 사고가 발생한 위치에 많은 인력이 준공 마무리 작업에 투입되어 있어 피해 규모를 증가시켰다.

국내에서도 최근 수년간에 걸쳐 산업현장에서 가스누출과 환경 오염물질 배출, 안전사고 등이 발생하고 있어 산업설비에 대한 사회적 불안감이 커지고 있으며 그 결과로 중대재해처벌법이 등장하였고 나아가서는 기업의 사회적 책임 활동을 제도화하는 ESG 경영이 급속하게 확산되고 있다. 지금까지 사례에서 살펴본 바와 같이 산업설비의 고장은 그 자체로서 기업에게는 매출과 수익에 직접적인 영향을 미치지만, 공산품인 경우 공급 지장으로 사회적 피해를 초래하고 그 영향이 안전사고와 환경재해로 파급되면 걷잡을 수 없는 사회적 재해로 확산되기 때문에 고장을 예방하고 피해를 최소화하려는 노력이 절실히 요구된다.

6.2.2 고장·사고 근절이 어려운 이유

고장과 사고가 발생하면 설비 소유회사는 원인규명, 개선사항 도출, 원상복구, 재발방지대책 수립, 관련책임자 처벌, 제도개선 등을 통하여 다시는 유사한 고장과 사고가 발생하지 않도록 노력을 기울이고, 사회적 물의를 일으키면 국가적 차원에서 재발 방지에 필요한 법규를 마련하거나 규제조직을 신설한다. 국가적 차원으로 대규모 인적, 물적 자원을 투입하여 재발방지대책을 수립하였음에도 불구하고 가스사고, 선박사고, 교통사고, 안전사고, 환경오염 등은 왜 반복하여 발생하는가? 거듭하여 작성되는 재발방지대책 내용에 무슨 부족함이 있어 고장 발생을 방지하지 못하고 고장 재발 대책이 되어버리는가? 등에 대한 창의적 통찰이 있어야 고장과 사고는 의미 있는 감소를 기록하게 될 것이다.

신규 개발된 주택단지 진입 교차로는 초기에는 차량이 많지 않아 별다른 사고가 발생하지 않았는데 입주 인력이 증가함에 따라 접촉사고가 자주 발생하고 민원이 제기되었다. 관련 기관에서는 현장 조사를 실시하고 주민 의견을 청취한 후 주의 표지판을 설치하였으나 별다른 효과가 없어 민원이 거듭 제기되었고 사고 다발 표지판, 경관 인형, 좌회전 금지표지 등을 설치하였으나 여전히 개선성과를 기대할 수 없었다. 카파라치 보상제도 도입, 교통안내원 배치 등은 지속성이 없어 일시적 효과로 그쳤고, 단속 카메라는 좌회전금지, 신호위반 등과 같이 법규위반을 특정하고 위반 책임을 물을 수 있는 조건에서만 제한적 효과를 나타낼 수 있었다.

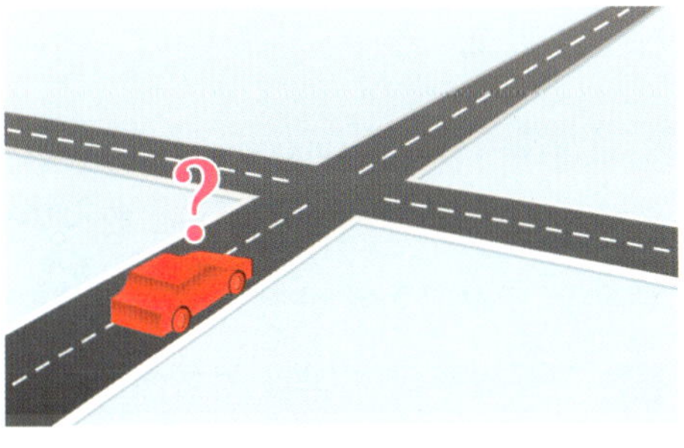

| 그림 6.3 | 교통사고 방지

결국 관련 기관은 교통신호등을 신설하였고 이후 교통사고는 거의 발생하지 않고 있으며 민원은 신호등 고장 제보에 그치고 있다. 이상의 사례를 통하여 얻은 교훈은, 사고는 주의운전 표지, 사고 다발구역 표지 등으로 운전자의 양심에 의지하거나 일시적 인력배치에 따른 표면적 조치 등으로 해결되지 않기 때문에, 궁극적인 효과를 위해서는 교

통 신호등이라는 '물리적 수단'과 범칙금으로 요행심을 갖지 않도록 하는 '심리적 수단', 설비와 제도를 실효적으로 유지관리하는 '관리적 수단'을 확보하여야 한다는 것이다. 신호등 사례분석과 산업설비 운영 경험을 기반으로 고장과 사고가 반복적으로 발생하는 요인과 해결방법을 살펴보면 다음과 같다.

6.2.3 물리적 장애요인

고장과 사고를 방지하기 위해서는 기기장치의 작동상태를 분석하여 이상징후를 찾아내어야 하는데, 산업설비는 대량의 기기장치들로 구성되고 분석기술도 한계가 있어 고장방지에 어려움이 있다.

튜브 (tube)	용접 (welding)	케이블 (cable)	전동기 (motor)	밸브 (valve)	센서 (sensor)	기판 (PCB)	단자 (terminal)

600km	42,000개소	2,870km	830대	8,000개	8,000개	60,000개	400,000개

| 그림 6.4 | 플랜트 기기장치 수효, 화력발전소 500MW 2기

• 플랜트는 수많은 기기장치와 부품들로 구성되어 작동의 이상 여부를 일일이 건전성을 진단하기는 시간이 부족하다. 예로, 대용량 화력발전소(500 MW 2기 기준)의 경우 보일러 튜브 길이 600 km, 용접 42,000개소, 케이블 2,870 km, 전동기 830대, 밸브 8,000개, 센서 8,000개, 전자회로기판 60,000개, 연결 단자 400,000개 수준이다.

• 건전성 예측을 위하여 근무직원의 오감을 이용하지만 시야에 보이는 부분에 한정되고 대부분은 계측장치 신호분석을 통하여 이루어져야 하는데 분석 대상 신호가 3~4만 개에 달하여 숙련된 엔지니어라 하더라도 단시간 내 상황을 분석하고 긴급하고 복잡한 상황에 대처하기가 어렵다.

• 산업설비의 정밀제어와 운전감시를 위하여 설치한 감시제어시스템(supervisory & control system)은 최신의 정보통신기술(ICT)을 기반으로 운전기록 저장, 운전상태 모니터링, 공정제어, 고장추적 등의 기능을 제공하고 있으나, 그 내용은 센서신호에 한정되고 공정과 기기장치에 대한 이상감지, 건전성진단, 고장예측 등은 근무직원의 지식과 경험에 의지하고 있다.

- 주기적인 계획정비(overhaul)를 통하여 고장 가능성을 사전에 제거하려 하지만 오감과 장비를 이용한 고장의 발견을 제외하고는 완전해소가 어렵고, 더욱이 기기장치의 불균형으로 나타나는 공정의 이상은 정지 중에는 발견할 수가 없다. 반면 정기정비를 통하여 교체기기 초기결함, 조립결함, 조정불량 등에 기인한 고장이 유발되어 정비방법에 대한 개선요구가 대두된다.

6.2.4 심리적 장애요인

고장과 사고의 충격을 잊는 망각특성, 책임의식, 요행심리 등이 대표적인 심리적 장애요인이지만, 설비운영 경험 부족으로 고장과 사고에 의한 피해를 겪지 못하여 건전성 예측관리의 필요성을 느끼지 못하거나 반대로 많은 고장과 사고를 경험하여 일상적 상황으로 인식한 결과로 대처에 소홀한 경우도 있다.

- 망각특성 : 고장과 사고가 발생하면 모두가 큰 충격을 받고 방지에 전력을 다하지만 시간이 경과함에 따라 그 충격은 급격하게 감소하는 경향을 보인다. 에빙하우스의 이론에 따르면 사건발생 후 하루 만에 충격은 1/3로 감소하고 한 달이 지나면 1/5 수준으로 감소하는데, 저하하는 속도는 고장과 사고의 규모와 관련자의 책임 정도에 따라 다를 것으로 판단할 수 있다.

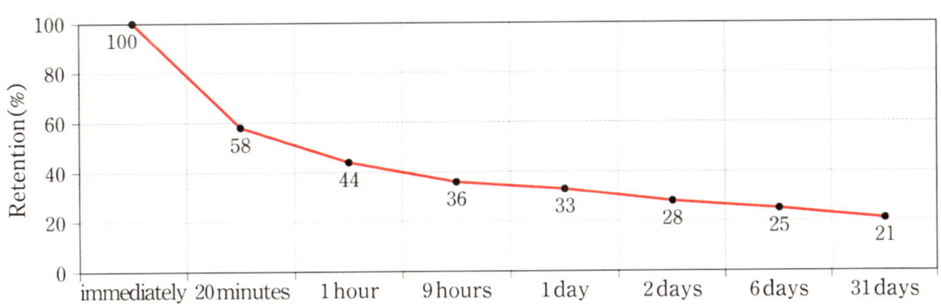

| 그림 6.5 | 망각곡선(forgetting curve)

- 책임의식 : 고장·사고와 직접 관련된 담당자는 재발 방지에 계속적으로 관심을 가지고 개선을 시도하지만 직접 책임이 없는 조직이나 종사자는 조직, 인원, 예산, 감사 등에 대한 제약을 의식하고 적극적 개선 의지가 점차 감소하는 과정을 거치는데, 특히 조직의 연속성이 부족하고 단기 성과를 중시하는 조직 분위기에서는 추진동력이 부족할 수도 있다.
- 요행심리 : 반복되는 고장과 사고를 목격하였고 또 발생할 것이라는 판단력을 가지면서도 "여태까지도 무사했는데 설마 우리나라/우리공장/우리설비/나의설비/나의담당 에서 발생하려나"하는 막연한 믿음 때문에 또다시 고장은 찾아오게 된다.

6.2.5 관리적 장애요인

산업설비는 설계-제작-설치-조정 단계를 통하여 가동단계로 진입하고 운전과 정비 과정을 반복하며 운영단계를 유지한다. 산업설비는 여러 업체가 공급하는 다양한 기술과 제품으로 구성되고 복잡한 기기장치들이 복합적으로 작동하여 기능을 수행하기 때문에 건전성 확보를 위해서는 다음과 같은 관리적 요인을 고려하여야 한다.

- 기술능력 : 산업설비의 건설단계에는 분야별 전문업체의 참여로 설비를 완성하지만, 준공 이후에는 모두 철수하기 때문에 분야별(설계, 제작, 설치) 기술인력이 부족하고, 전체 공정을 해석하고 조치하는 책임은 운영회사 만의 영역이 되어 건전성 관리에 한계를 나타낸다. 일부 국가는 산업설비의 설계, 제작, 설치, 조정, 운전분석, 정비 등을 단일 회사가 담당하여 일관된 품질관리 싸이클을 유지하기 때문에 세계에서 가장 낮은 고장률을 유지한다.
- 조직,인력 : 자동화와 비용감축을 이유로 근무직원 수효가 감소하고, 전문 지식과 경험이 풍부한 숙련 직원의 퇴직으로 고장에 대한 대처능력이 저하하며, 조직관리 목적으로 주요 업무를 외주 수행토록 함에 따라 산업설비 전반의 건전성 관리를 계획, 수행, 분석, 개선하는 종합적 기능이 부족하게 된다. 다양한 경험 습득을 이유로 보직을 순환하는 제도는 책임의식과 지식습득에 장애요인이 될 수 있으며 수준 높은 건전성 예측관리를 위한 의욕상실의 원인이 될 수도 있다.
- 관리제도 : 시스템(SCADA, DCS)을 기반으로 하는 건전성 감시와 정비 업무는 기술부서 주관 하에 그 기능을 활용하는 반면, 상태기반정비(CBM)를 위한 건전성 예측과 시험검사 장비 운영 등은 체계적 시스템을 갖추지 못하고 일부 부서가 보조 수단으로 활용하는 수준에 머무르고 있어 건전성 예측관리 기능의 시너지 효과를 거두고 있지 못하는 실정이다.

[그림 6.6]은 스위스 치즈 모형(Reason, 1990년)을 이용한 고장·사고 방지시스템 구축 예를 묘사한 것으로 통상적인 건전성관리 활동 중 하나만이라도 기능이 제대로 작동했다면 고장과 사고로 진행하지 않을 것이라는 개념을 묘사한 것이다.

고장과 사고의 반복을 막기 위해서는 치즈의 관통로(hole)가 일렬로 정리(in-line)되는 것을 방지해야 하는데, 물리적 장애를 극복하기 위해서는 건전성 예측관리를 위한 솔루션(하드웨어, 소프트웨어) 을 확보하고, 심리적 장애를 방지하기 위해서는 업무 프로세스를 시스템으로 루틴화하여 망각과 누락을 방지하며, 관리적 장애를 제거하기 위해서는 체계적 관리를 위한 제도, 조직, 인력, 솔루션, 예산을 확보하여야 한다. 일반적인 예로, 스마트폰은 기능적 진화를 거듭하여 생활과 업무를 위한 필수 수단이 되었기 때문에 분실할 경우 그 피해가 심각하다.

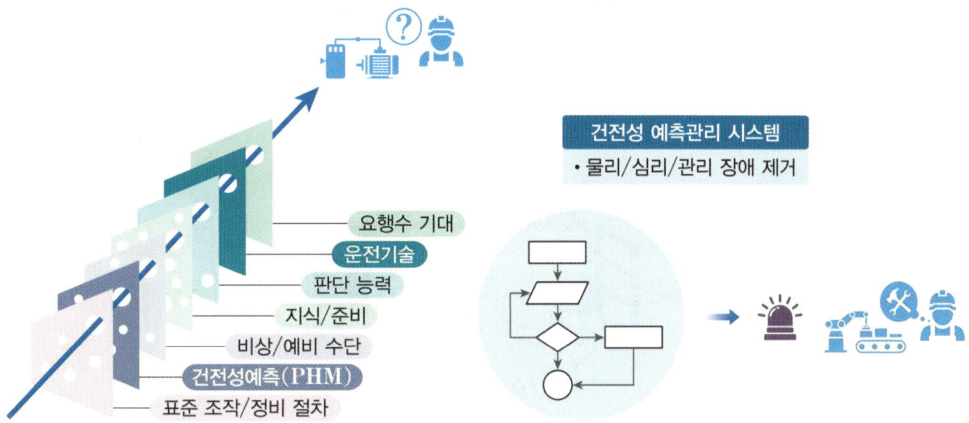

| 그림 6.6 | 고장·사고 발생요인과 개선

저마다 분실을 방지하기 위하여 '손에 쥐고 다님', '주머니에 넣고 지퍼로 잠금', '목에 줄로 걸고 다님', '자리를 떠날 때 확인', '항상 눈에 보이는 곳에 위치' 등 다양한 방법이 있으나 물리적, 심리적, 관리적 장애를 극복하기 위한 수단이 없어 분실은 계속된다. 만약, 주인과 분리될 경우 스마트폰이 '전화기 가져 가세요'라고 외치는 기능을 추가한다면 물리적 장애, 심리적 장애, 관리적 장애를 한꺼번에 해소하는 좋은 솔루션이 될 수 있다.

6.3 건전성 예측관리 기술

6.3.1 위험을 회피하는 방법

현대화와 더불어 증가하는 경제위기, 군사위험, 질병발생, 태풍발생, 교통사고 등 각종 위험과 재해는 국가는 물론 개인에게도 감당하기 어려운 부담을 주는데 문제의 심각성은 발생 규모와 빈도가 점차 증가하고 있다는 사실이다. 피해와 복구를 위하여 부담해야 할 고통과 사회적 부담 역시 감당하기 어려워지고 있는 실정이기 때문에 국가와 산학연은 공동으로 개선을 위한 노력을 기울이고 있으며 그 대안으로 감시진단시스템(monitoring & diagnostics system) 또는 조기경보시스템(early warning system)을 개발하여 운영한다[그림 6.7].

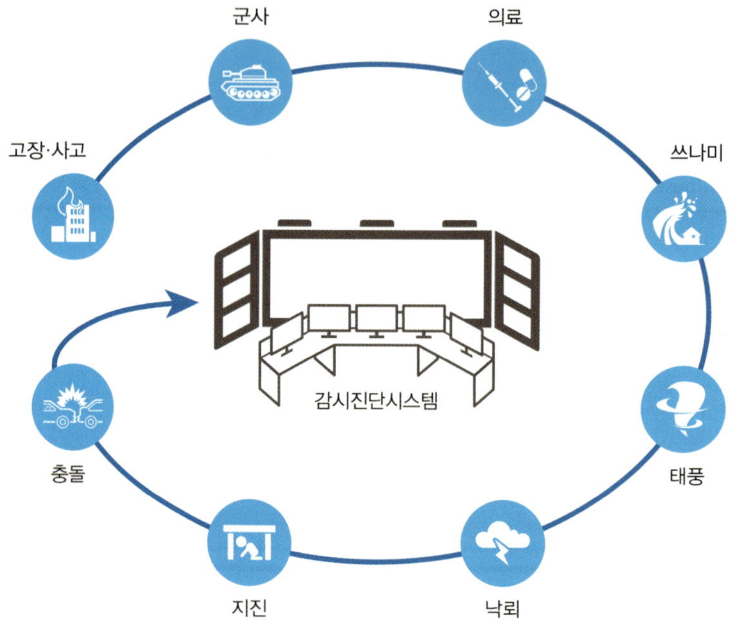

| 그림 6.7 | 사고 위험과 회피 방법

자연과 질병 그리고 설비로부터 위험을 회피하기 위한 방법은 위험의 실체를 파악하는 과제로 부터 시작되어 상황분석, 진로예측 등으로 발전하고 있으며, 수행 수단에 따라 인력 기반, 장비 기반, 솔루션 기반 기술 이 등장하고 있고 그 내용은 다음과 같다[그림 6.8].

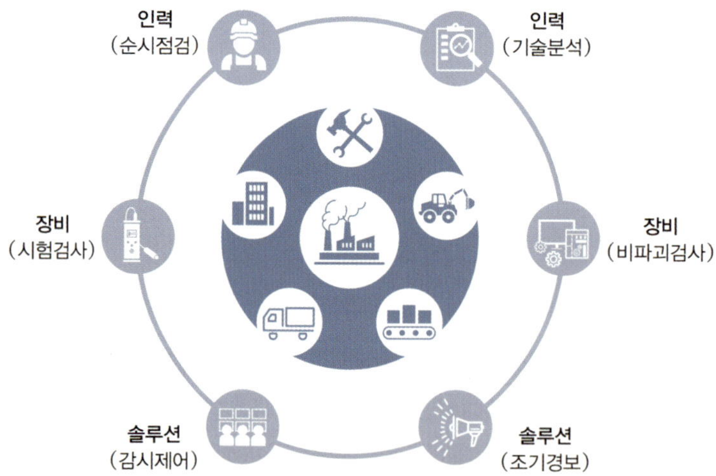

| 그림 6.8 | 건전성 예측관리(PHM) 수단

6.3.2 인력 기반 건전성 진단

순시점검(patrol)

근무인력의 인지능력을 이용하여 공정과 기기장치의 작동 상태를 파악하고 지식과 경험을 활용하여 건전성을 예측하는 방법이며 감시제어센터와 현장 근무직원은 연속적 또는 주기적으로 작동상태를 관찰한다. 측정장비와 솔루션 기술 발전에 따라 역할이 감소되기는 하였으나 손상, 누설, 화재, 과열, 소음 등과 같이 계측센서 만으로 감지하기 어려운 상황의 파악과 컴퓨터 장치를 이용한 이상 판단 등은 여전히 인력을 필요로 한다.

기술분석(analysis)

기기장치의 설계, 제작, 설치, 조정, 운전, 정비 의 불완전으로 인하여 발생하는 용량 부족, 수리 결함, 조정 불량, 설비 노후, 작업 오류, 윤활유 열화 등과 같은 건전성 영향요인을 정밀분석 기법으로 찾아내어 개선조치를 선제적으로 시행(proactive maintenance, PAM)하는 활동으로 선행정비, 선제정비, 예지정비 등으로 부른다.

6.3.3 장비 기반 건전성 진단

시험검사(test & inspection)

건전성 시험검사 장비는 기기장치의 운전값을 측정하거나 물질의 성상을 분석하는 장비로서 적외선열화상(infrared thermography), 초음파(ultrasonic noise), 진동(vibration), 윤활유(lubricant), 모터전류(motor current), 변압기오일(transformer oil), 부분방전(partial discharge) 등이며 대부분 오프라인이지만 점차 온라인 기능으로 발전하는 추세이다.

비파괴검사(NDT)

부품이나 모듈을 기능의 손상이 없이 특성을 파악하고 품질을 평가하는 방법으로 용어만으로는 시험검사 장비도 비파괴검사 장비이나, 통상은 방사선 촬영(radiography), 자기 입자 테스트(magnetic particle testing), 염색 검사(dye penetrant), 와전류 테스트(eddy current testing) 등을 지칭하며 정기정비(오버홀) 기간을 이용하여 검사를 시행한다.

6.3.4 솔루션 기반 건전성 감시

감시제어 솔루션(SCADA, DCS)

공장, 빌딩, 플랜트 등에 설치된 감시제어시스템(SCADA, DCS)이 제공하는 운전정보 기능(plant information system, PIS)은 건전성 예측관리의 주된 수단을 제공하며, 근무직원은 신호상태, 고장추적, 경계경보, 그래픽 디스플레이 등 다양한 기능을 이용하여 공정과 기기장치의 건전성을 파악하고 필요시 조작을 수행한다. 시스템의 구성과 주요 기능은 다음과 같다.

- 설비명칭 : 감시제어시스템 - SCADA, DCS
- 운영목적 : 운전상황 감시 및 공정제어
- 계측신호 : 온도, 압력, 유량, 변위, 진동, 전압, 전류 등
- 제어방법 : 실시간 온라인으로 운전상태 감시 및 제어
- 제공정보 : 신호수치, 경계경보, 가동정지, 운전성능, 생산정보
- 예측기능 : 상태정보는 제공하나 건전성 예측관리는 인력 의존
- 기본구성 : 통상 [그림 6.9]와 같이 구성하며 솔루션은 별도 구성

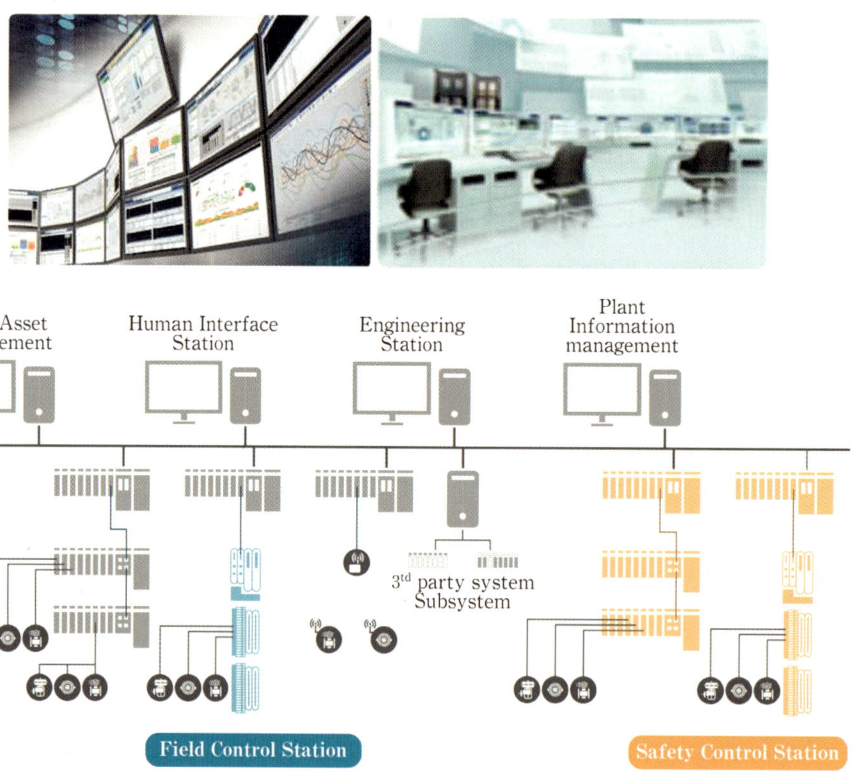

| 그림 6.9 | 감시제어시스템(SCADA, DCS), YOKOGAWA

감시제어시스템은 기기장치의 운전신호가 정상영역을 이탈하여 성능저하가 우려될 경우 경계경보(alarm)를 제공하고, 더 이상 가동할 경우 심각한 고장이 확실시 되면 가동을 중지(trip)하는 2단계 감시기능을 제공한다. 이 방식의 등장으로 기기장치의 보호기능이 크게 개선되어 많은 고장을 예방할 수 있었으며 현재까지도 대부분 산업설비는 이 방식을 적용하고 있다.

조기경보(EWS, ECA)

감시제어시스템을 이용한 건전성 감시 기술의 효능에 가려져 산업현장에서 주목받지 못한 문제점은, 산업설비에서 발생하는 많은 고장들이 경계경보(alarm) 발생 후 단시간 내에 가동정지(trip)로 진행하고 그 중 일부는 설비 손상으로 까지 이어져 경보장치가 근본적인 고장방지 수단을 제공하지 못한다는 점이다.

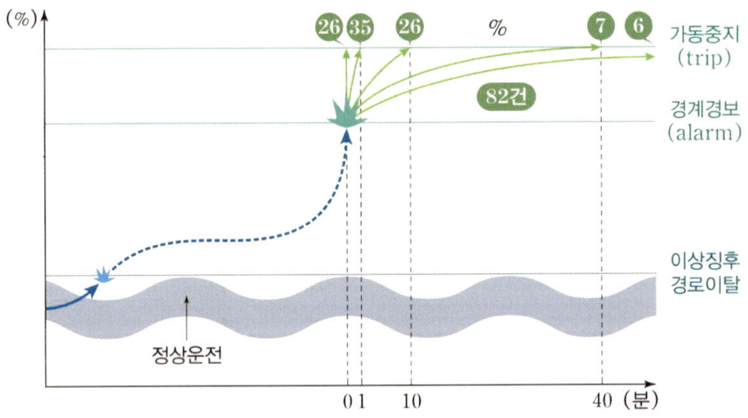

| 그림 6.10 | 고장 발생과 조치 가능성

[그림 6.10]은 플랜트에서 발생한 가동정지 82건을 분석한 예를 제시한 것으로 전체고장의 87%가 경계경보 발생 후 10분 내에 가동정지로 이어져 대처할 시간적 여유가 없음을 보여준다. 그러므로 산업계의 건전성 예측관리 과제는, 경계경보 발생 이전에 정상운전 범위를 이탈하는 이상징후를 포착하여 발생상황을 분석하고 고장발생 예상시기를 알아내어 사전에 개선조치하는 것으로 건전성 예측관리(PHM) 기법과 건전성평가(equipment condition assessment, ECA) 솔루션을 필요로 한다.

일상적 운전 상태에서 경험이 많은 직원들은 자신의 경험에 비추어 운전수치가 높거나 낮을 경우 이상상태(anomaly)로 간주하는데 그 수치는 운전조건에 따라서 상이하기 때문에 현재 운전조건에 해당하는 데이터를 찾아내어 이상여부를 판단하여야 한다. 그러나 수천 개에 달하는 계측신호를 일일이 모니터링하고 예측진단하는 것은 현실적으로 어렵기 때문에 대부분

직원들은 경계경보(alarm)에 의존하게 된다.

설계회사 또는 제작회사가 제시하는 경계경보(alarm) 수치를 일률적으로 적용하였던 방식에 획기적인 변화의 계기를 제공한 것은 미국 아르곤연구소와 테네시 대학의 연구결과로서 MSET(multivariate state estimation technology) 기술을 이용한 기기상태평가 기술(이하 조기경보로 호칭)의 개발이다. 이 기술은 다양한 운전조건에서 정상상태 운전변수를 측정하여 정상값 범위(dynamic range)를 설정하고, 그 구간을 이탈하면 이상(anomaly)으로 규정하여 주의를 촉구하는 기술로 기존 운전감시 기술과의 관계는 다음과 같다.

- 이상징후(anomaly) : 통계적 정상운전 범위를 벗어난 이상징후 발생 상태로서 고장발생은 아니나 담당자의 지속적인 주의와 관찰이 필요하며 주의경보(warning, alert) 또는 조기경보(early warning) 등으로 표현한다.
- 기능이상(fault) : 기기장치 또는 부속부품의 열화나 비정상적인 작동으로 그대로 방치할 경우 기능 장애나 상실로 진행하기 때문에 담당자의 대응조치를 필요로 하며 시스템에서는 경계경보(alarm)로 표현한다.
- 기능상실(failure) : 요구하는 성능을 더 이상 유지하기 어려워 가동을 중지해야 하는 상태로서 시스템에서는 가동정지(emergency stop, trip)로 표현한다.

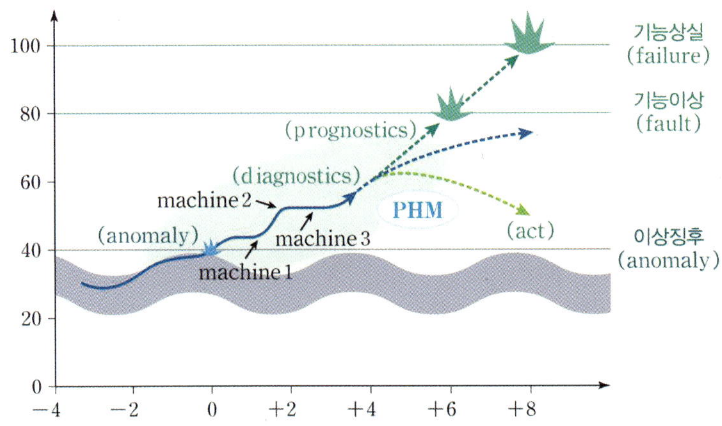

| 그림 6.11 | 이상징후 발견과 진로예측

조기경보 기술은 SmartSignal 사와 Expert Microsystems 사로 라이센스가 제공되고 eCMT, SureSense라는 제품으로 개발되어 미국 내 여러 원자력발전소에 사용되었으며 이후 SmartSignal 사는 GE 사로 인수되어 SHIELD라는 제품으로 판매되고 있다. 1990년대 중반부터 미국 내 오일, 가스, 전력, 항공 분야에서는 조기경보 솔루션을 운영하기 시작하였고 건전성 예측 효능이 산업부문에서 입증됨에 따라 현재는 대형 산업설비를 보유한 많은 기업들이 솔루션을 활

용하고 있다. 조기경보 솔루션은 플랜트 설비 제작회사들과 솔루션 전문 기업들이 유사한 제품을 제공하고 있고 국내에서도 몇몇 기업들이 상용 제품을 공급하고 있다.

6.3.5 건전성 예측관리 기능 영역

이상에서 설명한 여섯 가지 유형의 수단을 기반으로 건전성 예측진단 기능을 도표로 표시하면 [그림 6.12]와 같이 나타낼 수가 있는데,

- 감시제어시스템(DCS)은 회사 차원의 공식적 운전감시 수단으로 사용되며 설계회사와 제작회사가 추천하는 설정값을 기반으로 기능이상(fault) - 경계경보(alarm), 기능상실(failure) - 가동중지(trip) 정보를 제공한다.
- 조기경보시스템(EWS, ECA)은 건전성 예측진단을 위한 참고정보로 활용되며 운전 통계값을 기반으로 이상징후(anomaly) - 주의경보(warning)를 제공한다.
- 시험검사 장비는 측정분석 기능을 이용하여 설비의 상태분석에 사용되며, 진동장비의 경우는 온라인 시스템을 보유하여 운전감시와 제어기능으로도 활용된다.

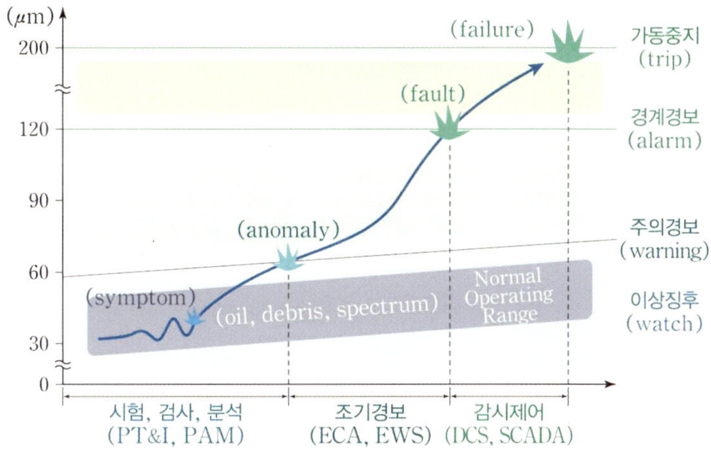

| 그림 6.12 | 건전성 예측감시 역할

이상의 솔루션들은 각각 별도 시스템으로 운영되고 있어 일관성 있는 관리가 어렵기 때문에 향후에는 이들 기능을 연계 및 융합한 '통합 건전성 예측관리 시스템'으로 발전시켜야 할 필요가 있다.

6.4 건전성 예측관리 시스템 구축

산업부문에서 추구하는 건전성 예측관리는 [그림 6.13]과 같은 플랫폼 모델로 수행할 수 있으며, 인력-장비-솔루션을 이용하여 취득한 정보를 기반으로 감시제어센터(main control room, MCR)와 성능진단센터(performance monitoring & diagnostic center, PMDC)의 전문인력이 공정과 기기장치의 건전성을 판단하여 최적화하는 프로세스를 구현하도록 한다.

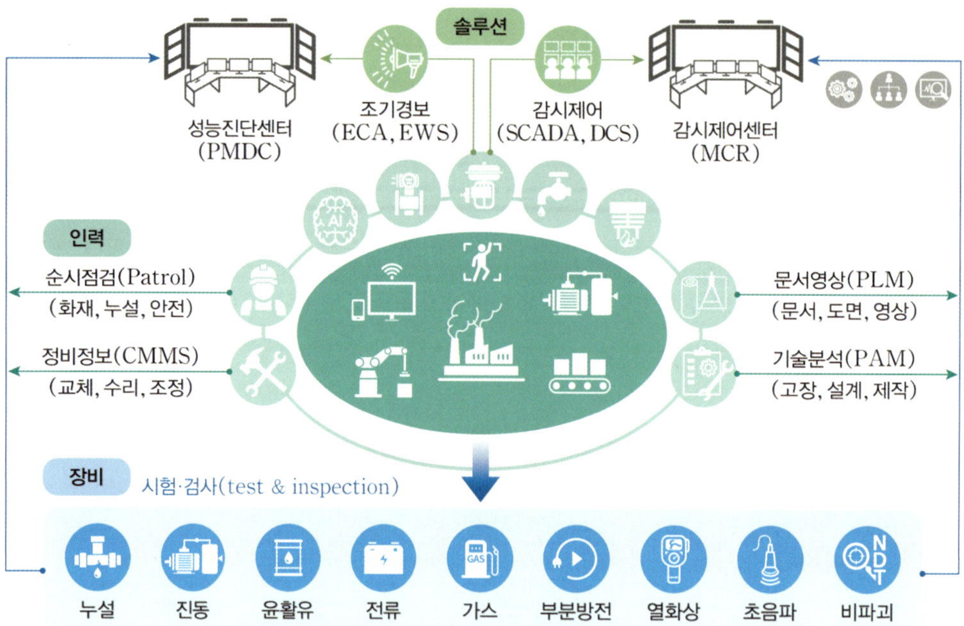

| 그림 6.13 | 건전성 예측관리 플랫폼

건전성 예측관리(PHM)는 운전정비(O&M) 체계의 핵심 기능을 담당하고 설비 운전정비 부서와 협력적인 업무관계를 형성하기 때문에 성공적 구축과 운영을 위해서는 [그림 6.14]에 나타

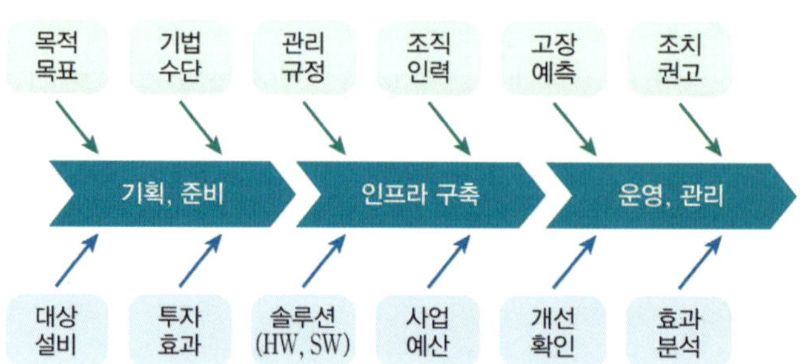

| 그림 6.14 | PHM 추진단계 별 고려사항

낸 것과 같이 기획준비 단계, 인프라 구축 단계, 운영관리 단계 별로 물적, 인적, 제도적 요건을 제시하여야 한다.

6.4.1 기획 및 준비

시스템 구축 기획 및 준비단계에는 사업의 목적과 목표를 명확하게 설정하고 구축과 운영에 필요한 기준과 자원을 구체적으로 정의하여야 하며 리스크 회피와 완성도 높은 운영을 위하여 규제기관의 정책, 신기술 동향, 산업계의 운영사례 등을 검토하여야 한다.

목적과 목표

건전성 예측관리(PHM)는 상태기반정비(CBM) 프로세스의 일부로서 운영하기 때문에 설비 운영의 핵심요소인 신뢰도-성능-안전-환경-원가에 대한 리스크 회피를 목적으로 하고, 목표는 가동률 향상, 사회적 위험 감소, 운영비용 감소 등을 정량적으로 제시하는 것이 바람직하다.

기법과 수단

산업설비의 유지관리(maintenance) 기법은 산업부문에서 기능이 입증되어 선호도가 높은 신뢰도기반정비(RCM)를 근간으로 하여 CBM-PdM-PAM 체계를 적용한다. 실무적 구현을 위한 수단으로는 건전성 예측관리 시행을 위한 절차서, 장비, 솔루션 등을 활용한다.

관리대상 설비

건전성 예측관리 대상기기 선정은 설비고장의 발생빈도, 정지시간, 피해규모, 복구기간 등을 기준으로 하지만 예비기기 여부, AS 지원, 수리자재 보유 등도 종합적으로 고려하여 결정한다. 최근 산업부문은 계측센서 보급 증가와 정보통신기술(ICT) 발전을 계기로 대부분의 기기장치를 감시대상으로 포함하는 추세이지만 오래 전에 건설된 설비 또는 예산 제약으로 계측센서를 충분히 설치하지 않은 경우는 추가 설치를 전제로 검토할 수 있다.

구축 참조모델

건전성 예측관리는 기능과 역할의 중요함에도 불구하고 규준적 기준, 절차, 모델 등이 제시되지 않아 그간 시스템 구축을 계획하는 실무자들이 어려움을 겪었기 때문에 이미 개발된 기술과 사례를 기반으로, 최신의 정보통신기술(ICT), 인더스트리 4.0, 디지털 전환 기법 등을 융복합하여 구성한 건전성 예측관리(PHM) 참조모델을 [그림 6.18]에 예시하였다.

소요정보 확보

건전성 예측관리시스템 구축 시 고려해야 할 소요정보와 처리 프로세스는 다음과 같다.

- 왜 : 이상징후를 일찍 발견하여 고장을 사전에 방지
- 누가 : 건전성 예측관리 부서의 전문가와 관리부서
- 어떤 정보 : 사람·기록·장비가 제공하는 문서, 영상, 신호 정보
- 어떤 경로 : 온라인 또는 오프라인 네트웍
- 어떤 방법 : 전문가가 해석하거나 솔루션이 해석을 지원
- 어떤 조치 : 문제해결 대안 제시, 조치, 유사사례 전파

투자 및 효과

건전성 예측관리 시행을 위해서는 업무공간 확보, 하드웨어 및 소프트웨어 구축, 관리인력 투입, 솔루션 유지관리 등에 지속적인 투자를 필요로 하기 때문에, 추진을 기획하는 담당자는 기술적 타당성은 물론 재무적 타당성도 입증하여야 한다. 통상적으로는 사업 전후의 고장횟수 변화를 전제하여 비용과 편익을 평가하는 방법을 적용하며 고장횟수, 판매감소, 복구시간, 복구비용 등을 고려한다.

6.4.2 인프라(infra) 구축

인프라 구축 단계에는 시스템 구축 및 운영을 위한 규정과 절차 마련, 추진을 위한 조직과 인력의 확보, 하드웨어와 소프트웨어의 구매, 설치 및 운영에 필요한 소요예산 확보 등을 추진하여야 한다. 신규 건설 산업설비의 설계단계에는 건전성 예측관리(PHM) 대상 공정과 기기를 선정하고 계측센서, 프로세서, 솔루션 등을 정의하며, 계약단계에는 주요 규격과 역무를 반영하고, 시운전 단계에는 설치된 하드웨어와 솔루션의 성능시험을 실시한다.

성능시험이 완료된 설비는 운영부서로 인계하는데 이 단계에서 중요한 사항은 운영부서가 제도, 조직, 인력 등을 확보하도록 지원하여야 하고 설치된 솔루션은 공급회사의 지속적 지원으로 성능을 유지하도록 제도적 장치(계약역무)를 마련하여야 한다.

규정과 절차

건전성 예측관리(PHM)는 설비에 관련하여 발생하는 설계, 제작, 운전, 정비 정보 등을 관련 조직들이 체계적으로 분석하고 최적의 운전상태를 유지하도록 하며 이상징후를 사전에 발견하여 개선토록 하는 복잡한 프로세스를 거친다. 업무 수행과정에는 기계, 전기, 제어, 화학 등 기술 분야가 관련되고 이를 담당하는 조직은 운전, 정비, 기술 부서들이 직간접적으로 연관되기 때문에 계획수립, 업무수행, 성과분석 등을 위한 기준과 절차를 정의한 관리제도를 공식적으로 운영하여야 한다.

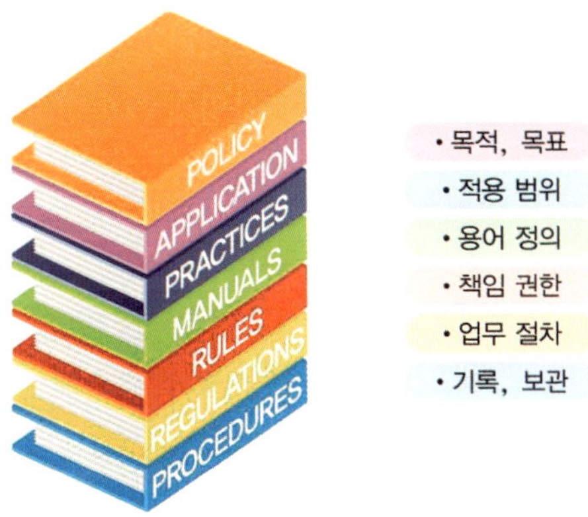

| 그림 6.15 | 관리규정과 절차서 내용

관리제도는 규정, 절차, 가이드, 표준 등 다양한 형식으로 운영하며 일반적으로 목적과 목표, 적용범위, 용어의 정의, 책임과 권한, 업무절차, 기록과 보관, 분야별 세부절차 등을 기술한다.

건전성 예측관리 장비

산업설비를 구성하는 공정과 기기장치의 건전성을 예측하는 것은 기본적으로 근무직원들의 역할이지만 단순한 계측장치와 오감능력 만을 이용하여 짧은 시간 내에 정확한 판단을 내리기는 사실상 어려운 과제이기 때문에 건전성 예측관리를 효율적으로 수행하기 위한 장비를 확보하여야 한다.

감시진단 솔루션

공정과 기기장치의 가동상태를 감시하고 최적 상태로 유지하기 위하여 '감시제어시스템(SCADA, DCS)'을 계측센서, 프로세서, 모니터 등으로 구성하며 이 시스템이 건전성 감시의 기본수단을 제공한다. 사회적으로 역할과 기능이 중요한 산업설비인 경우는 규제기관의 요구조건을 준수하여 설비를 구축해야 하며 숙련된 근무직원들이 24시간 교대근무 체제로 업무를 수행한다. 공정과 기기장치의 신뢰도(reliability)와 성능(performance)을 모니터링하기 위한 조기경보 솔루션은 운전상태, 성능효율, 최적운전 등의 예측, 건전성진단, 예지 기능을 제공한다. 통상적으로 이 솔루션은 경험(empirical) 데이터를 기반으로 운영하기 때문에 운전과 제어를 위한 절대 기준으로는 적용하지 않으며 참고정보로 활용한다.

사업추진 예산

건전성 예측관리를 위한 제도, 조직, 인력, 솔루션 구축과 운영은 자체 수행 또는 계약자 위탁 형태로 수행하며 인건비와 구매비 예산을 필요로 한다. 사업예산은 사업추진 의지를 뒷받침하는 필수적 수단이기 때문에 확보 여부에 따라 사업의 지속성과 성공 여부가 결정된다.

가동 중 설비에 적용

이미 가동 중인 산업설비에 건전성 예측관리 솔루션을 추가로 설치하는 경우에는 기획, 설계, 제작, 설치, 시험 등을 수행할 수 있는 회사를 선정하여 신규건설 시와 같은 프로세스를 수행토록 하며, 기존의 솔루션과 시험검사 장비에 부족한 기능을 추가하고, 각각의 솔루션들이 필요로 하는 계측신호는 기존의 계측센서 신호를 공용으로 사용한다.

운영 중인 산업설비에 건전성 예측진단 솔루션을 적용하는 경우 예상되는 문제점은 계측센서 부족, 케이블 포설 곤란, 기존 설비와 인터페이스 등인데 무선계측센서, 데이터 인터페이스 장치(historian) 등의 기술을 이용하면 문제를 해결할 수 있다.

6.5 건전성 예측관리 시스템 운영

건전성 예측관리(PHM)는 공정과 기기장치의 상태 예측관리를 통하여 산업설비를 온전한 상태로 유지함으로써 신뢰도, 성능, 안전, 환경, 원가 등 경영요소의 최적화를 목표로 하는 경영관리 활동이다. 설비정보를 수집하여 상태를 해석하고 개선조치를 시행하는 과정에 다양한 조직-인력-제도-기술 등이 복잡하게 얽혀 있고, 시행 과정에 많은 장애요인이 잠재되어 있기 때문에 철저한 준비과정을 거쳐 본격적인 시행단계로 진입하여야 한다.

6.5.1 시스템 운영 준비

기준과 절차

건전성을 체계적으로 예측관리하기 위해서는 조직이 공유할 기준과 절차를 수립하여야 하며 건전성 정의, 건전성 평가지표, 상태정보 취득, 건전성 평가, 개선조치 후 유지관리 기록에 이르기까지 프로세스 전반에 관한 내용을 기술하고, 건전성 예측관리 프로세스 운영에 필수적으로 요구되는 제도, 조직, 인력, 장비, 솔루션 등을 준비하여야 한다. 단계별 업무에 대한 내용은 다음과 같다.

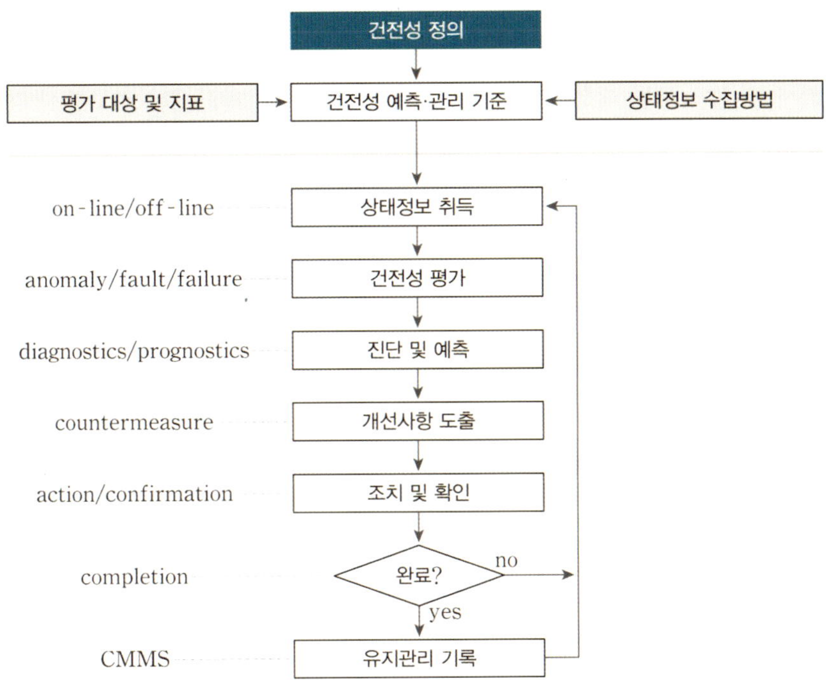

| 그림 6.16 | 운영기준 수립 및 시행 프로세스

- 건전성 예측관리 기준 : 문서형식 또는 전자파일 형태로 작성하며 그 내용을 운영관리 프로세스에 반영하여 일상적 업무로 시행하도록 한다.
- 건전성 정의 : 건전성 예측관리 대상인 근무인력과 기기장치에 대한 건전성을 어떻게 규정할 것인지를 정하는 것으로, 근무인력의 경우는 세계보건기구가 정의한 '육체적, 정신적, 사회적으로 온전한 상태'로 정의하고, 기기장치의 경우는 기계적으로 온전한 신뢰도(reliability), 기능적으로 온전한 성능(performance), 공정상으로 온전한 안정(stability)으로 정의한다.

• 평가 대상 및 지표 : 평가 대상은 평가를 필요로 하는 시설구역, 기기장치, 근무인력 등으로 정할 수 있으며 평가지표는 매출과 수익에 영향을 미치는 신뢰도(reliability), 성능(performance), 환경(environment), 안전(safety), 원가(cost) 등으로 설정할 수 있다. 더욱이 최근에는 사회적 책임경영(environmental, social & governance, ESG)이 글로벌 이슈로 등장함에 따라 산업설비의 안전과 환경에 대한 중요성이 대두되고 있고 이들 지표는 설비관리와 직접 연계되기 때문에 건전성 예측관리 평가지표로 선정하는 것이 바람직하다.
• 상태정보 수집 : 건전성 예측관리에 필요한 정보로서 문서기록을 통한 수집과 디지털 프로세스를 통한 수집으로 구분할 수 있으며 정보 제공 부서, 주기, 수집 수단 등을 명시한다.
• 온라인 디지탈화 : 계측정보는 디지털 프로세스와 접속하여 실시간 온라인으로 수집한다. 시험, 검사, 분석 정보는 대부분 오프라인으로 수집하지만 최근에는 정보통신 기술을 이용하여 실시간 온라인으로도 정보를 수집한다.

기능과 역할

산업설비는 다양한 설비들로 구성되고 고장패턴도 상이하기 때문에 주기정비(TBM), 예측정비(PdM), 선제정비(PAM), 사후정비(CM) 등을 설비특성에 맞추어 시행하는데 그 중 건전성 예측관리(PHM)가 차지하는 영역을 정의하여야 그 기능과 역할이 명확하게 구분된다.

[그림 6.17]은 정비체계 내에서 RCM-CBM-PdM 간의 관계와 PART I에서 기술한 ISO 17359, US DoD CBM+ 과의 관계를 나타내었으며, 그 중에서 PHM이 지향해야 할 역할과 범

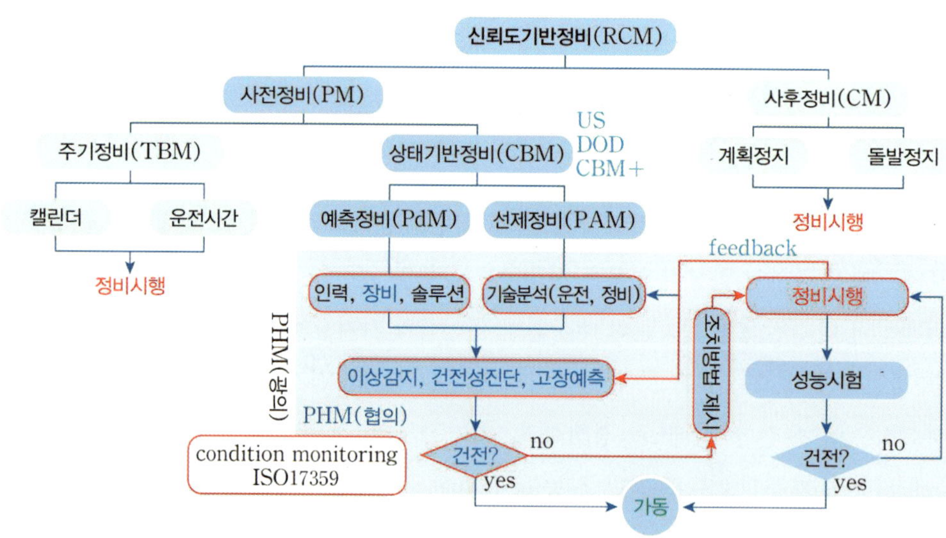

| 그림 6.17 | 건전성 예측관리(PHM) 역할

위 그리고 기존 정비기법과의 관계를 표시하였다. 모든 정비 기법들이 추구하는 궁극적 목표는 건전성 예측관리이기 때문에 PHM은 그 방법과 절차의 체계적 제시를 목표로 한다.
지금까지의 PHM은 프로그램 활용을 위하여 센서정보를 이용한 건전성 예측에 주력하고 있으나 (협의 PHM), 산업현장에서 실무적으로는 전문인력, 시험검사장비, 기술분석 등을 통한 정보 역시 건전성 예측관리 주요 수단을 제공하고 있다.
그러므로 한국PHM학회는 온오프라인으로 발생하는 산재된 정보(솔루션, 인력, 장비, 기술분석)를 솔루션으로 융복합하여 건전성 예측관리 기능을 혁신적으로 제고할 방안을 추구한다(광의 PHM).

운영 참조모델

지금까지 건전성 예측관리는 정비관리체계(RCM)와는 논리적 역할 연계가 없이 솔루션 공급회사가 제공하는 시스템(SCADA, DCS)을 주된 수단으로 활용하였고, '90년대 중반부터 개발된 건전성 예측 솔루션과 시험검사 장비들은 싸일로 형태로 운영되고 있어 산업설비에 대한 통합된 '건전성 예측관리(PHM) 모델'이 등장하지 못하고 있다.
이러한 기술적 제약을 해소하기 위하여, 체계화된 정비관리체계(RCM, CBM), 참조 아키텍처, 산업계의 운영시스템 사례 등을 기반으로 건전성 예측관리 참조모델 [그림 6.18]을 구성함으로써 구축 및 운영을 추진하는 관련자에게 정보를 제공하고자 한다.
참조모델 구성 시 정비관리체계는 RCM/CBM/PdM/PAM을 기반으로 하였고, 참조 아키텍처(reference architecture)는 독일 platform industry 4.0, 미국 IIC가 제시한 모델을 참조하였으며, 운영시스템은 솔루션 제작회사와 석유, 가스, 전력 등 플랜트 운영회사의 시스템을 참고로 하였다. 참조모델은 건전성 예측관리 시스템의 참조모델을 제시한 것이기 때문에 프로젝트 추진을 계획하는 담당자는 대상 설비의 운영 여건을 감안하여 선택적으로 시스템을 구성할 수 있다.

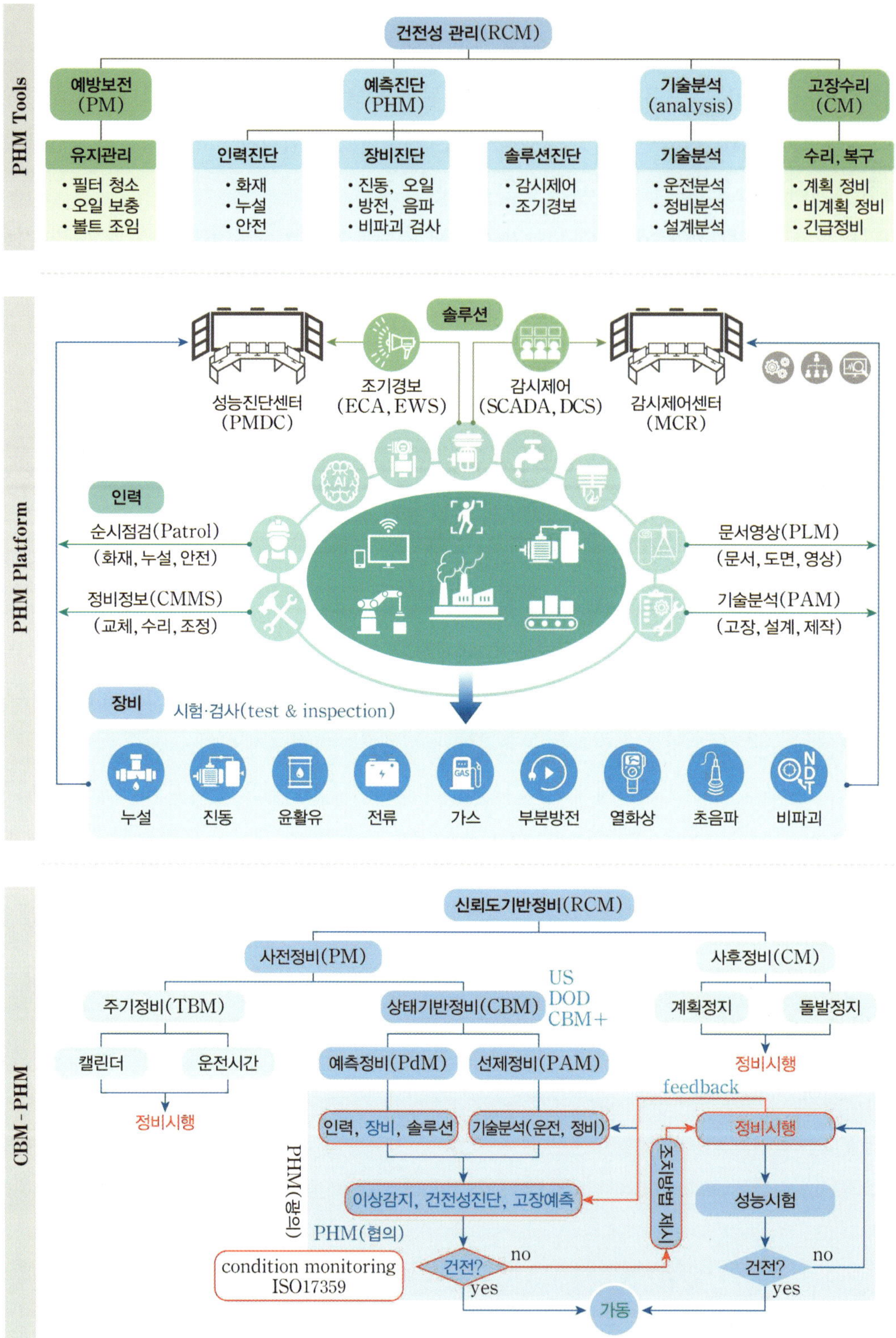

| 그림 6.18 | 건전성 예측관리(PHM) 참조모델

소요 정보 확보

산업설비의 건전성은 설계, 제작, 운전, 정비 결과로 나타나는 것이기 때문에 단순한 신호측정만으로는 정확한 결과를 기대하기 어렵다. 현재의 상태를 나타내는 운전데이터를 기초로 하여 건전성진단 데이터, 설계 및 제작 데이터, 시험검사 기록, 정비이력, 순시기록 등을 함께 분석하여야 예측 정확도를 높일 수 있고 관리방향도 설정할 수 있다. 현실적으로는 이들 데이터가 대부분 문서형식으로 되어 있거나 독립된 소프트웨어로 개발되어 활용에 어려움이 있기 때문에 디지털 기술을 이용하여 플랫폼화를 추진한다.

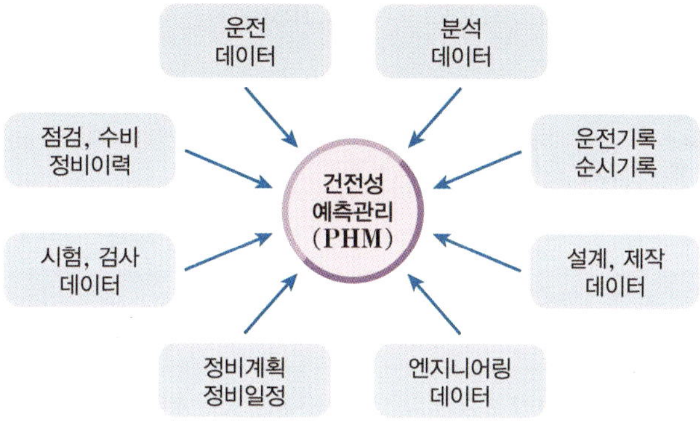

| 그림 6.19 | 건전성 예측관리 소요 정보

정보 플랫폼

기존 감시제어시스템(SCADA, DCS)은 디지털 운전신호를 제공하여 고장분석을 지원하지만 이상감지, 건전성진단, 고장예측과 같은 수준 높은 정보를 제공할 수가 없기 때문에 고장의 조기발견과 조치에는 한계가 있다. 또한 프로세스 운전 신호는 외부침입에 대비한 강력한 보안통제의 영향으로 외부 유출을 금지하고 있어 가동정보를 이용한 솔루션을 운영하기 어렵고 오프라인으로 활용하는데 그치고 있다. 이런 상황을 개선하려는 노력은 강력한 보안솔루션과 히스토리안(historian) 기능의 개발로 가능해져서 2000년도 전후부터는 실물영역(OT platform)의 데이터를 가상영역(IT platform)으로 불러내어 고장과 효율을 진단하는 건전성 예측관리와 통계분석 용도로 사용하기 시작하였다[그림 6.20].

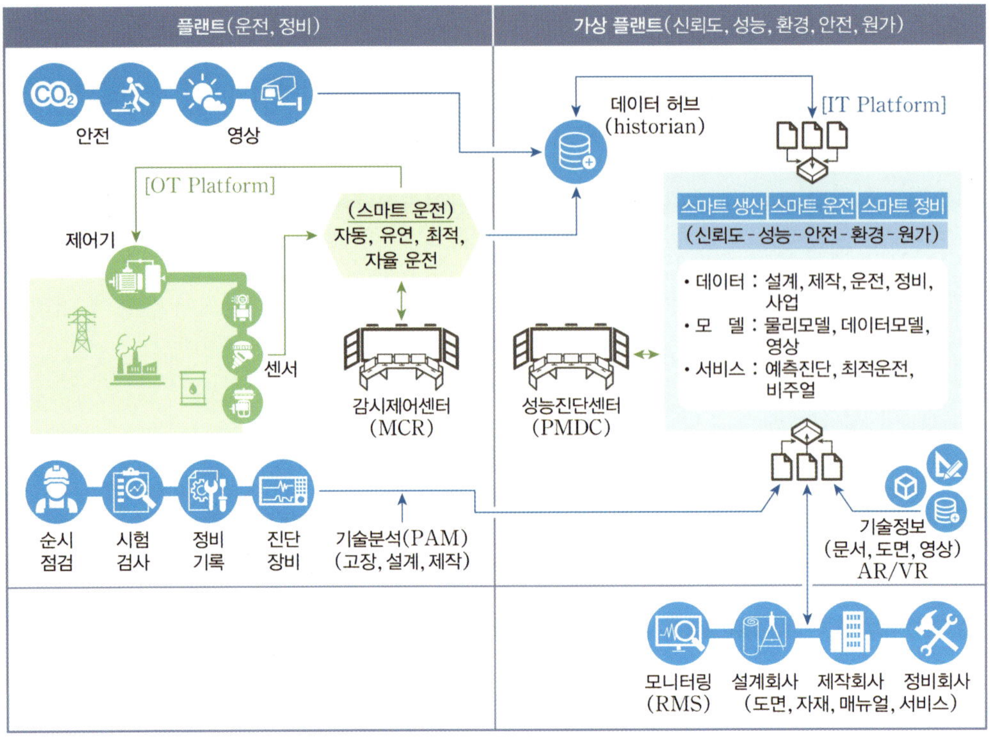

| 그림 6.20 | 건전성 예측관리 정보 플랫폼

가상영역에서 운영데이터와 외부 데이터를 융합하면 산업설비 운영과제인 운전과 정비는 물론 안전, 환경, 원가, 연료, 자재 업무를 신속하고 정확하게 연계 처리할 수 있다. 설비 관련 업체 및 규제기관과 네트웍 구성으로 설계 및 제품 관련정보를 취득할 수 있고 온라인으로 자신이 공급한 설비의 운전상태를 모니터링 할 수 있어 새로운 사업 기회를 창출할 수도 있다. 최근 미국 산업사물인터넷컨서시움(IIC)은 아키텍처, 플랫폼, 디지털 트윈 모델을 제시하고

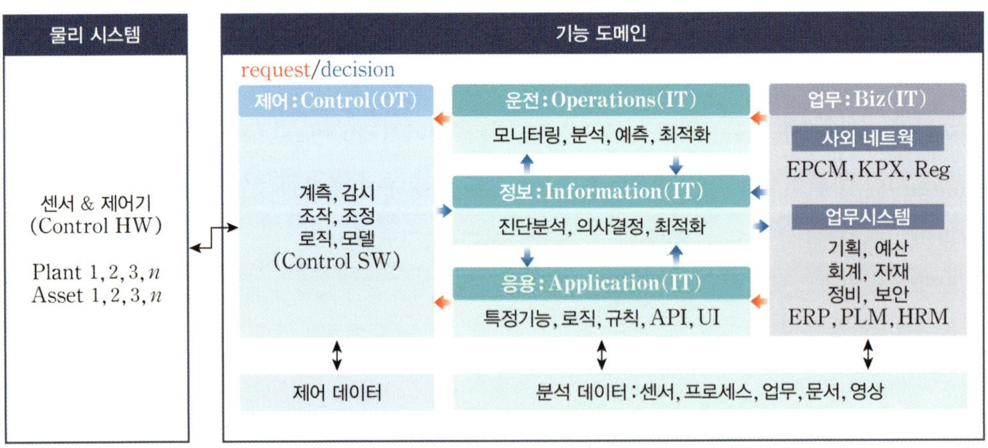

| 그림 6.21 | 디지털 트윈 기능영역의 정의]

있어 고도화 모델을 추구하는 프로젝트에 적용을 추천한다. [그림 6.21]은 디지털 트윈 구조를 나타낸 것으로 OT-IT 영역 간 기능분담과 정보흐름을 정의하였다.

소프트웨어 솔루션

건전성 예측관리의 기본 목표는 공정과 기기장치의 이상을 조기에 발견하는 것으로 상태정보 수집, 이상징후 발견, 운전상황 건전성진단, 고장시기 예측, 최적화 등의 기능을 갖추어야 이상상황에 대한 정확한 평가와 최적화 조치가 가능하다.

| 표 6.1 | 건전성 예측관리(PHM) 솔루션, 플랜트

Monitoring	Prediction	Prognostics	Optimization	Knowledge DB & Collaboration
운전 정보	석탁영향 예측	운전상태 진단	연료 최적화	지식/경험 DB
보일러 감시	이상징후 예측	고장원인 진단	연소 최적화	제품/제조 DB
터빈 감시	신호진로 예측	성능/효율 진단	제매기 최적화	사업정보 DB
발전기 감시	잔존수명 예측	수명평가/진단	증기온도 최적화	협업포털
보조기기 감시		제어기능 진단	제어 최적화	
진동 감시		BTG 운전 진단	기동시간 최적화	
신호추이 감시		BOP 운전 진단	운전 최적화	
통합 경보		진동원인 진단	정비 최적화	

이를 해결하기 위한 방편으로 다양한 소프트웨어 프로그램들이 개발되었고, 초기에는 계측신호를 이용하여 상태정보, 시계열정보, 상태추적 등 현상정보를 제공하는 수준이었으나 점차 발전을 거듭하여 조기경보, 효율분석, 운전상태 진단, 최적화 운전, 진동분석, 오일분석 등 다양한 솔루션 들이 운영되고 있다.

[표 6.1]은 에너지 플랜트 운영에 필요한 솔루션을 나타낸 것으로 모니터링, 운전예측, 상황진단, 최적화 운전 등의 목적으로 사용하며 실무적으로는 산업설비의 유형과 규모, 사용목적 등을 고려하여 필요한 솔루션을 선택한다.

현재까지 개발된 솔루션은 계측신호를 이용하여 예측기능을 제공하고 있으나, 정확한 의사결정을 위해서는 설계, 제작, 정비, 시험, 순시 데이터를 이용한 예측관리 기술 개발이 필요하다.

솔루션을 이용하여 건전성 예측을 계획하는 경우는 산업설비의 규모와 특성, 재무능력, 운용인력 등을 고려하여 적절한 솔루션을 선택하는데, 대부분 기업들은 일정기간 시험적용 기간을 거쳐 기능과 성능을 확인한 후 구매를 결정한다. [그림 6.22]는 건전성 예측관리 시스템의 이상적 구성을 나타낸 것이다.

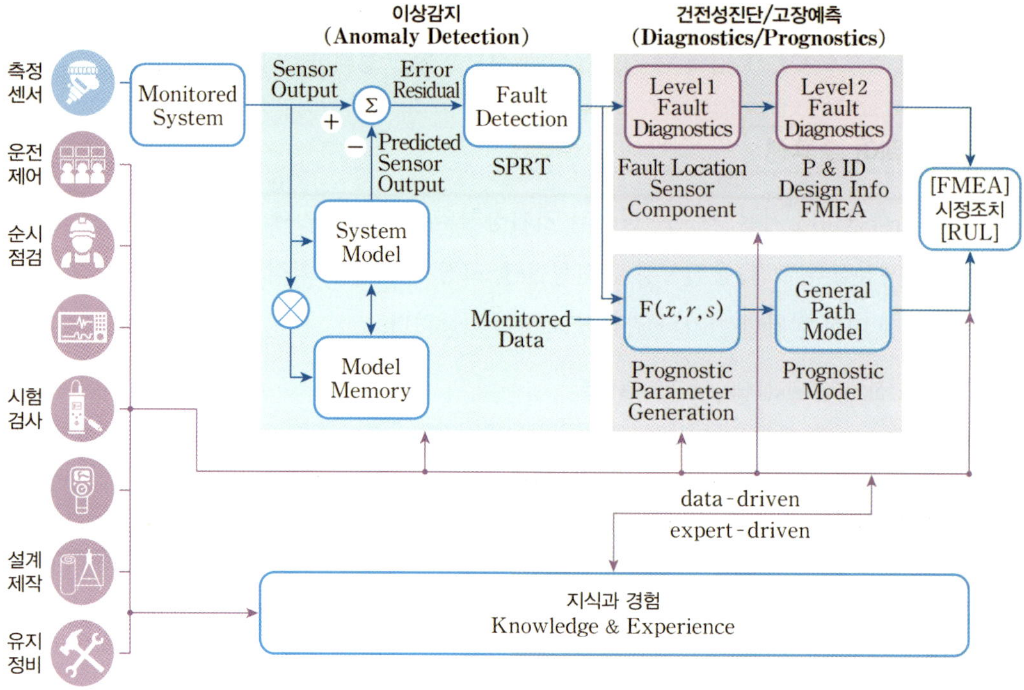

| 그림 6.22 | 건전성 예측관리 솔루션 아키텍처(EPRI)

6.5.2 시스템 운영관리

운영관리 프로세스

기존의 관리조직(운전, 정비, 품질)은 현실적 제약으로 설비 유지관리에 주력할 수밖에 없고 예측진단을 위한 수단도 확보되지 않아 높은 수준의 건전성 예측관리에 한계가 있으며, 정밀진단이나 기술분석 등 업무는 별도의 전문조직이 수행하여 실시간으로 이상징후를 찾아내는 역할을 기대하기 어려운 실정이다.

산업설비의 구성이 복잡하고 고장발생 시 경영에 큰 리스크를 가진 경우는 리스크를 회피하기 위한 제도적 수단을 확보하는 것이 필수적이기 때문에 [그림 6.23]과 같이 건전성 예측관리 프로세스(PHM process)를 설정하고 건전성 예측관리 수단(PHM tools)을 운영하도록 한다.

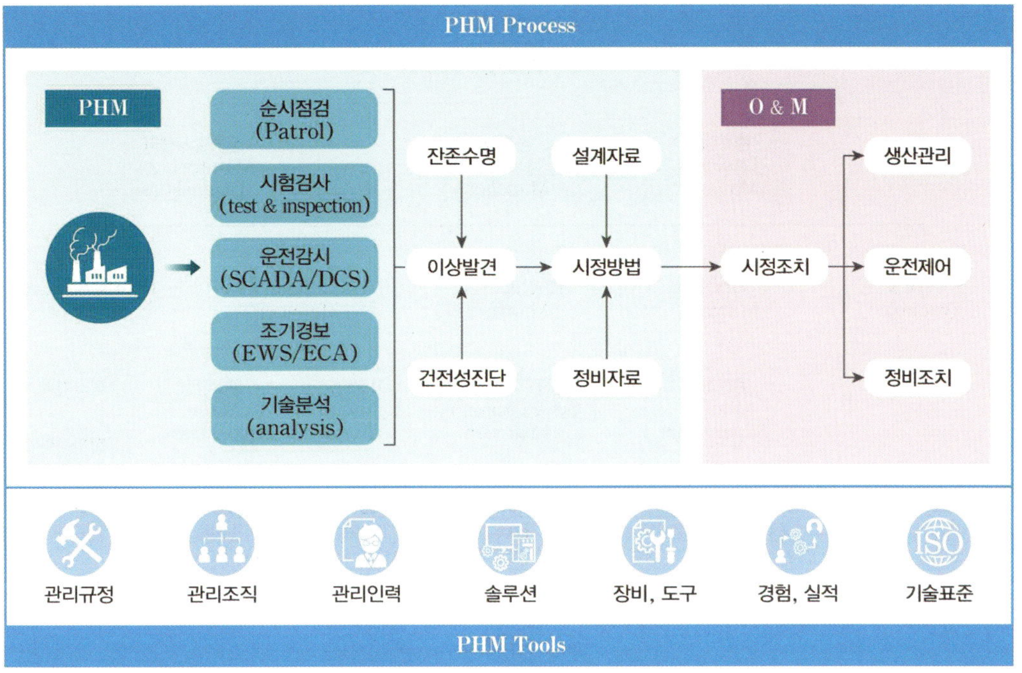

| 그림 6.23 | 건전성 예측관리 프로세스와 수단

운영 조직과 인력

건전성 예측관리를 위한 조직과 인력은 산업 유형과 규모는 물론 운전정비 활동 방식에 따라 큰 차이가 있기 때문에 일반화된 기준을 제시하기는 어려우나 에너지 산업 부문의 사례를 제시하면 다음과 같다.

건전성 예측관리는 건설과 운영 단계별로 여러 부서의 참여를 통하여 진행되는데, '건설단계'에는 건설 제어설비 담당부서가 계측센서와 솔루션을 계약에 반영하고 설치 및 시험운전 과정을 통하여 기능을 검증한 후 운영부서에 인계한다.

'운영단계'에는 조직 내에 운전, 정비, 기술 부서를 운영하는데 운전부서는 설비의 운전과 제어를 담당하고, 정비부서는 기기상태 건전성진단, 유지관리, 정비계획 수립 및 시행 등의 업무를 수행하며, 기술부서는 공정과 기기의 설계검토, 운전정비 분석, 수명관리, 고장분석 등의 업무를 담당한다. 조직과 인원은 [그림 6.24]에 나타낸 구성에 적정 규모의 전문인력을 배치하여 운영하고 있다.

기업차원에서 '성능진단센터(PMDC, RMC, M&DC)'를 운영하는 경우에는 본사 산하에 별도의 조직을 구성하여 기업이 보유한 전체 설비의 건전성 예측관리 업무를 수행토록 한다.

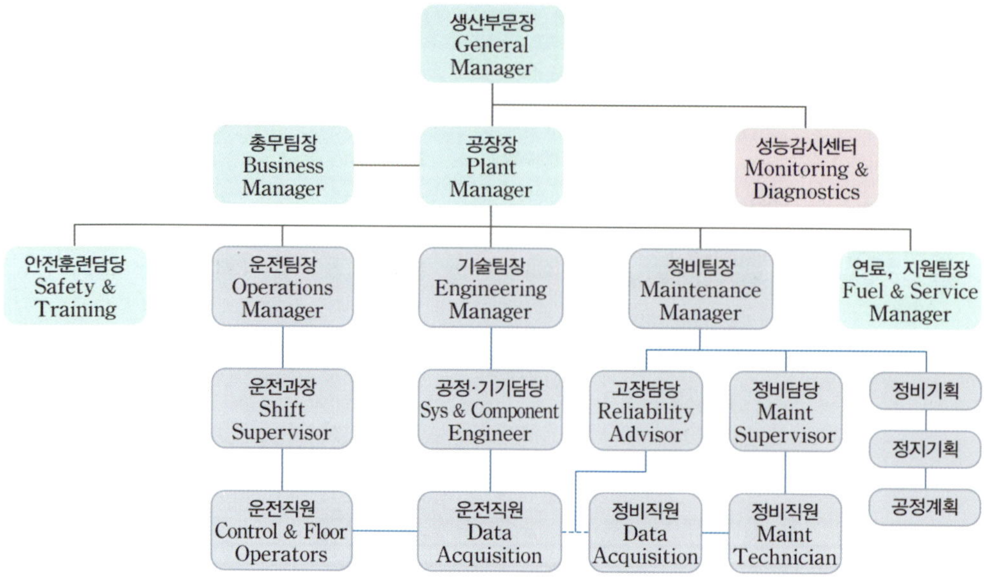

| 그림 6.24 | 건전성 예측관리 조직, 미국 플랜트

감시제어센터

| 그림 6.25 | 감시제어센터

산업설비 운영회사는 가동상태를 실시간 모니터링하고 최적화 조치를 시행하는 감시제어센터(MCR)를 운영하는데 정보통신기술(ICT)의 발전에 따라 무인운전 또는 원격감시 형태로 전환하는 사례도 있으며 감시업무를 재택근무로 병행 수행하기도 한다. 에너지 플랜트의 경우 통상적 설비 구성과 기능은 다음과 같다.

- 운영목적 : 플랜트 공정과 기기장치의 가동상태를 감시하고 필요시 운전 조작을 통하여 정상상태로 회복
- 설비구성 : 계측센서, 프로세서, 모니터 등 하드웨어와 제어 및 모니터링을 위한 소프트웨어 프로그램으로 구성
- 대상설비 : 플랜트를 구성하는 공정과 기기장치의 신뢰도(reliability)와 성능(performance)에 직간접 영향을 미치는 설비
- 주요업무 : 설비 가동과정(기동, 운전, 정지)에 운전상태 감시, 경계경보 발생에 대한 대응조치, 운전성능 분석 및 추적
- 운영인원 : 24시간 운영체제, 단위설비 조별 6~9명씩 교대근무, 운전분야에 지식과 경험을 보유한 인력을 배치

현재까지 감시제어 센터는 산업설비 건설 시 구축되어 단독으로 운영되었으나 예측진단 솔루션과 네트워화된 시험검사 장비가 등장하고 있기 때문에 연계된 기능으로 구성하는 것이 바람직하다.

성능진단센터

산업설비를 구성하는 기기장치의 고장을 사전에 발견하기 위해서는 공정과 기기장치의 설계, 제작, 운전, 정비, 건전성 예측 등에 대한 지식과 경험을 보유한 전문인력과 조기경보 및 운전상태 해석 능력을 가진 솔루션을 필요로 한다. 그러나 현실적으로는 모든 산업공장이 전문인력과 솔루션을 보유할 수 없기 때문에 1990년대 중반부터 미국 에너지 분야는 '성능진단센터'를 설립하여 기업이 보유한 모든 생산설비의 건전성 예측진단을 담당토록 하였다. '성능진단센터'는 PMDC(performance monitoring & diagnostics center), M&D center(monitoring & diagnostics center), RMC(remote monitoring center) 등으로 부르고 기업 내에서 자격을 갖춘 전문인력과 최신의 솔루션을 집중 배치하였으며 생산, 판매, 운전, 정비 부서와의 협력을 고려하여 본사와 인접한 장소에 위치하고 있다.

정보통신 기술의 발전으로 고객 기업과 네트워이 가능해짐에 따라 GE, SIEMENS, MHPS 등 플랜트 설비 제조회사 역시 '원격 성능진단센터'를 운영하여 자신이 판매한 기기장치의 운전상태와 성능을 정밀분석하고 이상이 발견될 경우 정상화를 지원하는 서비스를 유상으로 제공하고 있는데 두산에너빌리티㈜도 원격 성능진단센터(RMC)를 운영하고 있으며 다수 플랜트의 건전성 예측진단을 수행하고 있다.

| 그림 6.26 | 제작회사 성능진단 센터

미국 전력회사 중 가장 괄목할 만한 운영효과를 기록하고 있는 엔터지사(ENTERGY)의 경우 운영 시작 후 매년 고장률이 감소하여 5년이 경과한 시점에 고장이 1/7로 감소하였고 대형사고 여러 건을 방지하는 성과를 거두었으며 그 영향으로 많은 플랜트 기업들이 성능진단센터를 설립하는 효과를 유발하였다.

국내외 에너지 플랜트와 플랜트 설비 제조회사가 운영하는 성능진단센터(PMDC, RMC)의 운영내용과 특징은 다음과 같다.

• 운영목적 : 플랜트 기기장치의 물리적, 열역학적 운전상태와 환경영향 변화의 조기발견으로 고장과 성능저하를 사전에 방지
• 대상설비 : 회사가 보유한 전체 발전설비로 10~60기(unit) 또는 제작회사가 공급한 주요설비(보일러, 터빈, 발전기 등)
• 주요업무 : 설비 가동과정(기동, 운전, 정지)에 운전상태 감시, 조기경보 발생에 대한 대응조치, 시스템을 이용한 공정과 기기장치의 운전상태 감시, 플랜트와 기기단위의 운전성능 분석 및 추적, 운영 중인 각종 솔루션의 컴퓨터 모델 유지관리 등
• 운영인원 : 주간 근무 또는 24시간 연속 근무체제, 6~12명이 근무, 2명씩 4조 3교대 근무인 경우 팀장 포함 9명, 운전과 정비 분야에 경험이 풍부한 전문인력 배치
• 주요성과 : 대형사고 예방사례 다수, 기술적, 재무적 성과 확보

이 설비는 국내의 다수 기업들이 운영하고 있기 때문에 감시제어센터와 연계 운영하는 경우 시너지효과를 기대할 수 있다.

건전성 예측감시 및 시정조치

건전성 예측관리 업무는 설비특성에 따라 다양한 조직이 수행하는데 에너지 플랜트의 경우를 보면 [그림 6.24]에 표시된 것과 같이 운전팀, 정비팀, 기술팀의 직원들이 담당하고, 별도의

성능진단센터를 운영하는 경우는 근무직원들이 다수의 생산설비를 담당한다.

건전성 예측관리는 실시간 온라인 정보(운전제어, 조기경보)와 오프라인 정보(순시점검, 시험검사, 기술분석)를 종합적으로 활용하여 이상감지와 건전성진단을 수행하며, 설계정보와 정비정보 등을 활용하여 이상내용을 확정한다.

이상감지에 따르는 시정방법의 결정을 위해서는 고장발생 예상시기(잔존 유효 수명)와 생산여건 그리고 정비자재, 정비인력 등 준비상황을 고려해야 하기 때문에 관련부서 간 협의, 조정이 필요하다.

시정방법이 결정되면 정비 담당부서에 그 내용을 통지하고 시정조치가 완료되면 공정과 기기장치의 정상가동을 확인한 후 경험자료 축적을 위하여 관련 정보를 데이터베이스에 저장한다.

각 부서는 건전성관리와 관련하여 역할과 임무가 상이하고 예측진단에 활용하는 솔루션과 정보도 상이하기 때문에 관련된 모든 정보를 융합하여 예측관리업무를 수행하는 것이 효율적이며 부서별 업무내용을 [표 6.2]에 제시한다.

| 표 6.2 | 부서별 건전성 예측관리 수행

수행내용	도 구	운전팀	정비팀	기술팀	성능진단팀
순시점검	인력	√	√		
운전감시	솔루션	√			√
시험검사	장비		√	√	
기술분석	보고서		√	√	√
예측진단	솔루션			√	√
–	–	감시제어센터 (MCR)	운영회사 정비회사	전문기술팀 엔지니어링팀	성능진단센터 (PMDC)

공정과 기기장치의 건전성은 인력, 장비, 솔루션, 문서 등을 통한 정보를 종합적으로 고려하여 판단하는 복잡한 과정으로, 담당 직원의 지식과 경험 그리고 판단력에 따라 정확도가 결정된다. 지금까지 산업설비의 건전성은 엔니어링 프로세스에 부착된 센서로 부터 수집된 신호를 분석하여 이상여부를 판단하는 수준에 머무르고 있으나, 계측센서, 기계학습, 인공지능, 기능융합 등 기술과 솔루션 모델을 활용하면 [그림 6.27]과 같이 지능형 기능 구현이 가능하다. 건전성 예측 프로세스의 첫째 단계는 계측센서의 건전성 예측으로 레인지법, 평균법, 가상센서법 등을 활용할 수 있으며, 둘째는 기기장치의 건전성 예측으로 이상감지, 건전성진단, 고장예측 등을 시행하고, 셋째는 공정의 건전성 예측을 시행하여 정상 구간과 비정상 구간을 구분하며 어떤 기기장치의 이상으로 공정의 불안정이 발생했는지를 표시한다.

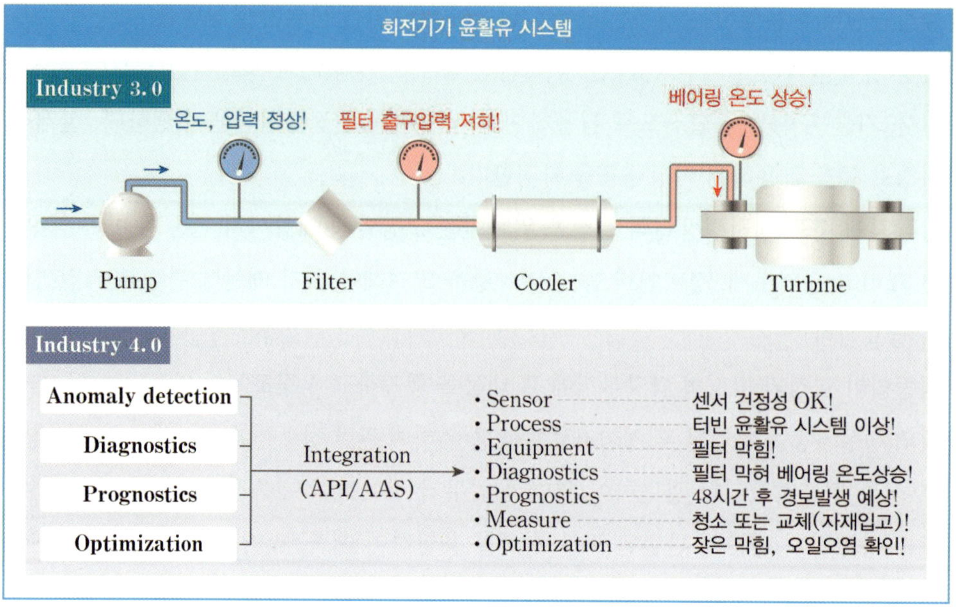

| 그림 6.27 | 지능형 건전성 예측진단 시스템

솔루션 유지관리

건전성 예측관리를 위해서는 모니터링, 이상감지, 건전성진단, 고장예측, 최적화 운영 등에 필요한 다양한 솔루션을 운영해야 하는데, 기술발전에 따라 하드웨어와 소프트웨어의 개선이 뒤따르고 데이터 기반 솔루션들은 운전상황 변동에 따르는 데이터 업데이트를 필요로 하기 때문에 솔루션 공급회사와 계약을 통하여 시스템 유지관리를 지속적으로 시행하여야 한다. 시스템 운영효과가 저하하는 대부분의 회사들은 인력과 비용 소요를 이유로 유지관리를 소홀히 한 공통점이 발견된다.

시행효과 산출 및 입증

건전성 예측관리 기법 적용 시 의사결정을 좌우하는 것은 일차적으로 재무효과이지만 최근 대두되는 사회적책임경영(ESG)을 감안하면 환경, 안전, 효율 등도 중요한 판단기준이 될 수 있다. 안전사고와 환경오염은 설비의 가동을 제한하는 중요한 요소이기 때문에 이에 대한 판단기준은 새롭게 정의할 필요가 있는데, 그 예로 안전사고가 발생한 생산공장의 경우 규제기관으로부터 일정기간 가동정지가 가해지고, 공해물질을 규정된 수치 이상으로 배출하는 경우도 가동정지 조치가 내려진 사례가 있다. 더욱이 강화된 법률에 따르면 법적조치에는 설비관리 책임자와 경영진에 사법적 책임을 묻는 제도가 적용되어 기업경영에 심각한 영향을 초래하기 때문에 이에 따르는 리스크를 적극적으로 극복하기 위해서는 건전성 예측관리 목표에 안전과 환경을 포함하고 시행효과도 함께 평가하여야 한다.

재무적 효과는 기획단계는 물론 운영단계에서도 투자의 타당성 입증을 위해 요구되는 자료이지만, 감시제어시스템(SCADA, DCS)은 설비운영에 필수적으로 요구되는 운전감시(supervisory)와 가동제어(process control) 기능을 제공하고, 시험검사 장비는 현장에 설치된 기기장치의 물리적 상태를 운전과 정비 담당직원에게 제공하기 때문에 적용과 투자에 대한 문제를 제기하지 않는다.

반면, 건전성 예측진단 중 조기경보 기능은 산업부문에 소개되는 초기단계로서 법률적으로 요구되는 기술이 아니고 그 효용성도 최근에서야 사용경험을 통하여 알려지는 단계이기 때문에 기술적 성능은 이해하지만 재무적 효과에 대하여는 입증에 어려움을 겪는 실정이다. 더욱이 예측진단 기능은 이상징후를 사전에 발견하여 고장으로 진행을 방지한 것이기 때문에 이상징후를 별다른 조치없이 방치하였을 경우 고장과 사고로 이어진다는 확증적 근거를 제시하기가 어렵다.

대형사고를 방지할 수 있다는 신기술에 매력을 느껴 과감하게 투자하였던 기업들도 기술적, 재무적 효용성 입증에 실패하여 설비를 방치하거나 운영을 포기하는 사례가 발생하고 있어 그 성공적 운영요건과 미래지향적 발전노력은 제7장에서 기술한다.

Chapter

7

성공요건과 발전노력

주성철

PHM

Prognostics and health management

강력한 법규와 체계적인 관리에도 불구하고 산업설비의 안전사고와 환경재해는 계속 발생하고 그 원인을 제공하는 산업설비의 고장 역시 되풀이되고 있어, 건전성 예측관리(PHM)의 성공과 실패 요인을 세심하게 살펴볼 필요가 있다. 또한 산업설비 감시제어 및 건전성 예측관리와 관련된 기술은 스마트화, 지능화 등으로 발전을 거듭하고 있어 지속적인 발전 노력이 뒷받침 되어야 성과를 보장할 수 있기 때문에 이를 위한 방안을 살펴본다.

7.1 성공적 운영 고려사항

7.1.1 명확한 목적과 목표 설정

건전성 예측관리(PHM)를 추진하는 대부분 조직은 관심있는 요소기술 또는 솔루션에 대한 호기심으로 시작하고, 성과가 불확실한 상태를 유지하다가 점차 관심으로부터 멀어지는 단계를 거친다. 프로젝트의 기획단계에는 [그림 6.14]와 같이 프로젝트 전반에 대한 목적과 목표를 명확히 설정하여 체계적으로 추진하는 것이 바람직하며, 솔루션 기능에 대한 세부기능 확인이 필요한 경우는 시험운영 결과를 토대로 확대를 추진하는 것이 바람직하다. 파일럿 프로젝트로 추진하는 경우는 제한적인 설비에 단기간 동안 적용하기 때문에 중대한 고장발생을 경험하기 어렵고 검증을 위한 제도, 조직, 인력 등도 미흡하기 때문에 공급회사와 긴밀한 협조로 추진하는 것이 필요하며 유사 프로젝트 현장을 벤치마킹하는 것을 고려할 필요가 있다.

준비부족으로 실패한 프로젝트는 부정적 이미지 때문에 충분히 준비된 다른 프로젝트의 시도까지도 어렵게 한다.

7.1.2 운전·정비 프로세스에 포함

건전성 예측관리(PHM)는 생산공정과 기기장치의 건전성 평가를 통하여 안정적 운전상태를 유지하고 이상징후의 조기발견을 통하여 고장발생과 파급 확산을 최소화하는 기법으로, 인력과 장비 그리고 솔루션을 활용하여 가동기간과 정지기간 중 시행한다. 건전성 예측관리는 운전과 정비를 위한 수단을 제공하기 때문에 [그림 6.17]에 제시한 것과 같이 신뢰도기반정비(RCM)와 상태기반정비(CBM) 체계의 기반 기술이 되며 그 성능에 따라 운전과 정비 수준이 결정되고 산업설비 운영의 성과를 좌우한다.

산업설비의 건설단계에는 설계회사(A/E)가 전체 생산설비의 공정과 기기장치의 기능을 정의하고 사업주 주도하에 설계, 제작, 설치 관련 회사들의 참여로 건설을 추진하고 있으나 운영단계로 진입하면 모든 회사가 철수하고 거대한 생산설비의 운영과 정비는 운영회사 단독으로 수행해야 하는 어려운 상황에 당면한다.

건전성 예측관리 기능 중 감시제어시스템(SCADA, DCS)은 장기간에 걸친 운영으로 운전과 정비에 주축을 이루고 있으나, 최근에 개발된 조기경보 시스템과 정밀진단 솔루션 등은 운전정비 시스템과 제도적 연계성을 유지하지 못하여 효능에 한계를 나타낸다. 따라서 건전성 예측관리 시스템의 체계적 운영을 위해서는 상태기반정비(CBM)체계의 구성요소로 편입되어 업무 프로세스의 일부로 작용하여야 하며 운전정비(O&M) 관리체계와 건전성 유지관리를 위한 절차, 조직, 인력, 솔루션 등이 연계되어야 한다.

기존업무 담당자는 추가 솔루션까지 살필 여력이 없고, 특정 시스템의 진정한 가치는 그 작동이 멈추어야 알 수 있다.

7.1.3 목적 달성에 적합한 대상설비 선정

기업 매출과 수익에 직접적 리스크로 작용하는 신뢰도, 성능, 안전, 환경, 원가 중 적용하고자 하는 관리지표를 선정하고 적용 대상 공정과 기기장치를 선택한다. 예로, 안전에 관련된 설비의 건전성 예측을 위해서는 유해 가스와 액체 프로세스 또는 가연성 물질을 처리하는 설비를 포함하여야 하며, 환경 피해를 회피하기 위해서는 먼지 제거설비, 유해가스 제거설비, 소음 발생설비 등을 관리 대상에 포함하여야 한다.

건전성 예측관리 대상기기 선정은 생산과 원가에 큰 영향을 미치는 설비가 주된 대상이며 주공정 설비(main process), 고장빈도, 정비비용, 정비 소요시간 등을 감안하여 결정한다. 투자 여력이 있는 기업의 경우는 가능한 많은 설비를 대상에 포함하지만 중소기업의 경우는 투자에 제약이 따르기 때문에 필수설비를 중심으로 대상설비를 선정할 수밖에 없는 실정이다.

대상설비 선정 시 고려해야 할 세부 사항은 계측센서로서 고장진단에 필요한 계측센서를 확보하지 못한 설비는 대상설비에 포함할 수 없으나, 중요한 설비인 경우는 별도의 계측센서를 추가로 확보하여야 한다. 예로, 여과용 필터의 입구와 출구에 압력센서가 부착되어 있지 않을 경우 오염에 의한 막힘 현상을 발견할 수 없으며, 윤활유 온도조절 밸브 출구에 계측센서가 부착되지 않으면 베어링 과열 원인을 찾아낼 수 없다.

그물이 작으면 구매비는 적지만 잡히는 고기의 수량도 적고, 큰 그물은 구매비는 크나 계속 많은 고기를 잡을 수 있다.

7.1.4 운영관리 참조모델 확보

'건전성 예측관리(PHM)'는 상태기반정비(CBM) 시스템의 일부로서 인력, 장비, 솔루션을 수단으로 하고 규정과 절차, 관리 조직과 인력, 장비와 솔루션 등을 운용해야 하며 설계, 제작, 원자재공급, 정비 등 관련 회사와 네트웍을 유지하는 복잡한 프로세스를 필요로 한다. 건전성 예측관리 시스템의 구축을 추진하는 실무진에게 프로세스 모델에 관한 벤치마킹 정보 제공을 위하여 [그림 6.18]에 제시한 건전성 예측관리 참조모델의 활용을 추천한다.

제시한 참조모델은 개념적 최적화를 추구하는 구성이기 때문에 건전성 예측관리 시스템의 구축 담당자는 기획과정에 운영능력을 고려하여 사업 목적과 목표에 적합한 규모로 선택하여야 한다. 참조모델이 중요한 것은 사업추진 과정에 벤치마킹을 통한 확인과 검증이 가능하기 때문에 프로젝트 추진의 불확실성을 감소시킬 수 있기 때문이다.

마라톤 선수는 페이스메이커(pacemaker)의 도움을 필요로 하지만 완주와 우승은 자신의 노력에 의해서만 결정된다.

7.1.5 추진 장애요인 제거

기술발전에도 불구하고 산업설비의 고장과 사고가 계속되고 있는 것은 이미 6장에서 제시한 것과 같이 건전성 개선을 가로막는 장애요인들을 근본적으로 제거하지 못하기 때문이며, 해결은 운영회사 만이 아니라 다수 조직의 참여로 가능하기 때문이다.

물리적 장애요인은 대부분 이상징후의 인지, 건전성진단, 고장예측에 필요한 솔루션의 기능한계에 기인하기 때문에 건전성 예측관리 기술과 솔루션이 확보되면 극복이 가능하다. 이상감지(anomaly detection) 기능은 기술적 발전을 이루고 있으나 건전성진단(diagnostics)과 고장예측(prognostics) 기능은 개념적 또는 실용적 진전이 미흡하여 여전히 개선과제로 남아 있기 때문에 인력, 장비, 솔루션 간 연계와 융합을 통하여 예측성능 고도화를 추진하여야 한다.

심리적 장애요인은 망각효과, 책임부재, 보상부족, 책임회피 등 다양한 형태로 존재하는데 – 망각효과는, 기억에 의존하는 방식은 한계가 있기 때문에 가능하면 제도화된 솔루션화를 통하여 해소하고 – 책임부재는, 업무책임이 특정되지 않았거나 책임한계가 모호하게 설정되었기 때문이고 특히 신규 설비나 솔루션이 등장하는 경우 책임자와 관련자가 불명확한 경우도 발생하기 때문에 규정과 절차를 명확히 함으로서 개선이 가능하며 – 보상부족은, 변화와 혁신을 주도하는 경우 성과에 대한 보상은 없으나 리스크는 책임져야 하는 분위기에 기인하기 때문에 기술적, 재무적 성과가 뚜렷한 경우는 과감한 보상으로 의욕을 북돋는 방법이 필요하며 – 책임회피는 업무 중 발생하는 실수 중 고의나 나태에 따른 실수가 아니라면 면책조치로 심리적 위축을 방지하는 등 – 방법으로 심리적 장애요인을 제거하여야 한다.

관리적 장애요인은 필수적 관리도구인 규정과 절차, 조직과 인력, 솔루션 관리, 일정과 예산 관리의 미흡한 운영에 기인한 것이기 때문에, 건전성 예측관리를 위한 규정과 절차를 수립하고, 업무수행을 위한 조직과 인력을 배치하며, 솔루션 유지관리 계약을 통하여 지속적인 업데이트와 업그레이드 체계를 유지하고, 업무수행 일정과 예산을 확보하는 등의 방법으로 극복하여야 한다.

물리적, 관리적 장애는 예산과 기술로 해결이 가능하나 심리적 장애는 책임과 보상을 통하여 극복이 가능하다.

7.1.6 정보와 솔루션 기능 융복합화

인력, 장비, 솔루션을 통하여 수집된 다양한 형태의 정보는 관련자에게 전달되어 이상감지, 건전성진단, 고장예측 등의 과정을 거쳐 건전성 예측관리(PHM) 기능을 수행하게 된다. 인력을 이용한 정보는 오감을 이용하기 때문에 음성, 문서 형태로 제공되고, 장비와 솔루션이 생성하는 정보는 개별 기억장치에 보관되기 때문에, 분석자는 정보를 일일이 수집하여 건전성을 예측하여야 한다. 여기서 당면하는 실무적 어려움은, 인력의 경우 운전팀, 정비팀, 기술팀에 근무하는 기계, 전기, 제어 담당자가 다수이고, 장비는 열화상, 음향, 진동, 방전, 오일 등 많은 측정장비가 운영되고 있으며, 솔루션은 기기장치별로 개발된 솔루션(예, 보일러, 터빈, 발전기 등)과 기능별로 개발된 솔루션(고장예측, 건전성진단, 진동분석 등)이 다양하게 운영되어 정보분석을 더욱 어렵게 한다.

정보분석 능률을 높이려면 인력으로 제공되는 음성과 문서형태의 정보를 솔루션화로 전환하고, 측정장비들은 온라인 기능을 활용하여 정보망에 접속하며, 솔루션은 정보연계 기능(SQL, API, AAS)을 이용하는 등의 노력을 통하여 기능의 융복합화를 추구해야 한다. 정보와 솔루션 기능의 융복합화가 어려운 것은 정보통신기술의 어려움 뿐만 아니라, 다양한 공정과 기기장치의 고장해석 모델을 정의한 후 필요로 하는 정보를 인력, 장비, 솔루션을 통하여 수집하고 해석하며 진로를 예측하는 일관 프로세스를 완성해야 한다는 점이기 때문에 산학연의 긴밀한 협력을 통한 해결을 필요로 한다.

구슬이 서 말이라도 꿰어야 보배이다.

7.1.7 운영관리 필수 자원 확보

건전성 예측관리(PHM)는 각종 기기장치의 건전성을 판단하여 고장발생과 파급을 방지하는 기술이기 때문에 모든 운영자들이 투자를 통하여 성과를 거둘 것으로 예상하지만, 만족할 만한 성과를 거둔 회사는 일부에 불과하고 많은 회사들은 운영의 지속 여부에 회의적이어서 그 원인 분석을 통한 대비가 필요하다. 운영성과가 미흡한 첫 번째 원인은 건전성 예측관리에 적합한 조직과 인력을 갖추지 못한 것으로 인력부족, 겸직수행, 능력부족 등이 이에 해당한다. 두 번째 원인은 예측관리에 필요한 정보를 충분하게 활용할 수 없는 경우로서 인력, 장비, 솔루션 등이 부족하거나 네트웍으로 전달되지 못하기 때문이다. 세 번째 원인은 건전성 예측관리 담당 조직과 인력의 임무와 업무기준을 명시한 규정과 절차가 공식적으로 운영되지 않는 경우로서 운영환경 변화를 절차서에 반영하지 못한 경우도 해당한다.

미국 에너지 회사들이 운영하는 성능진단센터(PMDC, M&D center)의 운영성과 보고서에 따르면, 전담운영인력 7~12명을 투입하고 적합한 솔루션을 운영하는 회사는 대형고장이 줄어들고 고장발생률이 대폭 감소하였으나, 전시적 운영에 머무르는 회사는 별다른 성과를 거두지 못하는 것으로 나타난다. 국내의 경우도 국가기관과 기업들이 다양한 감시관제센터를 운영하고 있으나 운영 기간이 짧은 탓도 있지만 대부분은 솔루션 위주의 운영에 초점을 맞추고 있어 큰 성과를 거둔 경우를 발견하기 어렵다. 동일한 목적으로 운영되는 감시제어시스템(SCADA, DCS)이 조직과 인력을 기반으로 고도화된 솔루션을 이용하여 성공적으로 운영되는 점을 감안하면, 건전성 예측관리(PHM) 시스템을 체계적으로 구성하고 필요한 자원을 투입하면 성공적인 운영이 가능할 것이다.

아무리 바빠도 바늘 허리 매어 쓰지 못한다.

7.1.8 신기술 추세 반영 지능화

오감을 이용한 건전성 예측관리 기술은 감시제어기술(SCADA, DCS)을 거쳐 데이터 기반의 예측관리(PHM) 기술로 발전하고 있고, 시험검사 장비는 인공지능 기술을 이용하여 건전성 진단, 예측 등의 기능을 갖추어 온라인 서비스를 제공하고 있다. 최근에는 무선센서, 5G통신, 클라우드, 플랫폼 기술 등을 이용하여 스마트 감시제어시스템을 구축하고 기존의 운전과 성능 영역을 넘어서 환경과 안전분야까지 서비스 영역 확장을 계획하고 있으며, 정부는 산업설비 운전감시를 위한 플랫폼을 구축하고 중소기업을 대상으로 클라우드 서비스를 준비하고 있다.

독일 인더스트리 4.0 추진조직(platform industry 4.0)과 미국 산업 사물인터넷 컨서시움(industry IoT consortium)은 스마트 제조를 위한 감시제어시스템의 아키텍처와 플랫폼 모델을 제시하여 급격한 기술발전을 예고하고 있고 사실상 산업표준(de-facto)으로 진행하는 추세이다. 그러므로 신규로 구축하는 건전성 예측관리시스템은 물론 기존의 시스템도 최신의 기술발전 추세를 반영하여 예측관리 기능을 최적화 상태로 유지할 필요가 있다.

> 어제와 똑같이 살면서 다른 미래를 기대하는 것은 정신병 초기증세이다. (아인슈타인)

7.1.9 기술적, 재무적 효과 입증

건전성 예측관리 프로젝트의 기획단계와 운영단계에서 투자에 대한 재무적 타당성 입증을 필요로 하기 때문에 기준에 합당하지 않을 경우 사업추진이 불가하거나 시스템 운영을 중단해야 할 경우도 발생한다. 실제로 해외 플랜트에서는 성과부족으로 운영을 중단하거나 운영중인 시스템을 현장으로 이전한 경우도 발생하였다.

| 재무적 효과 산출 |

예상 고장건수 × 건당 손실추정비용 − 실제 고장건수 × 건당 손실비용 = 건전성 예측관리에 따른 재무적 효과 산출금액

일반적으로 재무적 효과는 고장감소에 따르는 비용절감 효과를 산출하는 것으로 위와 같은 산출방법을 적용하는데, 감시제어시스템(SCADA, DCS)과 계측장비는 설비운영을 위한 필수 수단이기 때문에 통상적으로 평가대상에서 제외한다.

운영단계의 재무적 평가는 건전성 예측관리 활동을 통하여 구현한 고장예방 효과를 기술적,

재무적으로 분석하여 기획 및 준비단계에 예상한 목표 값과 비교하고, 차이가 발생하면 그 원인을 검토한다. 분석결과 재무적 효과가 부족한 경우는 1) 예상 고장건수 과소, 건당 손실추정비용 과소 2) 고장예방 효과 부족, 건당 손실비용 과다 등으로 나타나는데, 관리적으로 유의할 것은 당초 계획보다 실제 고장발생이 감소하지 않았거나 증가하는 경우이다.

이 경우는 설비 운영여건이 변화하였거나 건전성 예측관리 기능의 부족을 예상할 수 있기 때문에 제도, 조직, 인력, 솔루션 능률에 대한 분석을 실시하고 개선방안을 강구하여야 한다. [그림 7.1]은 미국 전기연구소(EPRI)가 제시한 재무효과 산출방법으로 기본개념은 건전성 예측관리 기법의 적용을 기점으로 통계적 고장률을 비교하여 고장감소에 따르는 재무적 효과를 산출한 것이다.

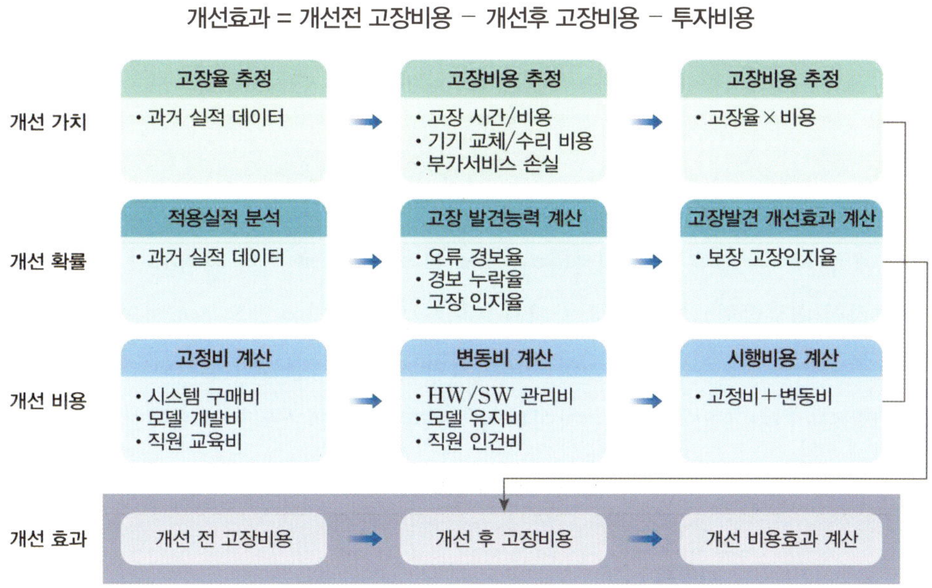

| 그림 7.1 | 건전성 예측관리 효과 계산방법

지금까지 건전성 예측관리에 관한 효과분석은 설비고장에 따른 재무적 평가에 치중하였으나, 사회적책임경영(ESG)에 관한 글로벌 트렌트를 감안할 경우 환경과 안전에 미치는 영향을 재무적 효과에 포함하는 것이 바람직하다. 생산설비 고장으로 안전과 환경에 피해가 발생하는 경우 설비 가동제한을 초래하는 경우가 있기 때문에 그에 따른 생산감소, 설비복구 비용 등을 종합적으로 판단하여 효과를 산출한다.

아무리 현란한 발 재간을 자랑하여도 골을 넣어야 선수로 발탁될 수 있다.

TIP 가장 손쉽게 성공할 수 있는 비결

수많은 사업과 과제를 추진했던 경험을 가진 전문가라 하여도 여전히 새로운 프로젝트의 추진이 어려운 것은, 성공을 위해서는 수많은 요구사항을 모두 충족하여야 하나 실패는 수많은 요구사항 중 단 하나라도 충족하지 않으면 발생하기 때문이다. 예로 '성능진단센터' 운영의 성공을 위해서는 제도, 조직, 인력, 솔루션을 모두 갖추어야 하지만, 그 중 하나의 요건에 불과한 관리 인력이 배치되지 않으면 실패로 이어지게 된다.

그동안 산업설비의 건전성 개선 프로젝트에 참여한 다수의 관리자들에게 '프로젝트의 성공을 좌우하는 절대적 요소'가 무엇인지를 물었을 때 공통적인 대답은 '경영자의 의지(Management's Interests)'를 지적하였고 경영자가 강력한 추진 의지를 표명한 것만으로도 추진 상의 어려움은 대부분 극복이 가능하고 90%는 성공이 보장된다는 의견을 제시하였다.

그러므로 건전성 예측관리 과제의 성공적 추진을 위해서는 조직의 대표는 물론 경영진과 관리자의 강력한 의지와 지원이 관건이다.

7.2 미래 지향적 발전 노력

건전성 예측관리는 '경험'으로 시작하여 '통계'를 거쳐 '이론'으로 확립되고 최근에는 '솔루션'을 통하여 대중화되는 과정으로 발전하고 있으며 그 과정에 많은 경험자와 전문가들이 정보에 접근하게 되고 소수 전문가들의 영역이었던 지식과 경험들이 평가와 개선을 통하여 진화하는 과정을 거치고 있다. 란트슈타이너의 혈액형 발견, 파스퇴르의 세균발견, 허준의 동의

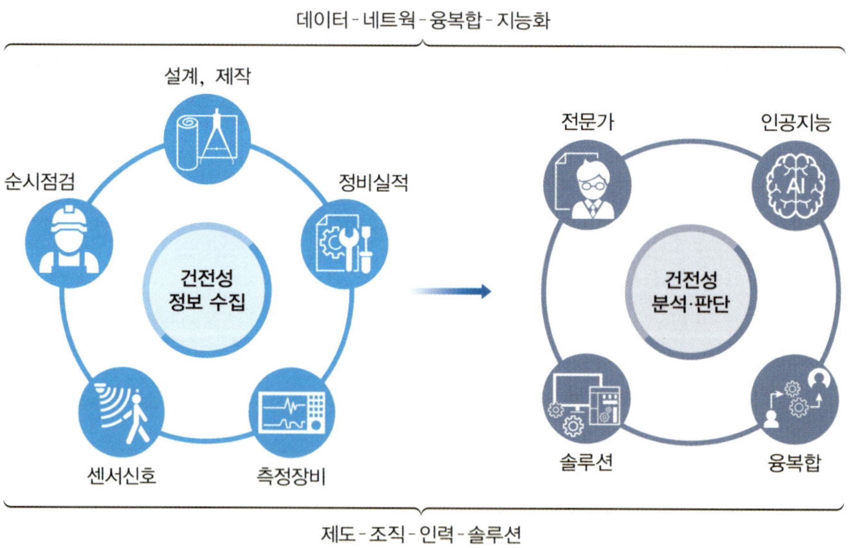

| 그림 7.2 | 건전성 예측관리 프로세스 개선

보감 저술 등이 경험, 통계, 이론으로 진화했던 점을 감안하면, 건전성 예측관리 분야도 새로운 지식과 경험을 개발하고 산학연의 검증을 통하여 이론화된 체계로 발전시키며 연구개발 성과의 전파와 전문인력 양성을 통하여 건전성 예측관리 기반을 조성하는 노력이 필요하다.

7.2.1 기술과 관리 관점의 진화

사람의 건강 예측관리를 위한 첫 단계는 '환자 건강정보 수집'으로 생체·유전 특징, 가족병력, 개인병력, 생활환경, 정밀진단, 문진기록 등을 파악하는 것이며, 두 번째 단계는 '건강상태 분석·판단'으로 수집된 정보를 기반으로 진료정보 융복합, 의사 지식과 경험, 지능화 솔루션 등을 통하여 '질병의 징후'를 찾아내고 '상태를 진단'하며 '향후 예상진로'를 예측하는 단계를 거치게 된다. 산업설비의 건전성 예측관리 역시 그 과정과 절차는 동일하여 별도 설명을 필요로 하지 않으나, 지난 20여년 간 학술적 논리전개와 해석기술 측면에서 발전이 정체되고 있는 점을 고려하면 현행 기술 수준에 대한 발전적 평가가 필요하다.

현행 건전성 예측관리 수준 향상을 위해서는 기술적 관점과 관리적 관점의 접근을 필요로 한다. '기술적 관점의 개선'을 위해서는 문서형태로 작성된 정보를 디지털화하고, 디지털화된 정보를 네트웍으로 연결하며, 부서별/시스템 사일로 정보를 융복합 하여, 전문가 지식과 경험을 기반으로 분석과 판단의 지능화를 추진하는 것이 필요하며, '관리적 관점의 개선'을 위해서는 예측관리를 위한 제도, 조직, 인력, 솔루션 등의 확보를 필요로 한다.

2010년대 중반부터는 독일 주도의 인더스트리 4.0과 미국 주도의 디지털 혁신이 산업설비 운영관리 변화를 주도하고 있으며 운전과 정비 능률의 향상을 중요한 목표로 하고 있다. 그 방법으로 사물인터넷을 이용한 초연결, 설비 설계·제작회사와 정보 네트웍 구성, 인공지능을 이용한 최적 제어, 운영관리 의사결정 최적화 등을 추진하고 있어 건전성 예측관리도 요소기술의 한계를 넘어서는 기능의 체계화와 융복합화 노력이 필요하다.

7.2.2 운전정비 체계상 위치 정립

사람을 대상으로 하는 건강 예측관리 기술이 발전을 거듭하고 있는 것은 의료진의 측정과 예측 결과가 의료체계로 연계되어 관리 프로세스를 완성하기 때문이다. 의료체계에 포함되지 않는 건강 예측진단 기술은 불법 의료행위로 제재를 받을 수 있을 뿐만 아니라 투약, 치료 등 혜택도 받을 수 없어 자연적 도태로 이어진다.

건전성 예측관리(PHM) 기술도 이상징후의 조기발견을 통하여 산업설비의 안정적 운영을 추구하는 상태기반정비(CBM)를 지원하기 위한 것이기 때문에 예측진단 결과를 후속 관리로 연계하여야 한다. 건전성 예측관리(PHM) 기술은 신뢰도기반정비(RCM), 상태기반정비(CBM), 선제정비(PAM) 등과 관계를 설정하고 관련 기구와 협력을 통하여 발전적 체계화를 추진함으로써 유지관리체계(maintenance system)를 고도화하는 공동 노력을 기울여야 한다.

7.2.3 솔루션 기능 체계화

건전성 예측관리(PHM)는 운전정보시스템(PIS), 감시제어시스템(SCADA, DCS), 시험검사장비 등의 명칭으로 오랜 기간 동안 산업설비 운영의 기본기능으로 사용되고 있고, 1990년대 중반부터는 기계학습(machine learning) 기술을 이용한 예측진단 솔루션의 등장으로 그 기능의 폭을 점차 넓혀가고 있다. 최근 기술발전 추세에 비추어 향후 건전성 예측관리는 솔루션의 기능과 운영능력에 따라 그 성과가 좌우될 전망이기 때문에 건전성 예측관리 솔루션들이 보유해야 할 주요 기능을 기술하여 개발 및 운영에 참고하도록 한다.

대상 선정

- 대상설비 선정 : 건전성 예측관리 대상 설비에 대한 범위를 설정하는 것으로 포함할 공정과 기기장치를 정의
- 대상센서 선정 : 공정과 기기장치에 부착된 각종 계측센서 중에서 건전성 예측관리를 시행할 대상을 선정
- 예측기능 정의 : 건전성 예측은 공정과 기기장치의 신뢰성과 성능을 평가하며 이상감지, 건전성진단, 고장예측 기능을 제공

경보관리

- 스탠다드 템플릿 : 공정과 기기장치의 유형에 따라 모델구성, 입력변수, 경보설정 등에 대한 정형화된 템플릿을 제공
- 자기건전성진단 기능 : 시스템의 하드웨어나 소프트웨어 기능을 스스로 진단하여 비정상동작에 대한 알림 기능을 제공
- 임의설정 경보 : 시스템이 제공하는 기본경보와는 별도로 사용자가 용도를 설정하여 경보를 발생토록 하는 기능을 제공
- 예측진단 경보 : 공정과 기기장치의 운전 상태를 진단하여 정상운전 범위를 벗어날 경우 주의경보 또는 경계경보를 발생

• 그래픽 디스플레이 : 시스템의 입력, 프로세스, 출력을 사용자가 인지하기 쉽도록 그래픽 형태로 표시하는 기능을 제공

우선순위

• 경보 우선순위 : 경보의 인지 및 처리 순위설정 기능으로 계측신호 중요도와 변화정도(크기, 시간)를 고려하여 1,2,3.. 등으로 정의
• 우선순위 변화 : 계측신호의 변화로 사전 설정된 우선순위가 변동하는 경우 담당자의 주의를 촉구하는 메시지를 제공

경보해석

• 경보 추적관리 : 경보발생에 대한 개선조치 완료를 위하여 인지 및 등록, 담당자 통보, 처리결과 확인 기능을 시스템화
• 경보 임시감춤 : 경보의 반복으로 인한 업무장애, 신뢰저하 방지를 위해 일시적 감춤, 재확인(ring-back) 기능을 제공
• 운전상황 해석 : 경보가 발생할 경우 경보를 유발한 부품, 원인, 영향, 위치 등 경보내용 해석에 필요한 정보를 제공
• 인과관계 분석 : 경보가 발생한 설비를 중심으로 공정-기기장치 간 인과관계를 분석하여 조치사항 결정에 활용

정보연계

• 운전정보 연계 : 감시제어시스템(DCS, SCADA) 경보와 조기경보시스템(EWP, ECA) 경보 간 기능과 역할을 정의
• 작업지시서 발행 : 경보발생 내용과 관련부서가 점검 및 조치해야 할 사항을 기술한 작업지시서를 자동으로 발행
• 정비정보 연계 : 점검, 시험, 검사, 정비 등 오프라인 정보와 연계기능 제공으로 경보 해석의 확장성을 제공

품질관리

• 모델설계 기준서 : 건전성 예측관리 모델의 정의(asset, data, threshold, sprt, alarm 등) 에 필요한 기준과 절차를 제공

- 품질관리 절차서 : 건전성 예측관리 시스템 개발, 시험, 설치, 운영 과정의 품질관리에 필요한 기준과 절차를 운영
- 사이버 보안대책 : 산업설비와 데이터 연계, 시스템 운영, 타 시스템과의 연계 등을 고려한 사이버 보안대책을 제공

7.2.4 솔루션 융복합화로 기능혁신

문서형태로 '병원단위'로 산재되어 있는 진료 및 투약 기록을 전자 문서화하여 '개인단위'로 통합 관리하는 시스템을 운영한다면 중복검사를 피할 수 있고 의료진의 경험을 공유할 수 있으며 투약오류도 방지하는 등 의료시스템의 최적화 운영이 가능하다. 산업설비의 경우도 문제는 동일하기 때문에 건전성 예측관리를 최적화하기 위해서는 기술적 관점과 관리적 관점에서 제시한 개선내용을 반영하여 솔루션으로 완성하여야 한다.

실시간으로 제공되는 다수의 센서신호와 문서 및 영상으로 작성된 정비기록을 수작업으로 실시간 분석하여 최적의 판단을 결정하는 것은 현실적으로 불가능하기 때문에, 건전성 관련 정보의 수집부터 분석 및 판단까지의 전체 과정을 일관된 디지털 시스템으로 최적화하고, 산학연의 전문가와 운영인력은 시스템의 기능과 성능에 대한 지속적 평가와 개선에 주력하는 것이 미래지향적 관리방식이다.

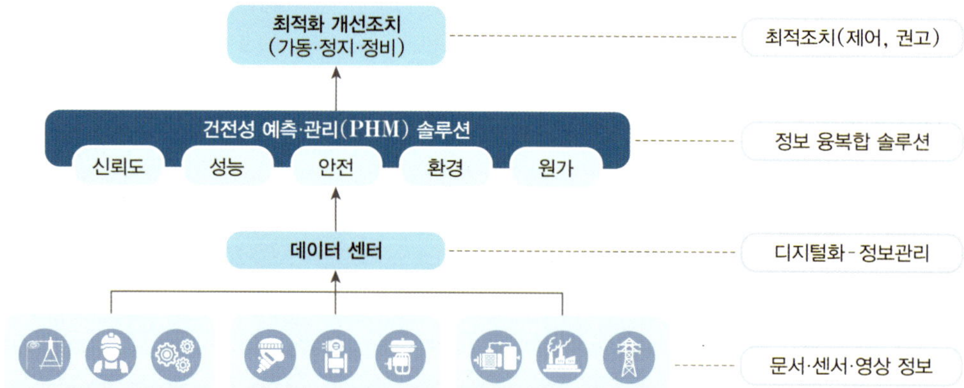

| 그림 7.3 | 건전성 예측관리 융복합 시스템 구축

산업설비의 건전성 예측관리 솔루션은 신뢰도, 성능, 안전, 환경, 원가 등 관리요소를 모두 포함하고 분야별 정보를 융복합함으로써 문제해석 능력을 극대화하여야 한다.

7.2.5 상태해석 기술 발전

산업설비의 건전성 예측은 계측센서, 기기장치, 공정 등을 대상으로 이상감지(anomaly detection), 건전성진단(diagnostics), 고장예측(prognostics) 기술로 완성되기 때문에 산업계 에서는 PHM 전반에 대한 관심이 많으나 학술부문에서는 이상감지(anomaly detection)에 연구가 집중되고 있어 진화노력이 필요하다.

이상감지(anomaly detection) 기능은 '90년대 중반 미국에서 개발한 기기상태 건전성진단(MSET, ECA) 기술을 기반으로 수많은 제품들이 등장하고 있고 국내 기업들도 제품들을 출시하고 있는 반면, 건전성진단(diagnostics)과 고장예측(prognostics) 솔루션을 제공하는 제품은 일부 회사를 제외하고는 없는 상황이다. 산업계에서 건전성 예측관리는 업무의 중요성에도 불구하고 인적, 물적 자원의 투입이 부족하고 운영관리를 담당할 인력도 충분하지 않기 때문에 이상감지부터 건전성진단, 고장예측까지를 통합된 솔루션으로 제공하여야 실무자들의 활용도가 높아질 것이다.

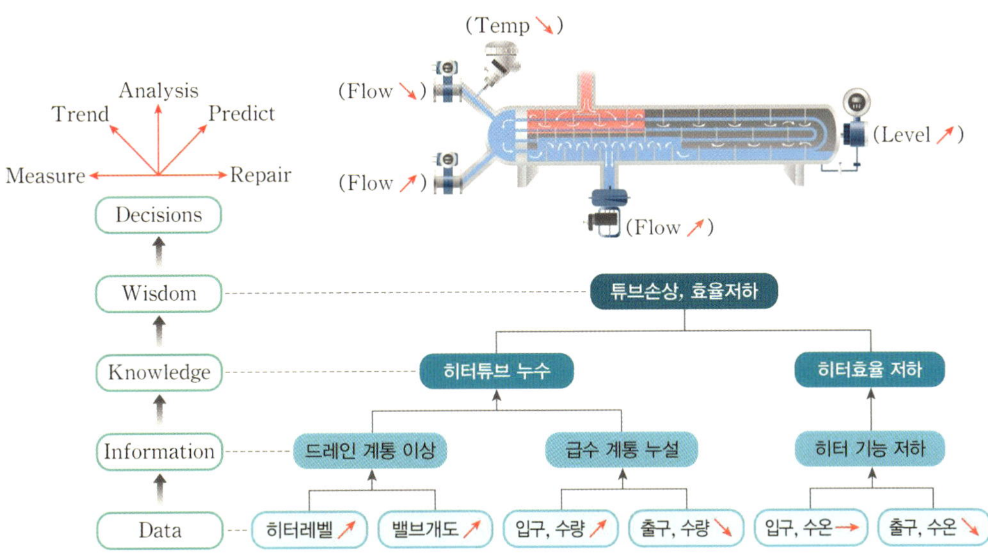

| 그림 7.4 | 공정과 기기장치의 운전상태 해석

7.2.6 교육을 통한 기반 조성

산업설비 고장과 사고가 경영에 미치는 영향과 사회적 파장을 감안하면 건전성 예측관리가 대단히 중요함에도 불구하고 제대로 된 영역설정과 정의도 없었기 때문에 체계적인 연구개발이나 교육훈련도 미흡한 실정이다. 새로운 기술개발과 아울러 관련 기반 이론, 기술 정의,

시스템 구성, 요소기술, 적용절차, 적용효과 등을 정립하고 산학연을 대상으로 교육과 훈련을 제공하여야 한다. 산업부문에서는 건전성 예측관리가 산업설비 감시제어 분야에 포함되어 있어 제작업체가 제공하는 교육훈련이 있으나 그 내용은 제품의 사용법 위주로 교육이 구성되어 근본적인 개념을 제시하지 못하고 있고 설비를 운영하는 기업들이 자체 교육자료를 개발하여 활용하고 있으나 하드웨어 구성과 기능이 중심을 이루고 있으며 소프트웨어에 대한 내용은 운전제어에 필요한 수준에 머무르고 있다.

최근 산학연을 대상으로 미래 교육에 대한 요구를 조사한 한국공학한림원의 보고서에 의하면, 학교와 산업계는 도메인 영역에 대한 학술 교육과는 별도로 프로그래밍, 융복합 기술, 데이터 처리, 가상물리, 인공지능, 기계학습, 엔지니어링 등을 필요로 하고 그 방법으로는 프로젝트 기반, 프로토타입 제작, 문제기반, 실험중심, 프로그램 활용, 토론식, 가상현실, 플립러닝 등을 활용하는 강의를 선호하고 있다.

교육에 대한 수요를 충족하기 위하여 다양한 교육훈련을 시도하고 있는 기관은 '한국PHM학회'로서 산학연 종사자를 대상으로 기본이론, 예측기술, 프로그램, 실습 등을 제공하고 있다. 초기에 이론 중심의 교육체계에서 산업부문이 필요로 하는 내용으로 커리큐럼의 변화를 시도하고 있으며 교육이수자들의 평가는 대체적으로 만족해하는 수준으로 발전하고 있다. 반면 교육 수강자가 산학연에 고루 분포되어 있고 수강자들의 지식과 경험도 차이가 있어 이를 수용하고 산업부문이 만족할 만한 컨텐츠를 개발하는 것이 향후 과제이다.

7.2.7 연구개발 성과 전파, 활용

산업설비의 건전성 예측은 생산시설에서 시작하여 제품과 서비스 분야로 확대되고 미국과 독일 등의 정부기관, 연구소, 산업단체 등에서는 매일 수 많은 보고서들이 발표되고 있다. 한국PHM학회는 매년 정기적인 포럼을 통하여 항공, 조선, 철도, 반도체, 전력, 자동차, 기계, 의료, 토목 등 산업부문을 대상으로 산학연 전문가들이 100여편의 연구개발 결과를 발표하고 있다. 발표내용은 학술 연구는 물론 산업현장 적용을 통하여 성능이 입증된 건전성 예측 솔루션 등을 포함하고 있기 때문에 산업부문에 확산 적용할 경우 큰 성과를 기대할 수 있다.

10장에서는 산학연 단체와 관련 행사 등을 상세히 소개하고 있기 때문에 이들 정보를 입수하여 향후 건전성 예측관리(PHM) 기술 발전에 체계적으로 활용하는 노력을 기울여야 한다.

7.2.8 건전성 예측관리 노력 보상

건전성 예측관리 기술이 성공적으로 운영될 경우 산업설비의 고장과 손실이 감소하기 때문에 해당기업은 물론 설비 사고피해를 보상하는 보험회사 역시 재무적 효과를 공유할 수 있다. 일부 국가의 경우 건전성 예측관리에 체계적 노력을 기울이는 경우(예, 주요 기기의 주기적 건전성진단) 설비보험료 할인혜택을 제공하고 반대로 고장위험 회피를 위한 필수노력을 기울이기 않는 경우 패널티를 부여하여 건전성 예측관리 활동에 동기를 부여하고 있다. 체계적인 건전성 예측관리(PHM) 활동이 설비 고장감소 뿐만 아니라 재무적 효과까지 거둘 수 있다면 강력한 유인수단이 될 수 있어 제도 도입을 고려할 필요가 있다.

7.2.9 예측관리 기술 진화노력

2000년 대 초반부터 산업계는 사물인터넷, 빅데이터, 인공지능 등 요소기술과 디지털 트윈, 디지탈 플랫폼, 정보통신기술 등 응용기술을 기반으로 industry 4.0, smart manufacturing, digital transformation & innovation 등 산업혁신을 시도하고 있고 그 중심에 산업설비 건전성 모니터링(asset condition monitoring)이 자리 잡고 있다. 설비관리 혁신의 관심사는 상태해석(condition assessment)이며 현장에 산재한 다양한 형태의 정보(설계, 제작, 운전, 정비)를 어떤 방법과 기술로 융복합하여 문제를 찾아내고 최적의 의사결정 정보를 제공할 것인가에 초점을 맞추고 있다. 그러므로 건전성 예측관리(PHM) 분야도 인공지능, 디지털 트윈 등의 기술을 기반으로 디지털 플랫폼(PHM paltform)과 메타버스 환경을 구현하여 건전성 예측관리(PHM)의 혁신적 발전을 도모할 필요가 있다.

Chapter

8

산업 적용사례

주성철

PHM
Prognostics and health management

현대사회의 기본 인프라를 구성하는 에너지(전력, 석유, 가스), 운송(자동차, 선박, 항공), 의료(MRI, CT, X-ray) 등 산업부문은 제품과 서비스 그리고 생산설비의 건전성 수준이 사회 전반의 안정과 삶의 질을 좌우하는 중요한 요소이다. 건전성 예측관리는 그 중요도에 비하여 제도적, 학술적, 산업적 연구가 미진하고 체계화된 모델이 부족하기 때문에 인력에 의존하거나 장비와 솔루션을 단순 활용하는 방식에 머무르고 있어 체계적 기술정립을 필요로 한다.

건전성 예측관리(PHM)는 고장이 발생할 경우 안보, 수급, 안전, 환경, 원가 측면에서 사회적 파장이 큰 국방부문과 기간산업을 중심으로 연구개발이 추진되었고 그 결과가 점차 일반 산업부문으로 전파되는 과정을 거치고 있다.

법률과 규제기관의 요구를 기반으로 건전성 예측관리 체계를 구축하고 새로운 관리기법과 신기술 도입을 적극적으로 추진하고 있는 에너지산업 부문의 적용사례를 소개하여 유사사업을 추진하는 관계자에게 벤치마킹 정보를 제공하고자 한다.

8.1 벤치마킹 대상 설비

벤치마킹 대상은 전력생산 설비로서 최신의 건전성 예측관리(PHM) 시스템을 구축, 운영하고 회사 차원의 성능진단센터(performance monitoring & diagnostics center, PMDC)를 설립하여 안정적 플랜트 운영실적을 기록하고 있다.

설비 명칭

- K-화력발전소

설비 형식

- 발전 용량 : 500 MW×2
- 주증기 온도 : 569℃/596℃
- 주증기 압력 : 255 kg/cm^2
- 송전 전압 : 765 kV

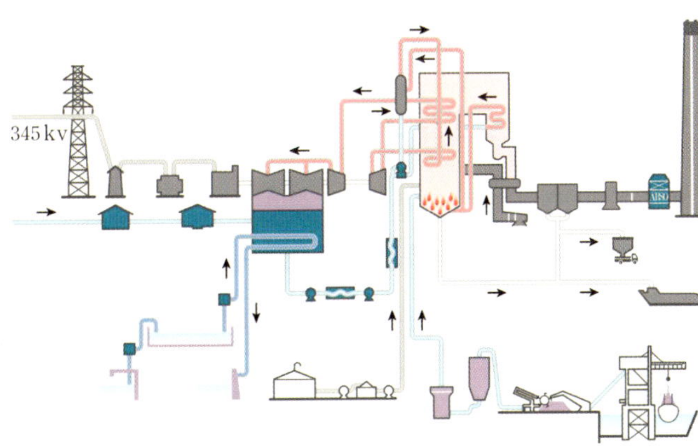

설비 규모

- 보일러, 터빈, 발전기, 변압기, 보조설비
- 보일러튜브 : 600 km
- 전기케이블 : 2,870 km
- 전동기 : 830대
- 대형밸브 : 8,000개
- 입출력신호 : 16,000개

건전성관리

- 플랜트 설계과정에 건전성 예측관리를 위한 기본 기능을 정의
- 건설단계(설계, 제작, 설치, 시운전)에 건전성 예측관리 시스템 구축
- 운영단계에 인력, 장비, 솔루션 등을 이용한 건전성 예측관리
- 운전 감시와 제어를 위한 감시제어센터(중앙제어실, MCR) 운영
- 회사 주요 발전설비 대상 성능진단센터(PMDC) 운영
- 건설공사 준공 시 법정 사용전검사(설비 건전성검사) 수행
- 정비공사(오버홀) 후 법정 정기검사(설비 건전성검사) 수행

8.2 건전성관리 체계

8.2.1 건전성관리 기본체계

발전설비의 건전성관리는 법률 요구로 시행하는 건전성관리와 설비를 소유한 기업이 자율적으로 시행하는 건전성관리로 구분할 수 있으며 그 내용은 [그림 8.1], [표 8.1]과 같다.

법률 요구	건전성 정의 (기술 기준)	건전성 확인 (사용전검사)		건전성 확인 (정기검사)
사업 공정	▼ (건설)	▼ (가동)	(정비) ▼	
기업 자율	건전성 확인 (관리)	건전성 예측관리 (감지, 진단, 예측)	건전성 예측관리 (시험, 검사, 조정)	

| 그림 8.1 | 건전성관리 기본체계

8.2.2 사업단계별 건전성관리

발전설비는 법률요건을 기반으로 설계–제작–설치 과정을 거쳐 건설하고 시운전 후 사용전검사를 통하여 건전성이 확인되면 운영부서로 인계하며, 가동과 정비(operation & maintenance) 과정에는 건전성 예측관리 활동과 정기검사를 통하여 최적의 가동상태를 유지한다.

| 표 8.1 | 사업 단계별 건전성관리 내용

건전성관리			시기	건설단계				운영단계	
				설계	제작	설치	시운전	가동	정비
법률요구	기술기준		건설준비	√					
	사용전검사		건설완료				√		
	정기검사		정비완료						√
기업자율	인력	순시점검	주기				√	√	
		기술분석	수시				√	√	√
		점검, 확인	〃	√	√	√	√	√	√
	장비	열화상	상시				√	√	
		부분방전	〃				√	√	
		진동분석	〃				√	√	
		전류분석	〃				√	√	
		가스분석	〃				√	√	
		비파괴검사	주기		√				√
	솔루션	감시제어	상시				√	√	
		조기경보	〃				√	√	

건설단계 건전성관리

발전사업자는 기본적으로 법률이 제시하는 기준과 규격을 기반으로 건설사업과 유지관리 업무를 수행한다. 설계과정에는 플랜트를 구성하는 공정, 기기장치, 솔루션 등의 세부기능과 성능에 관한 기술규격, 설계기준(codes & standards), 시험검사 등을 정의하고, 제조 및 설치 과정에는 시험, 검사, 확인을 통하여 건전성 기준의 준수 여부를 확인한다.

시운전과정에는 공정과 기기장치의 단독운전과 종합운전을 통하여 운전을 최적화하고 시운전이 완료되면 법률요건인 사용전검사를 통하여 설비의 건전성을 확인한다. 건설을 완료한 발전설비는 사용전검사를 통하여 건전성을 확인함으로써 공식적인 가동이 가능하게 된다.

운영단계 건전성관리

운영단계에는 인력, 장비, 솔루션을 활용하여 공정과 기기장치의 건전성을 예측하고 이상징후의 조기발견으로 고장 발생을 예방한다. 이 단계에서 건전성 예측관리는 감시제어센터(중앙제어실, MCR)와 성능진단센터(PMDC)를 중심으로 수행한다.

2년 주기로 시행하는 계획예방정비(오버홀) 단계에는 설비 가동을 중지하고 비파괴검사와 예방정비를 통하여 건전성을 회복하며, 정비작업이 완료되면 플랜트 설비를 다시 가동하여 운전을 정상화하고 법정 정기검사를 거쳐 건전성을 확인하면 가동단계로 진입한다.

8.3 법률적 건전성관리

발전설비의 안정적 건설과 운영을 위해서는 전기사업법, 전기안전관리법, 고압가스안전관리법, 건축법 등 많은 법률이 요구하는 건전성 기준을 준수해야 하는데, 그 중에서 공정과 기기장치의 건전성 예측관리(PHM)와 관련된 법률요건과 세부 내용은 다음과 같다.

8.3.1 전기사업법

- 제63조(사용전검사) 제61조에 따라 전기설비의 설치공사 또는 변경공사를 한 자는 산업통상자원부령으로 정하는 바에 따라 허가권자가 실시하는 검사에 합격한 후에 이를 사용하여야 한다.
- 제67조(기술기준) ① 산업통상자원부장관은 원활한 전기공급 및 전기설비의 안전관리를 위하여 필요한 기술기준(이하 "기술기준"이라 한다)을 정하여 고시하여야 한다.

8.3.2 전기설비 기술기준 (고시)

- 제24조(발전소 등의 상시감시) ① 다음 각 호의 발전소는 운전에 필요한 지식 및 기능을 가진 사람이 그 발전소에서 상시 감시할 수 있는 시설을 하여야 한다.
  1. 이상이 생겼을 경우에 사람에게 위해를 주거나 물건에 손상 우려가 없도록 이상상태 제어가 필요한 발전소
  2. 전기사업에 관련된 전기의 원활한 공급에 지장을 주지 않도록 이상을 조기에 발견할 필요가 있는 발전소

- 제25조(수소냉각식 발전기 등의 시설) 수소냉각식의 발전기 혹은 조상설비 또는 이에 부속하는 수소냉각장치는 다음 각 호에 따라 시설하여야 한다.
  1. 구조는 수소의 누설 또는 공기의 혼입 우려가 없는 것일 것
  5. 이상을 조기에 검지하여 경보하는 기능이 있을 것
- 제79조(계측장치) 보일러에는 설비의 손상을 방지하기 위하여 운전상태를 계측하는 장치를 설치하여야 한다.
- 제84조(경보 및 비상정지 장치) ① 증기 · 가스터빈에는 운전 중에 진동을 검지하여 경보하는 장치를 설치하여야 한다.
- 제87조(계측장치) 증기 · 가스터빈에는 설비의 손상을 방지하기 위하여 운전상태를 계측하는 장치를 설치하여야 한다.
- 제135조(감시장치) 높이가 15 m 이상의 댐에는 댐의 건전성 감시를 위한 장치를 시설하여야 한다.

8.3.3 전기안전관리법

- 제9조(사용전검사) 제8조에 따라 자가용전기설비의 설치공사 또는 변경공사를 한 자는 산업통상자원부령으로 정하는 바에 따라 산업통상자원부장관 또는 시 · 도지사가 실시하는 검사에 합격한 후에 이를 사용하여야 한다.
- 제11조(정기검사) ① 전기사업자 및 자가용전기설비의 소유자 또는 점유자는 산업통상자원부령으로 정하는 전기설비에 대하여 산업통상자원부령으로 정하는 바에 따라 산업통상자원부장관 또는 시 · 도지사로부터 정기적으로 검사를 받아야 한다.
- 제18조(검사 · 점검의 방법 · 절차 등) 산업통상자원부장관은 전기설비의 안전성 확보를 위하여 제9조, 제11조부터 제15조까지의 규정에 따른 검사 및 점검의 방법 · 절차 등에 대하여 기술기준 등에 따라 필요한 사항을 정하여 고시할 수 있다.

8.3.4 전기안전관리법 시행규칙

- 제6조(사용전검사의 대상 · 기준 및 절차 등)
  ① 법 제9조에 따른 사용전검사(이하 "사용전검사"라 한다)를 받아야 하는 전기설비는 법 제8조에 따라 공사계획의 인가를 받거나 신고를 하고 설치 또는 변경공사를 하는 전기설비로 한다.

③ 사용전검사의 기준은 다음 각 호와 같다.

1. 전기설비의 설치 및 변경공사 내용이 법 제8조제1항 또는 제2항에 따라 인가 또는 신고를 한 공사계획에 적합할 것
2. 「전기사업법」 제67조에 따른 기술기준(이하 "기술기준"이라 한다)에 적합할 것
3. 법 제18조에 따라 산업통상자원부장관이 고시하는 검사 · 점검의 방법 · 절차 등에 적합할 것

- 제8조(정기검사의 대상 · 기준 및 절차 등)

③ 정기검사의 기준은 다음 각 호와 같다.

1. 기술기준에 적합할 것
2. 법 제18조에 따라 산업통상자원부장관이 고시하는 검사 · 점검의 방법 · 절차 등에 적합할 것

8.3.5 전기사업용 전기설비 검사업무절차서(화력발전 예시)

사용전검사 : 건설공사 완료 시

- 4.4 검사항목 및 기준
- 4.4.3 보일러, 기동용보일러 비상정지 및 안전장치시험
- 4.4.7 증기터빈 비상정지 및 안전장치시험(운전중)
- 4.4.10 발전기 : 제어 및 경보장치, 발전기 밀봉유 펌프 자동기동, 자동전압 조정기
- 4.4.12 변압기 : 보호장치 및 계전기시험, 절연유 내압시험, 제어 및 경보장치
- 4.4.20 종합연동시험
- 4.4.21 부하운전시험

정기검사 : 정기정비(오버홀) 완료 시

- 4. 검사항목 및 방법
- 4.1 보일러 계통 : 비상정지 및 안전장치 시험검사, 안전밸브 설치 및 동작시험검사
- 4.2 증기터빈 계통 : 증기터빈 비상정지 및 안전장치 시험검사, 터빈 진동 측정검사
- 4.4 발전기 계통 : 제어 및 경보장치시험, 고정자냉각수 예비펌프 자동기동 시험, 발전기 밀봉유 펌프 자동가동 시험, 자동전압 조정기 시험, 주변압기 시험검사
- 4.5 종합연동 시험검사
- 4.6 부하운전 시험검사

8.4 자율적 건전성관리

발전설비의 건전성 예측관리는 근무인력을 이용한 순시점검과 기술분석, 진단장비를 이용한 측정과 분석, 솔루션을 이용한 감시제어와 조기경보 등 다양한 방법으로 수행하고 있으며 그 내용은 다음과 같다.

8.4.1 건전성관리 기준 정의

설계 요건

설계용역 수행과정에 발전설비를 구성하는 보일러, 터빈, 발전기 및 보조기기에 대하여 자동제어, 보호 및 건전성 모니터링을 위한 계측제어 시스템을 정의하고 이를 기준으로 기자재 제작, 설치, 시운전 업무를 수행한다.

- 자동제어 및 모니터링 시스템
- 운전 보호 시스템
- 공정 제어 스테이션
- 오퍼레이터 스테이션
- 고장순서기록(sequence of event, SOE) 및 진단시스템
- 진동 모니터링 시스템과 경보 및 제어시스템
- 가스 누출 감지 및 모니터링 시스템
- 경보설비
- 기타 필요한 시스템 및 응용 소프트웨어

8.4.2 운전정비 관리규정

회사가 보유한 발전설비의 기능과 성능을 최적의 상태로 유지하기 위하여 국가가 제정한 법률적 요건을 준수하고, 자율적으로 시행하는 운전정비 업무의 체계적 수행을 위하여 회사 차원의 "운전정비관리규정"을 제정하고 관련 업무처리의 기준으로 적용한다.

운전관리

- (점검기록) ① 현장 운전근무자는 담당구역을 주기적으로 순찰하여 기기 운전상태 및 정비작업 사항을 점검, 기록하여야 하며, 기기의 이상 등을 발견하였을 때는 즉시 제어실 근무자

또는 발전파트장에게 보고 후 필요한 조치를 취하여야 한다. ② 제어실 운전근무자는 매 두 시간 마다 1회 이상 운전값을 기록하고 운전상황을 상시 감시하여야 하며, 운전조작 필요시 조작 또는 조작지시를 하여야 한다.

- (정비의뢰) 운전근무자는 기기의 점검 및 정비가 필요한 경우 정비작업통보서를 발행하여야 한다.
- (운전조작) ① 운전근무자는 기기 운전조작 시 운전절차서 및 수칙을 준수하여야 한다. ② 운전근무자는 정상운전 중 발전정지, 출력감발 및 설비안정과 관련되는 기기를 조작할 경우 별도 조작절차서를 작성하고 조작 시 이를 준수하여야 한다.
- (단위기기 교체운전) 사업소장은 단위기기 교체운전 기준을 정하여 운영하여야 하며, 운전부서장은 발전정지 및 출력감발과 관련된 설비 교체운전 시 운전 점검표를 운용한다.

시험 및 검사

- (설비특성시험) ① 사업소장은 계획예방정비공사 시 다음 각호의 설비특성시험을 시행하여야 한다.
  1. A급 계획예방정비공사 : 보일러 정특성 및 동특성시험, 전부하 차단시험, 부하변동시험, 부하추종시험
  2. B급 계획예방정비공사 : 부하변동시험, 부하추종시험
- (성능시험) ① 사업소장은 계획예방정비공사 시행 전후에 성능시험을 실시하여야 하며, 운전부서는 성능시험 분석결과를 당해설비 계획예방정비공사 시행 3개월 전까지 관련부서에 통보하여야 한다.
- (신뢰도 시험) ① 사업소장은 발전설비의 신뢰도 확보를 위하여 계획예방정비공사 시 런백시험을 시행하여야 한다. ② 운전부서장은 계획예방정비공사 시 예비기가 있는 설비 중 발전정지 또는 출력감발과 관련 있는 설비에 대하여 자동 기동시험을 시행하여야 한다.
- (정기검사) 사업소장은 전기사업법에 정한 발전설비의 정기검사와 설비안전관리규정에 의한 법정검사를 수검하여야 한다.

8.4.3 인력 기반 건전성 예측관리

건전성 예측관리의 기본수단은 인력이며 운전과 정비를 담당하는 기술인력과 기술분석 및 지원을 제공하는 전문인력(엔지니어링)이 주도적 기능을 수행한다. 운전정비 기술인력은 순시점검, 전문인력은 기술분석과 지원을 통하여 건전성을 예측관리 한다.

순시 점검

발전설비 운영관리 조직은 공정과 기기장치의 감시제어를 담당하는 발전팀, 유지관리를 담당하는 전기팀-기계팀-제어팀-화학팀, 기술분석과 지원을 담당하는 기술팀(또는 전문팀)으로 구성하고, 위탁정비 수행업체도 유사한 정비조직을 운영한다.

- 정비팀 근무인력 : 주기적인 운전상태 분석과 현장 순시점검을 통하여 공정과 기기장치의 건전성을 확인하고, 필요 시 진단장비(진동, 음향, 열화상)를 이용하여 정밀진단을 실시하거나 정비작업을 시행하며, 일상적인 유지관리와 정기적인 정비작업을 시행한다.

기술 분석

공정과 기기장치의 건전성 판단은 감시제어 장치가 제공하는 계측신호 분석으로 가능하지만, 계측신호의 이상 변화는 이미 고장이 상당히 진행된 결과로 나타나는 것이기 때문에, 오프라인 정밀 정보분석으로 이상징후를 조기에 발견할 수 있는 방법이 필요하다.

기술분석은 설계, 제작, 설치, 운전, 정비 등의 개선을 통하여 건전성을 제고하는 활동으로 유지관리 신기술 적용, 수명 경과에 따른 건전성 변화와 개선, 고장원인 분석, 문제점의 근본적 해결방안, 유지보수 작업과 적정주기 평가, 예측진단 솔루션 적용 등을 포함한다.

8.4.4 장비 기반 건전성 예측관리

발전설비를 구성하는 기기장치의 이상징후 발견을 위해서는 특수한 기능을 보유한 장비를 사용한다. 장비는 측정기능 만을 가진 장비와 분석기능 까지 보유한 장비로 구분할 수 있는데 최근에는 대부분의 장비들이 온라인 실시간 모니터링 기능을 장착하는 추세로 발전하고 있다. 설비담당 부서는 오프라인 장비를 이용하여 일일, 주간, 월간, 분기 주기로 측정과 시험을 실시하고, 온라인 장비의 연속측정과 경보기능을 이용하여 실시간 운전상태를 파악한다.

| 표 8.2 | 건전성 측정 및 분석 장비

장비명칭	측정주기	활용분야	적용
열화상 측정	오프라인	기계, 전기, 배관 등의 열발산을 측정하여 과열, 누설 방지	√
초음파 측정	〃	유체누설, 코로나, 베어링 이음측정으로 고장예지에 활용	√
가스농도 측정	〃	시설내 가스성분을 측정하여 화재, 폭발, 작업 안전에 활용	√
진동측정(휴대)	〃	이동형 측정장비를 이용하여 회전기기의 진동상태 측정	√
윤활유 분석	〃	윤활유의 산가, 수분, 철분 등을 분석하여 유지관리에 활용	√
절연유 분석	〃	변압기 절연유의 산가, 수분, 내전압 측정결과로 상태판단	√
비파괴 시험	〃	정비작업 시 엑스레이, 와전류시험 등으로 건전성을 판단	√
튜브누설 건전성진단	온라인	보일러 튜브 누설 정도와 위치를 추정하여 정비에 활용	√
열화상 측정	〃	고전압 변전설비 접속부위의 과열측정으로 고장을 예지	√
진동분석(고정)	〃	회전기기 진동의 실시간 측정, 분석으로 고장예지에 활용	√
윤활유 분석	〃	윤활유 성분과 철분을 분석하여 회전체 고장예지에 활용	-
부분방전 측정	〃	변압기, 차단기, 고전압부의 누설방전을 측정, 고장을 예지	√
변압기 가스분석	〃	절연유에 함유된 용존가스 분석, 고장개소 추정에 활용	√
전류파형 분석	〃	모터 전류파형을 분석하여 전기적, 기계적 고장을 건전성진단	-

8.4.5 솔루션 기반 건전성 예측관리

인력과 장비를 이용한 이상징후 발견은 한정된 기기장치의 시험검사를 위한 용도로는 적합하나 플랜트 전체 설비의 건전성을 실시간 예측관리하기는 현실적으로 가능하지 않다. 물량과 시간적 제약을 해소하기 위하여 플랜트에서는 공정과 기기장치에 부착된 계측신호를 자동으로 분석하여 이상징후를 발견함으로써 건전성을 연속 감시하는 솔루션을 운영하고 있다.

감시제어 솔루션

플랜트 감시제어시스템(DCS)은 조작·제어 기능과 함께 운전상태 감시기능을 제공하며 주요 기능으로는 계측신호 기록, 그래픽 디스플레이, 고장신호 분석, 효율 계산 등을 포함한다. 근무직원은 이 시스템이 제공하는 정보를 활용하여 플랜트의 건전성을 판단한다.

이 솔루션은 운전 감시제어에 필요한 계측신호 정보만을 제공하기 때문에 공정과 기기장치의 기능과 성능 분석은 플랜트 설비의 설계, 운전, 정비에 관한 지식과 경험을 보유한 전문가들이 수행하고 있다. 이 시스템은 플랜트 감시제어를 위한 필수 설비로 건설단계에 구축한다.

조기경보 솔루션

임의값(arbitrary value) 경보방식을 채택하고 있는 감시제어시스템(DCS)의 결점을 보완하기 위하여 개발한 조기경보솔루션(ECA, EWS)은 통계값(statistical value)을 기준하여 정상운전 상태를 벗어나는 신호를 초기단계에 찾아내어 조기경보를 제공한다.
이 솔루션은 국내 기업이 개발, 제공한 것으로 회사 성능진단센터(PMDC)에 설치하여 운영하고 있으며 회사가 보유한 주요 발전소를 감시 대상으로 하고 있다. 회사는 이 시스템 운영으로 다수의 고장을 사전에 예방하여 기술적, 재무적 성과를 거두고 있다.

진동분석 솔루션

플랜트 핵심설비인 터빈, 모터, 펌프 등 회전기기의 고장은 진동으로 나타나고 정상화 조치가 지체되면 플랜트 가동에 큰 영향을 미치기 때문에, 진동감시시스템(VMS)을 설치하여 운전 감시기능과 고장발생이 예측될 경우 정지하는 기능을 제공한다.
이 솔루션은 하드웨어와 소프트웨어를 포함하여 감시제어시스템(DCS)과는 별도로 설치되며 측정신호는 감시제어시스템(DCS)으로 전송되어 경보발생과 비상정지 기능을 구성한다. 최근에는 인공지능을 이용한 이상원인 분석, 고장시기 예측 등의 기술을 채용하는 추세이다.

8.5 감시제어센터(MCR) 운영

중앙제어실(MCR) 또는 주제어실로 통용되는 감시제어센터는 발전소 2기(unit)를 대상으로 건설하며 운전담당 직원들이 상주하여 전체 발전설비의 운전감시와 조작제어 기능을 수행한다. 주요설비로는 감시제어시스템(DCS), 운전조작 콘솔, 대형 디스플레이 등을 설치하여 운영한다.

8.5.1 운전제어 기능

플랜트를 구성하는 공정과 기기장치는 자동으로 기동, 운전, 정지가 가능하며 상황에 따라 원격 또는 현장 조작이 가능하다. 프로세스에 이상이 발생하면 대부분은 자동으로 제어되고 기기장치 건전성에 문제가 발생하는 경우 경계경보와 비상정지 기능을 제공한다.
최근 발전설비 제조업체들은 신뢰도(reliability)와 성능(performance)의 건전성 향상을 위하여 최적화 솔루션(연소 최적화, 연료 최적화)과 유연화 솔루션(신속기동, 신속 부하감소), 고효율 솔루션(저손실 기동, 최적효율 운전) 등을 제공한다.

| 그림 8.2 | 감시제어센터(MCR)

8.5.2 운전감시 기능

플랜트 운전감시 담당 직원은 감시제어센터와 현장에 상주 근무하며 발전설비의 건전성을 실시간 모니터링하고 현장을 순시, 점검하여 이상이 발견되는 경우 제어장치 조정을 통하여 상태를 복원하고 별도 조치가 필요하면 정비팀에 정밀진단 및 정비를 의뢰한다.

운전감시 지원을 위한 솔루션 기능으로는 계측신호 실시간 표시, 계측신호 추세 그래픽, 고장 발생 관련신호 분석 등을 제공하고 있으나, 수 만개에 달하는 계측신호를 이용하여 기기장치의 이상상태를 발견하기 어려워 전문 지식과 기술을 보유한 전문 인력을 배치한다.

8.6 성능진단센터(PMDC) 운영

장기근속 인력 부족과 인력감축 추세로 인한 운전정비 능력저하 해소를 위하여 회사 주요 발전설비의 기능과 성능을 예측관리하는 성능진단센터를 운영하고 있다. 이 센터는 2018년부터 전문인력과 다양한 솔루션을 배치하여 감시진단과 지원업무를 수행하고 있다.

8.6.1 주요설비 구성

발전소 감시제어센터를 성능진단 목적에 적합하도록 구현한 구조로서 컴퓨터, 솔루션, 대형 모니터 등을 구비하고 관리대상인 주요 발전소로 부터 운전신호를 수신하여 저장, 분배, 분석 기능을 제공하고 있다.

수만 개에 달하는 계측신호를 분석하여 이상 여부를 판단하기 어렵기 때문에 예측진단의 편의를 위하여 운전감시, 조기경보, 성능분석, 진동분석 등 솔루션을 운영한다. 정밀진단과 해석은 별도 전문가 그룹이 지원하고 있다.

| 그림 8.3 | 성능건전성진단센터(PMDC)

8.6.2 센터 운영과 성과

성능진단센터는 발전설비의 건전성 예측관리를 위한 정보센터(COE) 기능을 수행하고, 주요 업무로는 이상징후 감시 및 조치의견 제시, 운전과 정비 데이터 분석으로 최적 운전조건 제시, 예방점검 및 정비체계 진단, 설비자산 및 원가 진단, 성능효율 진단 등을 수행한다.

2018년 발족 이후 2020년 중반까지 3년간 190건에 달하는 이상을 발견하여 최적화한 결과 95억원에 달하는 재무적 성과와 160 GWh 규모의 전력생산 감소 방지 효과를 거두고 있다. 재무적 성과와 더불어 고장예방에 따른 건전성 향상으로 안정적 전력공급에 기여하고 있다.

8.6.3 기능과 역할 차이점

감시제어센터와 성능진단센터는 다음과 같은 전략적 접근방법으로 운영하고 있다.

| 표 8.3 | 감시제어 센터와 성능진단센터 차이점

	감시제어센터	성능진단센터
기능, 역할	플랜트 운전 관제	플랜트 건전성 예측관리
수행 기능	운전상황 감시, 조작, 조치	이상징후 발견, 건전성진단, 고장예측
수행 방법	운전현상 기반 신속 대응	데이터 기반 장기변화 분석
기대 효과	고장정지 방지, 안정운전	기능과 성능 건전성 최적화

8.7 건전성 예측관리 사례

본문에서는 건전성 예측관리(PHM) 기법의 내용과 효과를 사례를 통하여 체험할 수 있도록 산업현장 사례를 소개한다. 수록한 8건의 사례는 인력과 장비 그리고 솔루션을 활용한 기술로 구성하였으며 발전소 운영회사의 협조하에 발간자료를 인용하였다.

8.7.1 인력 활용 사례 - 순시점검

[대상 설비] k-화력발전소

[분석 과제] 제어용 압축공기 공급계통 건전성진단

[분석 방법] 운전상황 데이타 및 점검정보 활용

[분석 결과] 보고서 내용 참조(인용 : 예측진단 사례집)

압축공기 압력저하 관련 설비 점검 및 조치

1. 건전성진단 개요

5~6호기용 압축공기 압력 저하(IA 기준 : 6.9 → 5.9 kg/㎠) 현상이 빈번하여, Air Dryer 및 타 호기와 연결된 Tie 밸브 등 관련 설비를 점검하여 안정적인 설비 운영에 만전을 기하고자 함

2. 발생 현황

- 2012년 1분기 압력저하에 의한 공기압축기 추가기동 횟수 : 7회(168 hr)
  - 정상 상태 공기압축기 기동 대수 : 2기
  - 비정상 상태 공기압축기 기동 대수 : 3기(추가기동 SA 압력 : 7.3 kg/㎠ 이하)
  - 월별 추가 기동 횟수 : 1월(2회), 2월(0회), 3월(5회)

3. 추진 경위

가. 현장 제어설비 및 SA 설비 누설 점검(상시)
나. 점검 효율성을 위한 절차 작성(붙임 참조)
다. IA, SA 현장 도면, 위치 파악 및 목록화

4. 점검 내역

가. 점검 기간 : 4/16 ~ 5/11(4주간)
나. 점검 대상 및 내역
- 공기압축기 : #A~D 분해점검
- Air Dryer : 전/후단 Filter 및 Dryer 차압 상태, Valve 조작 상태 점검
- 타 설비와 연결된 Tie Valve : Valve 조작상태 점검, 불필요 공급 차단

5. 점검 결과

가. Air Dryer 전/후단 필터 차압상태 점검

• 점검결과 : 오염된 필터 교체로 0.4 kg/㎠ 상승(교체일자 : 2012.04.20.(금), 단위 : kg/㎠)

구분	교체 전			교체 후			비고
	전단필터 △P	후단필터 △P	총 △P	전단필터 △P	후단필터 △P	총 △P	
#5 Air Dryer	0.52	0.35	0.87	0.1	0.35	0.45	교체기준
#6 Air Dryer	0.1	0.4	0.5	0.1	0.1	0.2	0.5 kg/㎠

나. Air Dryer By-pass 및 IA용 Tie 밸브 점검

• 점검 결과 : 원래 상태로 밸브 조작 후 압축공기 압력 0.3 kg/㎠ 상승

• 조작 사항 : IA Tie 밸브 Close 및 Air Dryer Bypass 밸브 Open

• 점검 사항 : Dryer Vessel 차압상태 점검(교체기준 이내, 0.7 kg/㎠ 이하)

♣ 밸브 조작에 의한 유로 및 압력 변화에 의해 배관 및 밸브 장해 일시 해소로 압력 상승 추정

다. 타 호기와 연결된 Tie 밸브 점검

• 점검결과 : 불필요한 공급 개소(Open 밸브) 차단

– Manhole No.71 SA용 25A Valve Open → Close

– Manhole No.47 SA용 50A Valve Open → Close

– Manhole No.50, 69, 74 SA용 80A Valve Open → Close

♣ 밸브 차단 이후 압력 저하 현상 없음

라. 압축공기 압력 Trend 현황

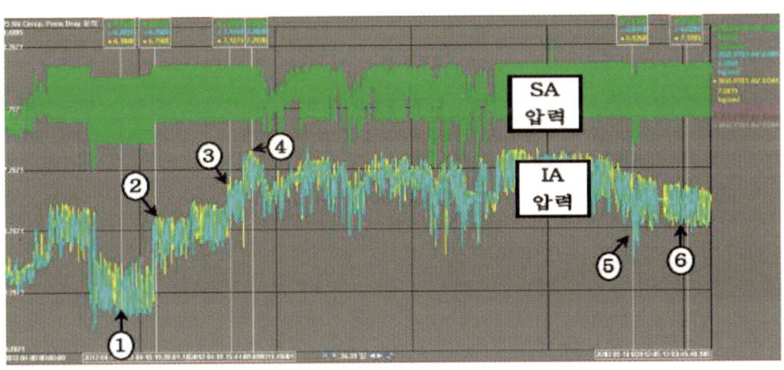

① 설비 점검 전 압력저하 현상 빈번(IA 기준 : 6.3 kg/㎠)

② 4호기 오버홀 시작('12.04.15) 시점 압력상승(IA 기준 : 6.3→6.8 kg/㎠)

③ Air Dryer Bypass 및 Tie 밸브 점검 후 압력 상승(IA 기준 : 6.8→ 7.1 kg/㎠)

④ Air Dryer 전/후단 필터 교체 후 압력 상승(IA 기준 : 7.1→7.3 kg/㎠)

⑤ 6호기 간이정비 후 기동에 의한 압축공기 사용량 증가(IA 기준 : 7.3→6.5 kg/㎠)

⑥ 압축공기 압력 안정화(IA 기준 : 7.0 kg/㎠)

6. 기대 효과

가. 공기압축기 추가 기동에 의한 소내 소비전력 감소 : 903만원/년

• 224 ㎾h(설비용량)×168 hr(1분기 추가기동시간)×60원/㎾h(발전원가) × 4분기/년

나. IA 압력 저하에 의한 발전설비 불시정지 사전 예방

• IA PR Low Low Trip : 5.0 kg/㎠

7. 결 론

가. 압력 저하 시 IA 사용량은 큰 변화가 없는 것으로 미루어 압력 저하 주 요인은 SA 사용량 증가일 가능성이 높음

- 타 설비와 연결된 Tie 밸브 점검결과 5개소 Open 상태
- SA 압력 Low Switch(PSL 06) Alarm(6.9 ㎏/㎠ 이하) 발생 후 압력 Drop 현상 지속

나. 향후 압축공기 압력 저하 시 점검절차에 의한 원인발견 가능성이 높음

- 점검기간 중 정확한 원인판명이 불가하였으나, 5·6호기 외부 미확인 공급처 차단으로 점검 범위를 축소함
- 「압축공기 압력저하 시 점검절차(당2발_발전1부−304, '12.03.27)」는 이미 수립

8. 향후 계획

가. 압축공기 과다사용 자제 요청공문 발송 [필요시 발전부에 사전 통보]

나. 압력이 회복된 상태에서는 압축공기 다량 사용처 확인이 곤란하여 차후 압력강하 발생 시 점검절차에 따라 점검하는 것이 바람직할 것으로 판단됨

붙임 : 압축공기 압력 저하 시 점검절차 참조

8.7.2 인력 활용 사례 - 기술분석

[대상 설비] k-화력발전소

[분석 과제] 냉각수 계통과 기기장치의 건전성진단

[분석 방법] 설계기준 검토와 운전상황 분석

[분석 결과] 보고서 내용 참조(인용 : 예측진단 사례집)

CCW TCV01 100% Open 원인 분석

1. 분석 배경

2012.07.02 17:23경 CCW 공급온도 상승에 의해 온도조절밸브가 100% Open되어 약 2시간 동안 운전된 원인분석과 향후대책을 강구하여 안정되고 효율적인 운전을 도모하고자 함

2. 분석 내용

- CCW TCV01 100% Open 원인
  - 5호기 간이정비기간(6/13 ~ 6/22) 공기압축기 냉각용 CCW 공급을 5호기에서 6호기로 전환하여 사용(7월 2일 5호기로 재 전환)
  - 5호기로 재 전환 이후 CCW 사용량 일시적 증가로 CCW 공급온도 상승(26℃ → 27℃) 및 TCV01 100% Open 됨

♣ SWBP 기동하여 CCW 온도 저하 및 TCV01 정상화(7월 2일 19:30경)

3. 대책 수립

- 해수온도 상승 및 기타 사유로 CCW 공급온도 상승 시 SWBP 기동하여 해수유량을 증가시켜 CCW 공급온도를 저하시킴
- SWBP 자동운전 조건
  - CCW TCV Set Value와 CCW 공급온도의 편차 1℃ 이상
  - CCW 공급온도 30℃ 이상

4. 향후 계획

가. CCW 공급온도 상승시 SWBP 상시기동(7월말 ~)

나. 해수의 원활한 공급을 위해 Debris Filter 주기적 운전(필요시 수동운전)

- CCW 냉각용 해수 공급처 : Debris Filter 후단
- Debris Filter 자동운전 조건 : 차압 2,000 ㎜H_2O

붙임 1. 5~6호기 제어용량 초과 Valve 현황

2. 하계 대비 요인별 운전 조치사항

붙임 1. 5,6호기 제어용량 초과 Valve 현황

가. 제어용량 초과 Valve 현황

위치	문제점
CCW TCV	하절기 해수온도 상승으로 인한 CCW H/E 열교환 능력 저하로 80% 이상 개도 상승
Main TBN LO TCV	외기온도 상승, 터빈 보조기기 Cooler TCV 개도 상승으로 CCWP 압력 저하 및 Main TBN LO TCV 배관 용량 부족으로 80% 이상 개도 상승
Seal STM Diverting Valve	MSV, CV 등의 Leak−off STM량 증가로 80%량 증가로 80% 이상 개도 상승

나. 항목별 세부내역

1) CCW TCV

- 상황 : CCW TCV 80% 이상 Open
- 원인 : 하절기 해수온도 상승에 의한 CCW H/E 열교환 능력 저하
- 대책 : SWBP 기동하여 해수유량 증가시켜 CCW 공급온도 저하 (7월말 이후 SWBP 상시기동 예정)

2) Main TBN LO TCV

- 상황 : Main TBN LO TCV 80% 이상 Open
- 원인 : 외기온도 상승, 터빈 보조기기 Cooler TCV 개도 상승으로 CCWP 압력 저하 및 Main TBN LO TCV04 밸브 사이즈 미저정
  - 6호기 LO Cooling WTR 배관 Size 300A → 밸브 Size 200A
  - 7 ~ 8호기 LO Cooling WTR 배관 Size 300A → 밸브 Size 250A
- 대책 : Main TBN LO Cooler TCV04 Bypass Valve Throttle Open하여 TCV04 개도 80% 이하 유지

3) Seal Steam Diverting Valve

- 상황 : SSDV 80% 이상 Open

- 원인 : MSV, CV 등의 Leak Off Steam 량 증가
- 대책 : Seal Steam Unloading Valve 현장에서 Throttle Open하여 SSDV 80% 이하 유지
  - SSDV의 Control 기능 확보를 위해 SSDV Bypass용 배관 신설 검토 예정

8.7.3 장비 활용 사례 - 진동분석

[대상 설비] k-화력발전소

[분석 과제] 증기터빈 베어링(진동) 건전성진단

[분석 방법] 진동분석 장비 데이터 활용

[분석 결과] 보고서 내용 참조(인용 : 예측진단 사례집)

증기터빈 #3,4 베어링 진동상승 분석

1. 배 경

2012.6.1 이후 6호기 증기터빈 #3,4 베어링의 진동 급상승(100~110 ㎛) 및 안정되는 현상이 반복 발생하여 원인분석 및 진동저감 대책을 검토함

2. 현 황

가. 012.6.1 이후 #3,4 베어링의 진동이 3회 Hunting 현상이 발생하였으며 6/7 4시 이후 안정상태로 운전 중

일자	3X	4X	진동 변화 방향	CWP 운전	진공도 변화
6/1 22:23	30 → 77 ㎛	30 → 95 ㎛	상승	5/21 추가기동 (2대 → 4대)	719 → 730 mmHg
6/3 08:00	77 → 30 ㎛	95 → 32 ㎛	감소	CWP 1대 정지 (3대 운전)	729 → 723 mmHg
6/3 10:25	30 → 77 ㎛	32 → 100 ㎛	상승	CWP 1대 기동 (4대 운전)	723 → 730 mmHg
6/3 13:38	77 → 30 ㎛	100 → 30 ㎛	감소	CWP 4대 운전	−729 mmHg
6/4 20:12	30 → 77 ㎛	30 → 100 ㎛	상승	CWP 4대 운전	−728 mmHg
6/7 03:56	77 → 28 ㎛	100 → 30 ㎛	감소	CWP 3대 운전	−721 mmHg

※ 6/5 13:30 CWP 1대가 정지하여 3대 운전 중이나 CWP 정지에 따른 진동변화에는 영향이 없었으며 현재는 CWP 3대 운전 및 복수기 진공 720 mmHg 운전 중

나. 진동 상승과 감소 시 베어링 오일 온도변화는 0.5℃ 내외로 비례 변화함

다. 진동상승 이력

- 건설 시운전 시
- 2007년 초년도 A급 오버홀 후
- 2008년 5월 무부하 3,600 rpm 시, 계통병입 직후 및 정상출력 운전 시
  - 2009년 오버홀 시 베어링 Alignment 후 진동 안정

3. 원인 분석

가. 진동급변 유발 베어링 검토

- 진동상승 및 강하시 #4 베어링 진동 Hunting 폭이 #3 베어링에 비해 큼으로 #4 베어링이 진동 급변 유발요인으로 판단됨

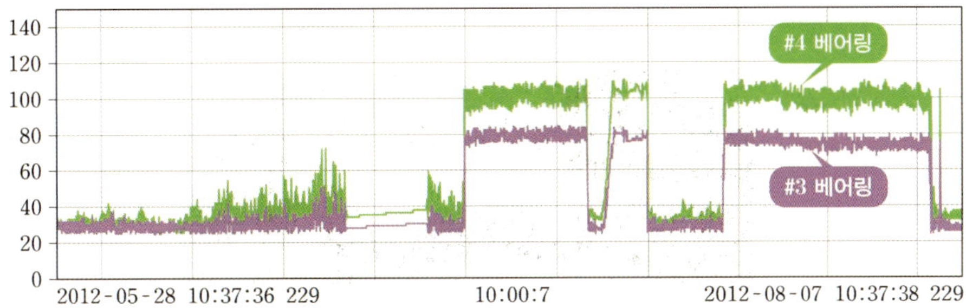

| 6호기 터빈 #3,4 베어링 진동변화 Trend |

- 대책 3 : 베어링 Oil 온도 감소
  일반적으로 Oil Whirl 발생에 의한 진동 상승 시 베어링 Oil 온도를 상승시키는 것이 일반적이나 Oil 온도를 낮추어서 진동이 안정된 사례가 있으며 6호기의 경우에도 Oil 온도 저하 시 진동이 안정상태로 운전됨으로 온도를 낮추는 시험 또한 필요함

나. 장기 대책(터빈 분해 시)

- 대책 1 : 베어링 Alignment 상태 정밀 점검
- 대책 2 : 베어링 Gap 점검

8.7.4 장비 활용 사례 – 비파괴검사

[대상 설비] k–화력발전소

[분석 과제] 윤활유 펌프 베어링(진동) 건전성진단

[분석 방법] 베어링 정밀진단 장비 활용

[분석 결과] 보고서 내용 참조(인용 : 예측진단 사례집)

CIDF–B L.O PP #B 베어링 진동상승 원인분석 및 대책수립

1. 건전성진단 개요

7호기 CID FAN #B LO Pump #B Motor I/B부 베어링 진동이상 신호가 예방점검 중 관찰되어 그 원인을 점검하고 대책을 수립함

2. 점검 내용

< 비파괴검사 영역 >

- L.O Pump #B Motor I/B부 베어링 진동 현황

* 2010년 3월 예방점검 측정결과 진동이상 발견(V= 3.6 mm/s)
  ☞ ISO 10816 Class Ⅰ 기준 진동 Alarm 수치 : 2.8 mm/s 이상
  – ISO10816 : 회전기계의 비회전 부분의 진동 국제규격
  – CLASS Ⅰ : 15 kW 이하 소형전동기에 적용(Motor 용량 : 11.19 kW)

- L.O Pump #B Motor 베어링 진동 주파수 분석
  * 베어링 규격

| L.O Pump #B Motor 베어링 설치 위치 |

구분	모델링	볼개수	볼직경	Pitch 직경	접촉각
Ball베어링	NSK 6308DU	8	14 mm	70 mm	0°

* 베어링 정밀건전성진단 장비 측정결과 dBM 값 34로 이상 판정(측정장비 : Leonova)

상태기준	Good Condition	Caution	Bad Condition
Ball베어링	0 to 20	21 to 34	35 이상
– dBM(decibel maximum value) : the shock value of the highest peaks in the signal – Leonova Intinity : 베어링 결함 주파수 진단장비(Sweden)			

* 베어링의 결함별 진동 주파수

종류	주파수	볼직경	피치직경	Ball수	접촉각	BPFI[1]	BPFO[2]	BSF[3]	FTF[4]
Ball베어링	29.3Hz	14mm	70mm	8	0°	4,928	3,072	2,039	0,384
1) 내륜 볼 통과주파수(BPFI, Ball Pass Frequency of Inner race) 2) 외륜 볼 통과주파수(BPFO, Ball Pass Frequency of Outer race) 3) 볼 자전 주파수(BSF, Ball Spin Frequency) 4) 기본열 주파수(FTF, Fundamemtal Train Frequency)									

- 비파괴검사 기술적 분석 결과
  * 정된 진동 주파수 분석결과 모터 베어링에서 발생하는 충격치(S.L) 상한값이 BPFO(외륜부) 주파수 대역과 일치함
  * 따라서 베오링 외륜부에서 결함이 진행 중으로 판단됨

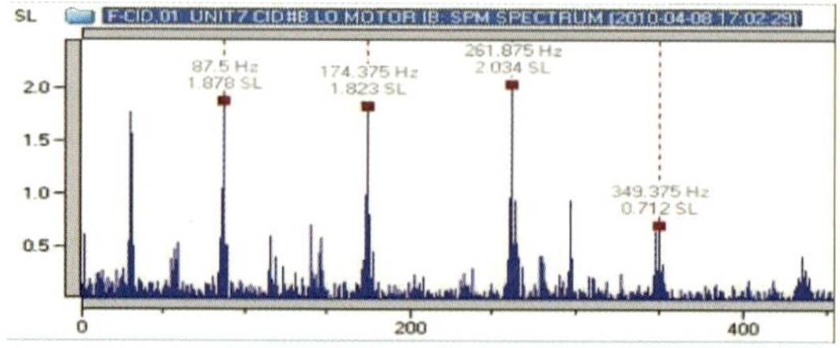

| CIDF #B LO Pump Motor 스펙트럼 분석화면 |

< 파괴검사 영역 >

- 파괴검사의 목적
  - 베어링 진단장비를 이용한 주파수 분석결과 베어링 외륜부 진동성분(BPFO) 상승에 따른 베어링 손상 증명과 결함 진행상태를 확인
- 파괴검사 방법

＊Motor에서 분해된 부하측과 반부하측 베어링 내부 육안검사

분해전 I/B 베어링	분해전 O/B 베어링

Shield 제거후 I/B 베어링	Shield 제거후 O/B 베어링

＊베어링 외륜부 산소절단 후 외/내륜부 및 Ball 표면결함 검사

분해후 I/B 베어링 외륜부	분해후 O/B 베어링 외륜부
	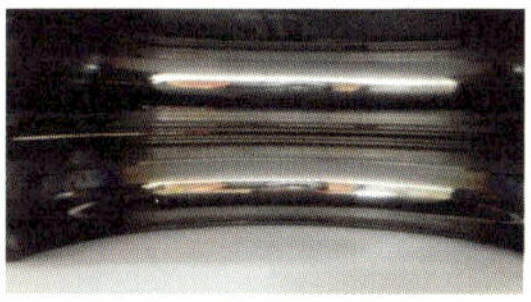
분해후 I/B 베어링 내륜	분해후 O/B 베어링 내륜

3. 점검 결과

- 파괴검사 분석결과

＊Motor I/B 베어링에서 비파괴검사의 주파수 분석 결과와 동일하게 외륜부 손상이 진행되었으며 펄스 브리넬링 결함으로 판명

False Brinelling : 외부 진동에 의한 베이링 볼 자국으로 발생된 압입흔적

＊손상 상태

- 전동체와 궤도륜과의 접촉부분에 있어서 진동과 요동에 의한 마모가 진행되어 베어링 Ball 압흔 다수 발생

＊주요 원인

- 변 진동체에 의한 정지중의 진동, 요동, 윤활불량으로 피로변형
- 베어링 결함분석 참조 : NSK Bearing Doctor

4. 대 책

- 금번 베어링 외륜부의 False Brinelling 현상은 운전 중인 기기의 진동이 Stand-by 펌프의 고하중부인 I/B 외륜부에 피로가 지속됨에 따라 발생된 것으로 판단되며
- 베어링 피로압흔 결함의 재발 방지를 위해 1 Base 2 Motors 구조 설비의 운전 주기 변경이 필요하나 설비 신뢰성과 안정성을 위해 유사 사례 재발시 통풍 설비 L.O Pump의 교체운전 주기 변경 예정임

8.7.5 솔루션 활용 사례 - 운전감시(DCS, PIS)

[대상 설비] k-화력발전소

[분석 과제] 암모니아 공급압력 신호의 건전성진단

[분석 방법] 운전감시시스템(DCS) 데이터 분석

[분석 결과] 보고서 내용 참조(인용 : 예측진단 사례집)

SCR 암모니아 공급압력 편차 발생 원인분석

1. 건전성진단 개요

5, 6호기 대비 7, 8호기 SCR 암모니아 편차가 크게 발생하여 이에 대한 원인을 분석

2. 발생 현황

- 5, 6호기 대비 7, 8호기 제어실 지시압력 편차 현황

단계 / 호기	Storage Tank	기화기	Accumulator 압력(kgf/cm^2)	SCR FCV 압력(kgf/cm^2)	SCR FCV 암모니아 유량(kg/h)	SCR FCV 개도(%)
6호기	3대(A, B, C) 공용으로 사용	A, B, C 3대	1.82 ~ 1.84 (3대)	1.78	16/22 (A/B)	14/19 (A/B)
7, 8호기		D, E, F 3대	1.81 ~ 1.82 (3대)	0.06 ~ 0.08	31/37 (A/B)	10/11 (A/B)

3. 원인 분석

- SCR 암모니아 공급 FCV의 압력전송기 설치위치 상이

호기	3, 4호기	5, 6호기	7, 8호기
압력전송기 설치위치	FCV 전·후단에 설치	FCV 전단에 설치	FCV 후단에 설치
지시값 (kgf/cm^2)	전단 1.5 후단 0.1	1.78	0.06 ~ 0.08

- ICMS 화면은 5, 6호기와 7, 8호기 동일하나 현장 압력전송기 설치 위치가 상이하여 혼동 발생

4. 솔루션 출력

5 ~ 8호기 운전감시 솔루션 출력화면

[중앙제어실 운전감시 솔루션 출력화면]

• 암모니아 탱크

5~6호기	7~8호기
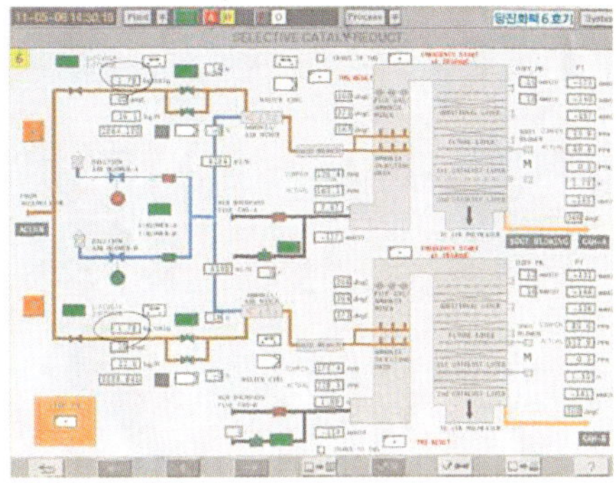	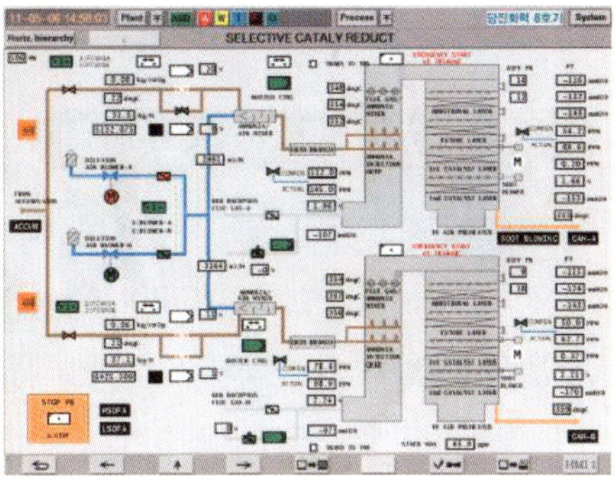

– ICMS 화면에 암모니아 탱크압력이 상이하게 표시

– 5 ~ 8호기 동일하게 탱크 A,B,C 표시되도록 화면변경 필요

5~6호기	7~8호기
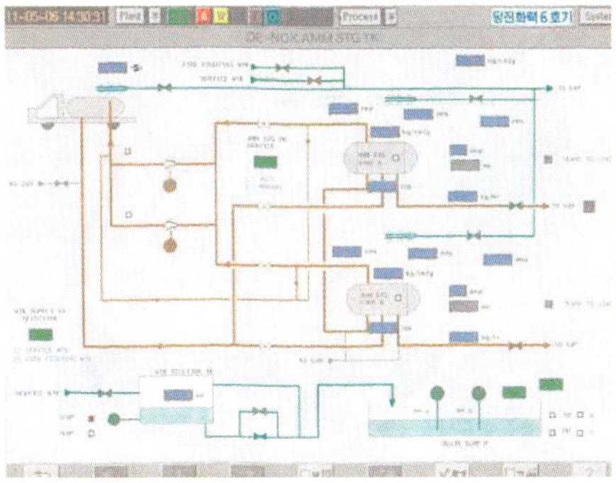	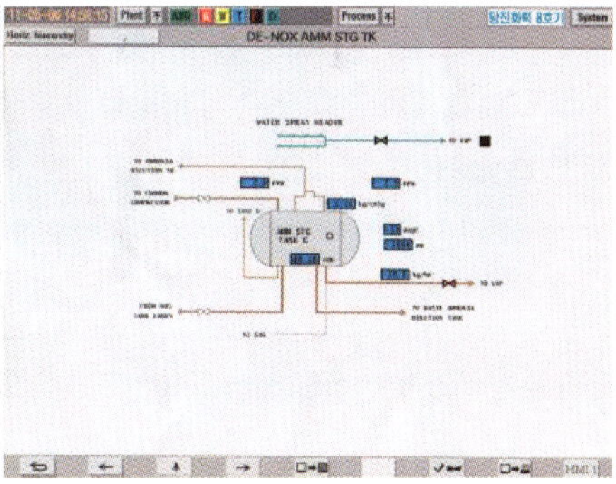

– ICMS 화면 SCR FCV 공급압력 상이(5, 6호기 FCV 전단, 7, 8호기 후단에 설치)

– ICMS 화면 수정하여 혼돈발생 방지 필요

8.7.6 솔루션 활용 사례 - 조기경보(EWS)

[대상 설비] k-화력발전소

[분석 과제] 응축수 펌프(진동) 건전성진단

[분석 방법] 조기경보시스템 출력정보 활용

[분석 결과] 보고서 내용 참조(인용 : 예측진단 사례집)

CBP #C 모터 진동 상승 건전성진단

1. 발생 개요

2011. 8.8 ~ 8.9 운전 중인 CBP #C Motor VIB－X,Y값이 상승하여 이를 조기 감지하고 대책을 수립

2. 발생 상황

- 활용시스템 : 예측경보시스템 / 운전정보시스템
- 감시 기간 : 2011. 8.08 ~ 2011. 8.09
- 발생 내용
  - 8.08 23시 이후 Motor O/B VIB－X, Y 진동 상승 발생
  - 8.09 4:33 ~ 5:23 진동값 최고 172 ㎛ 나타냄
  - 최고 진동값 발생 이후 진동이 106 → 135 ㎛으로 상승
- 오버홀 이후 초기진동 62 ㎛에서 현재까지 2배 증가
  - Motor O/B 진동 상승시 베어링 온도 소폭 상승(80 → 82℃)

3. 원인 분석

- 회전자 마찰에 의한 진동 상승으로 추정

※ 근거 : 1. 진동의 급속 증가
2. 진동 상승시 베어링 온도 상승

- 축정렬 불량 : 진동 지속 상승

4. 조치 사항

- 2011. 8.9. 전기팀 통보
  - 진동 알람값(220 ㎛)보다는 낮으나 상향 추세가 계속되어 추이관리 필요
  - 전기팀 현장점검 실시 예정(8/9일 15:00 이후)

5. 솔루션 출력

• 6호기 CBP #C 진동 솔루션 출력

<table>
<tr><th>예측경보시스템</th><th>PIS Trend</th></tr>
<tr><td rowspan="3">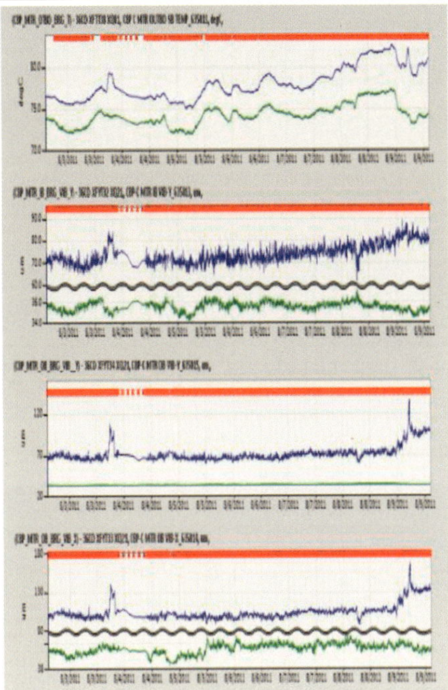</td><td>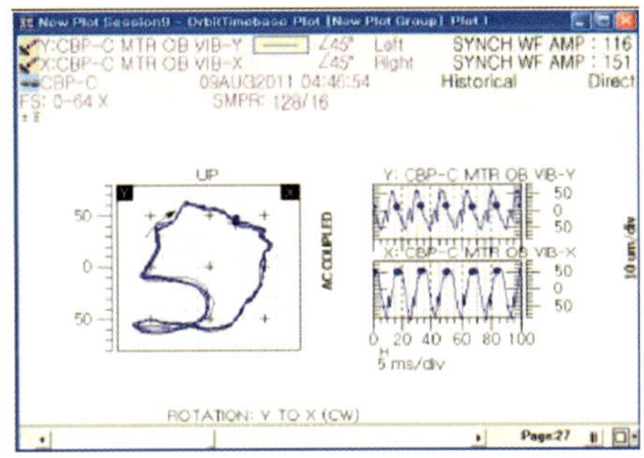
</td></tr>
<tr><td>SYSTEM 1 ORBIT 그래프 현황</td></tr>
<tr><td>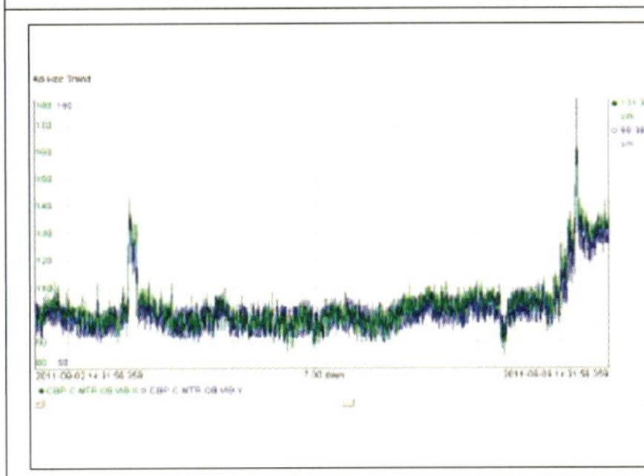</td></tr>
</table>

| CBP #C 진동 솔루션 출력 |

8.7.7 솔루션 활용 사례 - 조기경보(EWS)

[대상 설비] k-화력발전소

[분석 과제] 증기터빈 베어링(온도) 건전성진단

[분석 방법] 조기경보시스템 출력정보 활용

[분석 내용] 보고서 내용 참조(인용 : 예측진단보고서)

Steam Turbine Bearing Metal 온도상승 건전성진단

1. 발생 일시

2018년 1월 4일(목)

2. 이상 상황

1월 2일 6호기 기동시점부터 터빈베어링 #2 Metal 온도가 113℃로 상승

– Alarm Set : 116℃

3. 고장원인 분석

#2 Bearing에 Load가 증가

4. 정비대책 제시

- Lube Oil 공급Line Orifice 구경조정, 윤활유 공급 온도 조정
- 출력증가 시 #4 CV Open에 따른 Steam Force에 의해 축이 약간 부상되며 온도가 3℃ 정도 감소, 추후 온도 과다상승 시 전주분사로 전환

5. 현장조치 결과

Trend 중점관리, 윤활유 공급 온도 조정시험

6. 효과 분석

비상상황 시 대처 가능하여 고장정지 예방 및 건전성진단분석 DB 자료 활용

7. 솔루션 출력

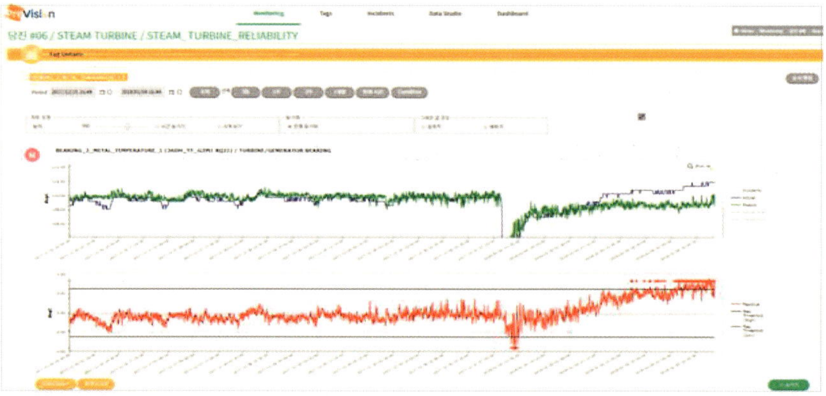

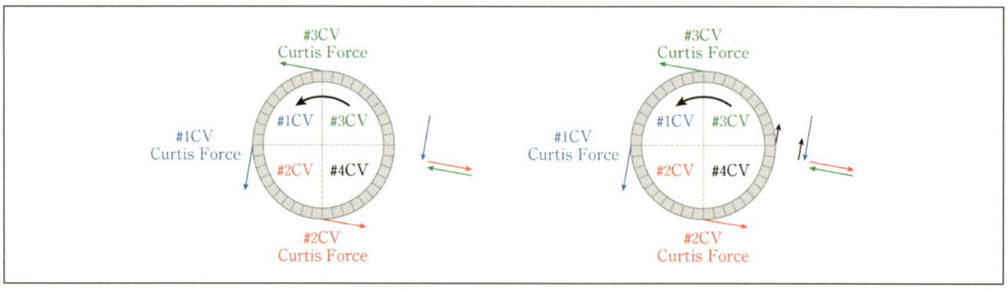

| #4CV Open에 의한 Steam force 변화 |

8.7.8 솔루션 활용 사례 - 조기경보(EWS)

[대상 설비] k-화력발전소

[분석 과제] 송풍기 베어링 건전성진단

[분석 방법] 조기경보시스템 출력정보 활용

[분석 결과] 보고서 내용 참조(인용 : 예측진단 보고서)

ID-Fan 베어링 진동상승 건전성진단

1. 발생 일시

2018년 1월 10일 (수) 17:04

2. 이상 상황

CID Fan 베어링 X,Y 지시값이 평소 4 ~ 5 mm/sec 보다 약 3 ~ 5 mm/sec 상승한 7 ~ 9 mm/sec로 운전되고 있으며 Hunting 현상도 발생함

3. 고장원인 분석

주파수 분석결과 2X 성분이 대부분, 진동상승 요인도 2X 성분의 변화에 의한 것으로 베어링 손상에 의한 성분은 나타나지 않음

Fan 기동 후 Fan Casing에 구속하는 힘이 작용하는 것으로 판단함

4. 정비대책 제시

Fan 기초 Level 변화, Base Bolt 조임상태, Casing 변형여부 점검 필요

5. 현장조치 결과

Fan 베어링 교체 및 Rotor Balancing (2018.03)

6. 효과 분석

CID-Fan 고장으로 인한 출력감발 10시간 가정 6,000만원 비용 절감

7. 솔루션 출력

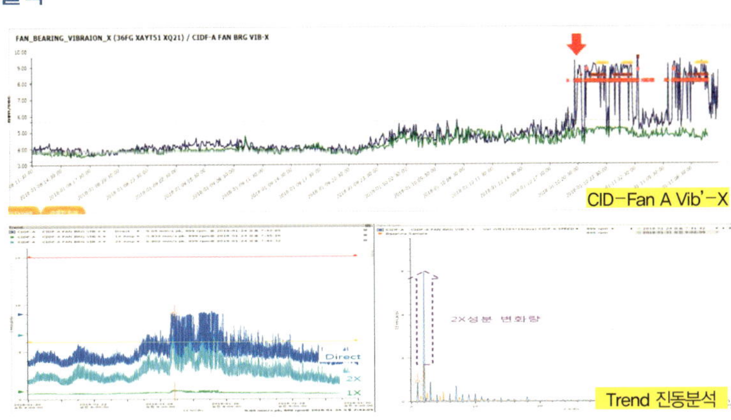

PART III

PHM 표준·연구

[건전성 예측관리(PHM) 표준, 연구]

이 PART는 PART Ⅰ(기반지식)에서 설명한 제반 기술의 표준화 현황을 설명하고, PART Ⅱ(산업적용)에서 필요로 하는 표준 내용을 체계적으로 제시하여 실무수행을 지원하며, 건전성 예측관리(PHM) 기법의 발전을 위하여 노력하는 학술단체와 연구집단을 소개하고 그들이 추진하는 학술행사, 도서발간 등에 관한 정보를 소개함으로써 PHM 기술발전을 지향한다.

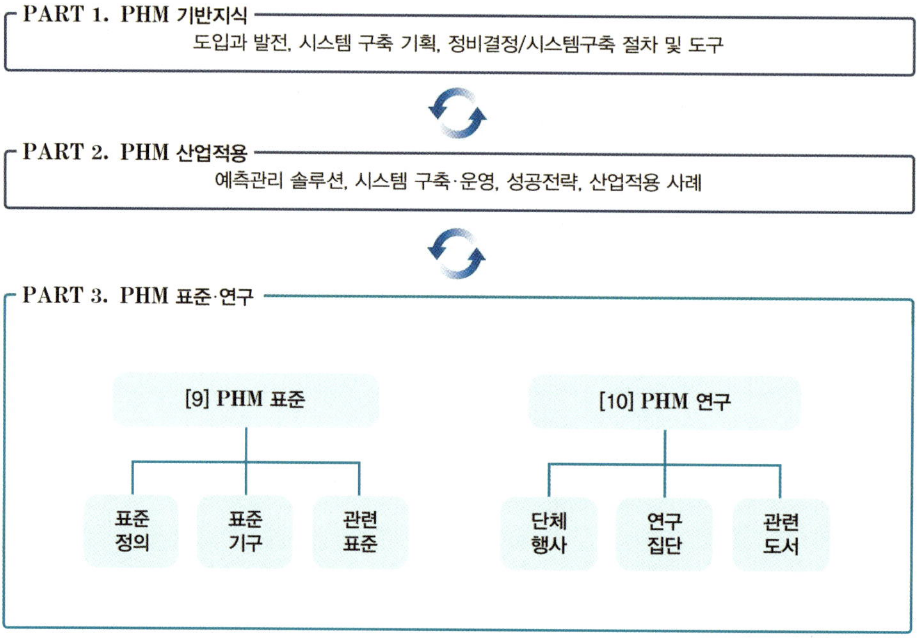

9장은 표준의 정의, 국내외 표준기구(KS, ISO, IEC, IEEE), 건전성 예측관리(PHM)와 관련된 부문의 표준 내용 그리고 향후 표준 발전방향과 인증시스템에 대하여 기술하였다.

10장은 건전성 예측관리(PHM)와 관련된 학술단체, 연구집단, 학술행사, 발간 도서 등을 상세하게 소개하고 필요한 정보의 취득을 지원하기 위하여 관련된 싸이트를 소개하였다.

건전성 예측관리(PHM) 기술은 산업설비 유지관리에 필수적인 기술이고 신뢰도중심정비(RCM)와 상태기반정비(CBM)를 위한 기반기술을 제공하기 때문에 그 중요성이 더욱 강조되며, 최근에는 스마트 팩토리, 디지털 전환, 인더스트리 4.0 등 부문에서 예측진단 신기술 도입이 활발하게 진행되고 있어 향후 PART Ⅲ은 건전성 예측관리 기술발전의 핵심으로 부상이 기대된다.

Chapter

9

PHM 표준

김주형 · 윤양기

PHM
Prognostics and health management

9.1 표준과 표준화

9.1.1 표준 정의

표준(standard)에 대한 정의는 다양하게 정의되어 있다.

| 표 9.1 | 표준의 정의[1]

정의	출처
관계되는 사람들 사이에서 이익 또는 편리가 공정하게 얻어지도록 통일/단순화를 도모할 목적으로 물체, 성능, 능력, 배치, 동작, 절차, 방법, 수속, 책임, 의무, 권한, 사고 방법, 개념 등에 대하여 규정한 경정	산업표준화법 제2조
개개의 표준화 노력의 성과로서 어떤 공인된 단체에 의해 승인된 것	ISO/STACO
일반인이 입수할 수 있는 시방서나 그 밖의 문서로서 이것에 의해 영향을 받는 모든 이해 관계자들 간 협력과 합의 또는 전체적인 승인을 얻어 시작되는 것으로 최적의 사회 이익을 촉진하며 표준화 단체에 의해 승인 받은 것	ISO/IEC
규칙, 지침, 상품의 특성, 관련 공정 및 생산 방법을 공통적이고 반복적인 사용을 위하여 규정한 문서로서 인증된 기관에 승인된 문서	WTO/TBT 협정

표준은 기술의 물리적 특성이나 적용 시에 나타나는 외연으로, 축적된 기술적 경험을 성문화한 것이라고 규정하기도 한다[2]. 즉. 표준은 반복 적이며 연속적인 적용을 위하여 승인되었으며 그 준수가 의무적인 아닌 기술 명세(technical specification)로 정의 된다. 일반적으로 표준은 [그림 9.1]과 같이 정책(policy), 규정(regulation) 등과 비교되어 설명되는데, 규정이 공적 효력을 가지면서 지켜야 할 가장 강도높은 것인 반면, 표준은 가장 그렇지 않은 것에 속한다. 많은 산업분야 마다 관련 학회나 단체에서 활발하게 표준을 만들어 운영을 하고 있는데 이는 다양한 업무나 문제해결을 할 때 공통의 방법론 또는 가이드라인을 만든 후 이를 자발적으로 지킴으로써 신뢰성과 효율을 높이고자 하는 것이다. 그럼에도 불구하고 어떤 표준은 자발적

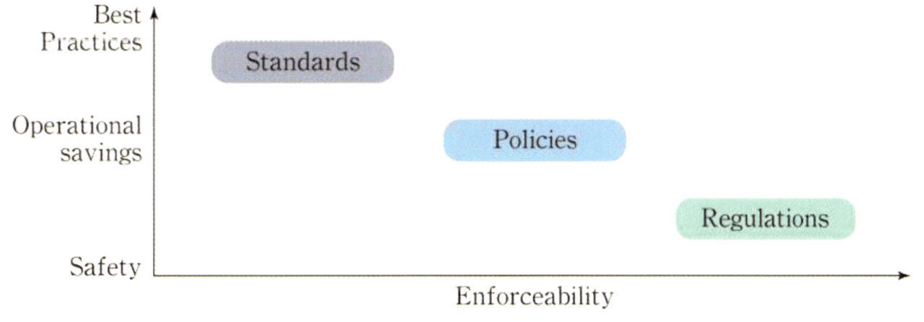

| 그림 9.1 | 표준, 정책 및 규정에 대한 비교[3]

성격을 넘어 의무적으로 활용되기도 하는데, 예를 들어 미국의 maintenance programs industry group(MPIG)에서 제정한 항공 정비나 underwriters laboratory(UL)의 전기 기기 표준이 그러한 사례의 하나다. 또한 이러한 표준이 어느 정도 자리 잡으면 정책이나 규정으로 발전하기도 하므로 표준에 대한 관심은 아무리 강조해도 지나치지 않다.

표준의 구성은 측정이나 참조 혹은 판단을 위한 근거, 기준, 목표 등을 의미하는 것으로 '합의에 의해 작성되고 공인된 기관에 의해서 승인된 것으로 주어진 범위 내에서 최적 수준의 성취를 목적으로 하기 위해서 1) 공통적이고 2) 반복적인 사용을 위해 규칙, 지침, 또는 특성을 제공하는 문서로 구성되어야 한다. 이는 관련된 과학 분야, 기술분야 및 전문가들의 경험에 대한 총괄적인 발견 사항에 근거해야 하며, 공동체 이익의 목표로 제정 되어야하는 것이 바로 표준이다. 표준의 종류는 다음과 같이 분류를 하였다.

| 표 9.2 | 표준의 종류[1]

분류의 기준	출처
과학기술적 분류	성문 표준(document standard), 참조 표준(reference standard) 측정 표준(measurement standard)
제정 주체에 따른 분류	사실상 표준(비 지원적 표준, 지원적 표준), 공적 표준
구속성 여부에 따른 분류	강제 표준(mandatory standard), 임의 표준(voluntary standard): KS, 단체표준
위계에 의한 분류	국제 표준(global standard), 지역 표준(regional standard), 국가 표준(national standard), 지방 표준, 단계 표준, 사내 표준
기타	기본 표준, 용어 표준, 시험 표준, 제품 표준, 공정 표준, 서비스 표준, 공유 표준, 데이터 표준

9.1.2 표준화 정의

표준화(standardization)를 간단히 정의하면, 표준을 정하고 이를 활용하는 조직적 행위를 표준화라고 한다. 표준화에 대한 정의는 아래와 같이 표현하고 있다.

| 표 9.3 | 표준화의 정의[1]

정의	출처
어떤 특정의 활동을 순서 있게 접근할 목적으로 규칙을 세우고, 이것을 적용하는 과정에서 관계하는 모든 사람들의 이익, 나아가 최우량의 경제성을 촉진함은 물론, 기능적인 조건과 안정성의 요구까지 유의하면서 관계하는 모든 사람들의 협력 하에 이루어지는 조직적 행위	미래 사회와 표준
사물에 합리적인 기준을 설정하고 다수의 사람들이 어떤 사물을 그 기준에 맞추는 것	
관계되는 모든 사람의 편익을 목적으로 하는 특정한 활동을 향해 바르게 접근하기 위한 규칙을 작성하고 이를 적용하는 과정	ISO/STACO
주로 과학, 공업 기술 및 경제분야에 있어서 문제를 되풀이해서 적용할 수 있는 해결책을 부여하는 활동으로서 그 목적은 어떤 주어진 상황에서 최선의 질서를 유지하는 일	ISO/IEC guide

표준화(standardization)는 실제적이거나 잠재적인 문제들에 대해서 주어진 범위 내에서 최적 수준을 성취할 목적으로 공통적이고 반복적인 사용을 위한 규정을 만드는 활동으로 통일화 및 단순화시켜 기준에 따르도록 하는 것이며 이해관계자의 합의, 공개 원칙, 자발성 존중, 통일성과 일관성, 시장 적합성, 경제적, 공공이익 추구 등의 여러가지 원칙을 기반으로 제정된다.

표준화의 목적은 다음과 같다.

1) 제품 및 업무 행위의 단순화와 호환성 향상

2) 관계자들간 원활한 의사소통

3) 전체적 경제성 추구

4) 안전/건강/환경 및 생명보호

5) 소비자 및 작업자의 이익 보호

6) 현장 및 사무실 자동화에 기여

우리나라는 1949년 8월 농산물 검사법의 제정으로 농산물이 중량/등급/포장 등에 따라 규격화가 이루어지고, 철도 등 공공 사업 분야의 자체 규격화도 계속 이어졌다. 그 이후 6·25의 반발로 전시하의 군수품 조달에 있어 규격화의 필요성이 대두되었으나, 전후 사정으로 1959년 9월에야 병참 물품 규격이 만들어 졌다. 그 이후 1961년 9월 30일 공업표준화법이 제정되어 국가 차원의 공업 표준화 사업이 정부 주도로 추진되어 오늘에 이르고 있다[4]. 기계 분야의 경우 한국기계산업진흥회를 통해 기계기본분야 표준 개발 수요조사를 통해 새로운 표준의 진행을 추진하고 있다.

9.2 표준 국제기구 (ISO, IEC, PASC)

9.2.1 ISO (international standard organization)

ISO의 설립 목적은 상품 및 서비스의 국제적 교환을 촉진하고, 지적, 과학적, 기술적, 경제적 활동 분야에서의 협력 증진을 위하여 세계의 표준화 및 관련 활동의 발전을 촉진시키는데 있다. 이러한 목적 달성을 위하여 ISO는 다음과 같은 업무를 수행할 수 있다.

- 표준 및 관련 활동의 세계적인 조화를 촉진시키기 위한 조치를 취한다.
- 국제표준을 개발, 발간하며, 이 표준들이 세계적으로 사용되도록 조치를 취한다.
- 회원 기관 및 기술위원회의 작업에 관한 정보의 교환을 주선한다.
- 관련 문제에 관심을 갖는 다른 국제기구와 협력하고, 특히 이들이 요청하는 경우 표준화 사업에 관한 연구를 통하여 타 국제기구와 협력한다.
- 표준화 사업에 관한 연구를 통하여 타 국제기구와 협력한다.

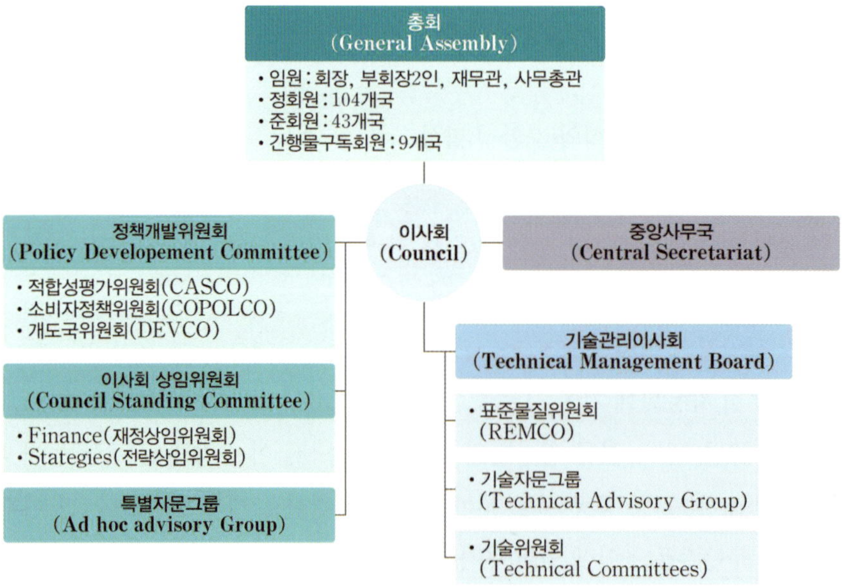

| 그림 9.2 | ISO의 조직 구조

• **ISO(international standard organization)의 회원** : ISO의 회원은 정회원, 준회원 및 간행물 구독회원으로 구분된다. 정회원은 각국 의 표준화 분야에서 가장 널리 대표적인 국가표준기관으로서, ISO 절차 규정에 의거 ISO입회가 허용된 국가표준기관이다. 정회원이 없는 국가의 경우 표준화에 관심 있는 국가 기관은 이사회에서 규정한 절차에 따라, 투표권 없이 통신 회원 또는 간행물 구독회원으로 등록할 수 있다. 한 국가에서 오직 하나의 기관만이 회원자격을 획득할 수 있다. 정회원 가입을 희망하는 표준 기관은 정관 및 절차규정을 수락한다는 내용으로 사무총장에게 서면으로 신청해야 한다. ISO의 회원 가입 현황은 '17.9월 현재 정회원(member body)에 119개국, 준회원(correspondent member)에 40개국, 통신회원(subscriber member)에 4개국 등 총 163개국이 가입, 활동하고 있다. 우리나라는 1963년 상공부 표준국이 우리나라를 대표하여 ISO에 member body로 최초 가입하였고, 1996년 이후로는 현재의 국가기술표준원(Korean agency for technology and standards, KATS)이 정회원으로 활동하고 있다.

• **ISO(international standard organization) 표준 제정 절차** : ISO 표준 제정 절차는 일반적으로 제안부터 발행까지 6단계로 구성되며, ISO/IEC 기술작업지침서를 준수한다. 신규표준 제안은 ISO 국가회원기관, TC/SC 간사 기관, 연계 기관, 기술관리이사회 또는 자문그룹, ISO 사무총장에 의해 이루어질 수 있고, 작업안은 해당 기술위원회의 정회원들에게 회부되어 투표를 거치게 된다.

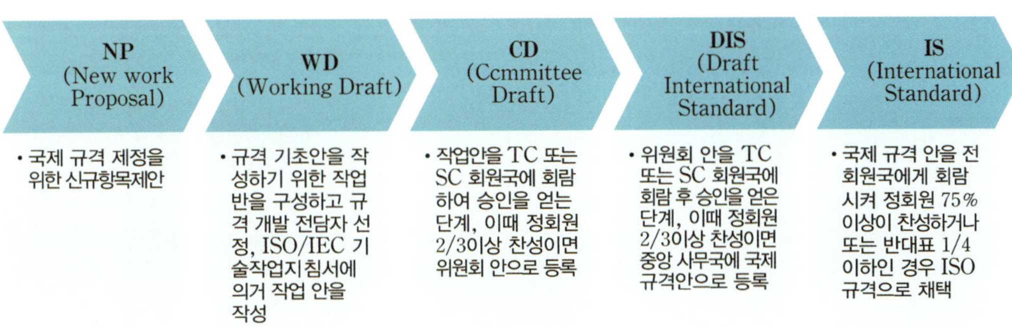

| 그림 9.3 | ISO 규격 제정 절차

9.2.2 IEC (international electrotechnical commission)

IEC의 설립목적은 전기 및 전자분야에서 표준에 대한 준수 확인 등과 같은 표준화에 대한 제반 현안 및 관련 사항에 대한 국제간 협력을 촉진하여 국제간의 이해를 증진시키는 것이다. 이러한 IEC의 목적은 각국의 의사를 집결한 IEC 표준의 형식에 따른 권고로써 간행물을 발행하고 이것을 각국의 국가 표준에 반영시키는 것으로 달성된다. IEC의 국제법상 법적인 지위는 비정부간 협의 기구이며 스위스 민법 제 60 조 등에 따른 사단법인으로 간주된다.

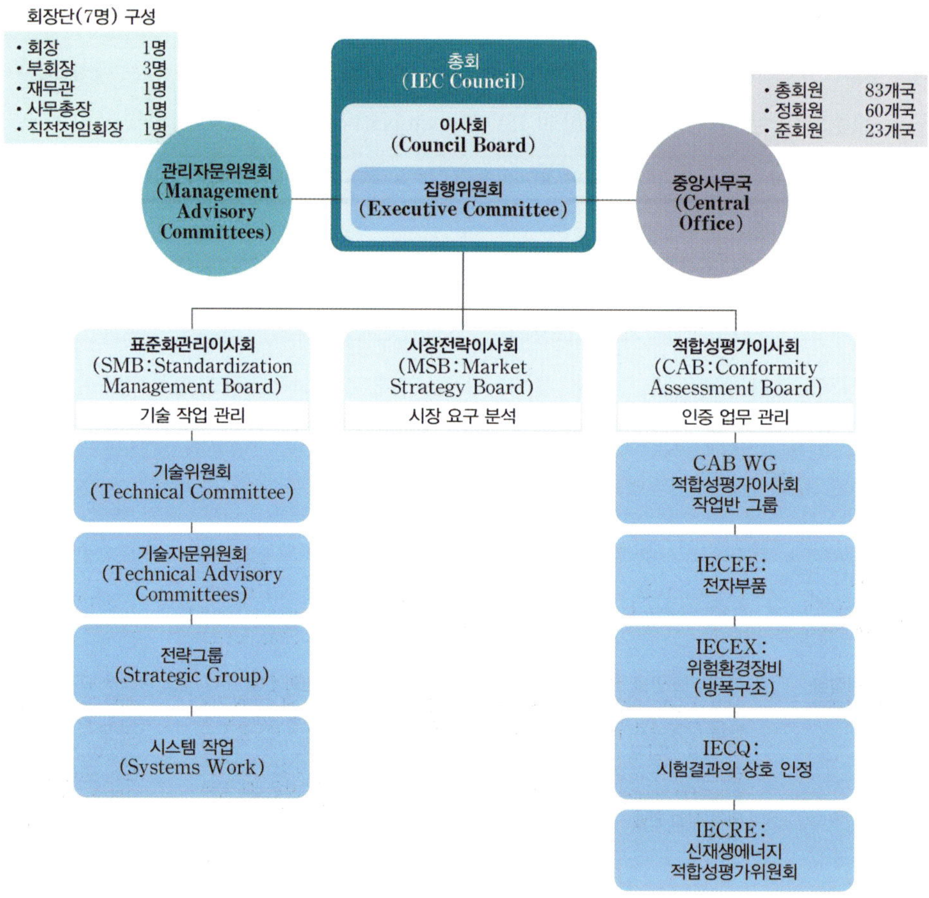

| 그림 9.4 | 전기전자분야 표준분야 협의체인 IEC조직

• **IEC(international electrotechnical commission) 규격 제정 절차** : IEC 규격의 제정, 개정, 발행 절차는 아래 표와 같다. IEC의 표준화 작업은 ISO와 공동으로 제정한 ISO/IEC directive에 따라 이루어지므로 앞서 설명한 ISO의 표준화 작업 절차와 대동소이하다. 다만 질의 단계 문서를 ISO에서는 DIS라 부른 반면 IEC는 CDV라 부르는 점이 다르다.

프로젝트 단계	관련 문서	
	명칭	약호
예비 단계	예비 업무 항목	PWI
제안 단계	신규 업무 항목 제안	NP
준비 단계	작업 초안	WD
위원회 단계	위원회 초안	CD
질의 단계	질의안	DIS
	투표용 위원회안	CDV
승인 단계	최종 국제표준안	FDIS
발행 단계	국제표준	IS

| 그림 9.5 | IEC 규격 제정 절차

9.2.3 PASC(pacific area standards congress)

1990년대 이후 지역경제의 블록화 현상이 전 세계로 확산됨에 따라 표준분야에서의 지역협력의 필요성 또한 높아지게 되었다. 대표적으로는 유럽국가들의 EU 단일경제체제 구축과 관련한 지역 표준화 활동의 활성화를 예로 들 수 있다. 이러한 지역표준화협력의 중요성을 인식한 태평양연안 국가들은 ISO 및 IEC 의 국제표준화 활동을 강화하고, 국제표준화 활동에 효과적으로 참여할 수 있는 능력을 배양하기 위한 지역 기구의 필요성을 느끼게 되었고, 이에 태평양 지역국가들 내의 표준화 기구 대표들은 1972년 5월 미국 호놀룰루에서 모임을 갖고 자발적으로 독립적인 표준화 기구를 창설하기로 결의하였다. 태평양 지역 국가간 공동관심사인 공업발전을 위한 이해 조정 및 표준화 관련 국제무대에서의 상호 결속을 위해 창설된 태평양지역표준회의(PASC)의 주요 목표는 다음과 같다.

- 회원국 상호간에 표준화 관련 의견 및 정보를 교환하고, 국제무역 및 통상을 촉진 시 킬 수 있도록 국제표준화 활동을 적절히 조정함
- 지역적으로 편리한 곳에서 태평양지역 국가들이 ISO나 IEC 등의 국제표준화 기구들에 전달할 건의문을 토론·작성함
- PASC 회원국의 선의문을 전달함으로써 국제표준화기구들에 대한 자문, 협력을 제공함, 향후 국제표준화에 필요한 사항과 표준화 구조상 개선할 점을 토론함

• **PASC(pacific area standards congress) 회원국** : 한국, 미국, 일본, 중국, 캐나다, 호주, 뉴질랜드, 필리핀, 싱가포르, 태국, 피지, 남아프리카공화국, 인도네시아, 홍콩, 파푸아뉴기니, 콜롬비아, 베트남, 말레이시아, 몽골 리아, 브루나이, 인도, 페루, 멕시코, 에콰도르 총 24개국으로 우리나라는 PASC 창립총회부터 회원으로 가입하였으며, 또한 PASC executive committee(운영위원회) 위원으로서 적극적인 참여 활동을 수행하여 왔다. 특히 2001년부터는 국가기술표준원 국제표준과장이 PASC 운영 위원회의 간사(secretary)로 활동을 시작함에 따라 PASC에서의 우리나라의 입지를 더욱 확고히 하는 계기를 마련하였다. 2012년에는 여수 EXPO 주제와 연계한 "지속 가능한 환경 표준의 이행"이라는 주제로 국제적으로 관심이 증대되는 에너지 효율 및 신재생에너지, 민간과 자연보호 등의 국제표준화 공조방안을 마련하였다.

9.2.4 IEEE (institute of electrical and electronics engineers)

[기구 현황]

160개국 37만명 이상의 기술 전문가들이 포함되어 있는 비영리 단체로서, 국제 교류를 원활히 하고 전기전자분야의 발전 및 공헌을 통한 표준화 활동을 증진하며, 표준 및 관련 활동 전반에 대한 국제 지역기구 협력체로서 국제규격 보급 및 세계적 사용을 추진한다.

| 표 9.4 | 기관 현황(2009년 12월)

기관명 (설립)	참여국 규격수	권역/분회	Society Council	회원수	IEEE-SA
IEEE (1884년)	160여국 1,400여개	10개 권역 1,860 분회	38 Society 7 Council	382,000명 (개인회원)	• 개인회원 : 6,500 • 기업회원 : 138

[조직 구성]

개인회원(individual membership)은 모든 등급의 IEEE 회원들과 비회원들도 가입할 수 있으며 개별 표준 프로젝트의 투표 참가가 가능하다. 기업회원(corporate membership)은 기업, 정부기관, 무역협회, 사용자 단체, 대학 및 기타 표준 개발에 참여를 원하는 단체가 포함된다.

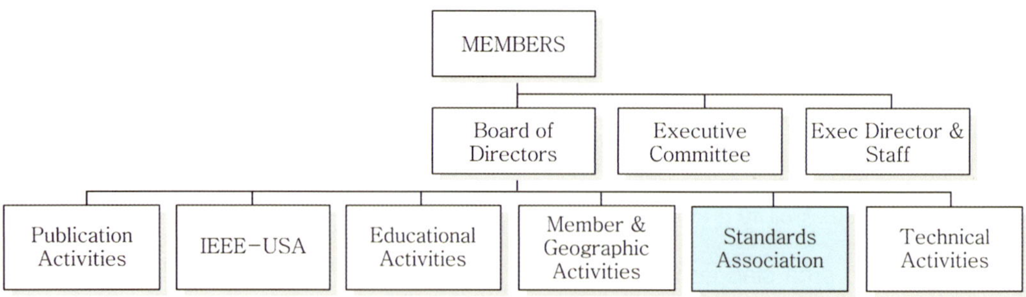

| 그림 9.6 | IEEE 조직 구성

[주요 사업]

- **커뮤니티** : 연간 300회 이상의 컨퍼런스를 세계 각지에서 개최하며 회원은 각종 회의에 참석할 수 있는 기회와 활동 지원을 받는다.
- **출판** : 전기엔지니어링, 컴퓨터과학, 전자공학 분야에 있어서 전 세계 출판물의 1/3 정도를 출판하여 130개의 저널 및 잡지, 컨퍼런스 화보와 각종 기술서적 등을 통하여 배포하며, IEEE 저널은 전기전자 엔지니어링과 전기통신, 기타 관련 기술 분야에 있어서 가장 많이 이용되는 잡지 중 하나이다.
- **디지털 도서관** : 1988년 이후 IEEE의 모든 컨텐츠는 1950년도 자료까지 디지털화 되었고, IEEE xplore R 디지털 도서관은 IEEE 저널, 관련 서적, 문서, 컨퍼런스 회보와 현재 유효한 IEEE 표준 등 120 만종 이상의 문서를 보유하고 있으며 현재 1300여 개의 표준을 보유, 개발 중에 있다.

9.3 PHM 관련 표준

9.3.1 PHM 표준체계

PHM에 관한 표준은 국내외를 막론하고 구체적으로 제정되어 있지 않은 상황으로 최근 십여 년간 미국 표준과학연구소(National Institute of Standards and Technology, NIST)를 중심으로 논의가 지속적으로 이루어지고 있다. 제조업 강국인 독일과 일부 유럽 국가들이 참여하여 표준 제정에 힘을 기울이고 있으나, PHM이 적용되는 산업, 분석기법의 다양성 및 연관 학문과의 밀접성 측면에서 많은 고려사항이 있기 때문에 아직까지는 갈 길이 멀다.

PHM이 언급되는 산업분야는 주로 높은 안전성이나 고장손실 비용이 높은 발전, 제조업, 자동차 및 항공우주산업 등으로 매우 넓은 영역에 걸쳐 있다. 또한 이상감지, 건전성진단, 고장예측의 여러 단계에 걸쳐 센서, AI, 데이터관리, 확률통계, 신뢰성공학 등 다양한 분야의 이론과 방법론이 적용되는 종합적 학문의 성격을 가지고 있다. 나아가서 PHM은 자산관리 모니터링, 정비일정 최적화를 포함한 유지관리, 물류 및 임무 계획을 다루며 이를 통해 신뢰도, 가용도 및 정비도 등 총 수명주기 비용을 줄이는 것을 궁극적 목표로 하므로 다른 영역과의 밀접한 연계가 필요하다.

| 표 9.5 | PHM 관련 표준을 운영하는 단체와 기관

	ISO	IEC	SAE	MIL-STD	OTHERS
PHM 일반절차	17359		ARP1587B: aircraft engine		CBM+ DOD Guide ADS-79D-HDBK: Army aircraft ATA MSG-3: fixed wing aircraft
3-1 수명주기 비용분석		60300-3-3			
3-2 신인성 분석		60300-3-1 60300-3-2 표 2.3: 다양한 신인성 분석기법	ARP4761 ARP5580: FMEA	MIL-STD-1629A: FMEA	
3-3 RCM 기반 정비업무 선정		60300-3-11	JA 1012	MIL-STD-3034A	NASA RCM
4-1 아키텍처 및 데이터 관리	13374 15531: manufacturing 15926: plant				CBM+ DOD Guide OSA-CBM(MIMOSA)
4-2 센서세트 설계	17359 표 2.8: 다양한 측정도구				
4-3 신호수집, 처리 및 특성인자추출	17359				
4-4 이상감지					
4-5 건전성 진단	13379				
4-6 고장예지	13381		AIR5871: aircraft engine		
4-7 PNHM 성능검증					ADS-79D-HDBK: Army aircraft

PHM 표준은 일반적으로 PHM 시스템의 구축단계에 따라 세부 항목별로 제정할 수 있으며 기존의 제품 및 제조 프로세스를 위해 관련 학회나 기관에서 이미 확립한 표준을 활용할 수도 있다. 최근 미국 NIST에서는 이러한 노력의 일환으로 제조 분야를 중심으로 PHM 표준화를 위한 활동을 꾸준히 하면서 관련 문서를 발간하고 있다. 이에 의하면 PHM 표준은 수행단계 전체를 다루는 개요(overview)를 비롯하여 신인성분석(dependability analysis), 측정기법(measurement technique), 진단 및 예지(diagnostics and prognostics), 데이터관리(data management) 항목으로 구성되며, 여기에 교육(training) 및 응용(application)이 추가된다. 이것은 [표 2.1]에서 소개한 PHM 시스템 구축절차와 거의 일치하기 때문에 이 장에서는 NIST에서 발간한 문서를 바탕으로 단계별 표준을 참고하여 내용을 작성하였으며 이를 정리하면 [표 9.5]와 같다. 여기서 검은

글씨는 본 서에서 중점적으로 참고한 표준을, 붉은 글씨는 NIST 또는 다른 기관 및 단체에서 제시한 참고할 만한 표준이다.

9.3.2 PHM 관련 표준

산업 표준은 관련 단체들이 일정한 기준에 따라 일시에 개발한 것이 아니기 때문에 그 내용을 일관된 체계에 따라 top-down 방식으로 제시하기 어려우며, 기관에 따라 유사한 내용도 있고 분류번호 역시 체계적 일관성을 유지하지 못하여 이해와 활용에 어려움이 있다. 더욱이 PHM은 정비체계 중 RCM−CBM−PdM 분야에서 다루고 있고, 그 중에서도 신호측정이나 감시진단 기술에 속하여 이해에 어려움이 있다. 구조적 이해를 돕기 위하여 PHM 기술을 중심으로 표준 내용을 재정리해 보면 [그림 9.7]과 같이 표현할 수 있다. 이 절에서는 설명의 편의상 그림에 나열된 표준 중 녹색으로 표시된 표준에 대하여 요약된 정보를 제공하고자 한다.

| 그림 9.7 | PHM 관련 표준 개요

IEEE Std 1856™-2017

[표준 명칭]

전자시스템의 PHM 표준규격(IEEE standard framework for prognostics and health management of electronic systems)

[제정 배경]

이 표준의 목표는 전자시스템에 대한 예후 및 건전성관리(PHM) 구현을 위한 정보를 제공하는 것이다. 시스템 건전성관리 커뮤니티 내에서 예측 분석, 신뢰성 예측, 누적손상 예측 또는 상태 기반 예측과 같이 예후라는 용어에 대해 여러 가지 다른 해석이 있다. 이 표준은 제조업체와 최종 사용자가 구현할 적절한 예후 및 건전성관리 방법론과 관심 시스템에 대한 관련 수명주기 운영을 계획하는데 사용할 수 있다.

이 표준은 실무자가 PHM 구현을 위한 비즈니스 사례를 만들고 PHM 결과를 평가하기 위한 적절한 전략과 성과 지표를 선택하는 데 도움이 되는 정보를 제공하는 것을 목표로 한다. 전반적인 목표는 PHM에 대한 광범위한 개요를 제공하는 동시에 실무자가 적절한 결정을 내리는 데 도움이 되는 중요한 세부 정보를 제공하는 것이다.

[적용 범위]

이 표준은 정의, 접근방식, 알고리즘, 센서 및 센서 선택, 데이터 수집, 저장 및 분석, 이상 감지, 진단, 의사결정 및 대응 효율성, 메트릭, 구현 수명주기 비용, 투자회수, 문서 등을 포함하여 전자시스템에 대한 PHM의 모든 측면을 다룬다. 이 표준은 PHM 기능을 분류하고 전자시스템 또는 제품에 대한 PHM 개발을 계획하기 위한 규범적 프레임워크를 설명한다. 이 표준의 사용은 산업 전반에 걸쳐 요구되지 않으나 실무자가 자신의 요구를 충족하기 위해 PHM 전략 및 접근방식을 선택하는 데 도움이 되는 정보를 제공한다.

[제정 목적]

이 표준의 목적은 전자시스템의 PHM과 관련된 개념을 분류 및 정의하고, 실무자의 비즈니스 사례개발과 접근방식, 방법론, 알고리즘, 상태 감시장비, 절차 등 선택 및 전자시스템의 PHM 구현전략 등에 대한 프레임웍을 제공하기 위한 것이다.

[용어 정의]

- data management
- decision time
- detection accuracy
- detection time
- diagnostic time
- diagnostics
- end-of-life
- health
- health management
- isolation accuracy
- component
- object system
- prognostic distance
- desired performance
- prognostic system accuracy
- prognostic time
- prognostics
- remaining useful life(RUL)
- response time

[목차 구성]

1. overview
2. normative references
3. definitions
4. requirements annex A(informative) guidance for PHM system implementation

KS A IEC 60300-3-1

[표준 명칭]

신인성 관리 – 신인성 분석 기법(dependability management – Part 3 – 1 : application guide – analysis techniques for dependability – guide on methodology

[적용 범위]

이 표준은 신인성 분석 기법의 개요를 전반적으로 소개하고, 여러 기법을 사용하기 위한 일반적 방법과 그들의 장–단점, 입력 데이터와 기타 필요 조건들을 설명한다. [그림 9.8]에 일반적인 신인성 분석 절차를 나타내었다.

[목차 구성]

1. scope
2. normative references
3. definitions

4. basic dependability analysis procedure

   4.1 general procedure

   4.2 dependability analysis methods

   4.3 dependability allocations

   4.4 dependability analysis

   4.5 maintenance and repair analysis and considerations

5. selecting the appropriate analysis method

[주요 내용] 신인성 분석 프로세스

[그림 9.8]은 일반적인 신인성 분석 절차를 나타내고 있다.

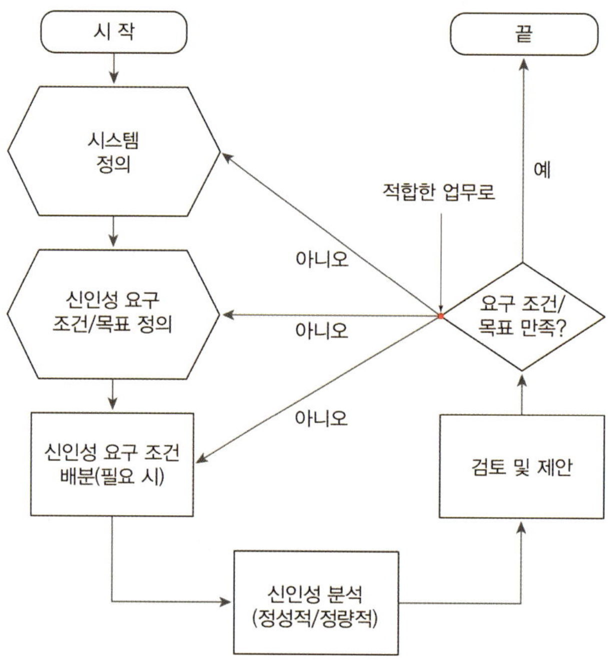

| 그림 9.8 | 일반적인 신인성 분석 절차

KS A IEC 60300-3-2

[표준 명칭]

신인성 관리 – 데이터 수집(dependability management – Part 3 – 2 : application guide collection of dependability data from the field

[적용 범위]

이 표준은 현장에서 운영하는 항목의 신뢰성, 유지보수성, 가용성 및 유지보수 지원 성능과 관련된 데이터 수집 지침을 제공한다. 데이터 수집 및 표시의 실용적인 측면을 일반적으로 다루고 데이터 분석 및 결과 표시와 관련된 주제를 간략하게 탐구한다. 주요 활동으로 의존성 프로세스에서 현장 경험의 활용을 통합할 필요성이 강조된다. 이 표준은 모집단 표본 또는 전체 모집단을 모니터링하는 동안 적용될 수 있으며 하드웨어, 소프트웨어, 사람/기계 상호 작용을 포함하여 구성 요소에서 시스템 및 네트워크에 이르기까지 다양한 항목에 제한 없이 적용된다. 고려되는 항목들은 하나 이상의 조직에서 설계, 제조, 설치, 운영 및 유지관리 했을 수 있으며 이 표준은 공급자와 사용자 간의 가능한 모든 관계에 적용된다.

[목차 구성]

1. scope
2. normative references
3. terms and definitions
4. legal considerations
5. objectives of data collection
6. considerations on level of reporting
7. which analysis can be performed?
8. which data can be collected?
   - 8.1 general
   - 8.2 inventory
   - 8.3 usage
   - 8.4 environment
   - 8.5 events
   - 8.6 data sources
9. analysis methods & their data requirements
10. resources
11. planning
12. philosophies of data collection
    - 12.1 general
    - 12.2 time based-continuous & discontinuous
    - 12.3 complete and limited
    - 12.4 quantitative & qualitative data collection
    - 12.5 data censoring in data collection
13. methods of data collection
    - 13.1 general
    - 13.2 data stewardship

[주요 내용] 신인성 분석 데이터

[그림 9.9]는 데이터 요구사항을 갖는 모든 신인성 표준을 나타내었다. 표준들은 참조 번호순으로 나열한 것이다. 각각의 표준에서 어떤 방법이 사용되고 있으며, 해당 표준에 주어진 기법을 사용하기 위해서 어떤 데이터를 수집할 필요가 있는지 나타낸다.

왜	데이터 요구 사항	KS 및 IEC 참조표준	제 목
수명 주기 비용의 개념을 어떻게 적용하는가.	확인되는 비용 요소의 비용 및 프로젝트의 총 비용	KS A IEC 60300-3-3	수명 주기 비용
위험 분석 기술을 어떻게 선택하고 실행하는가.	확인되는 사건 발생 빈도, 사건 발생의 가능성 및 사건 발생 종속 기간	KS A IEC 60300-3-9	기술 혁신 시스템의 위험 분석
구성 요소 및 파트에 신뢰성 데이터를 어떻게 제시하는가.	연관 구성 요소의 고장수, 구성 요소의 고장 유형 및 연관구성 요소의 고장 시간	KS A IEC 60319	전자 제품의 구성 요소에 대한 신뢰성 데이터의 제시 및 상술
일정 고장률을 어떻게 예측하는가.	아이템의 고장 시간(그림으로 나타내기 위해서는 최소한 4개의 고장 시간 관측이 필요함)	KS A IEC 60605-4	지수 분포에 대한 통계적 절차
고장률이 일정하다는 것을 어떻게 입증하는가.	모든 관련 고장에 대한 고장 시간(수치적 절차를 위해서는 최소 10개의 고장 시간을 관측할 필요가 있고, 그림으로 나타내기 위해서는 최소한 4개의 고장 시간 관측이 필요함)	KS A IEC 60605-6	일정 고장률 또는 일정 고장 강도 가정에 대한 타당성 검정
초기 고장을 어떻게 식별하는가.	모든 연관 고장에 대한 고장 시간(수치적 절차를 위해서는 최소 10개의 고장 시간을 관측할 필요가 있고, 그림으로 나타내기 위해서는 최소한 4개의 고장 시간 관측이 필요함)	KS A IEC 60605-6	일정 고장률 또는 일정 고장 강도 가정에 대한 타당성 검정
보전의 목적을 어떻게 입증하고 달성할 수 있는가.	보전 활동의 이유, 완료된 보전 활동의 유형, 보전 활동의 인시 및 일에 대한 달력상 경과 시간, 보전팀의 수 및 기술 수준, 시험 및 검사 장비의 이용 및 예비품 소모	IEC 60706-3	데이터의 확인 및 수집, 분석 및 제시
보전의 평가에서 통계적 방법을 어떻게 사용하는가.	특정 장비에 대한 보전을 하는데 필요한 시간	IEC 60706-6	보전성 평가에서의 통계적 방법

| 그림 9.9 | 신인성 방법에 대한 데이터 요구사항

KS A IEC 60300-3-3

[표준 명칭]

신인성 관리 – 수명주기 비용(dependability management – Part 3–3 : application guide – life cycle costing

[적용 범위]

이 표준에서는 주로 수명주기 비용 계산 개념을 소개하고, 개념의 모든 적용을 다룬다. 수명주기 동안 발생하는 비용은 원인이 되는 여러 요소로 구성되지만, 이 표준에서는 품목의 신인성과 관련된 비용에 중점을 둔다. 관리자, 엔지니어, 재무 담당자 및 계약자가 사용할 수 있는 수명주기 비용 계산 지침이 제공된다. 또한 다른 사람이 업무를 맡을 때 해당 활동을 지정하고 의뢰해야 하는 사람을 지원하기 위한 것이기도 하다. 수명주기 비용 계산의 목적은 의사결정자가 품목의 수명주기 동안 언제든지 가장 적절한 대안을 선택하는 것을 돕기 위한 것이다. 수명주기 비용 분석은 의사결정을 나타낼 경우에만 가치를 더한다. [그림 9.10]에서는 수명주기 비용 계산과정을 나타내었다. 수명주기 비용 계산은 품목의 전체 수명주기나 그 일부만 다룰 수 있으며, 수명주기 비용 계산 분석은 노력의 최대 이득을 얻기 위해 특정 품목에 맞게 조정해야 한다.

[목차 구성]

1. scope
2. normative references
3. terms and definitions
4. life cycle costing
   4.1 objectives of life cycle costing
   4.2 product life cycle phases and lcc
   4.3 timing of lcc analysis
   4.4 dependability and lcc relationship
      4.4.1 general
      4.4.2 dependability related costs
      4.4.3 consequential costs
   4.5 lcc concept
      4.5.1 general
      4.5.2 lcc breakdown into cost elements
      4.5.3 estimation of cost
      4.5.4 sensitivity analysis
      4.5.5 impact of discounting, inflation and taxation on lcc
   4.6 life cycle costing process
      4.6.1 general
      4.6.2 life cycle costing plan
      4.6.3 lcc model selection or development
      4.6.4 lcc model application
      4.6.5 life cycle costing documentation
      4.6.6 review of life cycle costing results
      4.6.7 analysis update
   4.7 uncertainty and risks
5. lcc and environmental aspects

[주요 내용] 수명주기비용 산출 절차

[그림 9.10]은 수명주기 동안 발생하는 비용의 계산 절차를 기술하였다.

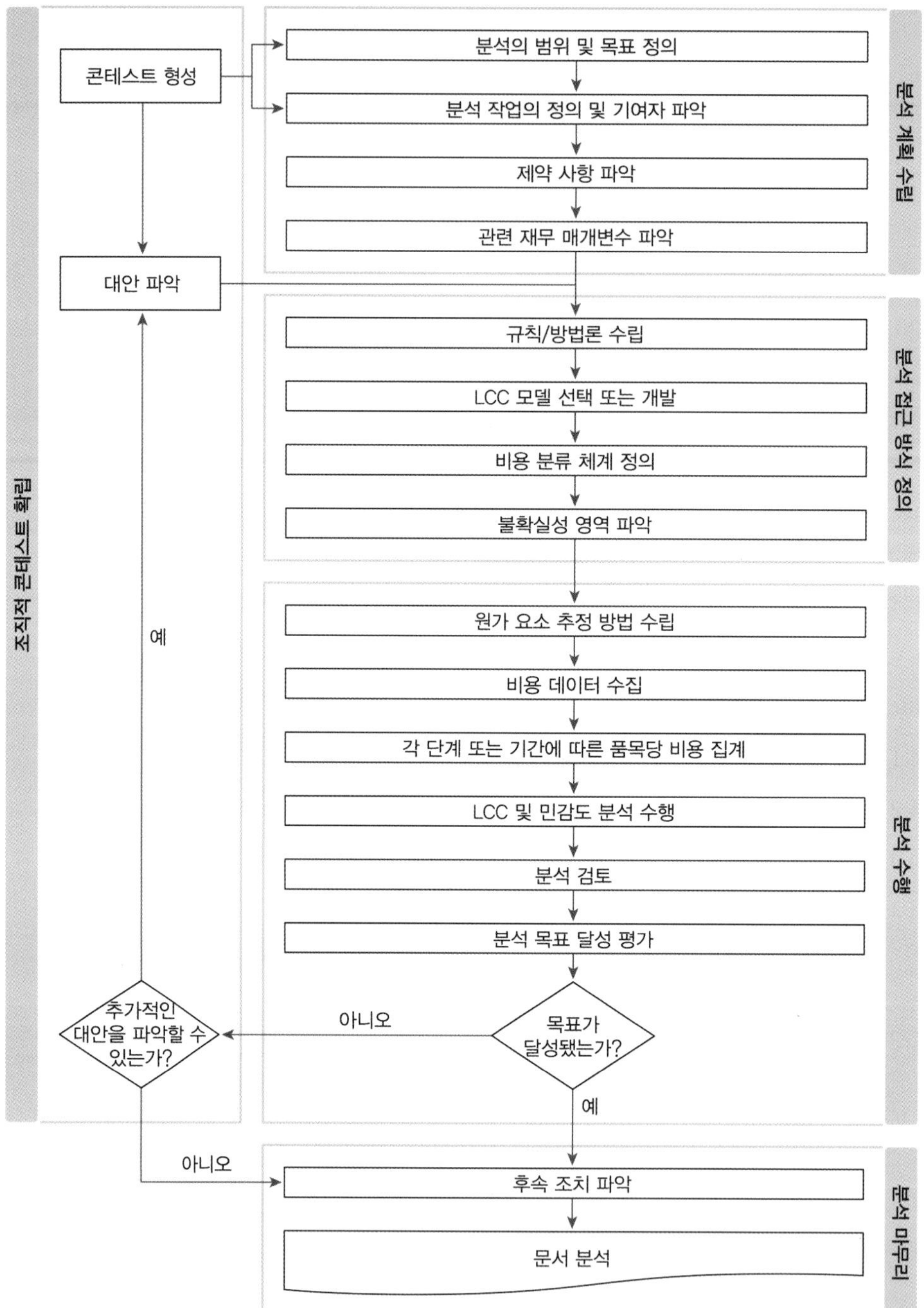

┃그림 9.10┃ 수명주기 비용 계산 과정

KS B ISO 20816-2

[표준 명칭]

기계진동 – 측정평가 – 40 MW 이상 지상 가스터빈, 증기터빈 발전기(mechanical vibration – measurement and evaluation of machine vibration – land–based gas turbines, steam turbines and generators in excess of 40 MW)

[적용 범위]

이 문서는 출력이 40MW 이상인 육상 가스터빈, 증기터빈 및 발전기(가스터빈, 증기터빈과 결합 여부를 불문함), 유체막 베어링 그리고 1500 r/min, 1800 r/min, 3000 r/min 또는 3600 r/min의 정격속도에 적용한다. 이 문서에 제공된 기준은 가스터빈, 증기터빈 및 발전기(동기화 클러치 포함)의 진동에 적용될 수 있다.

이 문서는 다음과 같은 현장 내 광대역 진동의 심각성을 평가하기 위한 규정을 설정한다.

a) 샤프트 축에 대해 반경 방향(즉, 가로방향)으로 측정된 모든 메인 베어링 하우징 또는 받침대에서의 구조적 진동

b) 축 방향에서 측정된 스러스트 베어링 하우징의 구조적 진동

c) 메인 베어링 또는 부근에서 샤프트 축에 대한 방사형(즉, 횡방향) 회전 샤프트의 진동

또한 위에서 언급한 진동은 다음과 같은 가동조건을 전제로 한다.

- 정상 작동 조건에서의 진동
- 런업 또는 런다운, 초기 하중 및 하중 변경을 포함하여 과도 변화가 발생할 때 다른(비정상 상태) 조건 동안의 진동
- 정상 작동 중에 발생할 수 있는 진동의 변화

[목차 구성]

1. scope
2. normative references
3. terms and definitions
4. measurement procedures
   4.1 general
   4.2 measurements of vibration of non-rotating parts
   4.3 measurements of vibration of rotating shafts

5. evaluation criteria

5.1 general

5.2 criterion i : vibration magnitude

5.2.1 general

5.2.2 vibration magnitude at rated speed under steady-state operating conditions

5.2.3 operational limits for steady-state operation

5.2.4 vibration magnitude during non-steady-state conditions

5.3 criterion ii : change in vibration magnitude under steady-state conditions at rated speed

5.4 supplementary procedures/criteria

5.5 evaluation based on vibration vector information

[주요 내용 1] 시스템 설치 주의사항

측정 시스템의 특성은 환경의 영향과 관련되기 때문에 측정 장비가 외부 소스에 의해 과도하게 영향을 받지 않도록 주의해야 한다.

a) 온도 변화

b) 전자기장

c) 공기 중 및 구조에서 발생하는 소음, 예 : 이웃 기계에서

d) 변환기 전원 변동

e) 연소 진동

f) 케이블 임피던스

g) 변환기 케이블 길이

h) 변환기 방향

i) 변환기 부착물의 구조적 특성

[주요 내용 2] 경보(alarm) 설정방법

경보(alarm)의 한계는 개별 기계에 따라 다를 수 있으며 선택한 값은 일반적으로 해당 특정 기계의 측정 위치 또는 방향에 대한 경험에서 결정된 기준 값을 기준으로 설정한다. 경보의 한계는 구역 경계 B/C의 25%에 해당하는 양만큼 기준선보다 높게 설정하는 것이 좋다. 경보의 한계는 일반적으로 구역 경계 B/C의 1.25배를 초과해서는 안되며 기준 값이 낮으면 경보 한계가 구역 B/C 경계보다 작을 수 있다.

기준이 설정되지 않은 경우(예 : 새 기계), 초기 경보 설정은 다른 유사한 기계에 대한 경험이

나 합의된 허용 값을 기준으로 해야 하는데 그러한 데이터를 사용할 수 없는 경우 정격속도에서 정상상태 작동에 대한 경보 한계는 구역경계 B/C를 초과해서는 안된다.

일정 시간이 지나면 정상상태 기준 값이 설정되는데 경보 설정은 그에 따라 조정되어야 한다. 베어링 및 씰 간격이 작은 기계의 경우 샤프트 진동 경보에 적절한 조정이 필요할 수 있다.

진동 신호가 일정하지 않고 반복적이지 않은 경우는 평균화 방법이 필요하다. 정상 상태 기준선이 변경되면(예 : 기계 정밀검사 후) 그에 따라 경보 설정을 수정해야 한다. 예를 들어 동적 하중 및 베어링 지지의 차이를 반영하여 기계의 다른 측정 위치에 대해 다른 작동경보 설정이 존재할 수 있다. 경보 한계 설정의 예는 부록에 나와 있다.

[주요 내용 3] 강제정지(trip) 설정 방법

강제정지 한계는 일반적으로 기계의 기계적 무결성과 관련되며 기계가 비정상을 견딜 수 있도록 도입된 특정 설계 기능에 따라 달라진다. 사용된 값은 일반적으로 유사한 설계의 모든 기계에 대해 동일하며 일반적으로 경보 설정에 사용되는 정상상태 기준 값과 관련이 없다.

다른 설계의 기계에는 차이가 있을 수 있으며 절대 강제정지 한계에 대한 보다 정확한 지침을 제공하는 것은 불가능하다. 일반적으로 강제정지 한계는 zone C 또는 D 내에 있지만, zone 경계 C/D의 1.25배를 초과하지 않는 것이 좋다. 그러나 특정 기계에 대한 경험은 다른 한계를 규정할 수 있다.

가스터빈, 증기터빈 및 발전기는 정지 진동 한계를 초과하는 경우 기계를 정지시키는 자동제어시스템으로 제어할 수 있다.

스퓨리어스 신호로 인한 불필요한 정지를 피하기 위해 여러 변환기를 사용하는 제어 논리를 채택하고 기계 작동을 종료하기 위한 자동 작업이 시작되기 전에 시간 지연을 정의하는 것이 일반적이다. 따라서 정지 신호가 수신되면 신호가 최소 2개의 독립적인 변환기에 의해 확인되고 지정된 유한 지연시간 동안 정의된 제한을 초과하는 경우에만 진행 조치를 취해야 한다. 일반적으로 1초에서 3초 범위의 지연시간은 스퓨리어스 신호로 인한 조기정지를 방지하면서 높은 진동에 장기간 노출로 인한 극심한 손상을 방지하는 데 적합해야 한다.

또한 작업자에게 두 번째 경보 또는 경고를 도입하여 장비가 정지되지 않도록 시정조치(예 : 부하 감소 또는 기타 제조업체의 권장사항)를 수행할 수 있도록 하는 것이 현명할 수 있다.

기계가 외부 소스(예 : 지진지역)에서 전달되는 저주파 진동의 영향을 받는 경우 신호를 필터링하고 적절한 시간을 구현해야 할 수 있다.

KS B ISO 17359

[표준 명칭]

기계의 상태 감시 및 진단 – 일반 지침(condition monitoring and diagnostics of machines – general guidelines)

[적용 범위]

이 표준은 상태 감시 프로그램을 구현할 때 사용이 권장되는 일반적인 절차에 대한 개요를 제시하고 지켜야 할 주요 단계에 대해 보다 상세한 내용을 제공한다. 이 표준은 근본 원인이 되는 고장 모드의 증상을 식별하고 감지하는 방향으로 상태 감시 활동을 유도하는 개념을 소개하고, 다른 국제표준에서 더 개발된 경보 기준의 설정, 진단 및 예측의 수행, 진단 및 예측의 신뢰도 개선에 대한 일반적인 접근 방법을 설명한다.

[목차 구성]

1. scope
2. normative references
3. terms and definitions
4. overview of condition monitoring procedure
5. cost benefit analysis
6. equipment audit
   - 6.1 identification of equipment
   - 6.2 identification of equipment function
7. reliability and criticality audit
   - 7.1 reliability block diagram
   - 7.2 equipment criticality
   - 7.3 failure modes, effects and criticality analysis
   - 7.4 alternative maintenance tasks
8. monitoring method
   - 8.1 measurement technique
   - 8.2 accuracy of monitored parameters
   - 8.3 feasibility of monitoring
   - 8.4 operating conditions during monitoring
   - 8.5 monitoring interval
   - 8.6 data acquisition rate
   - 8.7 record of monitored parameters
   - 8.8 measurement locations
   - 8.9 initial alert/alarm criteria
   - 8.10 baseline data
9. data acquisition and analysis
   - 9.1 measurement and trending
   - 9.2 quality of measurements
   - 9.3 measurement comparison to alert/alarm criteria
   - 9.4 diagnosis and prognosis
   - 9.5 improving diagnosis and/or prognosis confidence
10. determine maintenance action
11. review
12. training

[주요 내용]

[그림 9.11]은 기계 상태감시 및 진단(condition monitoring and diagnostics of machines)을 위한 절차를 제시한 내용으로, 감시대상 설비의 선정부터 고장모드 분석, 상태감시 시스템 선택, 진단 및 예측에 이르기 까지 전체과정을 제시하여 PHM 수행 기준으로 활용할 수 있다.

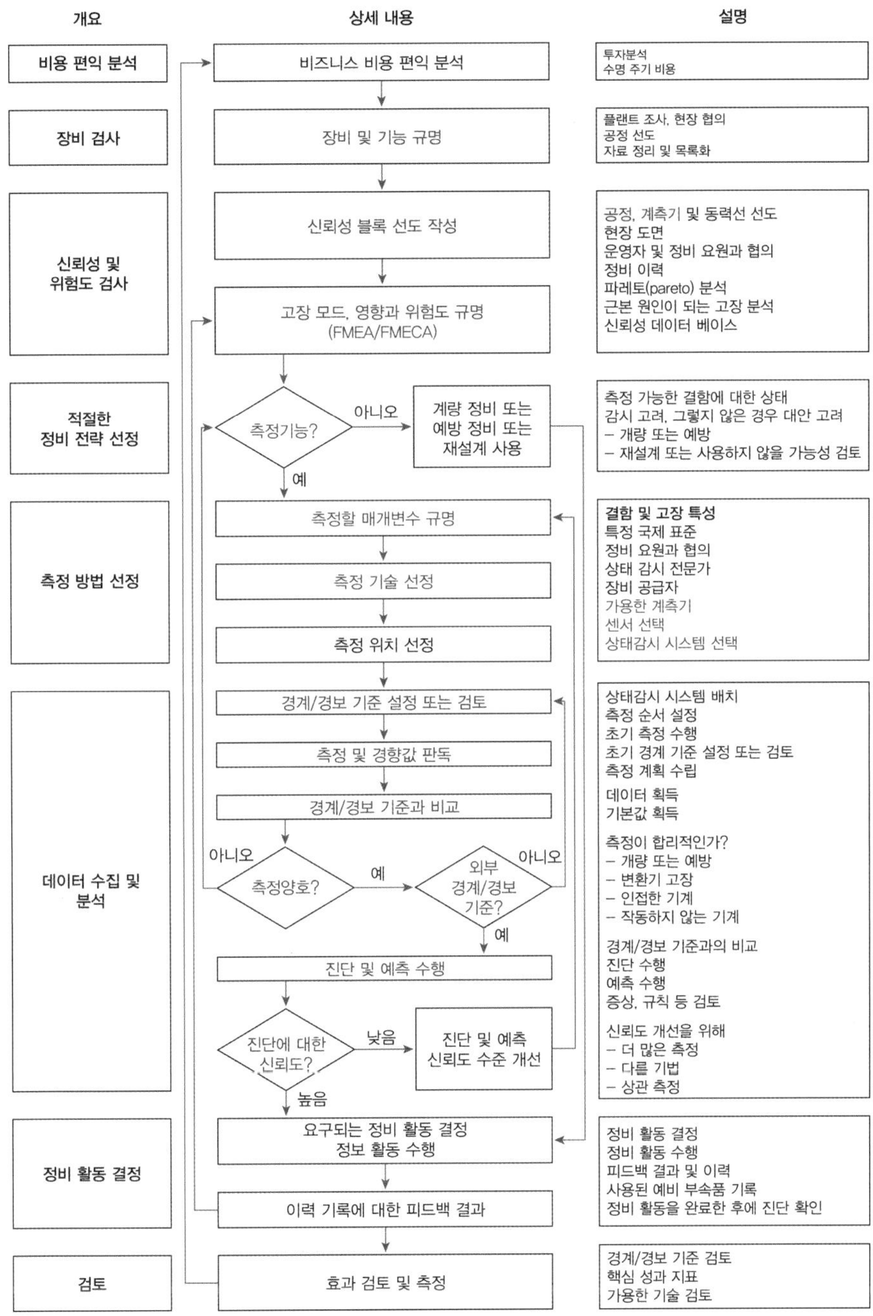

| 그림 9.11 | 기계 상태 감시 및 진단 절차

KS B ISO 13372

[표준 명칭]

기계의 상태 감시 및 진단 – 용어(condition monitoring and diagnostics of machines – vocabulary)

[적용 범위]

이 표준은 기계의 상태감시 및 진단에서 사용하는 용어를 정의하고, 상태감시 및 진단시스템 사용자와 제작자에게 공통적인 어휘를 제공한다.

[목차 구성]

1. general terms
2. machine characteristics
3. operation and maintenance
4. faults
5. data collection and data acquisition
6. data characteristics
7. data processing and signal processing
8. analysis
9. diagnostics
10. prognostics

[주요 내용]

□ 일반 용어

- 고장정비(breakdown maintenance)
- 상태기반정비(Condition Based maintenance)
- 예측정비(predictive maintenance)
- 상태감시(condition monitoring)
- 진단(diagnostics)
- 고장(failure), 결함(fault)
- 기계류 건전성 감시(machinery health monitoring)
- 예측 진단(prognostics)
- 예방정비(preventive maintenance)
- 성능(performance)
- 신뢰성(reliability)

□ 운전 및 정비

- 건전성과 가용성 감시 시스템(health and usage monitoring system)
- 신뢰성중심정비(reliability centred maintenance)

□ 결함

- 경고(alarm)
- 주의(alert)
- 이상(anomaly)
- 징후(syndrome)

□ 기타 용어

- 동적 범위(dynamic range)
- 진동 신호(vibration signature)
- 전기 신호 분석(electrical signature analysis)
- 고장 모드 및 영향 분석(failure modes and effects analysis)
- 고장률(failure rate)
- 파레토 분석(Pareto analysis)
- 위험성평가(risk assessment)
- 근본원인 고장분석(root cause failure analysis)
- 진단(diagnosis)
- 매개변수(parameter)

KS B ISO 13379-1

[표준 명칭]

기계의 상태 감시 및 진단 – 데이터 해석 및 진단기술 – 제1부 : 일반지침(condition monitoring and diagnostics of machines – data interpretation and diagnostics techniques – Part 1 : general guidelines)

[적용 범위]

이 표준은 기계의 데이터 해석과 진단에 대한 지침에 대하여 규정한다. 이 표준의 목적은 다음과 같다.

- 상태 감시 및 진단 시스템의 사용자와 생산자가 기계 진단 분야에서의 공통적인 개념을 공유한다.
- 사용자가 기계 상태를 심층적으로 진단하기 위해 사용하는 필요한 기술적인 특성을 준비하도록 한다.
- 기계 결함을 진단할 수 있는 적절한 접근법을 제공한다.

이 표준은 일반 지침이므로 해당되는 기계 형태의 목록은 포함하지 않는다. 그러나 이 표준에서 취급되는 기계는 일반적으로 터빈, 압축기, 펌프, 전기 모터, 송풍기 및 팬과 같은 산업 기계를 포함한다.

[목차 구성]

1. scope
2. normative references
3. terms and definitions
4. condition monitoring set-up and diagnostics requirements
   - 4.1 role of diagnostics in operation and maintenance
   - 4.2 establishing diagnostics needs
   - 4.3 failure mode symptoms analysis
   - 4.4 diagnostics requirements report
5. elements used for diagnostics
   - 5.1 condition monitoring data
   - 5.2 machine data
   - 5.3 machine history
6. diagnostic approaches
   - 6.1 two types of approaches
   - 6.2 general guidelines for the selection of appropriate diagnostic approaches
   - 6.3 data-driven approaches
   - 6.4 knowledge-based approaches
   - 6.5 confidence factor determination

[주요 내용 1]

건전성 진단을 효과적으로 수행하기 위하여 진단 절차는 기계에서 발생할 수 있는 잠재적 결함에 따라 구성되어야 한다. [그림 9.12]의 왼쪽 부분은 특정 기계의 상태 감시와 진단에 필요한 데이터를 준비하는 선행연구를 나타내며 오른쪽 부분은 기계의 시운전이 완료된 후 통상적으로 이루어지는 상태 감시와 진단 활동을 나타낸다.

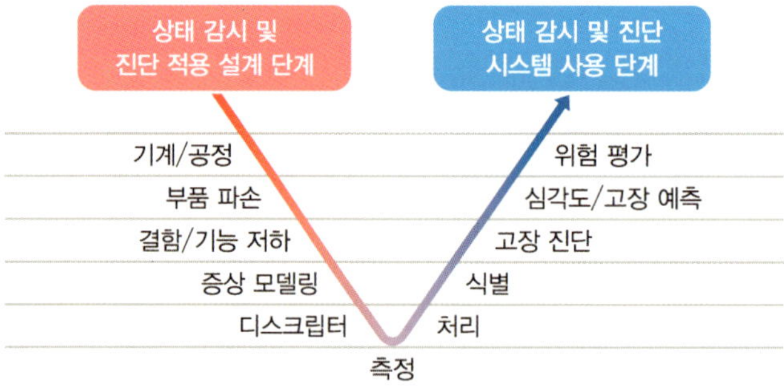

| 그림 9.12 | 상태 감시와 진단 사이클

[주요 내용 2]

건전성 진단은 지식 기반 모델과 데이터 기반 모델이 사용되며 진단 방법의 최종 사용자, 감시 기술, 모델링 지식의 복잡도, 분석 모델의 필요성, 모델 재훈련의 필요성, 알려진 결함과 정상 작동 데이터의 가용성 등을 고려하여 결정한다.

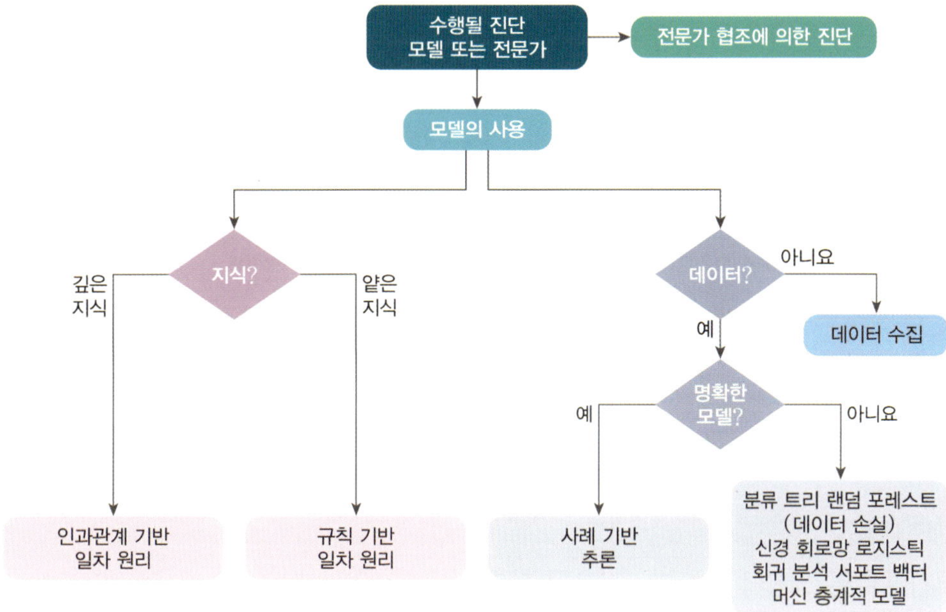

| 그림 9.13 | 진단에 유용한 모델을 선택하는 일반 접근법

KS B ISO 13381-1

[표준 명칭]

기계의 상태 감시 및 진단 – 예측진단 – 제1부 : 일반지침(condition monitoring and diagnostics of machines – prognostics – Part 1 : general guidelines)

[적용 범위]

이 표준은 예측진단 과정의 개발과 적용에 대한 지침을 제공하며, 다음을 목적으로 한다.

- 상태 감시와 진단 시스템의 개발자, 공급자, 사용자와 제작자가 예측진단에 대한 공통 개념을 공유
- 정확한 예측을 위하여 필요한 데이터, 특성, 과정과 거동을 사용자가 결정
- 예측진단 방법 개발에 대한 적절한 접근법과 절차에 대한 개념을 수립
- 미래의 시스템과 훈련을 촉진하기 위하여 예측진단 개념을 소개

[목차 구성]

1. scope
2. normative references
3. terms and definitions
4. data requirements
5. prognosis concepts
   5.1 basic concepts
   5.2 influence factors
   5.3 trending, setting alert, alarm, and trip (shutdown) limits
   5.4 multiple parameter analysis
   5.5 initiation criteria
   5.6 prognosis of failure mode initiation
6. failure and deterioration models used for prognostics
   6.1 failure mode behaviour modelling concepts
   6.2 modelling types
7. generic prognosis process
   7.1 prognosis confidence levels
   7.2 prognosis process
      7.2.1 general
      7.2.2 pre-processing
      7.2.3 existing failure mode prognosis process
      7.2.4 future failure mode prognosis process.
      7.2.5 post-action prognosis
   7.3 prognosis report

[주요 내용]

[그림 9.14]는 고장이 진행되는 시간의 흐름에 따라 예측진단과 진단 사이의 일반적인 관계 개념을 나타내고 있으며 [그림 9.15]는 진단과 예측진단 과정 사이의 관계에 대한 다른 관점을 보여주고 있다.

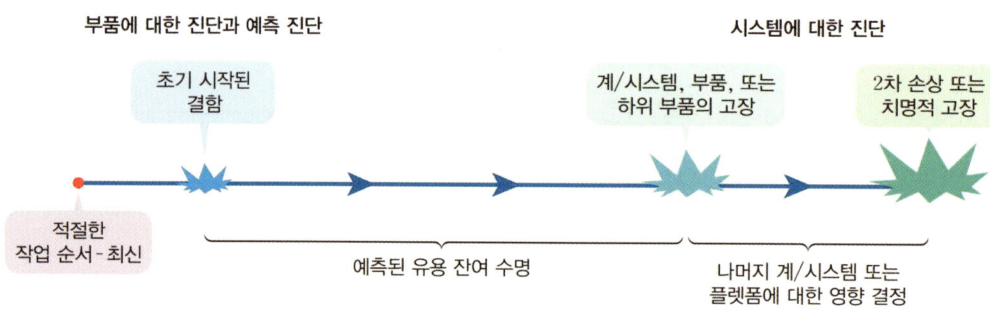

| 그림 9.14 | 시간 흐름에 따른 고장 진행 과정을 보여주는 예측진단과 진단

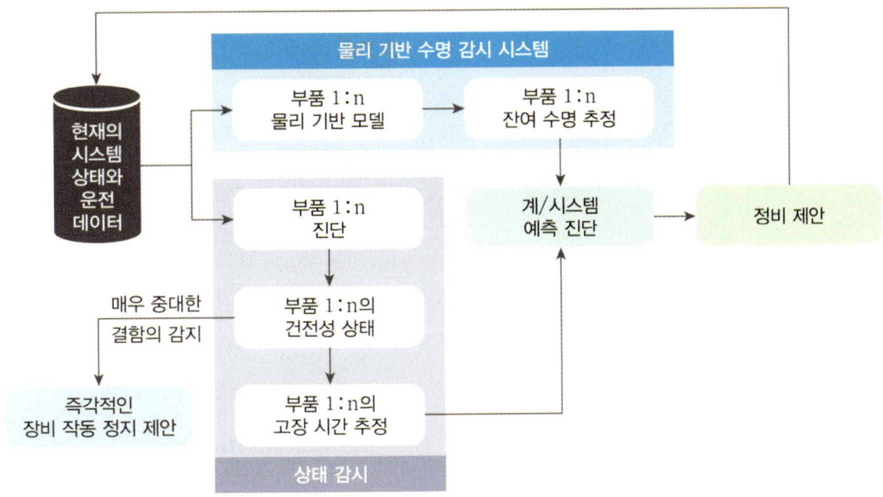

| 그림 9.15 | 진단과 진단 과정

KS B ISO 13373-1

[표준 명칭]

기계의 상태 감시 및 진단 – 진동상태 감시 – 제1부 : 일반지침(condition monitoring and diagnostics of machines – vibration condition monitoring – Part 1 : general procedures)

[적용 범위]

이 표준은 상태 감시를 위한 기계류 진동의 측정 및 데이터 수집 기능에 대한 일반 절차에 대하여 규정한다. 이 표준은 일반적으로 회전 기계류에 집중된 측정 절차 및 실행의 일관성을 증진하는 데에 그 목적을 두고 있다. 이 표준은 다음을 포함한 일반적 특성(nature)에 관한 권고사항을 제시하는 기본표준이다.

- 측정 방법, 변수
- 변환기 선택, 위치, 부착
- 데이터 수집
- 기계 작동 조건
- 진동 감시 시스템
- 신호 조정 시스템
- 데이터 처리 시스템과 인터페이스
- 연속 감시
- 주기적 감시

[목차 구성]

1. scope
2. normative references
3. terms and definitions
4. vibration condition monitoring
   4.1 general
   4.2 types of vibration condition monitoring systems
   4.3 data collection
   4.4 condition monitoring programme
5. measurements
   5.1 general
   5.2 types of measurements
   5.3 measurement quantities
   5.4 measurement accuracy and repeatability
6. transducers
   6.1 transducer types
   6.2 transducer selection
   6.3 transducer attachment
7. data presentation formats
   7.1 general
   7.2 baseline measurements
   7.3 vibration trending
   7.4 discrete−frequency vibration
   7.5 analysis of high-frequency vibration envelope
8. data analysis and communication

[주요 내용]

진동측정은 감시할 설비의 선정과 적절한 측정 시스템의 형태를 결정한 후, 상태 감시 프로그램의 흐름도를 개발할 것을 권장한다. 아래 [그림 9.16]은 대표적인 흐름도를 나타내었다.

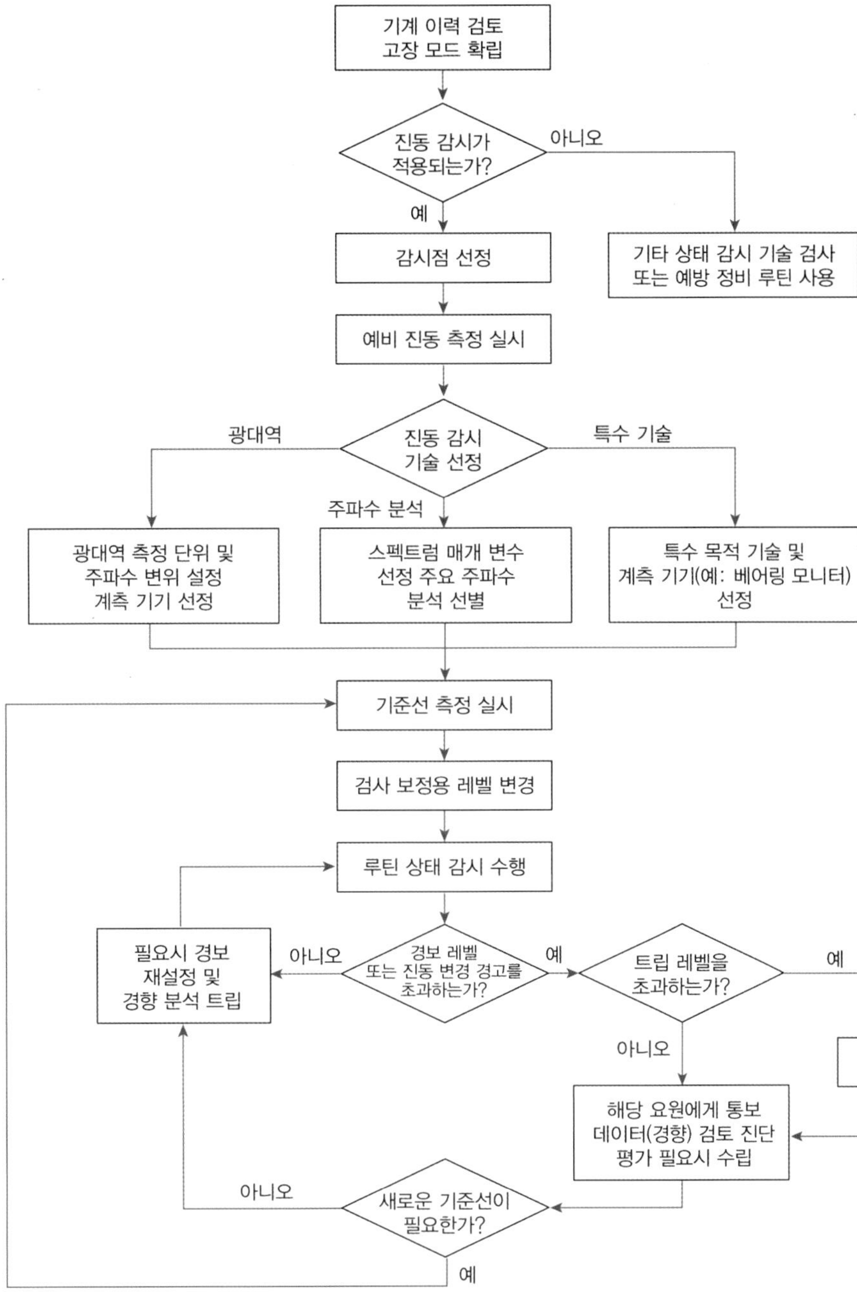

| 그림 9.16 | 진동 상태 감시 흐름도

KS B ISO 13373-2

[표준 명칭]

기계의 상태 감시 및 진단 – 진동상태 감시 – 제2부 : 진동 데이터의 처리, 분석 및 표현(condition monitoring and diagnostics of machines – vibration condition monitoring – Part 2 : processing, analysis and presentation of vibration data)

[적용 범위]

이 표준은 상태 감시를 위한 기계류 진동의 측정 및 데이터 수집 기능에 대한 일반 절차에 대하여 규정한다. 이 표준은 일반적으로 회전 기계류에 집중된 측정 절차 및 실행의 일관성을 증진하는 데에 그 목적을 두고 있다. 이 표준은 다음을 포함한 일반적 특성(nature)에 관한 권고사항을 제시하는 기본표준이다.

- 측정 방법, 변수
- 변환기 선택, 위치, 부착
- 데이터 수집
- 기계 작동 조건
- 진동 감시 시스템
- 신호 조정 시스템
- 데이터 처리 시스템과 인터페이스
- 연속 감시
- 주기적 감시

[목차 구성]

4.2.2 beating

4.2.3 modulation

4.2.4 envelope analysis

4.2.5 monitoring of narrow-band frequency spectrum envelope

4.2.6 shaft orbit

4.2.7 d.c. shaft position

4.2.8 transient vibration

4.2.9 impulse

4.2.10 damping

4.2.11 time domain averaging

4.3 frequency domain analysis

4.3.1 general

4.3.2 Fourier transform

4.3.3 leakage and windowing

4.3.4 frequency resolution

4.3.5 record length

4.3.6 amplitude modulation

4.3.7 aliasing

4.3.8 synchronous sampling

4.3.9 spectrum averaging

4.3.10 logarithmic plots

4.3.11 zoom analysis

4.3.12 differentiation and integration

4.4 display of results during operational changes

4.4.1 amplitude and phase

4.4.2 polar diagram

4.4.3 cascade (waterfall) diagram

4.4.4 campbell diagram

4.5 real-time analysis and real-time bandwidth

4.6 order tracking (analogue and digital)

4.7 octave and fractional-octave analysis

4.8 cepstrum analysis

5. other techniques

KS B ISO 18436-2

[표준 명칭]

기계의 상태 감시와 진단 – 요원 자격, 평가 요구사항 – 제2부 : 진동 상태감시와 진단(condition monitoring and diagnostics of machines – requirements for qualific – ation and assessment of personnel – Part 2 : vibration condition monitoring and diagnostics)

[적용 범위]

이 표준은 진동 분석(vibration analysis, VA)을 이용하여 기계의 상태 감시 및 진단을 수행하는 요원의 훈련, 관련된 경력과 시험에 대한 요구사항을 명시한다. KS B ISO 18436 – 1에 따라 이 표준의 요구사항에 대한 적합성 인증 또는 선언은, 개인이 여러 가지 진동 측정 장비를 사용하여 기계 상태 감시와 진단을 위한 측정을 수행하고 분석할 수 있다는 인증과 증명을 제공한다. 이 표준은 여기서 논의되는 기술 영역에 근거한 4가지 영역의 분류 프로그램을 명시한다.

[목차 구성]

[주요 내용]

모든 영역에 대해 지원자는 [표 9.16]에 나타낸 예와 유사하게 정해진 시간 내에 다수의 시험 문제에 답할 것을 권장한다. 부속서A [표 9.17]에 제시한 주제가 포함된 시험문제는 시험 시점에 데이터베이스로부터 선정되어야 한다. 시험문제는 실제적인 것이어야 하며, 기계의 상태 감시를 위한 기계 진동 분석을 수행하는데 요구되는 개념과 원리에 대해 지원자를 시험해야 한다. 영역 III과 영역 IV의 시험은 짧은 답의 주관식과 선다식 문제를 포함할 수 있다. 시험 내용은 부속서A [그림 9.16]에 포함된 훈련교육 과정과 일치해야 한다.

| 표 9.16 | 시험 내용, 기간과 합격 점수의 예

영역	질문의 개수	시험 시간 (h)	합격 점수 (%)
I	60	2	70
II	100	3	70
III	100	4	70
IV	60	5	70

| 표 9.17 | 훈련과목 요구사항

주제	훈련 시간			
	영역 I	영역 II	영역 III	영역 IV
1. 진동 원리	6	3	1	4
2. 데이터 수집	6	4	2	2
3. 신호 처리	2	4	4	8
4. 상태 감시	2	4	3	1
5. 결함 분석	4	5	6	6
6. 시정 활동	2	4	6	16
7. 장비 지식	6	4	4	–
8. 인정 시험	2	2	2	–
9. 장비 시험과 진단	–	2	4	4
10. 참고 표준	–	2	2	2
11. 보고 및 문서화	–	2	2	4
12. 결함 가혹도 결정	–	2	2	3
13. 회전체와 베어링 동역화	–	–	–	14
각 훈련 영역의 전체 시간	30	38	38	64

비고 주제별 시간은 훈련 기관과 평가기관이 주제의 상대적인 중요성을 평가하는 것이 가능하도록 대략적으로 추정되었고, 주제가 포함하는 내용은 중복될 수 있다.

9.4 PHM 표준 전망

아쉽게도 국내에서는 PHM표준에 대한 내용이 전무한 실정이다. 기존의 ISO표준은 현재 국가기술표준원에서 기계분야, 전기전자정보통신분야, 바이오 화학 분야로 크게 3가지 분류로 운영되고 있으며, 현재 국내 표준과 기술분야를 담당하는 표준정책과 산업표준혁신이 그 역할을 담당하며 국제표준을 담당하는 국제표준 협력과에서는 해외와 함께 공동으로 국제표준을 담당하고 있다.

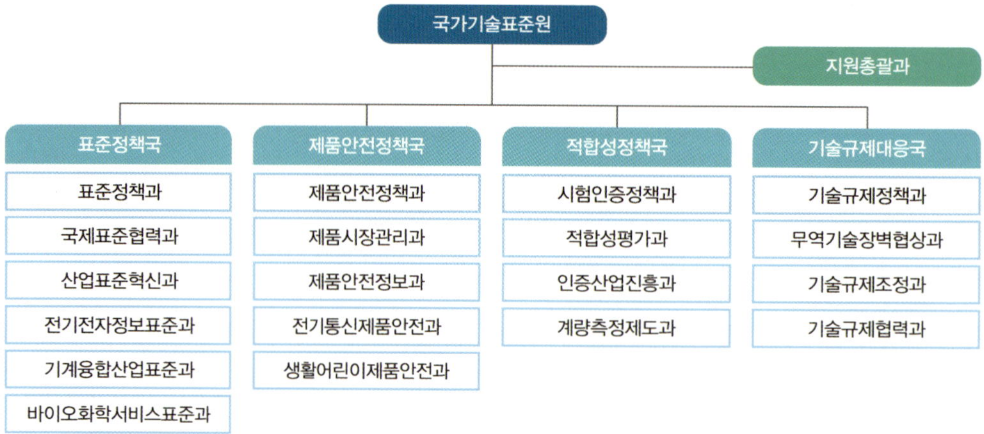

| 그림 9.17 | 국가 기술표준원 관련 부서(www.kats.go.kr)

현재 국가의 표준은 ISO/IEC에서 발간되는 표준을 중심으로 국내 KS/ISO규격을동시에 심의하여 개정, 제정, 수정, 폐지 등을 진행하고 있으며 자세한 정보는 아래의 국가표준인증 통합정보시스템을 통해서 자세하게 정보를 얻을 수 있다. 자세한 정보는 https://e-ks.kr/KSCI/portalindex.do로 접속하면 관련된 정보를 파악 하도록 정보가 상세히 제공되고 있다.

| 그림 9.18 | 표준인증 정보포탈 홈페이지

한국 PHM학회가 출범한 2019년을 중심으로 PHM표준에 대한 의견이 제시되고 있으나 구체적인 정부에서의 지원이나 방향성에 있어서는 초기단계에 머물러 있다고 할 수 있다. 이에 한국 PHM학회는 현재 표준 제정을 위해서 국가기술표준원과 함께 PHM기반의 표준을 제정하

는 것에 표준화 수요조사 [그림 9.19]를 진행하여 관련된 사항을 준비하고 있으며 2021년 후반기부터 PHM 제정에 관련한 준비를 진행 중에 있다.

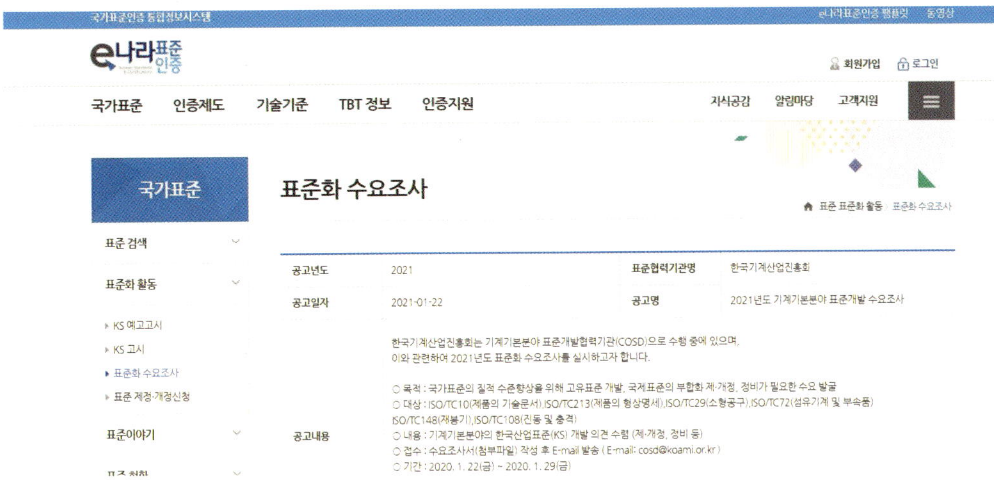

| 그림 9.19 | 국가기술표준을 위한 표준화 수요조사(2021년)

9.5 PHM 인증 시스템

기술분야에서 인증을 받는 다는 것은 매우 중요한 일이다. 국내의 우리나라 24개 정부기관에서 국가 인정된 인증시스템은 211개로 산업통상부 26개, 해양수산부 22개, 환경부 19개, 국토부에서 34개 등으로 산업전반에 지대한 영향을 미치고 있는 것이 현실이다.

미국와 유럽에서는 vibration institute(VI, 진동 분야), infrared training cente(ITC, 열화상 분야) 등의 민간분야에서 인증시스템을 운영하고 있으나, 현재까지 전세계적으로 PHM과 관련한 인증시스템은 전무하다고 할 수 있다. 국내에서는 다행히 소음진동공학회 산하 자격진단인증원(www.kci-md.or.kr)에서 TC108/SC5에서 요구하는 기계상태감시 자격 진단 및 인증시스템을 국내에서 진행하고 있으며, 향후 아시아의 다른 나라로 확산해 갈 수 있는 길이 열려 있다고 생각힌다.

PHM인증은 아직 준비가 되어 있지 않으나, 향후 PHM표준 제정과 동시에 인증시스템에 대한 전문가를 교육하고 인정할 수 있는 시스템이 도입되어 진행되고 있다.

참고문헌

[1] 한국표준협회, 미래 사회와 표준, 2007.

[2] 과학기술정책관리연구소, 기술혁신을 위한 표준 제도의 현황과 발전방향에 관한 연구, 1998.

[3] Goebel, K. and Rajamani, Ravi., Policy, regulations and standards in prognostics and health Management, International Journal of Prognostics and Health Management, Vol. 12, No. 1, 2021.

[4] 박정환, 기술표준화의 독점 규제법 적용에 관한 연구, 석사학위 논문, 연세대학교, 2003.

Chapter

10

연구 및 기술 정보

한창운 · 최종성

PHM

Prognostics and health management

10.1 학술단체

10.1.1 PHM Society

미국의 PHM학회(www.phmsociety.org)로 2009년 창립되었다. 학회에서 추구하는 기본 원칙은 첫째 PHM 지식의 무료 및 무제한 제공, 둘째 PHM 분야에서 학제적 국제적 협동 추구, 마지막 셋째는 공학으로서 PHM 기술의 혁신 추구이다. 이러한 원칙에 기반하여 학회에서 학회 유료회원을 따로 모집하지 않는다. 학회 스폰서로 Lockheed Martin과 Northrop Grumman이 있다. 이 외에도 학술대회 스폰서는 매년 바뀐다.

현재 (2021년 기준) 회장단으로는 회장 Andrew Hess(Hess Associates), 부회장 Wolfgang Fink (University of Arizona), 재무 Karl Reichard(Penn State University), 그리고 총무 Peter Sandborn (University of Maryland)가 있다.

학회에서 발행하는 학술지는 아래와 같다.

- International Journal of Prognostics and Health Management(IJPHM)
  - 2010년부터 출간하는 계간지(ISSN 2153-2648)
  - 출판 논문은 학회 홈페이지(papers.phmsociety.org/index.php/ijphm)에서 무료 다운로드 가능

학회에서 주관하는 학술행사는 아래와 같다.

- Annual Conference of the PHM Society
  - 학회의 대표적 행사로 2009년부터 매년 개최
  - Conference Data Challenge 행사 있음
  - 발표 논문은 papers.phmsociety.org/index.php/phmconf에서 확인 가능
- European Conference of the PHM Society
  - 2012년부터 유럽에서 2년 마다 개최
  - 발표 논문은 papers.phmsociety.org/index.php/phme에서 확인 가능
- Asia Pacific Conference of the Prognostics and Health Management
  - 2017년부터 아시아-태평양 지역에서 2년 마다 개최

10.1.2 IEEE Reliability Society

IEEE의 신뢰성학회(rs.ieee.org)로서 현재(2021년 기준) 회장단으로는 회장 Carole Graas, 부회장 Preeti Chauhan, Bret Michael, Jason Rupe, Qiang Miao, 총무 W. Eric Wong, 재무 Steven Li 이다. 국제 학회이다 보니 지역 챕터가 총 29개 있는데, 아시아 지역에는 6개 챕터가 있다. 중국(3개), 일본, 대만, 싱가포르에 있고 한국에는 없다.

출간 학술지에는 Transaction of Reliability, Transaction on Device and Material Reliability, Journal of Photovoltaics 등이 있다. PHM 전문 학술지는 없다.

PHM 전문 학회는 아니지만 학회에서 주관하는 PHM 학술행사는 아래와 같다.

- IEEE International Conference on Prognostics and Health Management
  - 2011년부터 매년 개최
  - 2020년 홈페이지: www.ieeereliability.com/PHM2020/
- Global Reliability and Prognostics and Health Management
  - IEEE Reliability Society의 기술적 스폰서를 받아 중국에서 2010년부터 매년 개최
  - 현재 학술대회명은 2020년부터 사용되었고 이전 명은 다름.
  - 2021년 홈페이지 : phm21.techconf.org

10.1.3 중국의 PHM 활동

중국에서는 정식 PHM학회가 조직되지 않았으나 IEEE Reliability Society와 연계한 Global Reliability and Prognostics and Health Management 학술 대회를 중심으로 PHM 학술 활동이 활발하게 이루어지고 있다.

2021년까지 중국에서 개최한 국제 PHM 학술대회는 아래와 같다.

- PHM 2021, Nanjing, China, October 15–17, 2021
- PHM 2020, Shanghai, China, October 16–18, 2020
- PHM 2019, Double Tree by Hilton Qingdao, Qingdao, China, October 25–27,2019
- PHM 2018, Chongqing Technology and Business University, Chongqing, China, October 26–28, 2018
- PHM 2017, Harbin Institute of Technology, Harbin, China, July 9–12, 2017
- PHM 2016, Crowne Plaza Chengdu West, Chengdu, China, October 19–21, 2016
- PHM 2015, Vision Hotel, Beijing, China, October 21–23, 2015

- PHM 2014, Zhangjiajie, China, August 24–27, 2014
- PHM 2013, Politecnico di Milano, Milan, Italy, September 8–11, 2013
- PHM 2012, Grand Skylight CATIC Hotel, Beijing, China, May 23–25, 2012
- PHM 2011, Intercontinental Hotel of Shenzhen, Shenzhen, China, May 23–25, 2011
- PHM 2010, University of Macau, China, January 12–14, 2010

대표적 연구기관은 아래와 같다.

- University of Electronic Science and Technology of China
  - 1956년 설립
  - 중국 스촨성 소재, 학생수 : 33,000명
  - 공학분야 세계 94위(2017년 U.S News & World Report)
- City University of Hong Kong
  - 1984년 설립
  - 홍콩 소재, 학생수 : 19,000명
  - Center for Systems Informatics Engineering

10.1.4 일본의 PHM 활동

일본에는 정식 PHM학회는 없지만 2018년부터 PHM Conference (monoist.atmarkit.co.jp)가 아래와 같이 개최되고 있다.

- PHM Conference 2018 in JAPAN
  - 주제 : 빅 데이터 시대의 공학 지식의 활용 방법
  - ISID 전략 사업 추진본부 산업 빅 데이터 부장 모리토요 / 산업 빅데이터란?
  - 요코하마 국립 대학 공학연구원 유츠요시 / 왜 지금 PHM인가?
  - PHM Technology CEO, Chris Stecki / MADe(the Maintenance · Aware Design environment software)
- PHM Conference 2019 in JAPAN
  - 주제 : 다양한 대처 사례에 배운다
  - 코마츠 개발본부 업무혁신 추진 부부장 아사다 히사시 / IoT 비즈니스 전략과 PHM
  - 다이킨 공업 기술혁신센터 주임기사 오구라 타카노리 / AI 활용 및 HVAC 시스템의 고장예지 사례

- 메이덴샤 ICT 총괄본부 기획부 주관 기사 이토 히로시오코시 / 데이터를 기반으로 설비 상태 진단에 있어서의 과제 해결을 위한 노력
- 후루노 전기정보 시스템부 IT 솔루션실 정보통신 기반 개발 담당과장 타무라 신지/MADe을 활용한 해양장비 보전설계 이니셔티브

■ PHM Conference 2020 in JAPAN

- 도요타 자동차 파워트레인 회사 파워 트레인 선행 통괄 부 그룹장 이시 자키 나오야
- 미쓰비시 전기주식회사 정보기술 종합연구소 정보기술 부문 주관 기사장 네기시 타카유키
- 주식회사 우베 정보시스템 디지털 엔지니어링 플랜트 기술 그룹 시니어 리더 하라다 다카시
- 주식회사 우베 정보시스템 디지털 엔지니어링 분석 그룹 리더 미야 타카마사

10.1.5 한국 PHM 학회

한국의 PHM학회(www.phm.or.kr)로서 영문명은 Korean Society for Prognostics and Health Management(KS PHM)로 표기한다. 2018년 2월 9일에 창립하였으며, 현재(2022년 기준) 회장단은 다음과 같다.

- 회장 : 박종찬 연구위원(현대자동차)
- 수석부회장 : 배석주 교수(한양대)
- 부회장 : 김용진 상무(LG전자), 김흥수 교수(동국대), 박춘수 수석(철기원), 성대운 연구위원(현대차), 윤양기 실장(KTC), 이상원 교수(성균관대), 정현석 대표(프론티스), 주성철 전문위원(포미트), 최현석 단장(생기원), 한창운 교수(한국뉴욕주립대), 허장욱 교수(금오공대)
- 전임회장 : 1기 최주호 교수(항공대), 2기 윤병동 교수(서울대), 3기 이종수 교수(연세대)

학회는 PHM 기술의 사회적 요구에 대응하기 위해서 PHM 정기 강좌회를 운영하고 있다.

- 1회 : 2018년 8월 23~24일(장소 : 양재 AT센터, 강사 : 최주호, 선경호, 이승철, 오현석, 안다운)
- 2회 : 2019년 1월 28~30일(장소 : 한양대, 강사 : 선경호, 이승철, 오현석, 안다운, 최주호, 배석주, 전홍배)
- 3회 : 2019년 8월 21~23일(장소 : 연세대, 강사 : 선경호, 하종문, 최주호, 안다운, 이상원, 황태완)

- 4회 : 2020년 1월 15~17일(장소 : 서울대, 강사 : 최주호, 하종문, 이상원, 윤병동, 박정호, 이종수, 오현석, 이승철)
- 5회 : 2020년 11월 25~27일(장소 : 서울대, 강사 : 주성철, 배석주, 김현식, 유준우, 손정우, 고영호)
- 6회 : 2021년 5월 12~14일(장소 : 강남 위플레이스, 강사 : 주성철, 전홍배, 이상원, 신종호, 권대일, 이종수, 오현석, 이승철)
- 7회 : 2021년 9월 6~7일(장소 : 제주, 강사: 배석주, 권대일)

PHM기술의 발전과 체계적 보급, 그리고 인력 양성을 통해 산업 생태계의 성공적 구축을 도모하고, 새로운 산업경쟁력에 창출에 기여하고자 회원사 제도를 운영하고 있다.

- 다이아몬드 회원사 : LG전자, 현대자동차
- 골드 회원사 : 에스넷시스템, 한국동서발전, 한국항공우주산업
- 실버 회원사 : 두산인프라코어, 모아소프트, 엔시스코리아, 엘아이지넥스원, 일진글로벌, 프론티스, 한국서부발전, 한화/기계
- 브론즈회원사 : 두산에너빌리티, 매스웍스코리아, 부품디비, 삼익THK, 에슬리트엣지, 위세아이텍, 원프레딕트, 인페이스, 파웰이엔지, 포미트, 퓨처메인, 케이티엠엔지니어링, 한국엠에스씨소프트웨어, 한국전자기술연구원

10.2 학술행사

10.2.1 Annual Conference of the PHM Society

- Annual Conference of the PHM Society 2009 – PHM09(1회)
  - 장소 : Hilton San Diego Resort and Spa, San Diego, CA
  - 기간 : September 27 – October 1, 2009
  - 조직위원장 : Kai Goebel (NASA)
  - 학회장 : Serdar Uckun Uckun (NASA, PHM Society Founder)
- Annual Conference of the PHM Society 2010 – PHM10(2회)
  - 장소 : Hilton Portland & Executive Tower, Portland, Oregon, USA

- 기간 : October 10-14, 2010
- 조직위원장 : Mike Roemer(Impact Technologies)
- 학회장 : Serdar Uckun(NASA, PHM Society Founder)

■ Annual Conference of the PHM Society 2011 - PHM11(3회)
- 장소 : Hilton Montreal Bonaventure, Montreal, Quebec, Canada
- 기간 : September 25-29, 2011
- 조직위원장 : Jeff Bird(NRC Canada)

■ Annual Conference of the PHM Society 2012 - PHM12(4회)
- 장소 : Hyatt Regency Minneapolis, Minneapolis, Minnesota, USA
- 기간 : September 23-27, 2012
- 조직위원장 : Dinkar Mylaraswamy(Honeywell)

■ Annual Conference of the PHM Society 2013 - PHM13(5회)
- 장소 : New Orleans Downtown Marriott at the Convention Center, New Orleans, Louisiana, USA
- 기간 : October 14-17, 2013
- 조직위원장 : Carl Byington(Impact Technologies)

■ Annual Conference of the PHM Society 2014 - PHM14(6회)
- 장소 : Hilton Fort Worth in Fort Worth, Texas USA
- 기간 : September 29 - October 2, 2014
- 조직위원장 : David He(University of Illinois), Carl Byington(Impact Technologies)

■ Annual Conference of the PHM Society 2015 - PHM15(7회)
- 장소 : Coronado Island Marriott in Coronado, CA USA
- 기간 : October 18-24, 2015
- 조직위원장 : Rhonda Walthall(UTC Aerospace Systems)

■ Annual Conference of the PHM Society 2016 - PHM16(8회)
- 장소 : Denver Embassy Suites Downtown Conference Center, Denver, CO USA
- 기간 : October 3-6, 2016
- 조직위원장 : Karl Reichard(Pennsylvania State University), Dave Larsen(UTC Aerospace Systems)

- Annual Conference of the PHM Society 2017 – PHM17(9회)
  - 장소 : Hilton St. Petersburg Bayfront, St. Petersburg, FL USA
  - 기간 : October 2–5, 2017
  - 조직위원장 : Peter Beling(University of Virginia), Dave Larsen(UTC Aerospace Systems)
- Annual Conference of the PHM Society 2018 – PHM18(10회)
  - 장소 : DoubleTree by Hilton, Philadelphia Center City, Philadelphia, PA USA
  - 기간 : September 24–27, 2018
  - 조직위원장 : Brian A. Weiss(NIST), Greg Kacprzynski(Lockheed Martin Corp)
- Annual Conference of the PHM Society 2019 – PHM19(11회)
  - 장소 : The Scottsdale Resort at McCormick Ranch, Scottsdale, AZ USA
  - 기간 : September 21–26, 2019
  - 조직위원장 : Wolfgang Fink(University of Arizona), Ginger Shao(Honeywel)
- Annual Conference of the PHM Society 2020 - PHM20(12회)
  - 장소 : Virtual Conference due to COVID–19
  - 기간 : November 9–13, 2020
  - 조직위원장 : Dave Larsen(Collins Aerospace), Sankaran Mahadevan(Vanderbilt University)

10.2.2 European Conference of the PHM Society

- 1st European Conference of the PHM Society 2012(PHM–E12) (1회)
  - 6th European Workshop on Structural Health Monitoring와 공동 개최
  - 장소 : MARITIM Hotel & International Congress Center Dresden, Germany
  - 기간 : July 3–5, 2012
  - 조직위원장 : Ian Jennionsel(Cranfield University, UK)
- 2nd European Conference of the PHM Society 2014(PHM–E14) (2회)
  - 7th European Workshop on Structural Health Monitoring와 공동 개최
  - 장소 : La Cité, the Nantes Events Center, Nantes, France
  - 기간 : July 8–10, 2014
  - 조직위원장 : Ravi Rajamani(Meggitt, UK)
- 3rd European Conference of the PHM Society 2016(PHM–E16) (3회)
  - 8th European Workshop on Structural Health Monitoring와 공동 개최

- 장소 : Euskalduna Conference Center, Bilbao, Spain
- 기간 : July 5−8, 2016
- 조직위원장 : Falk Hoffmann(Airbus Helicopters, Germany)

■ 4th European Conference of the PHM Society 2018(PHM−E18) (4회)

- 장소 : Muntgebouw Utrecht, Utrecht, The Netherlands
- 기간 : July 3−6, 2018
- 조직위원장 : Falk Hoffmann(Airbus Helicopters, Germany)

10.2.3 Asia Pacific Conference of the Prognostics and Health Management

■ Asia Pacific Conference of the PHM Society 2017 − PHMAP17(1회)

- 2017년 7월 12~15일, 라마다플라자호텔 제주 한국
- 조직위원장 : 최주호 교수(항공대)

■ Asia Pacific Conference of the PHM Society 2019 − PHMAP19(2회)

- 2019년 7월 22~24일, Liaoning 호텔 베이징 중국
- 조직위원장 : Prof. Jing Lin(Beihang University)

■ Asia Pacific Conference of the PHM Society 2021 − PHMAP21(3회)

- 2021년 9월 8~11일, 라마다플라자호텔 제주 한국
- 조직위원장 : 윤병동 교수(서울대)

10.2.4 IEEE International Conference on Prognostics and Health Management

■ 2008 International Conference on Prognostics and Health Management

- 장소 : Denver, CO, USA
- 기간 : October 6−9, 2008

■ 2010 Prognostics and Health Management Conference

- 장소 : Macau, China
- 기간 : January 12−14 2010

■ 2011 IEEE International Conference on Prognostics and Health Management(1회)

- 장소 : Denver, CO, USA
- 기간 : June 20－23 2011

■ 2012 IEEE International Conference on Prognostics and Health Management(2회)

- 장소 : Denver, CO, USA
- 기간 : June 18－21 2012

■ 2013 IEEE International Conference on Prognostics and Health Management(3회)

- 장소 : Gaithersburg, MD, USA
- 기간 : June 24－27 2013

■ 2014 IEEE International Conference on Prognostics and Health Management(4회)

- 장소 : Eastern Washington University, Spokane, Washington USA
- 기간 : June 22－25 2014
- 조직위원장 : Rex Sallade

■ 2015 IEEE International Conference on Prognostics and Health Management(5회)

- 장소 : Austin, Texas USA
- 기간 : June 22－25 2015
- 조직위원장 : Pradeep Lall(Auburn University)

■ 2016 IEEE International Conference on Prognostics and Health Management(6회)

- 장소 : Carleton University, Ottawa, ON, Canada
- 기간 : June 20－22, 2016
- 조직위원장 : Pradeep Lall(Auburn University)

■ 2017 IEEE International Conference on Prognostics and Health Management(7회)

- 장소 : Marriott Courtyard, Dallas, Texas, USA
- 기간 : June 19－21, 2017
- 조직위원장 : Christian Hansen(Eastern Washington University)

■ 2018 IEEE International Conference on Prognostics and Health Management(8회)

- 장소 : Hilton Seattle Airport & Conference Center, Seattle, WA, USA
- 기간 : June 11－13, 2018
- 조직위원장 : Jie (Peter) Liu(Carleton University)

- 2019 IEEE International Conference on Prognostics and Health Management(9회)
  - 장소 : Hyatt Regency San Francisco Airport, Burlingame, CA, USA
  - 기간 : June 17-19, 2019
  - 조직위원장 : Jie (Peter) Liu(Carleton University)
- 2020 IEEE International Conference on Prognostics and Health Management(10회)
  - 장소 : Fully virtual(최초 기획 장소: Sheraton Detroit-Metro Airport Hotel Detroit, MI, USA)
  - 기간 : June 8-10, 2020
  - 조직위원장 : Zhaojun(Steven) Li (Western New England University)
- 2021 IEEE International Conference on Prognostics and Health Management(11회)
  - 장소 : Fully virtual
  - 기간 : June 7-9, 2021
  - 조직위원장 : Steven Li(Western New England University)

10.2.5 PHM Korea

- PHM Korea 2019(1회)
  - 2019년 4월 11~12일, 서울 르메르디앙호텔
  - 조직위원장 : 윤병동(서울대)
- PHM Korea 2020(2회)
  - 2020년 7월 21~23일, 서울 더케이호텔
  - 조직위원장 : 이종수(연세대)
- PHM Korea 2021(3회)
  - 2021년 9월 8~10일, 제주 라마다프라자제주호텔
  - 조직위원장 : 박종찬(현대차)
- PHM Korea 2022(4회)
  - 2022년 6월 29~7월 1일, 서울 더케이호텔
  - 조직위원장 : 배석주(한양대)

10.3 도서

10.3.1 출간경향

1980년대 헬리콥터 사고율을 감소를 위해 PHM 개념이 처음 정립된 이래 1990년대 우주공학 분야에서 PHM을 키워드로 하는 논문들이 게재되기 시작하였다. Prognostics 및 Structural Integrity를 전문적으로 다루는 도서는 2000년대 초반에 출간되기 시작하여 구조진단으로부터 전자장비에 이르는 다양한 분야에서 도서가 출판되었다. 출판되는 도서의 수는 2010년 중후반에 이르러 증가하기 시작하였다.

[그림 10.1]은 PHM과 Prognostics를 키워드로 하는 2005년부터 2021년까지 연도별로 출판된 도서수를 나타내었다.

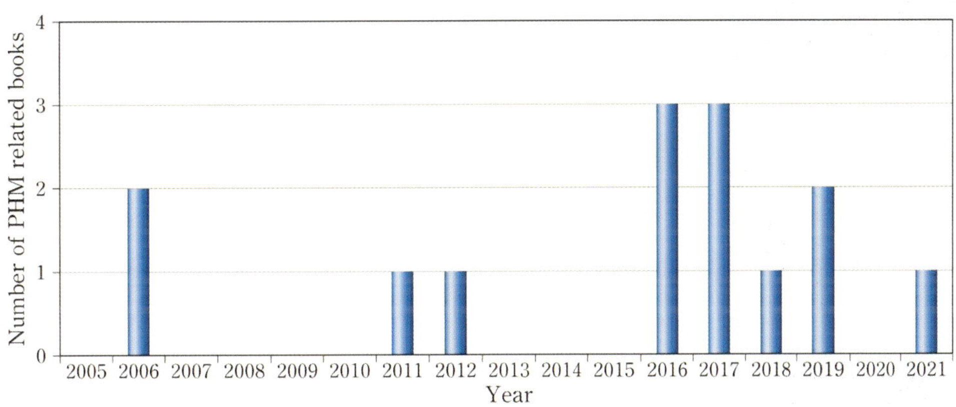

| 그림 10.1 | 'PHM'과 'Prognostics'를 키워드로하는 2005년 부터 2021년까지 연도별 출판된 도서수

10.3.2 주요도서 목록 및 요약

2005년부터 2021년까지 'PHM'과 'Prognostics'를 키워드로 하는 총 21권 도서의 기본정보를 아래와 같이 제공한다. 해당하는 기본정보는 Cover Page, 제목, 저자, 출판년도 그리고 Keywords를 기술하였다.

Intelligent Fault Diagnosis and Prognosis for Engineering Systems

Vachtsevanos, Lewis, Roemer, Hess, and Wu

Published on March 2007

Keywords: Fault Diagnosis, Fault Prognosis, Database Management, Prognosis, CBM, PHM

Prognostics and Health Management of Electronics: Fundamentals, Machine Learning, and the Internet of Things

Michael G. Pecht, Myeongsu Kang

Published on October 2018

Keywords: PHM, Detection, Predictive Maintenance, Prognostics, Diagnostics

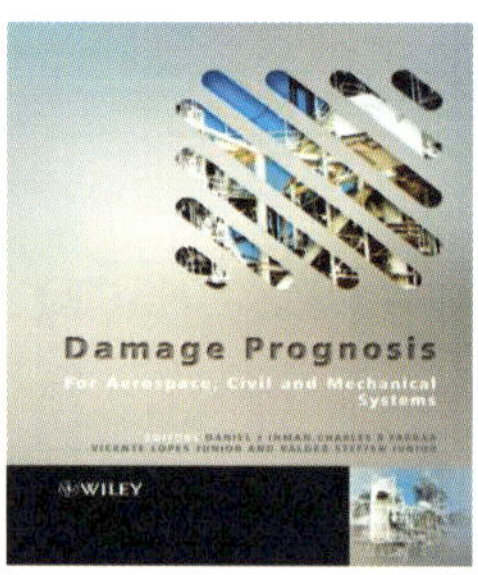

Damage Prognosis: For Aerospace, Civil and Mechanical Systems

Daniel J. Inman, Charles R. Farrar, Vicente Lopes Junior, Valder Steffen Junior

Published on December 2015

Software-Implemented Hardware Fault Tolerance

Olga Goloubeva, Maurizio Rebaudengo, Matteo Sonza Reorda, Massimo Violante

Published on September 2006

Keywords: Fault Tolerance

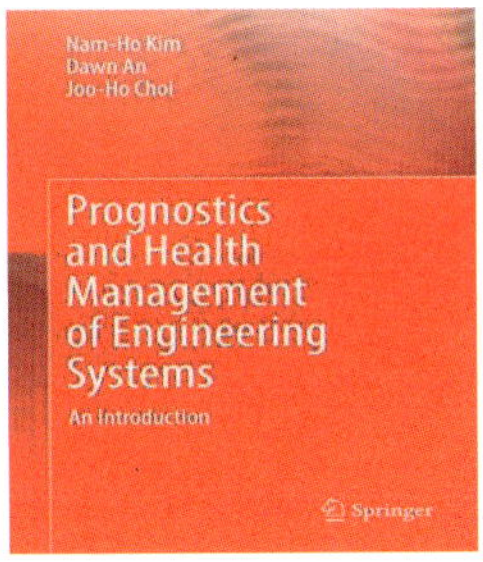

Prognostics and Health Management of Engineering Systems

Nam-Ho Kim, Dawn An, Joo-Ho Choi

Published on October 2016

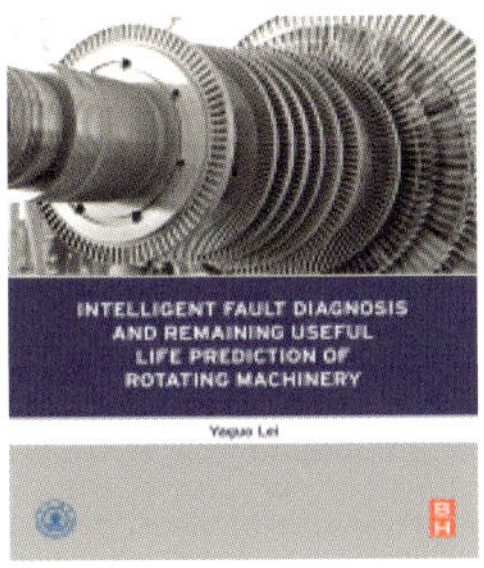

Intelligent Fault Diagnosis and Remaining Useful Life Prediction of Rotating Machinery

Yaguo Lei

Published on Nov 2016

Keywords: Fault Diagnosis, Life Prediction

System Health Management: with Aerospace Applications

Stephen B Johnson, Thomas Gormley, Seth Kessler, Charles Mott, Ann Patterson-Hine, Karl Reichard, Philip Scandura Jr.

Published on July 2011

Keywords: System Health Management, SHM, Lifecycle, System Health Management, System Application

Data-Driven Technology for Engineering Systems Health Management: Design Approach, Feature Construction, Fault Diagnosis, Prognosis, Fusion and Decisions

Gang Niu

Published on July 2016

Keywords: Health Management, PHM, Fault Diagnosis, Prognostics

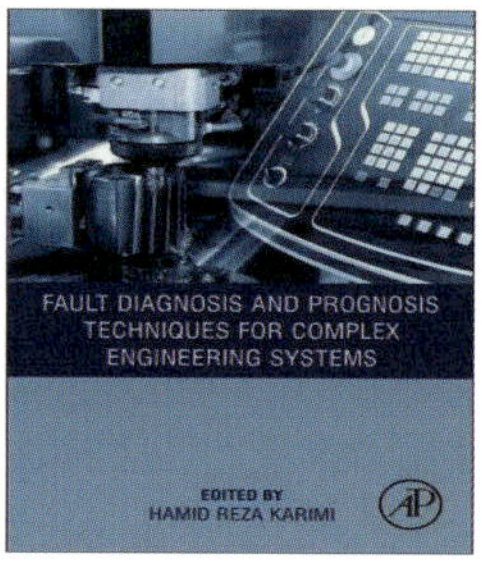

Fault Diagnosis and Prognosis Techniques for Complex Engineering Systems

Hamid Reza Karimi

Published on June 2021

Keywords: Diagnosis, Fault Detection, Failure Prognosis

Prognostics: The Science of Making Predictions

Henry Selvaraj, Grzegorz Chmaj, David Zydek

Published on 2021

Data-Driven Remaining Useful Life Prognosis Techniques: Stochastic Models, Methods and Applications

Xiao-Sheng Si, Zheng-Xin Zhang, Chang-Hua Hu

Published on January 2017

Keywords: Prognostic, Reliability, Degradation Testing

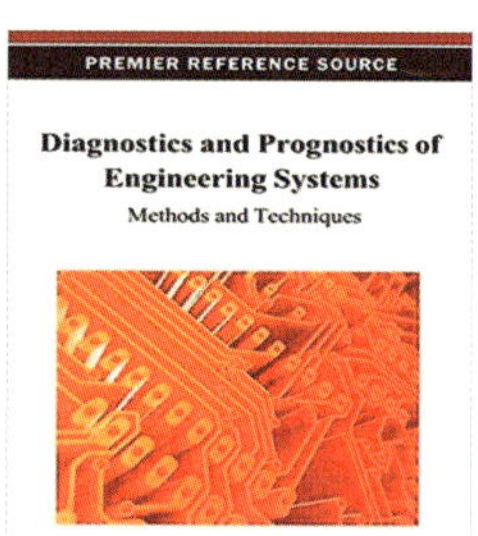

Diagnostics and Prognostics of Engineering Systems: Methods and Techniques

Seifedine Kadry

Published on September 2012

Keywords: Fault Detection, Diagnostics, Prognostics, Degradation Modeling, Life Cycle, Health Management

Machine Learning and Knowledge Discovery for Engineering Systems Health Management

Ashok N. Srivastava, Jiawei Han

Published on April 2016

Keywords: Systems Health Management, Prognostic, Failure Analysis, Diagnostics

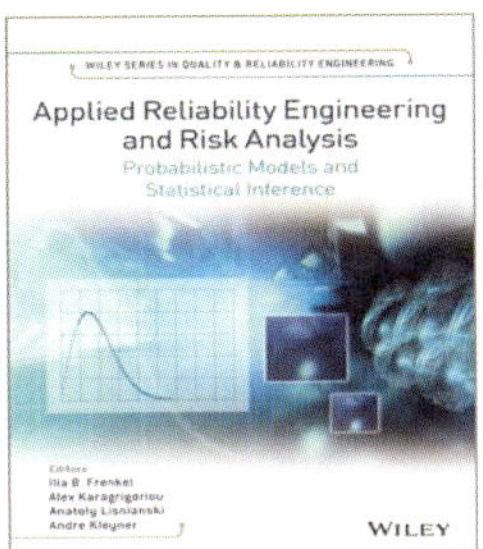

Applied Reliability Engineering and Risk Analysis: Probabilistic Models and Statistical Inference

Ilia B. Frenkel, Alex Karagrigoriou, Anatoly Lisnianski, Andre V. Kleyner

Published on August 2013

Keywords: Condition Monitoring, Reliability Evaluation, Systems Reliability

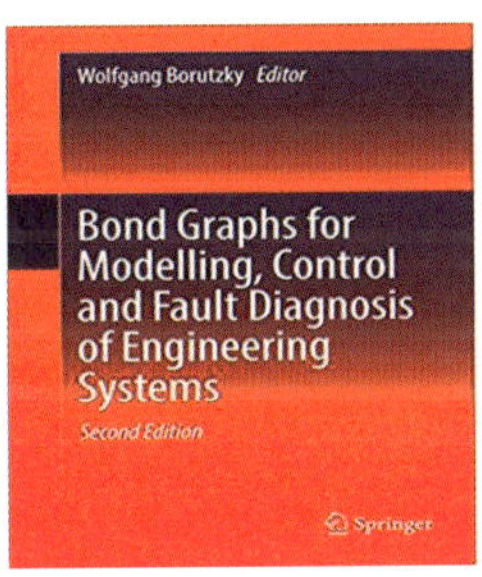

Bond Graphs for Modelling, Control and Fault Diagnosis of Engineering Systems

Wolfgang Borutzky

Published on December 2016

Keywords: Prognosis, Fault Tolerant, Fault Diagnosis

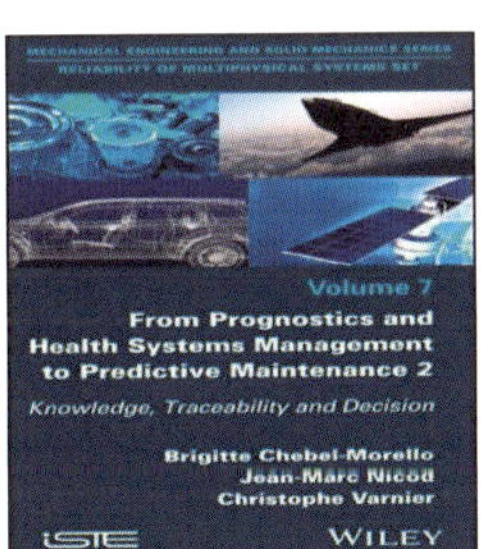

From Prognostics and Health Systems Management to Predictive Maintenance 2: Knowledge, Reliability and Decision

Brigitte Chebel-Morello, Jean-Marc Nicod, Christophe Varnier

Published on August 2017

Keywords: Maintenance, Prognostic, Predictive Maintenance, PHM, Traceability Application

Prognostics and Health Management: A Practical Approach to Improving System Reliability Using Condition Based Data

Douglas Goodman, James P. Hofmeister, Ferenc Szidarovszky

Published on June 2019

Keywords: Prognostic, PHM, Health Management, Monitoring, Prognosis

Systems Engineering in the Fourth Industrial Revolution: Big Data, Novel Technologies, and Modern Systems Engineering

Ron S. Kenett, Robert S. Swarz, Avigdor Zonnenshain

Published on December 2019

Keywords: Risk Assessment, Data Analytics, Hazard Analysis

Integrated System Health Management: Perspectives on Systems Engineering Techniques

Jiuping Xu, Lei Xu

Published on June 2017

Keywords: Health Monitoring, Fault Diagnostics, Prognostics, Life Cycle, ISMHM

Stochastic Models in Reliability Engineering

Lirong Cui, Ilia Frenkel, Anatoly Lisnianski

Published on September 2020

10.4 연구집단

10.4.1 대학연구실

이종수 교수 Jongsoo Lee

연구실명 : Multi-Physic Design Optimization & Prognostics and Health Management (MDO & PHM) Lab
소속학교 : 연세대학교 기계공학부
웹사이트 : https//web.yonsei.ac.kr/medesign
이메일 : jleej@yonsei.ac.kr

[소개글]

피로, 내구, 유동, 진동, 제어 성능에 대한 기계/전자/메카트로닉스 부품 & 시스템에 대한 확률통계/딥러닝 기반 신뢰성 평가, 최적설계 & 건전성 예측 관리(이상감지, 건전성진단, 수명예측)의 연구를 진행한다.

[대표연구]

- Multi−Physics Design Optimization
- Reliability and Uncertainty
- Prognostics and Health Management
- Industrial Artificial Intelligence: Designable Data Augmentation, Domain Knowledge Transfer

강남우 교수 Namwoo Kang

연구실명 : Smart Design Lab(스마트설계연구실)
소속학교 : 한국과학기술원(KAIST)
웹사이트 : www.smartdesignlab.org
이메일 : nwkang@kaist.ac.kr

[소개글]

Smart Design Lab(스마트설계연구실)은 인공지능 기반의 공학설계를 연구한다. 물리 기반의 역학과 데이터 기반의 딥러닝 기술을 결합하여, 제조업을 위한 가상제품개발 플랫폼을 개발한다. 이를 통해 제품/서비스 프로세스를 혁신하고 개발에 소요되는 시간과 비용을 절감한다. 특히 공학설계 도메인(최적설계, CAD/CAM/CAE, HCI 등) 중심의 인공지능 기반 제너레이티브 디자인 기술을 제시하여 공학성능/심미성/경제성을 모두 만족시키는 설계자동화를 구축하고 있다.

[대표연구]

- Generative Design, Data-driven Design
- Deep Learning, Machine Learning
- Design Optimization, CAD/CAM/CAE, HCI

고봉환 교수 Bong-Hwan Koh

연구실명 : Smart System Laboratory
소속학교 : 동국대학교 기계로봇에너지공학과
웹사이트 : –
이메일 : bkoh@dgu.edu

[소개글]

SSL에서는 시스템에 대한 가장 직관적이고 함축적인 모델인 이미지 또는 영상정보를 입력과 출력 포맷의 수학적 모델로 치환하여 해당 시스템을 identification하는 알고리즘을 개발하는 연구를 수행하고 있다. 특히, 영상 데이터에 대한 feature extraction 과정 없이 image frame 그대로 물리적 입력으로 가정하고, 출력 데이터가 일반적인 time-series 이든 또는 입력과 동일한 포맷의 영상이든 해당 시스템의 동적 거동을 정확히 모사할 수 있는 상태-공간 방정식 또는 등가의 수학적 모델을 도출하고자 한다.

[대표연구]

- Structural health monitoring through image-based machine learning
- control-based system identification with sensor fusion
- Damage detection in smart structure using sensitivity enhancing control

권대일 교수 Daeil Kwon

연구실명 : 인공지능 고장건전성진단 연구실(AI-PHM Lab)
소속학교 : 성균관대학교
웹사이트 : http://phm.skku.edu
이메일 : dikwon@skku.edu

[소개글]

연구실의 핵심 주제는 PHM 기술의 산업 적용으로 제조, 에너지, 반도체/전자, 자동차, 발전/전력 산업 등과 활발한 산학연구를 진행하고 있다. 이차전지 수명평가기간 단축, 반도체 생산장비 고장진단 기술 개발, 태양광 모듈 생산성 향상, 3D 프린팅 품질 신뢰성 진단, 스마트 IoT센서 개발 등 연구를 수행 중에 있다.

[대표연구]

- 생산장비의 스마트화를 위한 산업인공지능 기반 건전성관리 및 예지보전 방법론 개발(한국연구재단 기초연구실)
- 수요연계형 신성장동력 장비의 신뢰성 향상 기술(산업기술평가관리원)
- 지능형 생산설비 고장예지관리 핵심기술 개발(산업기술평가관리원)
- 인공지능을 활용한 전자패키지 인터커넥트 결합의 실시간 건전성진단방법 연구(한국연구재단)

김남수 교수 Namsu Kim

연구실명 : 신뢰성기반 최적설계 연구실(RBDO: Reliability based design optimization Lab)

소속학교 : 건국대학교

웹사이트 : http://rbdo.konkuk.ac.kr

이메일 : nkim7@konkuk.ac.kr

[소개글]

건국대학교 기계항공공학부의 신뢰성기반 최적설계 연구실은 기계/전기시스템의 신뢰성 및 성능 향상을 위한 모델링/해석/실험적검증/최적설계 연구를 수행하고 있다. 신뢰성 연구는 시스템의 동작환경에서의 수명예측 연구, 시스템의 건전성 관리를 위한 고장예지, 분류, 잔존수명 예측 알고리즘과 이를 위한 시스템 설계 연구를 중점적으로 수행하고 있다.

[대표연구]

- 기계/전기 시스템의 모델링/해석/실험적검증/최적설계 및 신뢰성 연구 중
- 전동화 차량 구동시스템의 상태진단을 위한 PHM SoC 개발 과제 수행 중
- 원격 스마트 차량정비를 위한 섀시 부품의 고장예지 및 잔존수명 예측 연구 과제 수행 중

김동길 교수 Donggil Kim

연구실명 : DES Lab. (Dependable Embedded System Lab)

소속학교 : 경일대학교

웹사이트 : –

이메일 : dgkim@kiu.kr

[소개글]

DES 연구실은 센서출력과 같은 시스템출력 데이터와 칼만필터를 비롯한 추정 알고리즘을 이용하여 계산한 시스템 상태 변수를 복합적으로 이용한 시스템 고장진단 기법 그리고 잔존 유효 수명 추정 기법을 연구하고 있다. 그리고 이러한 고장정보와 수명정보를 이용하여 고장상황에 적용 가능한 자동복원제어 기법에 대한 연구를 하고 있다.

[대표연구]

- 자율주행차용 수소연료전지 유효수명 예측 연구
- 고장과 외부공격 상황에 대처 가능한 다개체 자율로봇의 협업 자동복원 제어
- 무인수상선과 협업하는 하이브리드 무인잠수정의 자율제어시스템 개발
- PC-AUV 임무수행 신뢰도 향상을 위한 고장진단 기법 및 USV와의 동기제어 기법 연구

김용수 교수 YongSoo Kim

연구실명 : Data Engineering Lab
소속학교 : 경기대학교
웹사이트 : –
이메일 : kimys@kyonggi.ac.kr

[소개글]

Data Engineering Lab에서는 통계 및 인공지능 기법을 품질 및 신뢰성 분야에 적용하는 연구를 수행하고 있다. 제품 개발단계에서의 수명 추정을 위한 가속수명시험 및 가속열화시험 등에 관한 연구를 수행하는 한편, 제품 운용단계에서의 잔여 수명 추정을 위한 상태기반보전(CBM) 및 건전성예측 및 관리(PHM) 등의 연구도 수행한다. 또한, 이미지 추출 및 분류 등을 통한 불량 자동검출 방법 개발 등의 연구도 수행하고 있다.

[대표연구]

- 경전철 타이어 헬스모니터링 시스템 및 유지보수 시스템 개발(기간 : 2021, 네모시스)
- 신뢰성기반 자동차 내장부품 수명예측기법 개발(기간 : 2020–2021, 현대자동차)
- 항공보안장비 성능인증제 추진을 위한 시험인증기술 개발(기간 : 2019–2023, 한국산업기술시험원)
- SWRO플랜트 대상 RAM평가 고도화(기간 : 2016–2018, 두산에너빌리티)

김주형 교수 Joo–Hyung Kim

연구실명 : 지능형소자 및 열제어연구실(Lab. of Intelligent Devices and Thermal Control),
소속학교 : 인하대학교
웹사이트 : http://idtc.inha.ac.kr/
이메일 : joohyung.kim@inha.ac.kr

[소개글]

본 연구실은 에너지 변환, 3D 프린팅기술, sensor개발, 인공지능 열화상분야를 연구하고 있다. 열화상 기술은 인공지능 적용 열화상 미분기술과 Feature detection을 기반으로 한 부품분석기술과 Active Thermography기술을 연구 중이며, 센서는 국방특화분야 250 MHz SAW센서를 자체개발하여 화생방 모니터링 및 TIC 및 미세플라스틱 분석기술을 진행하고 있다. 3D/4D프린팅 기술분야는 자체제작한 이종소재 3D프린터 및 Enpla용 고온프린팅 기술을 적용, 입는 로봇용 유연 센서 및 Exoskeleton적용연구를 수행 중이다. 또한 열전달 Simulation과 방열특성을 기업들과 연계하여 연구하고 있다.

[대표연구]

- 인하 IST-NASA 심우주탐사 국제공동연구센터*(해외우수연구기관 GRDC사업)*
- 작업자 및 사회적약자 맞춤형 근골격 안전시스템 구현을 위한 복합 3D 프린팅 활용 창의 기술 개발
- 반도체 레이저 기반 비접촉식 화학작용제 탐지기 개발
- 3D프린팅 기반 환자 맞춤형 복합 센싱 소켓 개발

김창완 교수 Changwan Kim

연구실명 : 다중물리 및 최적설계 연구실

소속학교 : 건국대학교

웹사이트 : cae.konkuk.ac.kr

이메일 : goodant@konkuk.ac.kr

[소개글]

공작기계 지능화 연구실에서는 CNC 공작기계가 주 공정 장비로 사용되는 스마트제조시스템 에 대한 연구개발을 수행하고 있다. 장비 자체의 자율적인 제어와 장비-장비 간 혹은 장비-시스템 간 협업적인 운영이 이루어지는 제조환경을 구현하기 위해 이기종 CNC 데이터 통합 인터페이스, 앱 기반 지능형 HMI 플랫폼, OPC-UA 기반 제조셀 협업모델 등을 개발해 왔다. 이를 바탕으로 자율적인 제어와 협업적인 운영을 보다 고도화 할 수 있도록 공작기계에 대한 인공지능 및 디지털 트윈 응용 연구로 확장하고 있다.

[대표연구]

- 전기 모터 및 인버터(진동, 소음 및 최적설계, 전자기-구조-다물체 동역학 연성 해석, 발열 해석 및 방열 최적설계, 고장 건전성진단 및 예지 기법)
- 리튬 이온 배터리(전기화학-열 구조 연성해석, 충격에 의한 배터리 열폭발 현상해석, 발열 해석 및 냉각 성능 최적화, 에너지 밀도 성능 최적설계, 고장진단 및 예지 기법)
- 전기자동차 시스템 해석 및 최적화(1D MBSE 와 3D FEM/CFD 연성 해석, PE 시스템 동역학 해석, 모터 구동 가진에 의한 전기자동차 진동 저감, 전기자동차 진동 및 소음 저감 최적화)

김흥수 교수 Heung Soo Kim

연구실명 : 스마트 재료 설계 실험실(Smart Material & Design Lab)

소속학교 : 동국대학교

웹사이트 : https://smdlab.dgu.ac.kr/

이메일 : heungsoo@dgu.edu

[소개글]

SMD Lab에서는 PHM의 주요 연구 분야인 데이터 전처리, 특징 공학, 데이터불균형, 데이터 증강, 머신 러닝 전반에 대한 연구를 진행하고 있으며, 특히 물리모델 기반 데이터 증강과 전이학습에 대한 연구를 많이 진행하고 있다. 또한, 스마트 재료를 활용한 구조 건전성 평가, 진동제어, 에너지 하베스팅, 기능성 복합재 멀티 피직스 해석, 유한요소 기반 전산역학 등에 대한 연구도 수행하고 있다.

[대표연구]

- Industrial Artificial Intelligence for Intelligent Machines and Manufacturing Digitalization
- AI-based power plant diagnosis and prediction system
- Damage Detection of Smart Composites using Data Augmentation and Artificial Intelligence

노유정 교수 Yoojeong Noh

연구실명 : 스마트 시스템 해석 및 설계 연구실(Smart System Analysis and Design (SSAD) Lab

소속학교 : 부산대학교

웹사이트 : https://romana0323.wixsite.com/rbdo

이메일 : yoonoh@pusan.ac.kr

[소개글]

스마트 해석 및 설계 연구실은 기계부품/시스템에서 수집되는 데이터의 전처리와 분석을 통해 성능 예측, 이상감지 및 고장 진단, 데이터 기반 설계에 관한 연구를 수행하고 있으며, 선박용 핵심 부품의 통합 건전성 예측 및 관리 플랫폼(지역 혁신 선도연구센터사업, NRF), 데이터 기반의 디지털 통합 설계 방법 연구(중견 연구자 지원사업, NRF), 인공지능 기술을 활용한 에어컨 압축기 고장진단(LG전자) 등에 관한 과제를 수행하고 있다.

[대표연구]

- Fault detection and diagnosis
- Machine learning-based surrogate modeling
- Uncertainty quantification

문장혁 교수 Janghyuk Moon

연구실명 : MEMLab(Multiscale Energy Materials Lab)

소속학교 : 중앙대학교

웹사이트 : https://sites.google.com/view/memlab

이메일 : jhmoon84@cau.ac.kr

[소개글]

MEMLab은 리튬이차전지의 물리기반모델을 통한 고용량, 고출력 리튬이차전지의 설계 및 성능 예측 모델을 주로 진행하는 연구를 수행하고 있다. 특히, 리튬이차전지의 열화 예측을 물리기반 모델을 통해 데이터 생성 및 학습을 통한 데이터기반의 리튬이차전지 모델 개발을 진행하고 있다. 또한 리튬이차전지의 디지털 트윈과 디지털스레드를 통한 열화 예측 데이터를 통한 PHM 연구를 활발히 진행 중이다.

[대표연구]

- 비가역반응 능동제어형 고효율 저팽창 전극 소재 기술 개발
- 급속충전 리튬 이온 배터리용 3차원 전극 및 소재 개발을 위한 구조해석 관점의 멀티스케일 설계 기술 개발
- 리튬이차전지 특성 예측을 위한 전산 모델 데이터 기반 머신러닝 모델 개발

배석주 교수 Suk Joo Bae

연구실명 : PSM(Probability & Statistical Modeling) Lab
소속학교 : 한양대학교
웹사이트 : https://psm.hanyang.ac.kr
이메일 : sjbae@hanyang.ac.kr

[소개글]

PSM(Probability & Statistical Modeling) Lab은 확률 통계이론을 바탕으로 시스템이나 구조물의 신뢰성을 예측, 공정 빅데이터를 기반으로 생산공정의 이상을 진단하거나 예측하는 연구 및 예지보전 알고리즘 혹은 이론을 개발하는 연구를 진행 중에 있다.

[대표연구]

- Development of decision supporting system of Condition Based maintenance for large scaled systems
- Improving reliability of fuel cells via accelerated degradation testing
- Prognostic health management and predictive maintenance for smart production equipment based on industrial artificial intelligence

성시일 교수 Si Il Sung

연구실명 : 품질공학 연구실
소속학교 : 경기대학교
웹사이트 : –
이메일 : sisung@kyonggi.ac.kr

[소개글]

주요 연구주제는 산업현장에서 발생하는 품질 및 신뢰성 문제들을 해결할 수 있는데 도움을 주는 가속시험의 설계와 실험 계획 분야이며, 최근 새롭게 관심을 가지고 다루는 분야는 개발 단계에서 제품의 품질과 신뢰성을 높이기 위해 필요한 개발 단계 품질관리 및 신뢰성 성장 관리이다. 이를 위해 전통적인 통계기법부터 데이터 마이닝 기법을 해결해야 하는 문제 상황에 맞게 적절히 활용하는 연구를 진행하고 있다.

[대표연구]

- 가속수명 시험 설계
- 가속열화 시험 설계
- 실험계획
- 품질공학

손정우 교수 Jung Woo Sohn

연구실명 : SSC Lab(Smart Systems and Control Lab)
소속학교 : 금오공과대학교
웹사이트 : http://kit.kumoh.ac.kr/~SSC/
이메일 : jwsohn@kumoh.ac.kr

[소개글]

SSC Lab은 다양한 기계시스템과 생산시스템의 건전성 예측 및 관리(Prognostics and Health Management, PHM)에 관한 연구를 수행하고 있다. 또한, PHM과 관련 있는 인공지능, 로봇시스템, 스마트 팩토리, 디지털 트윈, 사람-기계 상호작용(Human-Machine Interaction, HMI) 및 다양한 제어 시스템의 설계, 해석, 평가에 관한 연구를 수행하고 있다.

[대표연구]

- Damage Detection and Diagnosis of Composite Structures Using Vibration Signals
- Object Classification and Anomaly Detection in the Production Process
- Data Analysis of Semiconductor Wafer CMP Process
- Smart Human-Machine Interaction and Haptic System

신종호 교수 Jong-Ho Shin

연구실명 : Smart Factory Laboratory(SFLab)
소속학교 : 조선대학교
웹사이트 : http://www.chosun.ac.kr/user/indexSub.do?codyMenuSeq=304955&siteId=ie&dum=dum&prfId=338617&page=1&command=view&prfSeq=52129855&search=&column=
이메일 : jhshin@chosun.ac.kr

[소개글]

SFLab은 인공지능 기술을 제조시스템에서 적용하는 것을 주 연구주제로 하는 연구실입니다. 제조공정에서 발생하는 다양한 운영 최적화와 품질관리 및 고장분석 등에서 인공지능 기술을 접목하고 있으며, 산업계의 다양한 기업들과 실제 현장 문제를 해결하기 위해 협력하고 있다. 또한 산업 인공지능 기술을 개발하기 위한 다양한 경진대회에서 우수한 성과를 이루고 있다. 연구인력에게 다양한 지원을 하고 있으며 연구에 필요한 충분한 시설을 보유하고 있다.

[대표연구]

- 화력발전소 빅데이터를 활용한 발전설비 최적 운용 인공지능 모델 개발
- 주행/선회 디바이스 범용 고장 건전성진단 알고리즘 개발
- 적층제조의 품질고도화를 위한 혼용학습 기반 예측적 검계측·제어 방법 개발

심성한 교수 Sung-Han Sim

연구실명 : Smart Infrastructure Systems Lab

소속학교 : 성균관대학교

웹사이트 : http://shm.skku.edu

이메일 : ssim@ssku.edu

[소개글]

스마트건설기술 연구실은 IoT센서 및 인공지능 기술을 건설기술에 적용하여 사회기반시설물의 장수명화와 재난안전성 향상을 위한 구조건전성 모니터링 기술개발에 대해 연구하고 있다.

[대표연구]

- Structural health monitoring
- Computer vision and deep learning applications in infrastructure maintenance
- Smart construction focusing on quality management of prefabricated construction

오기용 교수 Ki Yong Oh

연구실명 : 응용동역학 및 지능형 수명예지 연구실(Applied Dynamics and Intelligent Prognosis Laboratory)

소속학교 : 한양대학교

웹사이트 : https://www.adip.hanyang.ac.kr/

이메일 : kiyongoh@cau.ac.kr

[소개글]

ADIP Lab은 다양한 복잡계 시스템의 안정성 및 신뢰성을 보장하기 위하여 응용동역학, 신호처리 등 다양한 기법을 4차산업의 핵심 기술인 인공지능 및 모빌리티와 융합하여 PHM 기술을 개발한다(Mobility toward PHM, Artificial Intelligence toward PHM, Characterizing, modeling and predicting complex dynamics, Predicting evolution of dynamic responses.).

[대표연구]

- 대형 송전선로 점검을 위한 드론 완전 자율비행 기초원천기술 개발
- 배터리 능동형 관리전략 및 수명향상 기술 개발
- 인공지능 기반 배터리 열폭주 예측기법 개발

오종석 교수 Jong-Seok Oh

연구실명 : 지능제어 연구실 ICL(Inteligent Control Lab)

소속학교 : 공주대학교

웹사이트 : https://sites.google.com/view/knuicl

이메일 : jongseok@kongju.ac.kr

[소개글]

ICL 연구실은 제어 및 계측을 자동차 분야를 포함한 다양한 분야에 적용하는 방법에 관한 연구를 진행하고 있다. 최근 많은 연구가 진행되고 있는 차량 현가장치의 동적 특성 분석 및 제어와 소음 데이터를 측정 및 분석하여 현재 상태를 예측하는 방안, 기록된 공정데이터를 통해 불량률을 예측하는 등 자동차 분야에 국한되지 않고 다양한 분야에 제어 및 계측을 적용하였다.

[대표연구]

- 음향방출 및 가속도센서를 통한 고장진단 및 예측
- 감정 호르몬을 활용한 자동차 시트의 감성 평가에 관한 연구
- Carsim 프로그램등과 같은 동역학 해석 프로그램을 이용한 동적 특성 분석

오현석 교수 Hyunseok Oh

연구실명 : 스마트 건전성진단 및 설계 최적화 연구실

소속학교 : 광주과학기술원(GIST)

웹사이트 : https://www.sddo.gist.ac.kr

이메일 : hsoh@gist.ac.kr

[소개글]

본 연구실은 현대 생활을 가능하게 하는 주요 공학 설비 및 구조물을 대상으로 설계 단계에서 성능과 신뢰성 확보, 운용단계에서 안전과 지속 가능성 확보를 목표로 한다. 이상감지, 건전성진단, 잔여수명예측을 위한 센서 네트워크 설계, 데이터 전처리, 특성인자추출, 건전성진단예측 모델 설계에 관련한 연구를 수행하고 있다. 뿐만 아니라, 불확실성 정량화, 전파를 포함한 확률론적 해석에 대한 연구도 활발히 진행 중이다. 본 연구실의 주요 관심 대상은 발전소, 생산 제조 설비, 항공기, 발사체, 대형선박 등 안전과 임무 완수가 중요한 공학 시스템이다.

[대표연구]

- Deep learning-based unsupervised feature engineering for rotor system diagnosis
- Model-based fault diagnosis under dynamic loading conditions

윤병동 교수 Byeng Dong Youn

연구실명 : Laboratory for System Health & Risk Management(SHRM)

소속학교 : 서울대학교(Seoul National University)

웹사이트 : https://shrm.snu.ac.kr

이메일 : bdyoun@snu.ac.kr

[소개글]

SHRM 연구실은 복잡한 공학 시스템의 신뢰성, 지속 가능성 및 리스크 관리를 지원하기 위한 혁신적인 지식과 리소스를 제공하는 글로벌 리더 연구실이다. SHRM은 크게 Prognostics & Health Management (PHM), Statistical model Verification & Validation(V&V), Energy Harvesting(EH)의 3가지 연구를 진행하고 있다. 이를 효과적으로 수행하기 위해 산업인공지능, 센서 데이터 처리, 통계적 분석 및 최적화 등의 연구를 진행 중이며, 소규모 시스템(전장품, 베어링, 배터리 등)에서부터 복잡한 대규모 시스템(발전소, 변전소, 풍력 터빈, 제조 라인 등)까지 적용 범위를 넓히고 있다.

[대표연구]

- Prognostics & Health Management (PHM)
- Statistical Model Verification & Validation (V&V)
- Energy Harvesting (EH)

윤주성 교수 Joo-Sung Yoon

연구실명 : 공작기계 지능화 연구실

소속학교 : 경남대학교

웹사이트 : https://www.kyungnam.ac.kr/me/imtLab.do

이메일 : jsyoon@kyungnam.ac.kr

[소개글]

공작기계 지능화 연구실에서는 CNC 공작기계가 주 공정 장비로 사용되는 스마트제조시스템 에 대한 연구개발을 수행하고 있다. 장비 자체의 자율적인 제어와 장비-장비 간 혹은 장비-시스템 간 협업적인 운영이 이루어지는 제조환경을 구현하기 위해 이기종 CNC 데이터 통합 인터페이스, 앱 기반 지능형 HMI 플랫폼, OPC-UA 기반 제조셀 협업모델 등을 개발해 왔다. 이를 바탕으로 자율적인 제어와 협업적인 운영을 보다 고도화 할 수 있도록 공작기계에 대한 인공지능 및 디지털 트윈 응용 연구로 확장하고 있다.

[대표연구]

- Intelligent HMI Platform for CNC Machine Tool, Unified CNC Data Interface
- CPS-Based Smart Manufacturing System
- Machine Data Analytics Platform

이상원 교수 Sang Won Lee

연구실명 : 지속가능 설계 및 생산 연구실(Sustainable Design and Manufacturing Laboratory)
소속학교 : 성균관대학교
웹사이트 : http://sdml.skku.edu
이메일 : sangwonl@skku.edu

[소개글]

지속가능 설계 및 생산 연구실에서는 첨단 생산 공정, 스마트 팩토리 및 데이터 기반 설계 기술의 연구분야를 중심으로 빅데이터, 인공지능, 디지털 트윈 등의 디지털 핵심 기술을 공작기계, 산업용 로봇, 3D 프린터 등에 적용하여 예지 보전 및 건전성 관리(PHM), 사이버 물리 시스템(CPS) 개발 등 생산 공정 및 장비의 스마트화를 구현하는 산업 현장 친화형 연구를 수행하고 있다.

[대표연구]

- 빅데이터 분석 및 인공지능 알고리즘을 이용한 차체 용접 산업용 로봇 고장 진단 및 부품 수명 예측 연구
- 복합센서 모니터링 및 디지털 트윈을 이용한 3D 프린팅 시스템 예지 보전 및 건전성진단 연구
- 인공지능 기반 복합소재 부품 사출성형 공정 최적화 및 딥러닝 기반 블로우 성형 공정 최적화 연구

이승철 교수 Seungchul Lee

연구실명 : Industrial AI Lab
소속학교 : 포항공과대학교(POSTECH)
웹사이트 : https://iai.postech.ac.kr/
이메일 : seunglee@postech.ac.kr

[소개글]

산업인공지능 연구실은 인공지능 기술을 이용하여 산업전반의 융복합적 AI 혁신을 목표로 한다. 기계공학을 근간으로 하고, 다양한 공학시스템에 인공지능을 적용하여 새로운 가능성을 여는 선도 연구를 지향한다.

[대표연구]

- IIoT와 인공지능 기반의 지속 가능한 스마트 제조 모델 구축
- 인공지능 기반 건전성 관리 지능화 : 유사/비유사 환경에서의 강건성 증대를 위한 딥러닝 기반 건전성 진단·예지 요소 기술 개발, 기계시스템 건전성진단 및 제어를 위한 차세대 인공지능 기초 연구

이장현 교수 Jang Hyun Lee

연구실명 : 조선해양 생산시스템공학연구실 PREND Lab.(Production Engineering & Design Laboratory)

소속학교 : 인하대학교

웹사이트 : http://prend.inha.ac.kr

이메일 : jh_lee@inha.ac.kr

[소개글]

PHM과 CAE 분야의 응용 연구를 수행하고 있습니다. 영상인식, 기계학습을 적용한 스마트 선박 및 스마트 선박생산, 선박·기계·반도체 설비, 공정배관의 고장진단 및 예측 연구를 수행하고 있다. LNG·LH2 운반선의 Sloshing 및 다상 열유동, CHT(Conjugate Heat Transfer), 극저온 빙-충돌 등의 FEA/CFD 해석 및 실험, 성형 가공, 비행갑판 설계 및 통합생존성, 함정설계 연구도 수행하고 있다.

[대표연구]

- IoT and AI based Digital Twin of Ship production system
- Anomaly Monitoring, Fault Diagnosis and Failure Prediction System (PHM)
- Multi-phase Heat flow Computation and Sloshing of Liquid Hydrogen and LNG Cargo Containment System (CFD and FEA)

이재훈 교수 Jaehun Lee

연구실명 : 전산역학 및 설계 연구실(Computational Mechanics & Design Lab)

소속학교 : 동국대학교

웹사이트 : https://cmnd.dgu.ac.kr

이메일 : jaehun@dgu.edu

[소개글]

전산역학 및 설계 연구실에서는 구조 해석과 설계를 위한 수치기법 개발 연구를 수행하고 있다. 특히 많은 전산자원을 필요로 하는 대형 시스템의 파라미터 변화에 대한 효율적인 적응형 축소 모델링 기술, 기하 및 재료 등의 비선형 거동을 효율적이고 정확하게 모사하기 위한 차원 축소 기술, 시뮬레이션과 실제 간의 간극을 줄이기 위한 디지털 동기화 기술 등을 개발하고 있다. 또한 효율적인 구조 최적 설계를 위한 수치기법 가속화 기술 등에 대한 연구를 수행하고 있다.

[대표연구]

- Numerical methods and modeling techniques in computational mechanics
- Reduced-order modeling for large-scale dynamical systems
- Design-oriented, data-driven reduced-order modeling
- High-fidelity analysis of composite laminates and structures

장중순 교수 Joong Soon Jang

연구실명 : 품질신뢰성 연구실
소속학교 : 아주대학교
웹사이트 : iepis.ajou.ac.kr
이메일 : jsjang@ajou.ac.kr

[소개글]

본 연구실은 시스템이나 부품의 신뢰성과 품질을 향상시킬 수 있는 방안을 연구합니다. 주요 연구 분야로는 FMEA, 전자부품의 고장예지 및 잔여수명예측, 신뢰성 시험/가속시험 설계 및 분석, SPC, 기능 안전, 6시그마 등이다. 본 연구실은 FMEA를 효과적으로 수행할 수 있는 방법을 개발하여 많은 기업체에 적용한 바 있으며, 국방 RAM 특화연구실을 수행하여 신뢰성 예측 방법론 및 s/w를 개발하였다. 최근에는 자동차 부품, 원자력발전소와 수소충전소를 대상으로 PHM을 활용하는 연구를 수행하고 있다. 본 연구실의 특징은 다수의 산학프로젝트 수행 및 자문 경험을 바탕으로 하는 실용성 추구에 있다.

[대표연구]

- 수소충전소 고장예지 및 안전관리 상용화 기술개발실증, 신재생 에너지 핵심기술 개발사업, 한국산업기술평가관리원(수행중)
- 원전안전성 향상을 위한 제어계측카드 진단시스템 개발, 원자력핵심기술개발사업, 한국에너지기술평가원(수행중)
- 안전 · 신뢰도 기반 고장예지 관리기술(PHM)을 활용한 국도상 TCS유지관리 기반기술연구

장현수 교수 Hyunsoo Jang

연구실명 : DCAE Lab(Design for computer aided engineering)
소속학교 : 국민대학교 자동차공학과
웹사이트 : http://caelab.kookmin.ac.kr
이메일 : hsjang@kookmin.ac.kr

[소개글]

DCAE Lab은 자동차 차체공정의 프로세스설계 및 공정을 운영하는 manufacturing control system을 설계하고, 디스플레이, 반도체공정의 건식세정설비, 증착 설비 및 가공설비 개발과 공정을 최적화 하는 시뮬레이션을 연구하고 있다.

[대표연구]

- Optimal design for CAE analysis of automotive engineering
- Process design of LED substrate(GaN, AlGaN)
- Design of dry cleaning for semiconductor process

전홍배 교수 Hongbae Jun

연구실명 : PdM(Predictive Maintenance) lab
소속학교 : 홍익대학교
웹사이트 : http://ie.hongik.ac.kr/dept/prof_detail.html
이메일 : hongbae@gmail.com

[소개글]

본 연구실에서는 기업 주요 자산(설비)의 유지보수 최적화를 위해 상태기반 보전(Condition Based Maintenance), 예지보전(Predictive Maintenance) 방법에 대한 연구들을 수행한다. 이를 위해, 통계, 머신러닝/인공지능 기법, 최적화 기법들을 활용한다.

[대표연구]

- 2017−2020, 커넥티드 차량 빅데이터 분석기술 및 비즈니스 서비스 개발(산업통상자원부)
- 2017−2019, 다변량 센서데이터 기반 플랜트 설비의 이상상황 감지, 고장예지 및 최적 보전 의사결정 방안에 대한 연구(한국 연구재단)
- 2013−2016, 해양플랜트 통합 운영 및 유지보수를 위한 예지보전 시스템 개발(산업통상자원부)

채장범 교수 Jangbom Chai

연구실명 : MDL Lab.(Machine Diagnostics Lab)
소속학교 : 아주대학교(Ajou University)
웹사이트 : http://me.ajou.ac.kr/me/labor/labor01_a.jsp
이메일 : jbchai@ajou.ac.kr

[소개글]

기계진단실험실(MDL Lab.)의 주요 연구 분야는 기계 진단 분야와 소음 및 진동 분야로 이루어져 있다. 기계진단은 기계의 이상 및 고장을 기계의 분해나 해체 없이 비침투적으로 진단하는 것이 그 목적이다. 이에 각종 센서를 사용하여 신호를 얻고, 계측 신호의 처리를 통해 노이즈를 제거하고 분석, 진단한다. 또한, 신호로부터 추출된 진단 변수와 처리된 신호를 인공 지능과 결합하여 원전 기기 및 시스템을 진단하는 연구도 수행 중에 있다.

[대표연구]

- 원전기기 온라인 상태감시 및 예측진단 기술
- 원자력발전소 상태 감시 및 진단을 위한 딥러닝 인공지능 기반기술 개발
- 가동중시험을 위한 펌프 및 밸브 상태 진단 방법론 개발

최재식 교수 Jaesik Choi

연구실명 : Statistical Artificial Intelligence Lab(SAI Lab)
소속학교 : 한국과학기술원(KAIST)
웹사이트 : http://sailab.kaist.ac.kr
이메일 : jaesik.choi@gmail.com

[소개글]

SAILab은 확률적 추론과 데이터 분석을 통해 인간 수준의 지능 시스템을 구현하기 위한 연구를 진행하고 있다. 우리 연구실은 새로운 계산 모델과 추론 알고리즘을 이용해 실재하는 복잡한 문제들을 해결하려 한다. 대표적으로, (1) 시계열 데이터를 자동으로 분석하여 구성 요소를 설명하는 설명가능 인공지능 기술 연구, (2) 발전소나 공장과 같은 대규모 시스템에서 취득된 데이터 기반의 설비 고장 진단을 자동화하는 기술을 연구하고 있다.

[대표연구]

- Explainable Artificial Intelligence(XAI)
- Relational Automatic Statistician for Time Series Data
- Probabilistic Fault Diagnosis, Deep Reinforcement Learning for Robotics

최종성 교수 Jongseong Brad Choi

연구실명 : MEIC Lab(Mechanical systems with Intelligence and Computer Vision Lab)
소속학교 : 한국뉴욕주립대학교, The State Univ. of New York Korea
웹사이트 : https://www.meic-lab.com/
이메일 : jongseong.choi@sunykorea.ac.kr

[소개글]

MEIC Lab은 대용량 시각정보 데이터처리를 기반으로 구조물의 안전진단 자동화를 위한 연구를 수행한다. 센서, 모빌리티, 기계학습의 융합을 통해 스마트시티에 활용될 다양한 접근 및 어플리케이션 개발을 진행 중이다. 우리연구실은SHM과 PHM을 연구하는 해외 다수의 대학 및 기관들과 컨소시엄을 구성하고 협력하고 있으며, 개발된 기술을 한국의 스마트시티 구축에 활용하는 것을 목표로 한다.

[대표연구]

- Automating Visual Assessment of Infrastructure exploiting Computer Vision and Big Visual Data
- Integrating Human and Machine for Post-Disaster Visual Data Analytics
- STORM: Safeguarding Cultural Heritage through Organisational Resources Management
- RETH: Resilience Extra Terrestrial Habitat

최주호 교수 Joo Ho Choi

연구실명 : 시스템 최적설계 연구실(System Design Optimization Laboratory)
소속학교 : 한국항공대학교
웹사이트 : www.kau-sdol.com
이메일 : jhchoi@kau.ac.kr

[소개글]

최적설계 연구실은 수명신뢰성을 예측, 설계 및 최적 유지 관리하는 기술을 연구하며 특히 건전성 예측관리 기술을 중점 연구난다. 많은 기계항공 시스템은 설계를 아무리 잘 해도 운전 중 고장이 발생하는데 이를 예방하기 위해 주기정비를 하지만 이를 위해 높은 비용을 지불하면서 예방도 잘 안되고 있다. 이를 해결하기 위해 시스템에 센서를 부착하고 기계학습 기술을 이용하여 결함을 감지, 건전성진단 및 고장예측을 하는 기술을 연구한다. 그 결과 필요할 때만 교체하는 상태 기반 정비를 구현할 수 있다.

[대표연구]

- Optimum inspection plan of aircraft parts and reliability estimation of rocket valves
- Fault diagnosis and failure prediction of EMA, EHA, gearbox and batteries in UAM
- Fault Component identification and life prediction via operation data of industrial robots

한창운 교수 Changwoon Han

연구실명 : PoF(Physics-of-Failure) Research Lab
소속학교 : 한국뉴욕주립대학교
웹사이트 : sites.google.com/sunykorea.ac.kr/cwhan/
이메일 : changwoon.han@gmail.com

[소개글]

SMD Lab에서는 PHM의 주요 연구 분야인 데이터 전처리, 특징 공학, 데이터불균형, 본 연구실은 고장 메커니즘 및 시뮬레이션에 기초하여 신뢰성 문제를 해결하는 고장물리(PoF: Physics-of-Failure)의 방법론 및 그 적용에 대한 연구를 하고 있다. 주 연구 대상은 전자부품, 모듈, 및 시스템 등이며, 주요 연구 주제로는 신뢰성 평가 및 향상, 수명모델 개발 및 수명예측, 가속수명시험 설계, 신뢰성설계, 건전성 예지 등이다.

[대표연구]

- Development on board-level Prognostics and Health Management technology for electronic systems of future mobility (2021−2024)
- Development of Design-for-Reliability technology for the extension of solar cell module output warranty focusing on the cell interconnection (2019−2021)

허균영 교수 Gyunyoung Heo

연구실명 : 메인포메틱스 연구실(Mainformatics Lab)
소속학교 : 경희대학교
웹사이트 : http://www.mainformatics.com
이메일 : gheo@khu.ac.kr

[소개글]

메인포메틱스(Mainformatics)는 유지보수 기술과 인포매틱스의 융합을 강조하는 연구실의 슬로건이다. 산업설비의 미래를 예측하고, 이에 기반한 더 나은 결정을 내리기 위해 경험(데이터)에서 학습하는 기술을 개발하는 것을 목표로 한다. 메인포메틱스 연구실은 성능과 안전이 중요한 자산을 중심으로 유지보수성을 위한 설계, 확률론적 안전 및 보안 평가, 설비 애널리틱스 등을 중점적으로 다루고 있다.

[대표연구]

- 원자력 비상대응 전략 시뮬레이션을 위한 행위자기반 플랫폼과 학습기반 최적화 방법 개발 연구 (2021)
- 범용목적 동적신뢰도분석도구 개발 및 운전절차서 적용범위 평가사례 연구 (2018)
- 원전 계측제어계통 사이버보안 시험검증 기술개발 (2017)

허장욱 교수 Jangwook Hur

연구실명 : 국방신뢰성연구실(Defense Reliability Lab)
소속학교 : 금오공과대학교(National Kumoh Institute of Technology)
웹사이트 : –
이메일 : hhjw88@kumoh.ac.kr

[소개글]

국방신뢰성연구실은 무기체계 연구개발간 신뢰성 향상을 위해 RAM(Reliability Availability Maintainability)와 CBM(Conditional Based Maintenance)을 적용하기 위한 방법론을 중심으로 연구하고 있으며, 특히 최근에는 각종 센서를 이용하여 연료펌프, 유압펌프, BLDC모터, PCB보드, 배터리 등의 데이터를 획득, 추출 분석함으로써 고장을 진단하고 잔존 유효 수명을 예측하는 연구에 집중하고 있다.

[대표연구]

- Failure Prediction Technology Development for Grinding Device of PCB Drill Bit
- Research on Conditional–Based Maintenance Algorithm and Logic Development
- M&S Development for Ammunition Inspection using Laser Displacement Sensor

10.4.2 해외연구소

Center for Advanced Life Cycle Engineering(CalCE)

- **설립** : 1986년
- **참여기관** : the University of Maryland
- **디렉터**(2021년 9월 현재) : Dr Michael Pecht, Chair Professor, the University of Maryland
- **홈페이지** : https://calce.umd.edu/
- **설명**

  이 연구소는 전자부품의 physics-based failure 신뢰성연구의 선구자로 인식되고 있다. 최근 이 연구소는 다양한 PHM 연구를 진행 중이며 부품의 파괴임박 및 수명모델링 분야를 이끌고 있다.

Prognostics Center of Excellence(PCoE)

- **설립** : 2016년
- **참여기관** : National Aeronautics and Space Administration (NASA)
- **홈페이지** : https://ti.arc.nasa.gov/tech/dash/groups/pcoe/
- **설명**

  이 연구소는 NASA Ames Research Center에 위치하고 있으며 항공 우주분야에서의 예지분석기술을 연구하고 있다. 최근 연구는 다양한 항공 전장부품의 damage propagation의 메커니즘 분석이다.

Intelligent Maintenance Systems(IMS) Center

- **설립** : 2001년
- **참여기관** : the University of Cincinnati, the University of Michigan, Missouri University of Science and Technology

- **디렉터**(2021년 9월 현재) :
  Dr. Jay Lee, Ohio Eminent Scholar, L.W. Scott Alter Chair Professor, and Distinguished Research Professor, the University of Cincinnati
  Dr. Jun Ni, Shien–Ming (Sam) Wu Collegiate Professor, University of Michigan
  Dr. Dragan Djurdjanovic, Professor, the University of Texas at Austin.
- **홈페이지** : http://www.imscenter.net/IMS
- **설명**
  이 연구소는 예지분석 및 산업용 빅데이터 모델링을 중점적으로 연구하고 있다. 예지분석 툴인 Watchdog Agent를 개발하고 온라인 유지관리 어플리케이션인 Device-to-Business(D2B)를 만든 바 있다.

FEMTO–ST

- **설립** : 2004년
- **참여기관** : 프랑스내 다섯개의 지역 연구소
- **홈페이지** : https://www.femto–st.fr/en
- **설명**
  이 연구소는 전자부품의 physics–based failure 신뢰성연구의 선구자로 인식되고 있다. 최근 이 연구소는 다양한 PHM 연구를 진행 중이며 부품의 파괴임박 및 수명모델링 분야를 이끌고 있다.

Integrated Vehicle Health Management(IVHM) center

- **설립** : 2008년
- **참여기관** : Cranfield University
- **디렉터**(2021년 9월 현재) : Dr. Nicolas Peter Avdelidis, Professor, Cranfield University
- **홈페이지** : https://www.cranfield.ac.uk/
- **설명**
  이 연구소는 항공기산업관련 PHM을 연구하기 위한 목적으로 2008년 Boeing사에 의해 설립되었다. 연구소내 석사 및 박사과정을 설립해 운영하고 있다.

10.4.3 국내연구소

- **기관명** : KETI 한국전자기술연구원
- **부서** : 신뢰성연구센터
- **소속연구원** : 마병진, 천성일
- **위치** : 경기도 성남시 분당구 새나리로 25
- **웹사이트** : https://www.keti.re.kr/main/main.php

- **키워드/ 세부연구내용**
  - 열특성 및 열신뢰성 평가, 방열 솔루션
  - 전자파적합성 솔루션
  - 반도체/전력소자 신뢰성평가

- **기관명** : KITECH 한국생산기술연구원
- **부서** : –
- **소속연구원** : 최현석, 홍영선
- **위치** : 충청남도 천안시 서북구 입장면 양대기로길 89
- **웹사이트** : https://www.kitech.re.kr/main/

- **키워드/ 세부연구내용**
  - 주물, 금형, 열처리, 표면처리 · 도금, 소성 · 성형, 용접 · 접합 등 생산기술 연구개발
  - 생산시스템의 통합, 친환경화, 고효율화, 자동화 · 지능화 등 생산시스템 연구개발

- **기관명** : KIMM 한국기계연구원
- **부서** : 신뢰성평가연구실
- **소속연구원** : 선경호, 백동천, 박종원, 강보식
- **위치** : 대전광역시 유성구 가정북로 156
- **웹사이트** : www.kimm.re.kr

- **키워드/ 세부연구내용**
  - 기계류부품 신뢰성평가기준 개발 및 신뢰성평가/인증(산업통상자원부 지정 인증기관)
  - 고장원인 분석 및 해석, 가속수명시험법/평가장비 개발 및 신뢰성 기술교육
  - 오픈소스기반 가상공학 플랫폼(KIMM Cyber Lab) 기술 개발

- **기관명** : KATECH 한국자동차연구원
- **부서** : 신뢰성연구본부 내구기술연구센터
- **소속연구원** : 강종수 센터장
- **위치** : 충남 천안시 동남구 풍세면 풍세로 303

- **키워드/ 세부연구내용**
  - 내구성능 예측 및 평가기술
  - 건전성 모니터링 및 상태건전성진단기술
  - 국방 기동체계 및 드론봇 기술

찾아보기

ㅊ

ㅋ

ㅌ

ㅍ

ㅎ